全国普通高等学校机械类“十二五”规划系列教材

金工实习

（第二版）

主　编　董　欣
副主编　刘　莳　丁晓菲
　　　　赵清来　陶世钊
主　审　杨树川

华中科技大学出版社
中国·武汉

内 容 提 要

本书为全国普通高等学校机械类“十二五”规划系列教材，主要介绍工程材料成形和加工过程中所涉及的基本知识和基本方法。全书共分为11章，包括工程材料及钢的热处理，铸造，锻压，焊接，切削加工的基础知识，车削加工，铣削加工，刨削及磨削加工，钳工，特种加工，数控加工。每章后都附有一定数量的思考题。本书的教学内容可结合本校实习训练的具体内容和要求进行合理安排，有些内容可以只要求学生自学。

本书可作为高等学校工科各专业金工实习的教材，也可供有关工程技术人员参考。

图书在版编目(CIP)数据

金工实习/董欣主编. —2版. —武汉：华中科技大学出版社，2017.9(2023.8重印)
全国普通高等学校机械类“十二五”规划系列教材
ISBN 978-7-5680-3422-7

Ⅰ. ①金…　Ⅱ. ①董…　Ⅲ. ①金属加工-实习-高等学校-教材　Ⅳ. ①TG-45

中国版本图书馆CIP数据核字(2017)第237322号

金工实习(第二版)
Jingong Shixi (Di-er Ban)

董　欣　主编

策划编辑：王　剑
责任编辑：刘　飞
封面设计：原色设计
责任校对：张会军
责任监印：周治超
出版发行：华中科技大学出版社(中国·武汉)　　电话：(027)81321913
武汉市东湖新技术开发区华工科技园　　邮编：430223
录　排：武汉市洪山区佳年华文印部
印　刷：武汉市籍缘印刷厂
开　本：787mm×1092mm　1/16
印　张：15.5
字　数：402千字
版　次：2023年8月第2版第6次印刷
定　价：44.80元

全国普通高等学校机械类“十二五”规划系列教材

编审委员会

全国普通高等学校机械类“十二五”规划系列教材

序

“十二五”时期是全面建设小康社会的关键时期，是深化改革开放、加快转变经济发展方式的攻坚时期，也是贯彻落实《国家中长期教育改革和发展规划纲要(2010—2020年)》的关键五年。教育改革与发展面临着前所未有的机遇和挑战。以加快转变经济发展方式为主线，推进经济结构战略性调整、建立现代产业体系，推进资源节约型、环境友好型社会建设，迫切需要进一步提高劳动者素质，调整人才培养结构，增加应用型、技能型、复合型人才的供给。同时，当今世界处在大发展、大调整、大变革时期，为了迎接日益加剧的全球人才、科技和教育竞争，迫切需要全面提高教育质量，加快拔尖创新人才的培养，提高高等学校的自主创新能力，推动“中国制造”向“中国创造”转变。

为此，近年来教育部先后印发了《教育部关于实施卓越工程师教育培养计划的若干意见》(教高[2011]1号)、《关于“十二五”普通高等教育本科教材建设的若干意见》(教高[2011]5号)、《关于“十二五”期间实施“高等学校本科教学质量与教学改革工程”的意见》(教高[2011]6号)、《教育部关于全面提高高等教育质量的若干意见》(教高[2012]4号)等指导性意见，对全国高校本科教学改革和发展方向提出了明确的要求。在上述大背景下，教育部高等学校机械学科教学指导委员会根据教育部高教司的统一部署，先后起草了《普通高等学校本科专业目录机械类专业教学规范》、《高等学校本科机械基础课程教学基本要求》，加强教学内容和课程体系改革的研究，对高校机械类专业和课程教学进行指导。

为了贯彻落实教育规划纲要和教育部文件精神，满足各高校高素质应用型高级专门人才培养要求，根据《关于“十二五”普通高等教育本科教材建设的若干意见》文件精神，华中科技大学出版社在教育部高等学校机械学科教学指导委员会的指导下，联合一批机械学科办学实力强的高等学校、部分机械特色专业突出的学校和教学指导委员会委员、国家级教学团队负责人、国家级教学名师组成编委会，邀请来自全国高校机械学科教学一线的教师组织编写全国普通高等学校机械类“十二五”规划系列教材，将为提高高等教育本科教学质量和人才培养质量提供有力保障。

当前经济社会的发展，对高校的人才培养质量提出了更高的要求。该套教材在编写中，应着力构建满足机械工程师后备人才培养要求的教材体系，以机械工程知识和能力的培养为根本，与企业对机械工程师的能力目标紧密结合，力求满足学科、教学和社会三方面的需求；在结构上和内容上体现思想性、科学性、先进性，把握行业人才要求，突出工程教育特色。同时注意吸收教学指导委员会教学内容和课程体系改革的研究成果，根据教指委颁布的各课程教学专业规范要求编写，开发教材配套资源（习题、课程设计和实践教材及数字化学习资源），适应新时期教学需要。

教材建设是高校教学中的基础性工作，是一项长期的工作，需要不断吸取人才培养模式和教学改革成果，吸取学科和行业的新知识、新技术、新成果。本套教材的编写出版只是近年来各参与学校教学改革的初步总结，还需要各位专家、同行提出宝贵意见，以进一步修订、完善，不断提高教材质量。

谨为之序。

国家级教学名师

华中科技大学教授、博导

2012 年 8 月

第二版前言

本书是金工实习课程的教学用书，金工实习是高等院校工科专业学生进行工程训练的重要实践环节之一。为进一步适应国家创新发展战略和高等工程教育改革的新形势，进一步加强对学生工程能力的培养，特在原教材第一版的基础上进行修订。

在本教材的修订过程中力求遵循以下原则：

（1）依据教育部教学指导委员会发布的《普通高等学校工程实训教学基本要求》和《普通高等学校工程训练中心建设基本要求》的精神，结合应用型高级工程技术人才的培养目标进行修订。

（2）教材中涉及的名词、术语、符号单位和技术标准全面采用最新国家标准。

（3）保持教材第一版"目标明确，图文并茂，学生为本、实践为主"的特点，新增了部分内容，更正了部分文字和插图中的个别错误。

本次修订由东北农业大学董欣教材担任主编，刘药、丁晓菲、赵清来和陶世钊担任副主编。全书由宁夏大学杨树川教授主审，并提出许多宝贵意见，在此表示衷心的感谢！

本书在修订时参考了许多相关文献，在此一并对相关作者表示衷心的感谢。

由于编者水平有限，书中难免有疏漏和不妥之处，恳请读者批评指正。

编　者

2017 年 7 月

第一版前言

本书是根据教育部颁布的高等工科院校“金工实习教学基本要求”的精神，结合应用型高级工程技术人才培养的特点编写而成。本书注重对工程素养的培养，适当增加了新技术、新工艺等方面的教学内容。

在编写本书过程中力求做到以下几点。

(1) 目标明确。本书主要适用于高等工科院校学生。

(2) 图文并茂。使用了大量的图片和表格来阐释金工实习中所涉及的材料性能、用途、设备及相关工艺，增强了学生的感性认识，以方便学生学习。

(3) 学生为本，实践为主。本书按照教育部教学指导委员会的要求，编写内容覆盖了本课程所要求的范围，尽量给学生一个较为系统和完整的金工技术介绍与指导，学生既可以在金工实习时使用，也可作为充实日后专业基础知识的参考。另外，本书内容主要以实践知识为主，解决制造过程中“如何做”的问题。

(4) 全书名词术语和计量单位尽可能采用最新国家标准。

本书由杨树川、董欣担任主编，刘药、丁晓菲、赵清来、陶世钊担任副主编。参加本书编写的有宁夏大学杨树川（绪论、第1、2章），东北农业大学董欣（第3、8章），北京工商大学刘药（第4、7章），大连海洋大学丁晓菲（第5、6章（除6.4.5节外）），吉林农业大学赵清来（第9（除9.9节外）、10、11章），陶世钊（第6.4.5节、第9.9节）。全书由杨树川统稿。

由于编者水平有限，书中难免有错误和不妥之处，恳请读者批评指正。

编　者

2012年8月

目　　录

第0章 绪 论

金工实习全称为金属工艺学实习，又称机械制造实习，主要是针对工科类学生开设的一门实践性较强的技术基础课，其主要内容是通过学生的亲自动手操作设备和使用工具来制造一些比较简单的机械产品，从而培养学生的实际动手能力、工程素养、创新能力及创新意识。

0.1 制造和制造业

制造是人类最主要的生产活动之一。它是指人类按照所需目的，运用主观掌握的知识和技能，通过手工或可以利用的客观物质工具和设备，采用有效的方法，将原材料转化为有使用价值的物质产品并投放市场的全过程。制造相对于社会的发展，具有永恒性。

制造业是指对采掘的自然物质资源和工农业生产的原材料进行加工和再加工，为国民经济中其他部门提供生产资料，是为全社会提供日用消费品的社会生产制造产业。

制造业是国民经济的支柱产业和经济增长的发动机。美国68%的财富来源于制造业；日本49%的国民生产总值(GNP)来源于制造业；中国2001年制造业增加值为37 613.1亿元，占国民生产总值的39.21%，占工业生产总值的77.61%，上交税金4 398.17亿元，占国家税收总额的30%和财政收入的27%。过去50年的经济统计数据显示：我国制造业的工业增加值增长率高出国民生产总值增长率3～8个百分点。制造业是高技术产业化的载体和实现现代化的重要基石，是吸纳劳动就业和扩大出口的关键产业。2001年，我国制造业全部从业人员8083万人，约占全国工业从业人员总数的90.13%，占全国全部从业人口的11.1%。2001年，我国制造业出口创汇2 398亿元，占全国外贸出口总额的90%。制造业也是国家安全的重要保障。

中国科学院前院长路甬祥院士曾经指出：没有发达的制造业就不可能有国家的真正繁荣与强大；国与国之间的竞争主要是制造业的竞争，一个没有制造能力的民族是没有希望的民族；高度发达的现代制造业是一个国家综合国力和国际竞争力的集中体现。

0.2 创新和实践

创新是指通过创造或引入新的技术、知识、观念或创意，创造出新的产品、服务、组织、制度等新事物，并将其应用于社会以实现其价值的过程。实践一词来自于希腊文praxis，意为重复进行某种活动，使之变得熟练、有水平，同时还指人类行动的理性思考以及由此制定计划、付诸实施与应用。随着市场经济改革的深入，当今用人单位对工科学生反映最强烈的问题是：缺乏实践能力和创新精神，实际动手能力差。如何培养学生的工程实践和创新能力，搞好工程教育的“工程”定位，在工程教育教学体系中处理好理论与实践、知识与能力、创新素质培养的问题，成为当前我国工程教育需要着力解决的问题。

0.3　金工实习的目的

为切实提高工科学生的实践能力，必须在重视理论基础教育的同时强化实验和实践教学环节，加强实践能力培养，这是培养新时期合格工程技术人才的一个较好途径。纵观世界，各国的工程教育对技能训练都普遍重视。联邦德国及苏联一贯强调工业训练，每个联邦德国学生必须实习26周，苏联学生一般实习20周；美国和日本也注重学生的从业技能，加强技能训练；英国还要求学生到企业接受1至2年的工程实践，以加强技能训练。我国自1952年仿效苏联在高等院校机械类专业开设金工课以来，经过长期的改革和发展，现在各普通高等院校工科专业学生的金工实习时间大都为4周，实习时间偏短。

金工实习是一门实践性很强的技术基础课，是对大学生进行工程训练，使其学习工艺知识、增强实践能力、提高综合素质、培养创新意识和创新能力不可缺少的重要环节。

1. 学习工艺知识

理工科院校的学生除了应具备较强的基础理论知识和专业技术知识外，还必须具备一定的机械制造方面的基本工艺知识。与一般的理论课程不同，学生在金工实习中主要是通过自己的亲身实践来获取机械制造的基本工艺知识。这些实际知识是机械类各专业的学生学习后续课程、进行毕业设计乃至以后从事相关工作的必要基础。

2. 增强实践能力

这里所说的实践能力主要是指动手能力，还包含在实践中学习、获取知识的能力，以及应用所学知识和技能独立分析和解决工艺技术问题的能力。这些能力对理工科学生来说是非常重要的，而这些能力只能通过实践性课程或教学环节来培养。金工实习为学生提供了一个现实的工业生产环境，实习中学生亲自动手操作各种机器设备，使用各种工具及装备，进行不同工种的操作培训。

3. 提高综合素质

工程技术人员应具有较高的综合素质，这其中就包含具有较高的工程素养。工程素养包括市场、质量、安全、群体、社会、经济、管理、法律等方面的意识。金工实习是在生产实践的特殊环境下进行的，对绝大多数学生来说是第一次接触工人群众，第一次用自身的劳动为社会创造物质财富，第一次通过理论与实践的结合来检验自身的学习效果，同时接受社会化生产的熏陶和组织性、纪律性的教育。学生将亲身感受到劳动的艰辛，体验到劳动成果的来之不易，从而增强对劳动人民的思想感情，加强对工程素养的认识。这些亲身体验和感受对提高学生的综合素质必然起到重要的作用。

4. 培养创新意识和创新能力

启蒙式的潜移默化对培养学生的创新意识和创新能力非常重要。在金工实习中，学生要接触到很多机械、电气与电子设备，并了解、熟悉和掌握其中一部分设备的结构、原理和使用方法。这些设备是人类的创造发明，强烈地映射出创造者们历经长期追求和苦苦探索所燃起的智慧火花。在这种环境下学习有利于培养学生的创新意识。在实习过程中，还应有意识地安排一些自行设计、自行制作的创新训练环节，以培养学生的创新能力。

0.4　金工实习的内容

金工实习内容涉及机械制造的各个环节。机械制造主要是将各种原材料(生铁、钢锭、各种金属材料及非金属材料等)通过铸造、锻造、冲压、焊接等方法制成零件的毛坯(或半成品、成品),再经过切削加工、特种加工等制成零件,最后将零件和电子元器件装配成合格机电产品的过程。

1. 材料成形方法

1)铸造

铸造是指把熔化的金属液浇注到预先制好的铸型型腔中,待其冷却凝固后获得铸件毛坯的加工方法。铸造的主要优点是可以生产形状复杂,特别是具有复杂内腔形状的毛坯,而且成本低廉。铸造的应用十分广泛,在一般机械中,铸件的质量占整机质量的50%以上,如各种机械的机体、机座、机架、箱体和工作台等大都采用铸件。

2)锻造

锻造是指将金属加热到一定温度,利用冲击力或压力使其产生塑性变形而获得锻件毛坯的加工方法。锻件的组织比铸件致密,力学性能高,但其所能达到的形状复杂程度远不如铸件,材料利用率也较低。各种机械中的传动零件和承受重载及复杂载荷的零件,如主轴、传动轴、齿轮、凸轮、叶轮和叶片等,大都采用锻件。

3)冲压

冲压是指使金属板料产生塑性变形或分离,从而获得零件或制品的加工方法。冲压通常在常温下进行。冲压件具有质量小、刚度好和尺寸精度高等优点。各种机械和仪器、仪表中的薄板成形件及生活用品中的金属制品,绝大多数是冲压件。

4)焊接

焊接是指通过加热或加热与加压同时并用,使原本分离的两部分金属件通过原子间的结合达到永久性连接的加工方法。焊接的优点是连接质量好、节省金属、生产率高。焊接主要用于制造金属结构件,如锅炉、容器、机架、桥梁和船舶等。

5)切削加工

切削加工是指利用刀具和工件间的相对运动,从毛坯上切除多余材料,获得尺寸精度、形状精度、位置精度和表面粗糙度完全符合图样要求的零件的加工方法。切削加工包括机械加工(简称机工)和钳工两大类。机工主要是通过工人操纵机床来完成切削,常见的机床有车床、铣床、刨床和磨床等,相对应的加工方法称为车削、铣削、刨削和磨削等。钳工一般主要通过工人手持工具进行材料加工,其基本操作有划线、锯削、锉削、刮削、攻螺纹、套螺纹和研磨等。

6)特种加工

特种加工是指相对传统切削加工而言的加工方法。切削加工主要依靠机械能,而特种加工则是直接利用电、光、声、化学、电化学等能量形式去除工件的多余材料。特种加工的方法很多,常用的有电火花、电解、激光、超声波、电子束和离子束加工方法等,主要用于各种难加工材料、结构复杂和有特殊要求工件的加工。

7)热处理

热处理是指将固态金属加热、保温后,再以某种方式冷却,以改变金属的整体或表面组织,从而获得所需性能的加工方法。通过热处理可以提高材料的强度和硬度,或者改善其塑性和韧性,充分发挥金属材料的性能潜力,以满足不同的使用要求或加工要求。重要的机械零件在制造过程中大都要经过热处理。常用的热处理方法有退火、正火、淬火和回火。

8)装配

装配是指将加工好的零件及电子元器件按一定顺序和配合关系组装成部件和整机,并经过调试和检验使之成为合格产品的工艺过程。

2. 金工实习的内容

机械类专业金工实习一般应安排铸造、锻造、冲压、焊接、车工、铣工、刨工、磨工、钳工和装配等工种的实习。具体实习内容如下:

(1) 常用工程材料及热处理的基本知识;

(2) 冷、热加工的主要加工方法及简单的加工工艺;

(3) 冷、热加工所用设备、附件及其工具、夹具、量具、刀具的大致结构、工作原理和使用方法。

0.5 金工实习的组织安排

为确保在有限的实习时间内切实提高学生的实际动手能力,除坚持实习以学生亲自动手和实际操作为基本原则外,还需要安排好各教学环节,以确保教学质量,安排好各运行环节,以确保实习的流畅运行。

1. 教学环节组织

实习在工厂或工程训练中心按工种进行。教学环节有实际操作、现场演示、专题讲课、综合练习和教学实验等。

实际操作是实习的主要环节,使学生通过实际操作获得各种加工方法的感性知识,初步学会使用有关设备和工具,使其具有一定的动手能力。

现场演示是指针对某些具体工艺进行的,用以扩大学生工艺知识面而安排的教学环节。

专题讲课是指就某些工艺问题而安排的专题讲解。

综合练习是指使学生运用所学知识和技能,独立分析和解决某个具体的工艺问题,并亲自付诸实践的一种综合性训练。

教学实验以介绍新技术、新工艺为主,扩大学生的知识面,开阔学生的眼界。

2. 运行环节组织

1) 实习前

(1) 根据实习安排,提前做好实习耗材的准备和实习指导人员的安排工作。

(2) 进行实习动员,其主要内容包含:讲解实习的目的与意义;讲解实习的内容与项目;讲解实习的纪律要求和进行安全教育。

(3) 中心秘书发放实习计划表、实习指导书、实习报告等。

(4) 库管员、中心秘书发放劳保用品等。

2) 实习中

(1) 各实习部门的指导教师(工作人员)针对工种特点,对学生再次进行安全教育。

(2) 各实习部门的指导教师(工作人员)做好学生的考勤记录,按分值记入实习成绩。

(3) 指导人员要严格按照实习大纲要求进行项目指导,理论讲授与实际操作相结合,确保教学质量。

(4) 指导人员要严格按照设备操作规程指导学生操作设备,确保人身、设备安全。

(5) 指导人员对学生的实习报告及作品进行认真检查、公正评分。

(6) 指导教师(工作人员)注意收集学生对实习安排、内容、指导人员及其他方面的意见和建议,及时反映给相关管理人员。

3）实习后

（1）指导人员及时将已批阅的学生实习报告、成绩考核表和考勤表上报教学秘书。

（2）中心办公室组织部分教师进行学生理论知识考试的阅卷工作。

（3）秘书负责对实习过程资料进行及时整理和归档。

（4）秘书负责统计学生的实习成绩，并上报有关部门。

0.6 金工实习的要求

金工实习是一门实践性很强的课程，不同于一般的理论性课程。它没有系统的理论、定理和公式，除了一些基本原则以外，大都是一些具体的生产经验和工艺知识。金工实习主要的学习课堂不在教室，而在工厂或实验室。主要的学习内容不是书本上的知识，而是具体的生产过程，学习的指导者是现场的教学指导人员。因此，学生主要是在实践中学习，要注重在生产过程中学习工艺知识和基本技能；要注意实习教材的预习和复习，按时完成实习报告和实验报告；要严格遵守厂纪、厂规和安全操作规程，重视人身和设备的安全。

金工实习对安全的要求主要有以下几点。

1）必须牢固树立安全第一的思想

安全生产对国家、集体、个人来说都很重要。“安全第一”既是完成金工实习学习任务的基本保证，也是培养合格的高质量工程技术人员的一项基本内容。在整个金工实习中，学生要自始至终树立“安全第一”的思想，时刻杜绝思想上的麻痹大意。

2）处理好三个辩证关系

在整个实习过程中，一定要处理好安全方面的三个辩证关系：一是虚心学习和主动开创的关系；二是“大胆”和“心细”的关系；三是“一万”和“万一”的关系。

3）遵守工厂规章制度

要严格遵守工厂、车间各种设备的安全操作规程；上班要穿工作服，女学生要戴工作帽，夏天不准穿凉鞋；在热加工现场要穿劳保鞋，在焊接现场要穿防护袜；在机床上操作时要戴防护眼镜，不准戴手套；在实习现场要注意上下左右，不得打闹和乱跑，避免碰伤、砸伤和烧伤；不得擅自动用非自用的机床、设备、工具和量具；发生安全事故时要立即切断电源，保护现场，及时上报，以便总结经验教训。

第1章　工程材料及钢的热处理

1.1　概　　述

材料、信息、能源及生物技术是现代文明的支柱，材料是发展国民经济和机械工业的重要物质基础。作为生产活动基本投入之一的材料，对生产力的发展有深远的影响。历史上曾以当时使用的材料来划分具体的时代，如"石器时代"、"青铜器时代"、"铁器时代"等。我国是世界上最早发现和使用金属的国家之一。周朝是青铜器的极盛时期，到春秋战国时代，已普遍应用铁器。直到19世纪中期，大规模炼钢工业兴起，钢铁才成为最主要的工程材料。

20世纪40—50年代，材料的开发应用主要围绕着机械制造业。因此，主要发展了以一般力学性能为主的金属材料。90年代以后，随着科学技术的发展，材料工艺不断进步，从而全面推动了新材料的开发和应用，极大地提高了材料的性能和质量。可以看出，没有新材料就没有科技发展的物质基础。因此，在产品的开发、设计、制造过程中，一个合格的工程技术人员必须具备工程材料的基本知识，只有了解了材料的力学性能、物理、化学性能及工艺和经济等各种性能，才能根据使用要求，合理地制定工艺方法，合理地选材和加工出合格的产品。

凡与工程有关的材料都可称为工程材料，工程材料按其性能特点可分为结构材料和功能材料。结构材料通常以硬度、强度、塑性、冲击韧度等力学性能为主，兼有一定的物理、化学性能。而功能材料是以光、电、声、磁、热等特殊物理、化学性能为主的功能和效应材料。

工程材料用途广泛，种类繁多，工程上通常按化学分类法对工程材料进行分类，可分为金属材料、陶瓷材料、高分子材料、复合材料等，如图1.1所示。

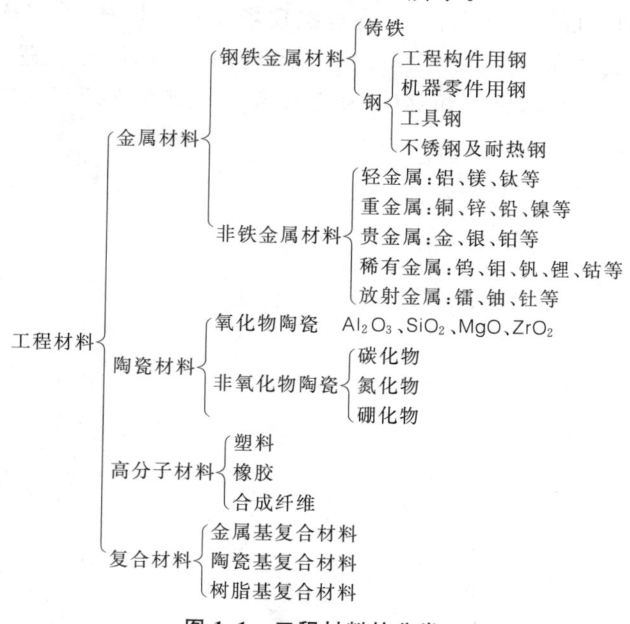

图1.1　工程材料的分类

在机械零件制造过程中，为了提高和获得金属材料的物理、化学以及力学性能，人们常常采取一定的工艺方法，通过对材料的表面或内部进行处理，从而获得与基体材料不同的各种特性，这就是材料处理技术。常用的处理方法有热处理和表面处理技术。

金属材料的热处理是将固态金属或合金，采用适当的方式进行加热、保温和冷却，改变材料内部的组织结构，从而改善材料性能的工艺。材料热处理的工艺过程通常可用温度-时间坐标的工艺曲线来表示，如图 1.2 所示。

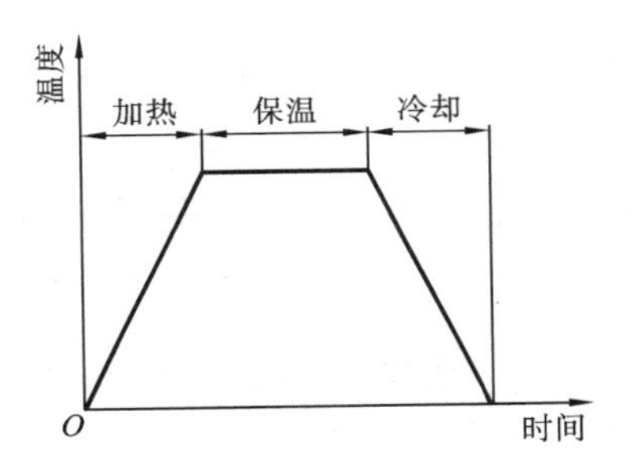

图 1.2　热处理工艺曲线示意图

1.2　金属材料的力学性能

金属材料的性能主要包括使用性能和工艺性能，其中使用性能又包含力学性能、物理性能和化学性能等。

工艺性能是金属材料在冷、热加工过程中应具备的性能，它决定了金属材料的加工方法，包括铸造性能、锻造性能、焊接性能、切削加工性能和热处理性能。

力学性能是工程材料最主要的性能，又称机械性能，是指材料在外力作用下表现出来的性能，包括弹性、强度、塑性、硬度、冲击韧度、疲劳强度、蠕变和磨损等。外力即载荷，常见的各种外载荷有拉伸载荷、压缩载荷、弯曲载荷、剪切载荷、扭转载荷等。

1.2.1　强度

材料的强度是指材料在达到允许的变形程度或断裂前所能承受的最大应力，如弹性极限、屈服点、抗拉强度、疲劳极限、蠕变极限等。按不同外力作用的方式，强度可分为抗拉、抗压、抗弯、抗剪强度等。工程上最常用的强度指标有屈服强度和抗拉强度。

材料承受静拉伸时的力学性能指标是通过拉伸试验测定的。其过程为：将被测材料按 GB/T 228.1—2010 要求制成标准拉伸试样（见图 1.3(a)），在拉伸试验机上夹紧试样两端，缓慢地对其施加轴向拉伸力，使试样逐渐被拉长，最后被拉断。通过试验可以得到拉伸力 $\boldsymbol{F}$ 与试样伸长量 ΔL 间的关系曲线（称为拉伸曲线）。为消除试样几何尺寸对试验结果的影响，将拉伸试验过程中试样所受的拉伸力转化为试样单位截面积上所受的力，称为应力，用 R 表示。即 $R=F/S_0$，单位为 $\mathrm{N/mm^2}$，试样伸长量转化为试样单位长度上的伸长量，称为应变，用 ε 表示，即 $\varepsilon=\Delta L/L_0$，从而得到 R-ε 曲线（见图 1.3(b)），其形状与曲线 F-ΔL 完全一致。

拉伸曲线中，Oe 段为直线，即在应力不超过 R_e 时，应力与应变成正比关系，此时，将外力去除后，试样将恢复到原来的长度，这种能够完全恢复到原态的变形称为弹性变形；当应力超过 R_e 后，试样的变形不能完全恢复而产生永久变形，这种永久变形称为塑性变形。当应力增大至 H 点后，曲线呈现近似水平直线状，即应力不增大而试样伸长量在增加，这种现象称为屈服。屈服后试样产生均匀的塑性变形，应力增大到 m 点后，试样产生不均匀的塑性变形，即试样发生局部直径变细的“颈缩”现象，到 k 点时试样在颈缩处被拉断。

图 1.3 所示的退火低碳钢的 R-ε 曲线是一种最典型的情形，需要注意的是：不同的材料或同一材料在不同条件下其拉伸曲线是不同的。

当金属材料处于弹性变形阶段时，应力与应变服从胡克定律，其比值称为弹性模量，它是

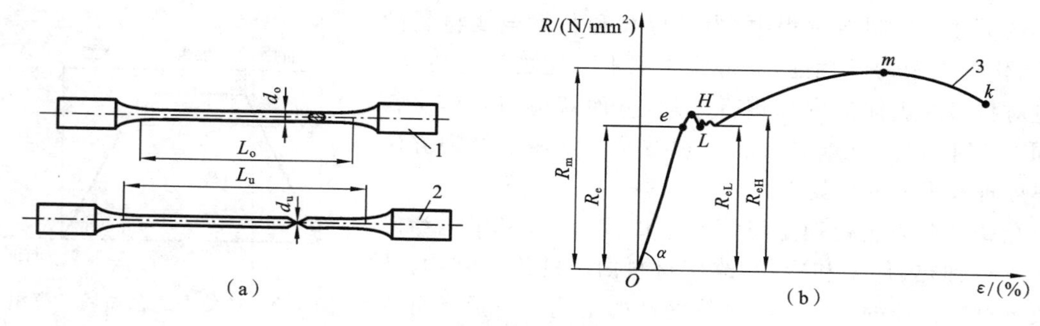

图 1.3　拉伸试样与拉伸曲线

1—拉伸试样；2—拉断后的试样；3—低碳钢拉伸曲线

衡量材料抵抗弹性变形能力的指标。

1. 弹性极限 R_e（旧标准用 σ_e 表示）

金属材料产生完全弹性变形时所能承受的最大应力值，称为弹性极限，即

$$R_e=\frac{F_e}{S_o} \tag{1.1}$$

式中　F_e——试样发生完全弹性变形的最大载荷（N）；

S_o——试样的原始横截面面积（mm^2）。

实际上 R_e 只是一个理论上的物理定义，对于实际使用的工程材料，用普通的测量方法很难测出准确而唯一的弹性极限数值。因此，为了便于实际测量和应用，一般规定以残余应变量（微量塑性变形量）为 0.01%时的应力值作为规定弹性极限（或称条件弹性极限）。工程上，对于服役条件不允许产生微量塑性变形的弹性元件（如汽车板簧、仪表弹簧等）均是按弹性极限 R_e 来进行设计选材的。

弹性模量 E（金属材料在弹性状态下应力与应变的比值）反映金属材料抵抗弹性变形的能力。工程上将材料抵抗弹性变形的能力称为刚度。E 值越大，表明材料的刚度越大。

绝大多数的机械零件都是在弹性状态下工作的，工作过程中，一般不允许有过量的弹性变形，更不允许有明显的塑性变形，故对刚度都有一定的要求。零件的刚度除了与零件的横截面大小、形状有关外，还主要取决于材料的弹性模量 E。金属材料的弹性模量 E 主要取决于基体金属的性质，当基体金属确定后，难以通过合金化、热处理、冷热加工等方法使之改变，即 E 是结构不敏感性参数。如钢铁材料是铁基合金，不论其成分和组织结构如何变化，室温下 E 值均在（2.0～2.14）$\times 10^5$ N/mm^2 范围内。

2. 抗拉强度 R_m（旧标准用 σ_b 表示）

材料断裂前所承受的最大应力，即为抗拉强度（或称强度极限），它是试样能够保持均匀塑性变形的最大应力，即

$$R_m=\frac{F_m}{S_o} \tag{1.2}$$

式中　F_m——试样被拉断前所承受的最大载荷（N）；

S_o——试样的原始横截面面积（mm^2）。

抗拉强度是工程上最重要的力学性能指标之一。对塑性较好的材料，R_m 表示材料抵抗大量塑性变形的能力，而对脆性材料，一旦达到最大载荷，材料迅即发生断裂，故 R_m 也是其断裂抗力（断裂强度）指标。抗拉强度是零件设计时的重要依据，同时也是评定金属材料强度的重

要指标。

3. 屈服强度 R_{eH} 和 R_{eL}（旧标准用 σ_s 表示）

开始产生屈服现象时的应力称为屈服点，其含义是指在外力作用下开始产生明显塑性变形的最小应力，也是材料抵抗微量塑性变形的能力。上屈服强度 R_{eH} 是试样发生屈服而力首次下降前的最大应力，下屈服强度 R_{eL} 是指在屈服期间，不计初始瞬时效应时的最小应力，即

$$R_{eH}=\frac{F_{eH}}{S_o},\quad R_{eL}=\frac{F_{eL}}{S_o} \tag{1.3}$$

式中　F_{eH}——试样发生屈服而力首次下降前承受的最大载荷（N）；

F_{eL}——试样发生屈服时承受的最小载荷（N）；

S_o——试样的原始横截面面积（mm^2）。

一些塑性较低的材料没有明显的屈服点，难以确定产生塑性变形的最小应力。故规定当试样产生 0.2% 的塑性变形时所对应的应力作为材料开始产生明显塑性变形时的屈服强度，称为条件屈服强度 $R_{r0.2}$（旧标准用 $\sigma_{0.2}$ 表示）。

屈服强度也是工程上最重要的力学性能指标之一。绝大多数零件，如紧固螺栓、汽车连杆、机床丝杠等，在工作时都不允许产生明显的塑性变形，否则将丧失其自身精度或影响与其他零件的相对配合。因此屈服强度（一般为下屈服强度）是防止材料因过量塑性变形而导致机件失效的设计和选材依据。屈服强度与抗拉强度的比值（称为屈强比）大小，是衡量材料进一步产生塑性变形的倾向，并作为金属材料冷塑性变形加工和确定机件缓解应力集中防止脆性断裂的参考依据。屈强比的数值一般在 0.65～0.75 之间。屈强比愈小，工程构件的可靠性愈高，万一超载也不会马上断裂；屈强比愈大，材料的强度利用率愈高，但可靠性降低。

零件设计时，塑性材料以屈服强度为依据，脆性材料以抗拉强度为依据。

1.2.2　塑性

塑性是指金属材料在静载荷作用下，产生塑性变形而不被破坏的能力。常用的塑性指标有断后伸长率和断面收缩率。

1. 断后伸长率 A（旧标准用 δ 表示）

断后伸长率 A 是指试样的伸长长度与原始标距长度之比的百分数，即

$$A=\frac{L_u-L_o}{L_o}\times 100\% \tag{1.4}$$

式中　L_u——试样拉断后的长度（mm）；

L_o——试样的原始标距长度（mm）。

材料伸长率的大小与试样原始标距长度 L_o 和原始截面积 S_o 密切相关。在 S_o 相同的情况下，L_o 越长则 A 越小，反之亦然。因此，对于同一材料而具有不同长度或截面积的试样要得到比较一致的 A 值，或者对于不同材料的试样要得到可比较的 A 值，必须使 $L_o/\sqrt{S_o}$ 比值为一常数。国家标准规定，此值为 11.3（相当于 $L_o=10d_o$ 的试棒）或 5.65（相当于 $L_o=5d_o$ 的试棒），所得的伸长率以 $A_{11.3}$ 或 A（$A_{5.65}$ 省去脚注 5.65）表示。同种材料的 A 为 $A_{11.3}$ 的 1.2～1.5 倍。所以，对不同材料，只有 $A_{11.3}$ 与 $A_{11.3}$ 或者 A 与 A 之间才具有可比性。

2. 断面收缩率 Z（旧标准用 ψ 表示）

断面收缩率 Z 是指断裂后试样横截面面积的最大缩减量与原始横截面面积之比的百分数，即

$$Z=\frac{S_o-S_u}{S_o}\times 100\% \tag{1.5}$$

式中　S_o——试样的原始横截面面积(mm^2)；

S_u——试样断裂处的最小横截面面积(mm^2)。

断后伸长率 A 和断面收缩率 Z 越大，材料塑性越好，一般认为 $A<5\%$ 的材料为脆性材料。

材料的塑性指标通常不直接用于工程设计计算，但任何零件都要求具有一定的塑性。因为零件使用过程中，偶然过载时，由于能发生一定的塑性变形可避免发生突然断裂。同时塑性变形还有削减应力峰、缓和应力集中的作用，在一定程度上保证了零件的工作安全。材料具有一定的塑性可保证某些成形工艺(如冷冲压、轧制、冷弯、校直、冷铆等)和修复工艺(如修复汽车外壳或挡泥板受碰撞而产生的凹陷)的顺利进行。

1.2.3　硬度

硬度是指金属材料表面抵抗其他硬物压入的能力，它是衡量金属材料软硬程度的指标。硬度值和抗拉强度等其他力学性能指标之间存在一定关系，故在零件图上，对力学性能的技术要求往往是标注硬度值。

生产中也常以硬度作为检验材料性能是否合格的主要依据，并以材料硬度作为制定零件加工工艺的主要参考。测定硬度最常用的方法是压入法，工程上常用的硬度指标是布氏硬度、洛氏硬度和维氏硬度。

1. 布氏硬度

布氏硬度试验原理如图 1.4 所示，按 GB/T 231.1—2009 规定，对一定直径 D 的硬质合金球施加试验力 F 使球体压入试样表面，达到规定的保压时间后，卸除试验力，测量试样表面的压痕直径 d。将单位面积承受的平均应力乘以一常数后定义为硬度，即

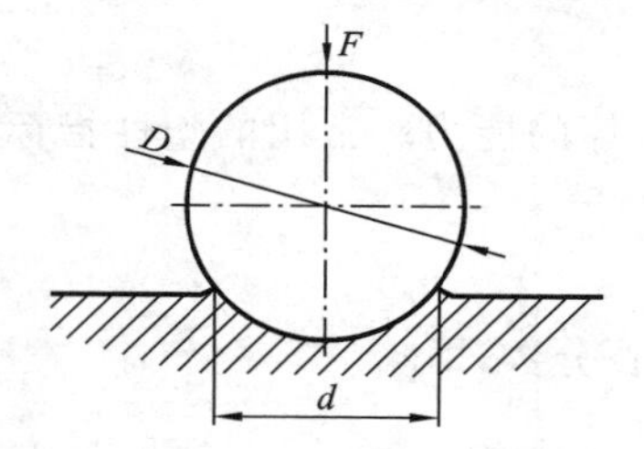

图 1.4　布氏硬度试验原理

$$\text{布氏硬度(HBW)}=0.102\times\frac{F}{S}=0.102\times\frac{2F}{\pi D(D-\sqrt{D^2-d^2})} \tag{1.6}$$

式中　F——试验力(N)；

S——压痕表面积(mm^2)；

d——压痕直径(mm)；

D——硬质合金球直径(mm)。

布氏硬度值的表示方法为：硬度值＋HBW＋球直径＋试验力＋规定时间(试验力保持时间为 10～15 s 时不标注)。

例如：350 HBW5/750 表示用直径 5 mm 硬质合金球在 7 355 N(750 kgf)试验力作用下保持 10～15 s 测得的布氏硬度值为 350；600 HBW1/30/20 表示用直径 1 mm 硬质合金球在 294.2 N(30 kgf) 试验力作用下保持 20 s 测得的布氏硬度值为 600。实际测定时，可根据测得的 d 值按已知的 F、D 值查表求得硬度值。布氏硬度试验的上限为 650 HBW。

布氏硬度目前主要用于铸铁、非铁金属及经退火、正火和调质处理的钢材。表 1.1 所示为不同材料的试验力-压头球直径平方的比率。

布氏硬度试验的优点是测出的硬度值准确可靠，因压痕面积大，能消除因组织不均匀引起的测量误差，布氏硬度值与抗拉强度之间有近似的正比关系。但布氏硬度的压痕大，不宜测量

成品件，也不宜测量薄壁件，测量速度慢，测得压痕直径后还需计算或查表。

表 1.1　不同材料的试验力-压头球直径平方的比率(GB/T 231.1—2009)

材　　料	布氏硬度 HBW	试验力-压头球直径平方的比率 $0.102F/D^2$/(N/mm²)
钢、镍合金、钛合金		30
铸铁①	<140	10
	≥140	30
铜及铜合金	<35	5
	35～200	10
	>200	30
轻金属及合金	<35	2.5
	35～80	5
		10
		15
	>80	10
		15
铅、锡		1

注：① 对于铸铁的试验，压头球直径一般为 2.5 mm、5 mm 和 10 mm。

2. 洛氏硬度

洛氏硬度试验 GB/T 230.1—2009 规定，将压头(金刚石圆锥、钢球、硬质合金)按图 1.5 所示分两个步骤压入试样表面，达到规定的保持时间后，卸除主试验力，测得在初始试验力下的压痕深度 h。

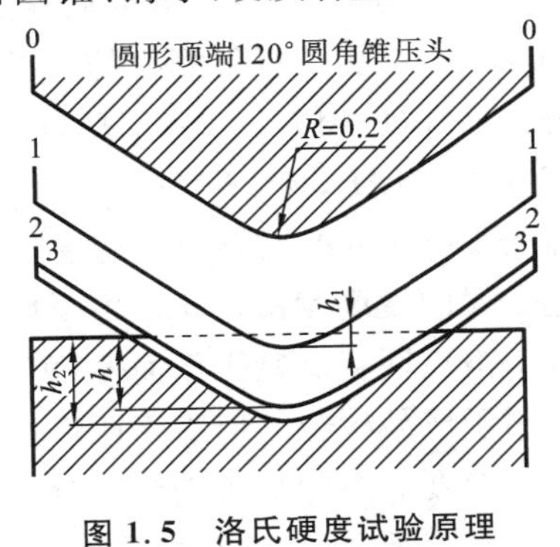

图 1.5　洛氏硬度试验原理

为了能用同一台硬度计测定不同材料与工件的硬度，常采用材料与形状尺寸不同的压头和总负荷组成不同的洛氏硬度标尺，如表 1.2 所示。

根据 h 值及常数 N 和 S，洛氏硬度可表示为

$$洛氏硬度=N-\frac{h}{S} \tag{1.7}$$

式中　N——给定标尺的硬度值；

h——卸除主试验力后，在初始试验力下压痕的残留深度(残余压痕深度)(mm)；

S——给定标尺的单位(mm)。

不同的洛氏硬度标尺计算公式分别如下。

$$\text{HRA/HRC/HRD}\quad 洛氏硬度=100-\frac{h}{0.002} \tag{1.8}$$

$$\text{HRB/HRE/HRF/HRG/HRH/HRK}\quad 洛氏硬度=130-\frac{h}{0.002} \tag{1.9}$$

$$\text{HRN/HRT}\quad 表面洛氏硬度=100-\frac{h}{0.001} \tag{1.10}$$

表 1.2　洛氏硬度标尺(GB/T 230.1—2009)

洛氏硬度标尺	硬度符号①	压头类型	初试验力 F_0/N	主试验力 F_1/N	总试验力 F/N	适用范围
A	HRA	金刚石圆锥	98.07	490.3	588.4	20～80 HRA
B	HRB	直径 1.587 5 mm 球	98.07	882.6	980.7	20～100 HRB
C	HRC	金刚石圆锥	98.07	1 373	1 471	20～70 HRC
D	HRD	金刚石圆锥	98.07	882.6	980.7	40～77 HRD
E	HRE	直径 3.175 mm 球	98.07	882.6	980.7	70～100 HRE
F	HRF	直径 1.587 5 mm 球	98.07	490.3	588.4	60～100 HRF
G	HRG	直径 1.587 5 mm 球	98.07	1 373	1 471	30～94 HRG
H	HRH	直径 3.175 mm 球	98.07	490.3	588.4	80～100 HRH
K	HRK	直径 3.175 mm 球	98.07	1 373	1 471	40～100 HRK
15 N	HR15N	金刚石圆锥	29.42	117.7	147.1	70～94 HR15N
30 N	HR30N	金刚石圆锥	29.42	264.8	294.2	42～86 HR30N
45 N	HR45N	金刚石圆锥	29.42	411.9	441.3	20～77 HR45N
15 T	HR15T	直径 1.587 5 mm 球	29.42	117.7	147.1	67～93 HR15T
30 T	HR30T	直径 1.587 5 mm 球	29.42	264.8	294.2	29～82 HR30T
45 T	HR45T	直径 1.587 5 mm 球	29.42	411.9	441.3	10～72 HR45T

注:① 使用钢球压头的标尺,硬度符号后加"S",使用硬质合金压头的标尺,硬度符号后加"W"。

实际检测时,HR 值可从硬度计的百分度盘上直接读出,标记时硬度值位于 HR 之前,如 58 HRC 表示 C 标尺测得的洛氏硬度值为 58;60 HRBW 表示用硬质合金压头在 B 标尺上测得的洛氏硬度值为 60;70HR30N 表示总试验力为 294.2N 的 30N 标尺测得的表面洛氏硬度值为 70;40HR30TS 表示用钢球压头在总试验力为 294.2 N 的 30T 标尺测得的表面洛氏硬度值为 40。HRA 主要用于高硬度表面、硬质合金的硬度测试,HRB 主要用于退火钢、铸铁、有色金属的硬度测试,HRC 主要用于淬火钢的硬度测试。

洛氏硬度试验操作简便,可以测定软、硬金属的硬度,也可测定较薄工件的硬度;压痕小,可用于成品检验。但由于压痕小,测量组织不均匀的金属硬度时,重复性差,而且不同标尺测得的硬度值不能直接进行比较,也不能彼此互换。

3. 维氏硬度和显微硬度

维氏硬度按 GB/T 4340.1—2009《金属材料　维氏硬度试验　第 1 部分:试验方法》进行,其试验原理与布氏硬度的相同,同样是根据压痕单位面积上所受的平均载荷计量硬度值,不同的是维氏硬度的压头采用金刚石制成的锥面夹角 α 为 136°的正四棱锥体,如图 1.6 所示。

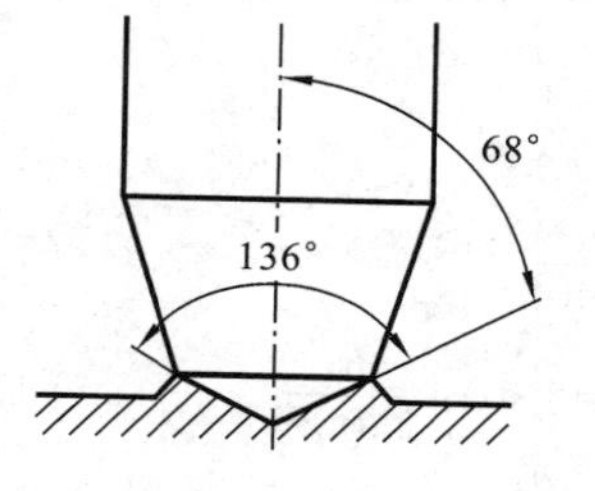

图 1.6　维氏硬度试验原理图

维氏硬度的表示方法为:硬度值＋HV＋试验力＋与规定时间(10～15 s)不同的试验力保持时间。如 640HV30/20 表示在 294.2 N 作用下保持 20 s 后测得的维氏硬度值为 640。维氏硬度的单位为 N/mm²,但一般不标出。

维氏硬度试验具有前两种硬度试验的优点而抛弃了它们的缺点，负荷大小可任意选择，测定范围宽，适合各种软、硬不同的材料，特别适用于薄工件或薄表面硬化层的硬度测试。其缺点是效率比洛氏硬度试验低，不适合于成批生产检验。

显微硬度试验实质上就是小载荷维氏硬度试验，是试验负载在1 000 g以下、压痕对角线长度以μm计算时得到的维氏硬度值，同样用符号HV表示，用于材料微区硬度(如单个晶粒、夹杂物、某种组成相等)的测试。

需要注意的是：各种硬度由于试验条件的不同，相互之间没有理论换算关系，但可通过由实验得到的硬度换算表进行换算。

由于硬度试验方便快捷，所以长期以来，材料科学工作者试图得到硬度与其他力学性能指标间的定量对应关系，但至今没有得到理论上的突破，只是根据大量试验得到了硬度与某些力学性能指标间的对应关系。

1.2.4　冲击韧度 α_k

许多机件，如枪管、炮管、冷冲模、锤头等都是在冲击载荷(载荷以很快的速度作用于机件)下工作。试验表明，载荷速度增加，材料的塑性、韧性下降，脆性增加，易发生突然性破断。因此，使用的材料就不能用静载荷下的性能来衡量，而必须用抵抗冲击载荷的作用而不破坏的能力，即冲击韧度来衡量。

测定金属的冲击韧度，工程上最常用的试验方法是一次摆锤冲击弯曲试验。将被测的材料按GB/T 229—2007做成标准试样放在冲击试验机的两支座上，使试样缺口背向摆锤冲击方向(见图1.7)，然后把质量为 m 的摆锤提到 h_1 高度，此时摆锤的势能为 Gh_1，然后释放摆锤，冲断试样后摆锤回升到 h_2 高度，摆锤对试样所做的功 $A_k=G(h_1-h_2)$。冲击韧度就是试样断口处单位面积所消耗的功，即

$$\alpha_k=\frac{A_k}{S}=\frac{G(h_1-h_2)}{S} \tag{1.11}$$

式中　α_k——冲击韧度(J/cm^2)；

A_k——冲断试样所消耗的功(J)；

S——试样缺口处的原始截面积(mm^2)。

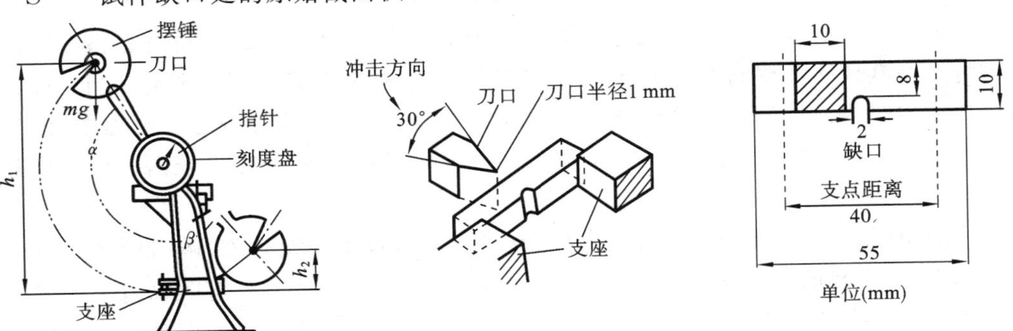

图1.7　摆锤式一次冲击试验、试样及试样安装示意图

冲击吸收功 A_k 值可从试验机的刻度盘上直接读出。α_k 值的大小代表了材料冲击韧度的高低。冲击试验操作简单、迅速，能灵敏地反映出材料的品质、内部缺陷和冶炼、热处理工艺质量，因而生产上广泛用它来检验材料的冷脆、蓝脆、回火脆性、裂纹、白点等。此外，在选材方

面,α_k 值也是一个十分重要的力学性能指标。

材料的冲击韧度值主要取决于其塑性,并与温度有关。第二次世界大战中,美国建造了约 5 000 艘全焊接“自由轮”。其中在 1942—1946 年间发生破断的船舶达 1 000 艘,1946—1956 年间有 200 艘发生严重折断事故。1943 年 1 月,美国的一艘 T-2y 油船停泊在装货码头时断裂成两截。当时计算的甲板应力水平仅为 70 MPa,远远低于船板钢的强度极限。1945—1948 年,美国国家标准局认真分析和研究了第二次世界大战焊接船舶的破断事故,通过在不同的温度下对材料进行一系列冲击试验,得知材料的冲击韧度值随温度的降低而减小,当温度降低到某一温度范围时,冲击韧度急剧下降,材料由韧性状态转变为脆性状态,这种现象称为“冷脆”。该温度范围称为“冷脆转变温度范围”,其数值愈低,表示材料的低温冲击性能愈好。这对在低温下工作的零件具有重要的意义。

1.2.5　疲劳强度 R_r

许多零件是在交变应力作用下工作的,如轴类、弹簧、齿轮、滚动轴承等。它们断裂时的应力远远低于该材料的屈服强度,这种现象称为疲劳断裂。它与静载荷下的断裂不同,在断裂前无明显的塑性变形,而是突然断裂。因此,具有更大的危险性。据统计,大约有 80%机件的破断是由于金属疲劳造成的。因此,了解疲劳破断的原因,提高疲劳抗力,防止疲劳事故发生是非常重要的。

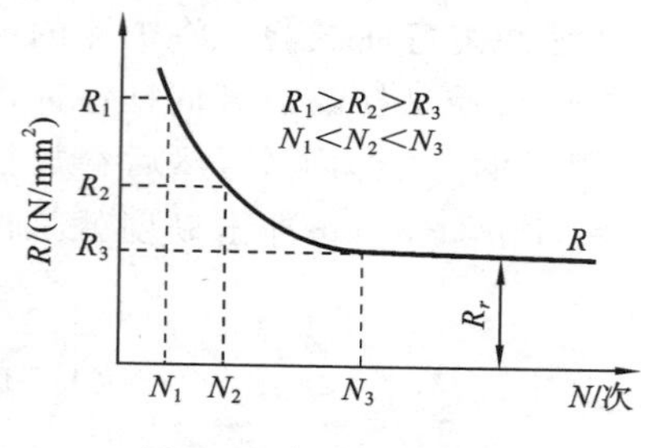

图 1.8　钢的疲劳曲线

常用的评定材料疲劳抗力的指标是疲劳强度,即表示材料经受无限多次循环而不断裂的最大应力,用 R_r 表示,下标 r 为应力对称循环系数。对于金属材料,通常按 GB/T 4337—2008 用旋转弯曲试验方法测定在对称应力循环条件下材料的疲劳极限 R_{-1}(旧标准用 σ_{-1} 表示)。试验时用多组试样,在不同的交变应力 R 下测定试样发生断裂的工作循环次数 N,绘制 R-N 曲线如图 1.8 所示。对钢铁材料和有机玻璃等,当应力降到某值后,R-N 曲线趋于水平直线,此直线对应的应力即为疲劳极限。一般钢铁材料的循环周次为 10^7 次时,非铁金属为 10^8 次时,能承受的最大循环应力为疲劳极限。

影响疲劳强度的因素很多,主要有循环应力特性、温度、材料的成分和组织、表面状态、残余应力等。在其他条件相同的情况下,材料的抗拉强度愈高,其疲劳强度愈高。当工件表面存在残余压应力时,材料表面疲劳极限提高。因此,改善零件疲劳强度可通过合理选材,改善材料的结构形状,减少材料和零件的缺陷,降低零件表面粗糙度值,对零件表面进行强化等方法解决。

零件的疲劳失效过程分为三个阶段:疲劳裂纹产生、疲劳裂纹扩展、瞬时断裂。产生疲劳断裂的原因有:材料内部的缺陷、加工过程中形成的刀痕、尺寸突变导致的应力集中等。材料的疲劳强度与其抗拉强度之间存在一定的经验关系,如碳钢 $R_{-1} \approx 0.43R_m$,合金钢 $R_{-1} \approx 0.35R_m + 12$ MPa。所以在其他条件相同的情况下,材料的疲劳强度随抗拉强度的提高而增加。

1.2.6　蠕变

材料在高温下的力学性能与常温下的力学性能是完全不同的。许多机械零件在高温下工作,在室温下测定的性能指标就不能代表其在高温下的性能。一般来说,随着温度的升高,材料的弹性模量、屈服强度、硬度等值都将降低,而塑性将会增加,除此之外,还会发生蠕变现象。

蠕变是指金属在高温长时间应力作用下,即使所加应力小于该温度下的屈服强度,也会逐渐产生明显的塑性变形直至断裂。有机高分子材料在室温下也会发生蠕变现象。

1.2.7　磨损

两个物体沿接触表面做相对运动时会发生摩擦,物体表面层的物理、化学、力学性能会变化,并因此出现几何形状、尺寸及物体质量的变化过程,称为磨损。

磨损的发展一般可分为三个阶段:初期磨损阶段、稳定磨损阶段和加剧磨损阶段。初期磨损阶段又称磨合阶段,是摩擦开始时,两摩擦体相对的两个表面之间接触不良,使实际接触面积很小,单位面积的比压很大(负荷很大),所以磨损很快。随着工作时间的增加,由于接触面积的增加,磨损反而变慢,过渡到稳定磨损阶段。在稳定阶段,磨损速度基本上是恒定的。稳定磨损阶段是零部件工作的主要阶段,这个阶段时间的长短,可作为评定材料耐磨性优劣的依据。随着机器运行时间的增长,摩擦体表面层的物理、化学性能显著变化,零件表面质量下降,间隙增大,润滑膜被破坏等因素,引起机器剧烈振动,进入加剧磨损阶段。由于机器设备工作条件恶化,剧烈振动又引起磨损加快,机器设备很快就会失效。

根据机器零件的工作条件、摩擦表面运动速度、所加的压力及其产生的塑性变形、介质的性质和摩擦表面破坏的特征,磨损可分为五种类型:咬合磨损、腐蚀磨损、疲劳磨损、热磨损和磨料磨损。

(1) 咬合磨损　咬合磨损是在低速滑动摩擦时,零件工作表面缺少润滑剂和氧化膜的情况下,由于实际接触面上的比压超过了材料的屈服强度,产生塑性变形,使局部区域首先被咬合。然后,咬合的表面被剪断,分离出金属粒屑而造成零件被破坏。火电厂球磨机蜗轮之间的咬合磨损,就是这种情况。

(2) 腐蚀磨损　因气体或酸、碱等腐蚀介质的作用所造成的磨损,属于腐蚀磨损。锅炉受热面管子工作时受到高温烟气的氧腐蚀(氧化)、硫腐蚀,都属于腐蚀磨损。

(3) 疲劳磨损　各类滚动轴承的磨损,属于疲劳磨损。疲劳磨损又称麻点磨损或接触磨损。它是在滚动摩擦时(无论有无润滑剂),由于比压超过了表面层的屈服强度,滚动接触过程中,在周期性接触应力的作用下产生塑性变形,材料表面层不断地被硬化,因而在受力最大的部位产生显微裂纹。裂纹的继续发展,逐渐形成单个或多个斑点,然后变成凹坑,使机件破坏。

(4) 热磨损　热磨损是指两摩擦体的表面因温度升高,其软化部位发生咬合(黏着),使部分金属被撕落或剥离下来,是一种强烈的破坏过程。

(5) 磨料磨损　磨料磨损是指摩擦体在相对滑动摩擦运动时,由于介质中存在的硬质颗粒(外界加入的磨粒或从零件表面剥落的粒屑)嵌入零件表面,使金属产生塑性变形,遭受刮伤或切削,使零件表面的形状、尺寸和性能发生变化的过程。

1.3　常用工程材料简介

在选择材料时,必须选择能满足零件工作要求的材料,另外要考虑材料的工艺性能和经济性。金属材料满足零件工作的要求是选择材料的关键,主要是满足零件工作中的受力、工作环境和工作介质要求。例如,吊装用钢丝绳,为防止过载断裂应用抗拉强度高的材料;满足工艺性能主要是依据所设计零件的制造方法,选用工艺性能优良的材料,以降低制造成本和减少废品的产生。例如,设计焊接件时,应优先选用焊接性能优良的低碳钢或低碳合金钢;盆形或筒形冲压件要选用塑性优良的低碳钢。考虑经济性主要是优先选用价格低廉的材料,以用最低的成本生产出优质成品。

工程材料的类型很多,但常用的主要有各种碳钢、合金钢、铸铁、非铁金属材料、塑料、橡胶、陶瓷及复合材料等。

钢材在工业生产中应用非常广泛。钢材按其化学成分不同可分为碳素钢和合金钢两大类。其编号主要用字母和符号来表示。常用钢材的编号方法如表 1.3 所示。

表 1.3　常用钢材的编号

类　别	牌　号	说　明
碳素结构钢	Q215-A Q235-A. F	屈服强度为 215 MPa 的 A 级镇静钢 屈服强度为 235 MPa 的 A 级沸腾钢
优质碳素结构钢	08F 20g 45	平均碳质量分数为 0.08%的沸腾钢 平均碳质量分数为 0.20%的锅炉钢 平均碳质量分数为 0.45%的优质碳素结构钢
碳素工具钢	T8 T10A	平均碳质量分数为 0.8%的碳素工具钢 平均碳质量分数为 1.0%的高级优质碳素工具钢
低合金高强钢	Q345A	屈服强度为 345 MPa 的 A 级低合金高强度结构钢
合金结构钢	20CrMnTi 40Cr 60Si2MnA	平均碳质量分数为 0.20%,铬、锰和钛的平均质量分数均小于 1.50%的合金结构钢 平均碳质量分数为 0.40%,平均铬质量分数小于 1.50%的合金结构钢 平均碳质量分数为 0.60%,平均硅质量分数为 2%,平均锰质量分数均小于 1.50%的高级优质合金结构钢
合金工具钢	9SiCr W18Cr4V	平均碳质量分数为 0.9%,硅和铬的平均质量分数均小于 1.50%的低合金工具钢 平均钨质量分数为 18%,平均铬质量分数为 4%,平均钒质量分数小于 1.50%的高速工具钢(高速工具钢的碳质量分数数字在牌号中不标出)
特殊性能钢	2Cr13 4Cr9Si2	平均碳质量分数为 0.2%,平均铬质量分数为 13%的铬不锈钢 平均碳质量分数为 0.4%,平均铬质量分数为 9%,平均硅质量分数为 2%的耐热钢

1.3.1　碳钢

碳钢是碳的质量分数小于 2.11%的铁碳合金。由于碳钢冶炼方便,加工容易,价格低,且在许多场合碳钢的性能可以满足使用要求,故在工业中应用非常广泛。

实际生产中使用的碳钢含有少量的锰、硅、硫、磷等元素,这些元素是从矿石、燃料和冶炼等渠道进入钢中的。硫和磷是钢中的有害杂质。磷可使钢的塑性、韧性下降,特别是使钢在低温时的脆性增加,为此通常将钢的含磷量限制在 0.045%以下。含硫量较高的钢在高温下进行加工时容易产生裂纹,通常将钢的含硫量限制在 0.05%以下。硅和锰可提高钢的强度和硬度,锰还可以抵消硫的有害作用,它们是钢中的有益元素。

碳钢的分类方法很多,通常主要按碳的质量分数、钢的质量、钢的用途、钢冶炼时的脱氧程度不同来分类(见表1.4)。

表1.4 碳钢的分类

分类方法	钢种	质量分数或脱氧情况	特点
碳的质量分数	低碳钢	$w_C \leqslant 0.25\%$	强度低,塑性和焊接性能较好
	中碳钢	$w_C = 0.25\% \sim 0.6\%$	强度较高,但塑性和焊接性能较差
	高碳钢	$w_C > 0.6\%$	塑性和焊接性能很差,强度和硬度高
钢的质量	普通钢	$w_S \leqslant 0.055\%$,$w_P \leqslant 0.045\%$	含S、P量较高,质量一般
	优质钢	$w_S \leqslant 0.040\%$,$w_P \leqslant 0.040\%$	含S、P量较少,质量较好
	高级优质钢	$w_S \leqslant 0.030\%$,$w_P \leqslant 0.035\%$	含S、P量很少,质量好
用途	结构钢	$w_C = 0.08\% \sim 0.65\%$	制造各种工程构件和机器零件
	工具钢	$w_C > 0.65\%$	制造各种刀具、量具和模具
脱氧程度	沸腾钢(F)	仅用弱脱氧剂脱氧,FeO较多	钢锭内分布有许多小气泡,偏析严重
	镇静钢(Z)	浇注时完全脱氧,凝固时不沸腾	气泡、疏松少,质量较高
	半镇静钢(b)	介于沸腾钢和镇静钢之间	质量介于沸腾钢和镇静钢之间

常用的碳钢主要有碳素结构钢、优质碳素结构钢、碳素工具钢和工程铸造碳钢。其常用的牌号及用途如表1.5所示。

表1.5 常用碳钢的牌号及用途

分类	编号方法		常用牌号	用途
	举例	说明		
碳素结构钢	Q235-AF	屈服强度为235 MPa、质量为A级的沸腾钢	Q195、Q215A、Q235B、Q255A、Q255B、Q275等	一般以型材供应的工程结构件,制造不太重要的机械零件及焊接件
优质碳素结构钢	45	平均含碳量 w_C = 0.45%的优质碳素结构钢	08F、10、20、35、40、50、60、65	用于制造曲轴、传动轴、齿轮、连杆等重要零件
碳素工具钢	T8A	平均含碳量 w_C = 0.8%的碳素工具钢,A表示高级优质	T7、T8Mn、T9、T10、T11、T12、T13	制造需较高硬度、耐磨性、又能承受一定冲击的工具,如手锤、冲头等
工程铸造碳钢	ZG200-400	屈服强度为200 MPa、抗拉强度为400 MPa的碳素铸钢	ZG230-45、ZG270-500、ZG310-570、ZG340-640	形状复杂的需要采用铸造成形的钢质零件

1.3.2 合金钢

在铁碳合金中加入一些其他的金属或非金属元素构成的钢称为合金钢,其目的是为了改善碳钢的组织和性能,加入的元素称为合金元素。合金元素的加入使碳钢的淬透性、强度、硬度、耐热性、耐腐性、耐磨性等都得到了很大程度的提高。合金钢主要包含合金结构钢、合金工具钢、合金调质钢、合金渗碳钢、合金弹簧钢、特殊性能钢等。

1. 合金结构钢

合金结构钢是用于制造工程结构和机器零件的钢。用于工程结构的钢大多是普通质量的钢,承受静载荷的作用。用于机器零件的钢大多是优质钢,承受动载荷的作用,一般均需热处理,以充分发挥钢材的潜力。常用低合金高强度结构钢的用途及新旧牌号对照如表 1.6 所示。

表 1.6　常用低合金高强度结构钢的用途及新旧牌号对照

牌号	质量等级	用途举例	对应旧牌号
Q295	A、B	低、中化工容器、低压锅炉汽包,车辆冲压件,建筑金属构件,输油管,储油罐、有低温要求的金属构件等	09MnV、09MnNb、09Mn2、12Mn
Q345	A、B C、D E	各种大型船舶,铁路车辆,桥梁,管道,锅炉,压力容器,石油储罐,水轮机涡壳,起重及矿山机械,电站设备,厂房钢架等承受动载荷的各种焊接结构件,一般金属构件、零件等	12 MnV、14MnNb、16Mn、16MnRE、18Nb
Q390	A、B C、D E	中、高压锅炉汽包,中、高压石油化工容器,大型船舶,桥梁,车辆及其他承受较高载荷的大型焊接结构件,承受动载荷的焊接结构件,如水轮机涡壳等	15MnV、15MnTi、15MnNb
Q420	A、B C、D、E	大型焊接结构、大型桥梁,大型船舶,电站设备,车辆,高压容器,液氨罐车等	15MnVN、14MnViRE
Q460	C、D、E	可淬火、回火用于大型挖掘机、起重运输机、钻井平台等	—

注:屈服强度试样厚度(直径、边长)≤16 mm。

2. 合金工具钢

工具钢是制造刃具、量具、模具等各种工具用钢的总称。工具钢应具有高硬度、高耐磨性、高淬透性和足够的强度、韧度。合金工具钢中 S、P 含量均小于 0.03%,故合金工具钢都是高级优质钢。

合金工具钢牌号中 w_C 以千分之几表示,当 $w_C \geqslant 1.0\%$ 时,不标出数字。合金元素的含量表示方法与合金结构钢相同。如 W18Cr4V,$w_C = 0.70\% \sim 1.65\%$,$w_W = 17.5\% \sim 18.5\%$,$w_{Cr} = 3.8\% \sim 4.4\%$,$w_V = 1.00\% \sim 1.40\%$。常用合金工具钢的牌号及用途如表 1.7 所示。

表 1.7　常用合金工具钢牌号及用途

牌　号	用途举例
9SiCr	板牙、丝锥、铰刀、搓丝板、冷冲模等
CrMn	各种量规和块规等
9Mn2V	各种变形小的量规、丝锥、板牙、铰刀、冲模等
CrWMn	板牙、拉刀、量规及形状复杂、高精度的冷冲模等

3. 合金调质钢

合金调质钢是用来制造对综合力学性能要求高的重要零件,如坦克中重要的连接螺栓、轴等。合金调质钢按其淬透性不同分为低淬透性、中淬透性、高淬透性三类,其典型的牌号及用途如表 1.8 所示。

4. 合金渗碳钢

合金渗碳钢是指经渗碳、淬火及低温回火热处理后的合金钢。其主要用于制造对性能要求较高或截面尺寸较大,在工作时承受较强烈的冲击和磨损的重要零件。合金渗碳钢按淬透性不同分为低淬透性、中淬透性、高淬透性三类,其典型的牌号及用途如表 1.9 所示。

表 1.8　常用合金调质钢的牌号及用途

类别	牌号	用途举例
低淬透性	40Cr	重要的齿轮、轴、曲轴、套筒、连杆
	40Mn2	轴、半轴、蜗杆、连杆等
	40MnB	可代替 40Cr 作小截面重要零件，如汽车转向节、半轴、蜗杆、花键轴
	40MnVB	可代替 40Cr 作柴油机缸头螺栓、机床齿轮、花键轴等
中淬透性	35CrMo	用作截面不大而要求力学性能高的重要零件，如主轴、曲轴、锤杆等
	30CrMnSi	用作截面不大而要求力学性能高的重要零件，如齿轮、轴、轴套等
	40CrNi	用作截面较大、要求力学性能较高的零件，如轴、连杆、齿轮轴等
	38CrMoAl	氮化零件专用钢，用作磨床、自动车床主轴、精密丝杠、精密齿轮等
高淬透性	40CrMnMo	截面较大，要求强度高、韧度高的重要零件，如汽轮机轴、曲轴等
	40CrNiMo	截面较大，要求强度高、韧度高的重要零件，如汽轮机轴、叶片曲轴等
	25Cr2Ni4WA	200 mm 以下，要求淬透的大截面重要零件

注：试样尺寸 ϕ25 mm；38CrMoAl 钢试样尺寸为 ϕ30 mm。

表 1.9　常用合金渗碳钢的牌号及用途

类别	牌号	用途举例
低淬透性	15Cr	截面不大，芯部韧度较高的受磨损零件，如齿轮、活塞、活塞环、小轴等
	20Cr	芯部强度要求较高的小截面受磨损零件，如机床齿轮、活塞环、凸轮轴等
	20MnV	凸轮、活塞销等
中淬透性	20CrNi3	承受重载荷的齿轮、凸轮、机床主轴、传动轴等
	20MnVB	代替 20CrMnTi，作汽车齿轮、重型机床上的轴、齿轮等
高淬透性	20Cr2Ni4	大截面重要渗碳件，如大齿轮、轴、飞机发动机齿轮等
	18Cr2Ni4WA	大截面、高强度、高韧度的重要渗碳件，如大齿轮、传动轴、曲轴等

5. 合金弹簧钢

合金弹簧钢是指用于制造各种弹簧和弹性元件的合金钢。合金弹簧钢按其化学成分组成可分为硅锰系、硅铬系、铬锰系、铬钒系四种类型，其典型牌号及用途如表 1.10 所示。

表 1.10　常用合金弹簧钢的牌号及用途

类别	牌号	用途举例
硅锰系	55Si2Mn 60Si2Mn	有较好的淬透性，较高的弹性极限、屈服强度和疲劳强度，广泛用于汽车、拖拉机、铁道车辆的弹簧、止回阀和安全弹簧，并可用来制作在 250℃ 以下使用的耐热弹簧
硅铬系	60Si2CrA 60Si2CrVA	用来制作承受重载荷和重要的大型螺旋弹簧和板簧，如汽轮机汽封弹簧、调节阀和冷凝器弹簧等，并可用来制作在 300℃ 以下使用的耐热弹簧
铬锰系	55CrMnA 60CrMnA	用来制作载荷较重、应力较大的载重汽车、拖拉机和小轿车的板簧和直径较大(50 mm)的螺旋弹簧
铬钒系	50CrVA	用来制作特别重要的，承受大应力的各种尺寸的螺旋弹簧，并可用来制作在 400℃ 以下使用的耐热弹簧
	30W4Cr2VA	用来制作在高温(≤500℃)下使用的重要弹簧，如锅炉主安全阀弹簧等

6. 特殊性能钢

特殊性能钢是指具有特殊物理、化学性能的钢及合金。机械工程中常用的特殊性能钢主要有不锈钢、耐热钢、耐磨钢三类。

1) 不锈钢

不锈钢是指在腐蚀介质中具有耐腐蚀性能的钢。不锈钢按组织不同,可分为奥氏体型、奥氏体-铁素体型、铁素体型、马氏体型及沉淀硬化型等。

常用不锈钢的典型牌号及用途如表 1.11 所示。

表 1.11 常用不锈钢的牌号及用途

类别	牌号	用途举例
奥氏体型	1Cr18Ni9	生产硝酸、化肥等化工设备零件,建筑用装饰部件
	00Cr18Ni10N	作化学、化肥、化纤工业的耐蚀材料
奥氏体-铁素体型	0Cr26Ni5Mo32	有较高的强度,抗氧化性,用于防海水腐蚀的零件
	00Cr18Ni5Mo3Si2	有较高强度,耐应力腐蚀,用于化工行业的热交换器、冷凝器
铁素体型	1Cr17	重油燃烧部件、化工容器、管道、食品加工设备、家庭用具等
	00Cr30Mo2	与乙酸等有机酸有关的设备,制苛性碱设备
马氏体型	1Cr13	汽轮机叶片及阀、螺栓、螺母、日常生活用品等
	3Cr13	要求硬度较高的医疗工具、量具、不锈弹簧、阀门等
	1Cr17Ni2	要求有较高强度的耐硝酸、有机酸腐蚀的零件、容器和设备
沉淀硬化型	0Cr17Ni7Al	用于耐蚀的弹簧、垫圈等

2) 耐热钢

耐热钢是指在高温条件下工作具有抗氧化性和不起氧化皮,并具有足够强度的合金钢。耐热钢按正火状态下组织不同,分为奥氏体型、铁素体型、马氏体型等。其典型牌号及用途如表 1.12 所示。

表 1.12 常用耐热钢的牌号及用途

类别	牌号	用途举例
奥氏体型	4Cr14Ni14W2Mo	有较高的热强性,用于内燃机重负荷排气阀
	3Cr18Mn12Si2N	有较高的高温强度和一定的抗氧化性,较好的抗碱、抗增碳性,用于渗碳炉构件
铁素体型	0Cr13Al	因冷却硬化少,用于燃气透平压缩机叶片、退火箱、淬火台架
	1Cr17	用于 900℃以下耐氧化部件,如散热器、炉用部件、油喷嘴等
马氏体型	4Cr9Si2	有较高的热强性,用于内燃机进气阀、轻负荷发动机的排气阀
	1Cr13	用于 800 ℃以下耐氧化部件

3) 耐磨钢

耐磨钢是指主要用于制造承受严重磨损和强烈冲击的零件或构件,对耐磨钢的主要性能要求是要有很高的耐磨性、塑性和韧性。

常用高锰耐磨钢铸件牌号及用途如表 1.13 所示。

表 1.13　常用高锰耐磨钢铸件牌号及用途

牌　　号	用途举例
ZGMn13-1	低冲击耐磨零件，如齿板、铲齿等
ZGMn13-2	普通耐磨零件，如球磨机
ZGMn13-3	高冲击耐磨零件，如坦克、拖拉机履带板等
ZGMn13-4	复杂耐磨零件，如铁道道岔等
ZGMn13-5	用于特殊耐磨铸钢件

1.3.3　铸铁

铸铁也是应用广泛的一种铁碳合金，其 w_C>2.11%。铸铁材料基本上以铸件形式应用，但近年来连续铸铁板材、棒材的应用也日渐增多。铸铁中的碳除极少量固溶于铁素体中外，还因化学成分、熔炼处理工艺和结晶条件的不同，或以游离状态（石墨）、或以化合形态（渗碳体或其他碳化物）存在，也可以二者并存。

铸铁可分为一般工程应用铸铁和特殊性能铸铁两类。一般工程应用铸铁中，碳主要以石墨形态存在。按照石墨形貌的不同，这类铸铁又可分为灰铸铁（片状石墨）、可锻铸铁（团絮状石墨）、球墨铸铁（球状石墨）和蠕墨铸铁（蠕虫状石墨）四种。特殊性能铸铁既有含石墨的，也有不含石墨的（如白口铸铁）。这类铸铁的合金元素含量较高（w_{Me}>3%），可应用于高温、腐蚀或磨料磨损的工作条件。

铸铁成本低，铸造性能良好，体积收缩不明显，其力学性能、可加工性、耐磨性、耐蚀性、热导率和减振性之间有良好的配合，由于先进的生产技术和检测手段的应用，铸铁件的可靠性有明显的提高。球墨铸铁在铸铁中力学性能最好，兼有灰铸铁的工艺优点，故其应用领域正在扩大。铸铁用于基座和箱体类零件，可充分发挥其减振性和抗压强度高的特点，在批量生产中，与钢材焊接制造法相比，可以明显降低制造成本。

1. 灰铸铁

按 GB/T 9439—2010 规定，灰铸铁有八个牌号：HT100、HT150、HT200、HT225、HT250、HT275、HT300 和 HT350（牌号及用途见表 1.14）。HT 表示“灰铁”汉语拼音的首字母，后续数字表示直径为 30 mm 铸件试样的最低抗拉强度（单位：MPa）值。

表 1.14　灰铸铁的牌号及用途

铸铁类别	牌　号	用途举例
铁素体灰铸铁	HT100	受力很小、不重要的铸件，如防护罩、盖、手轮、支架、底板等
铁素体-珠光体灰铸铁	HT150	受力中等的铸件，如机座、支架、罩壳、床身、轴承座、阀体等
珠光体灰铸铁	HT200 HT225 HT250	受力较大的铸件，如气缸、齿轮、机床床身、齿轮箱、冷冲模上托、底座等
孕育铸铁	HT275 HT300 HT350	受力大、耐磨和高气密性的重要铸件，如中型机床床身、机架、高压油缸、泵体、曲轴、气缸体等

2. 可锻铸铁

将白口铸件在高温下经长时间的石墨化退火或氧化脱碳处理,可获得团絮状石墨的高韧度铸铁件,称为可锻铸铁。可锻铸铁常用于制造承受冲击振动的薄小零件,如汽车、拖拉机的后桥壳、管接头、低压阀门等。根据 GB/T 9440—2010,可锻铸铁分为珠光体可锻铸铁(如 KTZ550-04)、黑心可锻铸铁(如 KTH330-08)和白心可锻铸铁(如 KTB380-12)等。常用的可锻铸铁的牌号及用途如表 1.15 所示。

表 1.15 可锻铸铁的牌号及用途

种类	牌号	用途举例
黑心可锻铸铁	KTH300-06	弯头、三通管件、中低压阀门等
	KTH330-08	扳手、犁刀、犁柱、车轮壳等
	KTH350-10	汽车、拖拉机前后轮壳、减速器壳、转向节壳、制动器及铁道零件等
	KTH370-12	
珠光体可锻铸铁	KTZ450-06	载荷较高和耐磨损零件,如曲轴、凸轮轴、连杆、齿轮、活塞环、轴套、耙片、刀向节头、棘轮、扳手、传动链条
	KTZ550-04	
	KTZ650-02	
	KTZ700-02	

3. 球墨铸铁

球墨铸铁的组织特征是:在室温下钢的基体上分布着球状的石墨。它是向铁水中加入一定量的球化剂(如镁、稀土元素等)进行球化处理而获得,其成本低廉,但强度较好,是以铁代钢的重要材料,近年来得到广泛应用。根据 GB/T 1348－2009,按照热处理方法不同,球墨铸铁可分为铁素体球墨铸铁(QT400-18、QT400-15、QT450-10)和珠光体球墨铸铁(QT500-7、QT600-3、QT700-2、QT800-2)。常用的球墨铸铁的牌号及用途如表 1.16 所示。

表 1.16 球墨铸铁的牌号及用途

牌号	用途举例
QT400-18	承受冲击、振动的零件,如汽车、拖拉机的轮毂、驱动桥壳、差速器壳、拨叉、农机具零件、中低压阀门,上、下水及输气管道,压缩机上高低压气缸,电动机机壳,齿轮箱,飞轮壳等
QT400-15	
QT450-10	
QT500-7	机器座架、传动轴、飞轮、电动机架,内燃机的机油泵齿轮、铁路机车车辆轴瓦等
QT600-3	载荷大、受力复杂的零件,如汽车、拖拉机的曲轴、连杆、凸轮轴、气缸套,部分磨床、铣床、车床的主轴,机床的蜗杆、蜗轮,轧钢机轧辊、大齿轮、小型水轮机主轴,气缸体,桥式起重机大小滚轮等
QT700-2	
QT800-2	
QT900-2	高强度齿轮,如汽车后桥螺旋锥齿轮、大减速器齿轮、内燃机曲轴、凸轮轴等

4. 蠕墨铸铁

蠕墨铸铁基体中的石墨主要以蠕虫状存在,是 1960 年底开始发展并逐步受到重视的材料。其石墨形状和性能介于灰铸铁和球墨铸铁之间,力学性能优于灰铸铁,铸造性能优于球墨铸铁,并具有优良的热疲劳性。根据 JB/T 4403—1999,其牌号为 RuT420、RuT380、RuT340、

RuT300、RuT260等。其力学性能一般以单铸Y形试块的抗拉强度作为验收依据。常用蠕墨铸铁的牌号及用途如表1.17所示。

表1.17 蠕墨铸铁的牌号及用途

牌 号	用途举例
RuT260	增压器废气进气壳体,汽车底盘零件等
RuT300	排气管、变速箱体、气缸盖、液压件、纺织机零件、钢锭模等
RuT340	重型机床件、大型齿轮箱体、盖、座、飞轮、起重机卷筒等
RuT380	活塞环、汽缸套、制动盘、钢球研磨盘、吸淤泵体等
RuT420	

5. 合金铸铁

通过合金化来达到某些特殊性能要求(如耐磨、耐热、耐蚀等)的铸铁称为合金铸铁。

1) 耐磨铸铁

(1) 冷硬铸铁　冷硬铸铁用于制造高硬度、高抗压强度及耐磨的工作表面,同时需要有一定的强度和韧度的零件,如轧辊、车轮等。

(2) 抗磨铸铁　抗磨铸铁分为抗磨白口铸铁和中锰球墨铸铁。抗磨白口铸铁硬度高,具有很高的抗磨性能,但由于脆性较大,应用受到一定的限制,不能用于承受大的动载荷或冲击载荷的零件。根据GB/T 8263—2010,其牌号有KmTBMn5W3等。中锰球墨铸铁具有一定的强度和韧度,耐磨料磨损。抗磨铸铁可制造承受干摩擦及在磨料磨损条件下工作的零件,在矿山、冶金、电力、建材和机械制造等行业有广泛的应用。

2) 耐热铸铁

耐热铸铁是指在高温下具有较好的抗氧化和抗生长能力的铸铁。所谓"生长"是指由于氧化性气体沿石墨片的边界和裂纹渗入铸铁内部而造成的氧化,以及由于Fe_3C分解而发生的石墨化引起的铸铁体积膨胀。为了提高铸铁的耐热性,可在铸铁中加入Si、Al、Cr等元素,使铸铁在高温下表面形成一层致密的氧化膜,保护内层不被继续氧化。根据GB/T 9437—2009,其牌号有HTRCr、QTRAl22等。

3) 耐蚀铸铁

耐蚀铸铁广泛应用于化工部门。提高铸铁耐蚀性主要靠加入大量的Si、Al、Cr、Ni、Cu等合金元素。合金元素的作用是提高铸铁基体组织的电位,使铸铁表面形成一层致密的保护膜,并且最好具有单相基体加孤立分布的球状石墨,而且尽量使石墨量减少。其牌号有HTSSi11Cu2CrR等。

1.3.4 非铁金属材料

钢、铁以外的金属材料称为非铁金属材料(旧称有色金属材料)。非铁金属元素有80余种,一般分为:轻金属,密度不大于4.5 g/cm³,常用轻金属有铝、镁、钛、钾、钠、钙、锂等;重金属,密度大于4.5 g/cm³,常用重金属有铜、铅、锌、镍、钴、锑、锡、铋、汞、镉等;贵金属,包括金、银、及铂族元素;高熔点金属,包括钨、钼、钽、铌、锆、铪、钒、铼等;稀土金属,包括钪、钇和镧系元素;放射性金属,包括钋、镭、锕、钍、铀等元素;半金属,其物理和化学性质介于金属与非金属之间的元素,如硅、硒、砷、硼等。

目前,全世界的金属材料总产量约 10.11 亿吨,其中钢铁约占 95%,是金属材料的主体;非铁金属材料约占 5%,处于补充地位,但它的作用却是钢铁材料无法代替的。

就消耗量的增长率而言,非铁金属的增长率大大超过了钢的增长率。目前,世界原铝产量达 1 900 万吨,其中 50%用来制取型材与深加工产品。我国的铝合金品种约占美国的一半,但规格却不足美国的 1/4。

在金属材料中,铝的产量仅次于钢铁,为非铁金属材料产量之首。铝用途广泛,主要是基于它有如下的特性:密度小,约为铁的密度的 1/3;可强化,通过添加普通元素和热处理而获得不同程度的强化,其最佳者的比强度可与优质合金钢媲美;易加工,可铸造、压力加工、机械加工成各种形状;导电、导热性能好,仅次于金、银和铜;室温时,铝的导电能力约为铜的 62%,但按单位质量的导电能力计算,则为铜的 200%。铝的强度低(R_m=80~100 MPa),经冷塑性变形之后明显提高(R_m=150~200 MPa)。纯铝强度很低,所以不能用来制造承受载荷的结构零件。但在铝中加入适量的 Si、Cu、Mg、Mn 等合金元素,就可得到具有较高强度的铝合金。

在非铁金属材料中,铜的产量仅次于铝。铜用途广泛是由于它有如下优点:优良的导电性和导热性,优良的冷热加工性能和良好的耐腐蚀性能。其导电性仅次于银,导热性在银和金之间。铜为面心立方结构,强度和硬度较低,而冷、热加工性能都十分优良,可以加工成极薄的箔和极细的丝(包括高纯高导电性能的丝);易于连接。铜还可与很多金属元素形成许多性能独特的合金。

滑动轴承因承压面积大,承载能力强,工作平稳无噪声,且检修方便,在动力机械中广泛使用。为减少轴承对轴颈的磨损,确保机器的正常运转,轴承应具有良好的磨合性、抗振性,与轴之间的摩擦因数应尽可能小。制造轴瓦及其内衬的合金称为轴承合金。最常用的轴承合金是锡基或铅基"巴氏合金"。

常用非铁合金的类型、主要性能特点、典型牌号、主要用途如表 1.18 所示。

表 1.18 非铁合金的类型、主要性能特点、典型牌号、主要用途

大类	主要性能特点	类别			典型牌号	主要用途
铝及铝合金	熔点低、密度小、比强度高;优良的加工工艺性能;良好的导电性和导热性;良好的耐大气腐蚀能力	铝合金	变形铝合金	防锈铝合金	5A05、5A21	容器、管道、铆钉等
				硬铝合金	2A11	叶片、骨架、铆钉等
				超硬铝合金	7A04	飞机大梁、桁架等
				锻铝合金	1A50、2A70	重载锻件等
			铸造铝合金	Al-Si 系铸造铝合金	ZAlSi12	仪表壳体、水泵壳体等
				Al-Cu 系铸造铝合金	ZAlCu5Mn	发动机机体、气缸体等
				Al-Mg 系铸造铝合金	ZAlMg10	舰船配件、氨用泵体等
				Al-Zn 系铸造铝合金	ZAlZn11Si7	结构形状复杂的汽车零件等
铜及铜合金	良好的加工工艺性能;极佳的导电性和导热性;良好的耐蚀性;色泽美观、具有抗磁性	铜合金	黄铜	普通黄铜	H62	铆钉、螺母、散热器等
				特殊黄铜	HPb59-1	销子、螺钉等冲压件或加工件
			青铜	锡青铜	QSn4-3	弹簧、管配件等
				铝青铜	QAl7	重要的弹簧和弹性元件
				铍青铜	QBe2	重要仪表的弹簧、齿轮等

续表

大类	主要性能特点	类　别	典型牌号	主 要 用 途
轴承合金	较高的抗压强度、硬度；高的疲劳强度、足够的塑性和韧性；高的耐磨性、良好的磨合能力、较小的摩擦因数；有良好的耐蚀性、导热性，较小的膨胀系数；良好的工艺性，价格便宜	锡基轴承合金	ZSnSb11Cu6	汽轮机、发动机的高速轴承
		铅基轴承合金	ZPbSb10Sn6	重载、耐蚀、耐磨用轴承
		铜基轴承合金	ZCuPb30	航空发动机、高速柴油机轴承
		铝基轴承合金	ZAlSn6Cu1Ni1	高速、重载下工作的轴承

1.3.5　塑料

塑料是指以天然或合成树脂为主要成分，在一定温度、压力条件下经塑制成形，并在常温下能保持形状不变的高分子工程材料。塑料一般常用注射、挤压、模压、吹塑等方法成形。

塑料按受热后所表现的行为不同可分为热固性塑料和热塑性塑料两类。热塑性塑料是指加热后会熔化，可流动到模具内冷却成形，再加热后又会熔化的塑料，即可通过加热使之软化，降低温度使之硬化的塑料。这类塑料加工成形简便，具有较高的力学性能，但耐热性和刚度较差。热固性塑料是指加热后会固化或有不熔融(溶解)特性的塑料。这类塑料耐热性高，受压不易变形，价格低廉，但生产率低，机械强度一般不太好。

塑料具有一定的耐热、耐寒及良好的力学、电气、化学等综合性能，可以替代非铁金属及其合金，作为结构材料用来制造机器零件或工程结构。塑料以其质轻、耐蚀、电绝缘，具有良好的耐磨和减摩性，良好的成形工艺性等特性以及有丰富的资源而成为应用很广泛的高分子材料，在工农业、交通运输业、国防工业及日常生活中均得到广泛应用。

常用塑料的名称、性能与用途如表 1.19 所示。

表 1.19　常用塑料的名称、性能与用途

类别	名　称	性 能 特 点	用 途 举 例
热塑性塑料	聚乙烯(PE)	高压聚乙烯：化学稳定性好、抗拉强度较低、塑性和韧性较好，质地柔软，最高使用温度为 80℃。 低压聚乙烯：质地坚硬、耐磨性、耐蚀性和绝缘性好，最高使用温度为 100℃	高压聚乙烯：塑料薄膜、软管、电线包皮、日用品、玩具等。 低压聚乙烯：可制作承载较小的齿轮、轴承等结构件、耐蚀管道等
	聚氯乙烯(PVC)	硬质聚氯乙烯：强度较高、刚度好、塑性低，耐蚀性和绝缘性好，耐热性差，使用温度为－15～55℃。 软质聚氯乙烯：质地柔软、高弹性、耐蚀性好、绝缘性好、耐热性差。 泡沫聚氯乙烯：隔热、隔音性能好	硬质聚氯乙烯：各种上下水管、接头和化工耐蚀结构件，如输油管、容器、阀门等，用途广。 软质聚氯乙烯：农用薄膜、人造革、电线包皮等，因有毒，不能包装食品。 泡沫聚氯乙烯：用于隔热、隔音和包装之用
	聚酰胺(尼龙)(PA)	耐冲击、耐磨、耐蚀，较好自润滑性能、摩擦因数小，但热稳定性差，导热性差，使用温度低于 100℃；吸水性好，成形收缩率大，影响零件的尺寸精度	多用于小型零件的制造，如齿轮、螺母、轴承、密封圈等，不适合制作精密零件

续表

类别	名 称	性能特点	用途举例
热塑性塑料	聚甲基丙烯酸甲酯（有机玻璃）（PMMA）	透光性好，耐紫外线和耐大气老化，耐蚀性和绝缘性好，但硬度低、不耐磨、脆性大，使用温度为－60～100℃	仪器和设备的防护罩、光学镜片、飞机的座舱、风挡、玄窗等
	苯乙烯-丁二烯-丙烯腈共聚物（ABS 塑料）	综合力学性能好，尺寸稳定，绝缘性好，耐腐蚀，易于成形，能机械加工，表面还可进行电镀，但耐热性、耐候性差	齿轮、轴承、叶轮、仪表盘以及仪表、家用电器的外壳等
	聚四氟乙烯（塑料王）（F-4）	具有优越的化学稳定性和热稳定性，绝缘性好，自润滑性好，但强度低、刚度差、加工成形性差，可在－195～250℃使用	减摩密封零件，化工机械中的耐蚀零件、管道，高频或潮湿条件下的绝缘材料
热固性塑料	酚醛塑料（电木）（PF）	较高的抗拉强度，硬度高，耐磨，耐腐蚀，耐热性好，但脆性大，加工性差，不耐碱，着色性差	广泛用于电器开关、插座、灯头，也可用刹车片、风扇皮带轮、耐酸泵、整流罩等
	氨基塑料（电玉）（UF）	力学性能、耐热性和绝缘性和电木相近，颜色鲜艳，半透明，耐水性差，长期使用温度低于 80℃	电器开关、装饰件、钟表外壳等
	环氧树脂塑料（EP）	强度高、耐热、耐蚀、绝缘性好、易于成形，化学稳定好，可在－80～155℃长期使用，但有一定毒性	可制成玻璃纤维增强塑料、用于塑料模具、量具、灌封电子元件等

1.3.6 橡胶

橡胶是指以生胶为原料，加入适量配合剂，经过硫化后所组成的高分子弹性体。生胶按原料来源可分为天然橡胶和合成橡胶。配合剂是指为改善生胶的性能而添加的各种物质，包括硫化剂、促进剂、软化剂、填充剂、防老化剂和着色剂等。硫化剂相当于热固性塑料中的固化剂，硫化剂能使分子链相互交联成网状结构，橡胶的交联过程称为“硫化”。促进剂能缩短硫化时间，降低硫化温度，提高制品的经济性。软化剂能增加橡胶的塑性，改善黏附力，并降低橡胶的硬度和提高其耐寒性。填充剂能增加橡胶的强度、降低成本及改善工艺性能。橡胶在长期存放或使用过程中因环境因素逐渐被氧化而变黏变脆，这种现象称为橡胶的老化。防老化剂可防止橡胶的氧化，延长老化过程。着色剂能使橡胶制品具有各种不同的颜色。

橡胶具有高弹性、一定的耐磨性及缓冲减振性。常用橡胶的名称、性能及用途如表 1.20 所示。

表 1.20 常用橡胶的名称、性能与用途

类别	名 称	性能特点	用途举例
通用橡胶	天然橡胶（NR）	高强度、绝缘、防振	轮胎、胶带、胶管以及不要求耐热、耐油的垫圈、衬垫等
	丁苯橡胶（SBR）	与天然橡胶比，有较好的耐磨性、耐热性、耐油性及耐老化性，但弹性和强度差	轮胎、胶带、胶布、胶管及各种工业用橡胶密封件等

续表

类别	名　称	性能特点	用途举例
通用橡胶	顺丁橡胶（BR）	耐磨性和弹性优于天然橡胶，耐寒，但加工性能差、抗撕裂性差	轮胎、胶管、胶辊、刹车皮碗、橡胶弹簧、鞋底等
	氯丁橡胶（CR）	耐油性、耐磨性、耐热性、耐燃性、耐蚀性和气密性均优于天然橡胶，特别是耐老化性	海底电线、电缆的包皮，化工防腐蚀材料，地下采矿用的耐燃安全橡胶制品，以及垫圈、油罐衬里、运输带等
	丁腈橡胶（NBR）	耐油性、耐磨性和耐热性优于天然橡胶，但耐低温性差，弹性低，绝缘性差	耐油密封圈和输油管、油槽衬里、耐油运输带以及各种耐油减振制品
特种橡胶	聚氨酯橡胶（UR）	强度、耐磨性优于其他橡胶，耐油性好，但耐蚀性差，最高使用温度 80℃	胶辊、实心轮胎、耐磨制品及特种垫圈等
	氟橡胶（FPM）	耐蚀是优于其他橡胶，耐热、但耐寒性差	高耐蚀密封件、高真空橡胶件以及特种电线电缆的护套等
	硅橡胶	绝缘性好、耐热、耐寒、抗老化、无毒	耐高、低温的橡胶制品，绝缘件等

1.3.7　陶瓷

陶瓷是由天然或人工合成的粉状矿物原料和化工原料组成，经过成形和高温烧结制成的，由金属和非金属元素构成化合物反应生成的多晶体相固体材料。陶瓷的弹性模量一般都较高，极不容易变形。陶瓷的硬度很高，绝大多数陶瓷的硬度远高于金属。陶瓷的耐磨性好，是制造各种特殊要求的易损零部件的好材料。陶瓷的抗拉强度低，但抗弯强度较高，抗压强度更高。陶瓷材料的耐高温性能一般优于金属，在 1 000 ℃以上的高温下陶瓷仍能保持其室温下的强度，而且高温抗蠕变能力强，是工程上常用的耐高温材料。

常用陶瓷的名称、性能及用途如表 1.21 所示。

表 1.21　常用陶瓷的名称、性能与用途

名　称	性能特点	用途举例
普通陶瓷	硬度高、耐腐蚀、绝缘性好，有一定的耐高温能力，成本低，加工成形性好	可用于受力不大、工作温度一般在 200 ℃以下的酸碱介质中工作的容器、反应塔管道以及供电系统中的绝缘子等绝缘材料
氧化铝陶瓷	强度高于普通瓷，具有很好的耐高温性能，优良的电绝缘性能、耐蚀能力，但脆性大、抗热振性差	可制作高温试验的容器和热电偶套管、内燃机火花塞、刀具、火箭导流罩等
氮化硅陶瓷	有自润滑性，摩擦因数小、强度高、硬度高、耐磨性好，抗热振性好、耐蚀性好	可制作耐蚀水泵密封件和高温轴承、电磁泵的管道、阀门、刀具、燃气轮机叶片等
碳化硅陶瓷	高温强度高、热导性好、热稳定性好，耐蚀、耐磨，硬度高	可用于 1 500 ℃以上工作的结构件，如火箭尾喷嘴、浇注金属用的喉嘴、热电偶套管、燃气轮机的叶片、耐磨密封圈等
氮化硼陶瓷	高温绝缘性好，化学性能稳定，有自润滑性，耐热性好，硬度低，可进行切削加工	可制作热电偶套管、高温容器、半导体散热绝缘零件、高温轴承等

1.3.8　复合材料

复合材料是由两种或两种以上的组分材料通过适当的工艺复合在一起的新材料，其既保留原组分材料的特性，又具有原单一组分材料所无法获得的或更优异的特性。

复合材料为多相体系，全部相可分为两类，一类相为基体，起黏结剂作用；另一类为增强相，起提高强度或韧度的作用。其基体可以是金属，也可以是非金属，而增强材料亦可以是金属或非金属。也就是说，不同的非金属材料可以相互复合；不同金属材料可以相互复合；各种非金属材料也可与各种金属材料复合。复合材料按结构特点可分为纤维复合材料(纤维和基体组成)、层叠复合材料(两种或多种材料层合而成)和颗粒复合材料(颗粒和基体组成)三种。

常用复合材料的名称、性能及用途如表 1.22 所示。

表 1.22　常用复合材料的名称、性能及用途

种类	名称	性能特点	用途举例
纤维增强复合材料	玻璃纤维增强塑料(玻璃钢)	热塑性玻璃钢：与未增强的塑料相比，具有更高的强度、韧度和抗蠕变的能力，其中以尼龙的增强效果最好，聚碳酸酯、聚乙烯、聚丙烯的增强效果较好	轴承、轴承座、齿轮、仪表盘、电器的外壳等
		热固性玻璃钢：强度高、比强度高、耐蚀性好、绝缘性能好、成形性好、价格低，但弹性模量低、刚度差、耐热性差、易老化和蠕变	主要用于制作要求自重轻的受力构件，如直升机的旋翼、汽车车身、氧气瓶。也可用于耐腐蚀的结构件，如轻型船体、耐海水腐蚀的结构件、耐蚀容器、管道、阀门等
	碳纤维增强塑料	保持了玻璃钢的许多优点，强度和刚度超过玻璃钢，碳纤维-环氧复合材料的强度和刚度接近于高强度钢。此外，还具有耐蚀性、耐热性、减摩性和耐疲劳性	飞机机身、螺旋桨、涡轮叶片、连杆、齿轮、活塞、密封环、轴承、容器、管道等
层叠复合材料	夹层结构复合材料	由两层薄而强的面板、中间夹一层轻而弱的芯子组成，密度小，刚度好、绝热、隔音、绝缘	飞机上的天线罩隔板、机翼、火车车厢、运输容器等
	塑料-金属多层复合材料	例如 SF 型三层复合材料，表面层是塑料(自润滑材料)、中间层是多孔性的青铜、基体是钢，自润滑性好、耐磨性好，承载能力和热导性比单一塑料大幅提高，热膨胀系数降低了 75%	无润滑条件下的各种轴承
颗粒复合材料	金属陶瓷	陶瓷微粒分散于金属基体中，具有高硬度、高耐磨性，耐高温、耐腐蚀、膨胀系数小	用于工具材料

1.4　钢的热处理

钢的热处理是指将钢在固态下采用适当的方式进行加热、保温和冷却，以获得所需组织结构与性能的一种工艺。通过适当的热处理可提高钢的力学性能，从而提高零件的使用寿命。

常用的热处理方式主要有退火、正火、淬火、回火和表面热处理等。

同一材料，采用不同热处理工艺将会得到不同的组织与性能。45 钢在不同冷却速度时的力学性能如表 1.23 所示。

表 1.23　45 钢在不同冷却速度时的力学性能

冷却方式	R_m/MPa	R_{eL}/MPa	A/(%)	HRC
随炉冷却	530	280	32.5	15～18
空气中冷却	670～720	340	15～18	18～24
油中冷却	900	620	18～20	40～50
水中冷却	1100	720	7～8	52～60

1.4.1　钢的退火

钢的退火是指把钢加热到高于或低于临界点(A_3 或 A_1)的某一温度，保温一定时间后缓慢冷却，以获得接近平衡组织的一种热处理工艺。根据钢的成分、原始状态和退火目的的不同，退火可分为完全退火、等温退火、球化退火、均匀化退火、去应力退火等。

钢的退火热处理工艺如表 1.24 所示。

表 1.24　钢的退火热处理工艺

热处理名称	热处理工艺	应用场合	目　　的
完全退火	将亚共析碳钢加热到 Ac_3 以上 30～50 ℃，保温，随炉缓冷到 600 ℃以下，出炉空冷	用于亚共析碳钢和合金钢的铸、锻件	细化晶粒，消除内应力，降低硬度以便于随后的切削加工
等温退火	将奥氏体熔化后的钢快冷至珠光体形成温度等温保温，使过冷奥氏体转变为珠光体，空冷至室温	用于奥氏体比较稳定的合金钢	与完全退火相同，但所需时间可缩短一半，且组织也较均匀
球化退火	将过共析碳钢加热到 Ac_1 以上 20～30 ℃，保温 2～4 h，使片状渗碳体发生不完全溶解断开成细小的链状或点状，弥散分布在奥氏体基体上，在随后的缓冷过程中，或以原有的细小的渗碳体质点为核心，或在奥氏体中富碳区域产生新的核心，形成均匀的颗粒状渗碳体	用于共析钢、过共析钢和合金工具钢	使珠光体中的片状渗碳体和网状二次渗碳体球化，以降低硬度、改善切削加工性；获得均匀组织，改善热处理工艺性能，为以后的淬火作组织准备
均匀化退火	将工件加热到 1 100 ℃左右，保温 10～15 h，随炉缓冷到 350 ℃，再出炉空冷。工件经均匀化退火后，奥氏体晶粒十分粗大，必须进行一次完全退火或正火来细化晶粒，消除过热缺陷	用于高质量要求的优质高合金钢的铸锭和成分偏析严重的合金钢铸件	高温长时间保温，使原子充分扩散，消除晶内偏析，使成分均匀化
去应力退火	将工件随炉缓慢加热到 500～650 ℃，保温，随炉缓慢冷却至 200 ℃出炉空冷	用于铸件、锻件、焊接件、冷冲压件及机加工件	消除残余内应力，提高工件的尺寸稳定性，防止变形和开裂

1.4.2　钢的正火

钢的正火是指将钢加热到 Ac_3(亚共析钢)或 Ac_{cm}(过共析钢)以上 30～50 ℃，经保温使钢完全奥氏体化后再出炉空冷的一种热处理工艺。正火适用于碳素钢及中、低合金钢,因为高合金钢的临界冷却速度较低,即使在空气中冷却也会获得马氏体组织。正火的目的是对低碳钢、低碳低合金钢,细化晶粒,提高硬度(140～190 HBW),改善切削加工性能;对过共析钢,正火可消除二次网状渗碳体,有利于球化退火的进行。

退火和正火是生产中应用很广泛的预备热处理工艺,主要用于改善材料的切削加工性。对于一些受力不大、性能要求不高的机器零件,也可以作为最终热处理。

1.4.3　钢的淬火

淬火是指将钢加热到 Ac_3 或 Ac_1 以上,保温一定时间使其奥氏体化,再以大于临界冷却速度快速冷却,从而发生马氏体转变的热处理工艺。淬火后得到的组织主要是马氏体(或下贝氏体),此外,还有少量残余奥氏体及未溶的第二相。淬火的目的是提高钢的硬度和耐磨性。不同淬火方法的工艺过程及特点应用如表 1.25 所示。

表 1.25　不同淬火方法的工艺过程及特点应用

淬火方法	工艺过程	特点和应用
单液淬火法	将奥氏体化后的工件放入一种冷却介质中冷却到室温	操作简单,易实现机械化与自动化,适用于形状简单的工件
双液淬火法	将奥氏体化后的工件先放入一种冷却能力较强的介质中冷却,再放入一种冷却能力较弱的介质中冷却	防止低温马氏体转变时工件发生裂纹,常用于形状复杂的合金钢
分级淬火法	将奥氏体化后的工件放入硝盐浴中冷却,使钢内外层达到介质温度后取出空冷	大大减小热应力、变形和开裂,但盐浴的冷却能力较小,故只适用于截面尺寸小于10 mm^2 的工件,如刀具、量具等
等温淬火法	将奥氏体化后的工件放入硝盐浴中冷却,保持足够长的时间,使过冷奥氏体弯曲转变为下贝氏体,取出空冷	它常用来处理形状复杂、尺寸要求精确、韧度高的工具、模具和弹簧等
局部淬火法	对工件进行局部淬火	工件局部位置要求高硬度的零件
冷处理	将淬火工件冷却至室温后,再放入温度更低的冷却介质中冷却,使残余奥氏体转变为马氏体	提高硬度、耐磨性,稳定尺寸,适用于一些高精度的工件,如精密量具、精密丝杠、精密轴承等

1.4.4　钢的回火

回火是指将淬火后的钢再次加热到 A_1 以下某一温度,保温后冷却的热处理工艺。回火决定了钢在使用状态的组织和性能。回火的目的是为了稳定组织,消除淬火应力,提高钢的塑性和韧性,获得强度、硬度和塑性、韧性的适当配合,满足各种工件不同的性能要求。

根据回火温度不同可将钢的回火分为低温回火、中温回火和高温回火三类。

1. 低温回火(150～250 ℃)

低温回火后的组织为回火马氏体,它是由过饱和的 α 相和与其共格的 ε-$Fe_{2.4}C$ 组成。其形态仍保留淬火马氏体的片状或板条状。

低温回火的主要目的是保持淬火马氏体的高硬度(58～62 HRC)和高耐磨性，降低淬火应力和脆性。它主要用于各种高碳钢的刃具、量具、冷冲模具、滚动轴承和渗碳工件。

2. 中温回火(350～500 ℃)

中温回火后的组织为回火托氏体，它是由尚未发生再结晶的针状铁素体和弥散分布的极细小的片状或粒状渗碳体组成，其形态仍为淬火马氏体的片状或板条状。

中温回火的主要目的是为了获得高的屈强比、高的弹性极限、高的韧度，回火托氏体的硬度为35～45 HRC。中温回火主要用于处理各种弹簧、锻模。

3. 高温回火(500～650 ℃)

高温回火后的组织为回火索氏体，它是由已再结晶的铁素体和均匀分布的细粒状渗碳体组成。由于铁素体发生了再结晶失去了原来淬火马氏体的片状或板条状形态，呈现为多边形颗粒状，同时渗碳体聚集长大。

高温回火的目的是为了获得综合力学性能，在保持较高强度的同时，具有较好的塑性和韧性，回火索氏体的硬度为25～35 HRC。这种淬火后高温回火的热处理称为调质，它适用于处理传递运动和力的重要零件，如传动轴、齿轮、传动连杆等。

钢经过正火处理后的硬度值和调质处理后的硬度值很相近，但重要的结构零件一般都进行调质处理。这是由于调质处理后的组织为回火索氏体，其渗碳体呈颗粒状，而正火得到的索氏体，其渗碳体呈片状。因此，钢经过调质处理后不仅强度较高，而且塑性和冲击韧度显著提高。表1.26所示为45钢(ϕ20～ϕ40)经调质与正火处理后力学性能的比较。

表1.26　45钢经调质与正火处理后力学性能的比较

热处理状态	R_m/MPa	A/(%)	α_k/J	HBS	组织
正火	700～800	15～20	40～64	163～220	细珠光体+铁素体
调质	750～850	20～25	64～96	210～250	回火索氏体

1.4.5　钢的表面热处理

表面热处理是钢件表面强化的重要方法之一。当零件在使用上要求表面应具有高强度、高硬度、高耐磨性和抗疲劳性能，心部在保持一定的强度、硬度条件下应具有良好的塑性和韧性时，需采用表面强化方法满足上述要求。表面热处理分为表面淬火和化学热处理。

1. 表面淬火

钢的表面淬火是将钢件表面层快速加热至淬火温度，然后快速冷却的热处理工艺。表面淬火主要适用于中碳钢和中碳低合金钢。钢件在表面淬火前应进行正火或调质处理，表面淬火后应进行低温回火。这样，不仅可以保证其表面的高硬度和高耐磨性，而且可以保证心部的强度和韧度。

表面淬火快速加热的方法主要有火焰加热、感应加热、电接触加热、激光加热和电子束加热等，生产中应用最多的是感应加热。

2. 化学热处理

化学热处理是将钢件置于化学介质中进行加热、保温处理，使介质中的活性原子渗入钢件表层，改变其表层化学成分，以达到改变表层组织和性能的热处理工艺。与表面淬火相比，根据渗入的元素不同，化学热处理不仅改变了钢表层的组织和性能，而且改变了其化学成分。可提高工件表层的硬度、耐磨性、疲劳强度及表面的物理和化学性能。化学热处理有渗碳、渗氮、碳氮共渗、渗硼和渗铝等多种类型。常用的化学热处理方法有渗碳、渗氮和碳氮共渗三种。

(1) 渗碳　渗碳是将低碳钢的零件放入高碳介质中加热、保温,使介质中的碳原子渗入钢件表层,以获得高碳表层的化学热处理工艺。钢件渗碳后,需进行淬火和低温回火,使表层具有高硬度、高耐磨性,而心部却保持良好的塑性和韧性。按所用渗碳剂的不同,渗碳分为气体渗碳、液体渗碳和固体渗碳,生产中常用的是气体渗碳。

(2) 渗氮　渗氮是将钢件放入高氮介质中加热、保温,以获得高氮表层的化学热处理工艺。与渗碳相比,渗氮后的钢件表面可获得更高的硬度、耐磨性和疲劳强度,而且具有一定的耐蚀性。

(3) 碳氮共渗　碳氮共渗是使钢件表面同时渗入碳和氮的化学热处理工艺。目前常用的方法有中温气体碳氮共渗和低温气体碳氮共渗。碳氮共渗可提高钢的表面硬度、耐磨性和抗疲劳能力。

思 考 题

(1) 材料的力学性能指什么?常用哪些指标来反映?这些指标的各自含义是什么?

(2) 材料硬度常用的指标有哪三种?各自适用于何种场合?

(3) 常用的工程材料有哪些?各自的性能如何?各适用于制造什么零件?

(4) 钢热处理的目的是什么?

(5) 什么是钢的退火?有哪些退火方式?各应用于什么场合?

(6) 什么是钢的正火?正火应用于什么场合?

(7) 什么是钢的淬火?淬火的目的是什么?常用的淬火方式有哪些?

(8) 什么是钢的回火?回火方式有哪几种?回火后材料的性能如何?

第2章 铸　　造

2.1 概　　述

铸造是先熔炼金属和制造铸型，再将熔融金属浇入铸型，凝固后获得一定形状和性能铸件的成形方法。铸件一般是毛坯，经切削等加工后才成为零件。当零件精度要求较低和表面粗糙度参数值允许较大时，或经过特种铸造的铸件也可直接当零件使用。

铸造生产方法很多，常见的有以下两类。

(1) 砂型铸造　用型砂紧实制成铸型的铸造方法。型砂来源广泛，价格低廉，且砂型铸造适应性强，是目前生产中用得最多、最基本的铸造方法。

(2) 特种铸造　用与砂型铸造不同的其他铸造方法，如熔模铸造、金属型铸造、压力铸造、低压铸造和离心铸造等。

砂型铸造的工艺流程包含：型(芯)砂配制、工装准备(制模样和芯盒)、造型、造芯、合型、金属熔炼及浇注、落砂、清理和检验等工序，具体如图2.1所示。

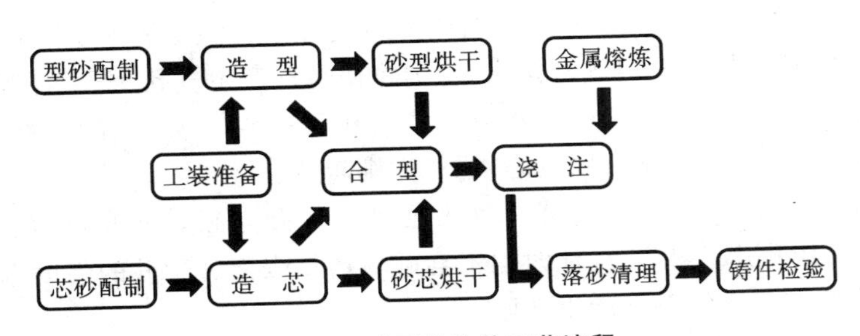

图2.1　砂型铸造的工艺流程

铸造生产具有以下优点。

(1) 可以制成外形和内腔十分复杂的毛坯，如各种箱体、床身、机架等。

(2) 适用范围广，可铸造不同尺寸、质量及各种形状的工件；也适用于不同材料，如铸铁、铸钢、非铁合金等。铸件质量可以从几克到几百吨。

(3) 原材料来源广泛，还可利用报废的机件或切屑；工艺、设备费用小，成本低。

(4) 所得铸件与零件尺寸较接近，可节省金属的消耗，减少切削加工工作量。

但铸件存在力学性能较差，质量不稳定，铸造生产工序多，工人劳动条件差等缺点。随着铸造合金、铸造工艺技术的发展，特别是精密铸造的发展和新型铸造合金的成功应用，使铸件的表面质量、力学性能都有显著提高，铸件的应用范围日益扩大。

铸件广泛用于机床制造、动力、交通运输、轻纺机械、冶金机械等设备。铸件重量占机器总重量的40%～85%。

2.2 砂型铸造

2.2.1 造型材料

造型材料是指制造铸型的材料。常用的造型材料主要是型(芯)砂。

1. 型(芯)砂的组成

砂型铸造用的造型材料主要是用于制造砂型的型砂和用于制造砂芯的芯砂。通常型砂是由原砂(山砂或河砂)、黏土和水按一定比例混合而成,其中黏土约为9%,水约为6%,其余为原砂。有时还加入少量煤粉、植物油、木屑等附加物,以提高型砂和芯砂的某些性能。紧实后的型砂结构如图2.2所示。芯砂用量较少,一般用手工配制。但其所处的环境恶劣,所以其性能要求比型砂高,同时芯砂的黏结剂(黏土、油类等)比型砂中的黏结剂的比例要大一些,所以其透气性不如型砂,制造型芯时要做出透气道(孔)。为改善型芯的退让性,要加入木屑等附加物。有些要求高的小型铸件往往采用油砂芯(桐油+砂子,经烘烤至黄褐色而成)。

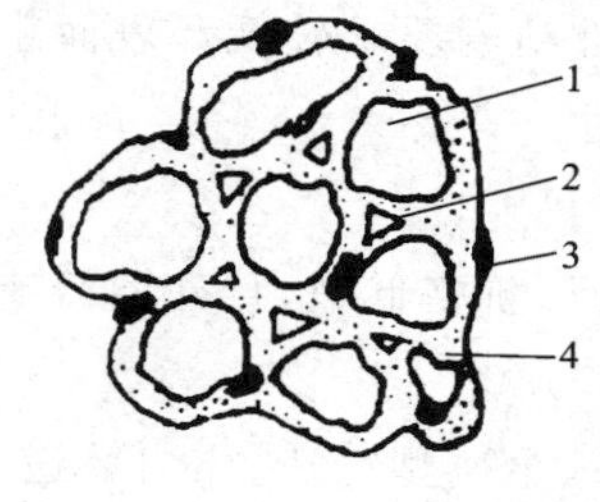

图2.2　型砂结构示意图

1—砂粒;2—空隙;
3—附加物;4—黏土膜

2. 型(芯)砂的性能要求

型砂的质量直接影响铸件的质量,型砂质量差会使铸件产生气孔、砂眼、黏砂、夹砂等缺陷。良好的型砂应具备下列性能。

(1) 透气性　型砂能让气体透过的性能称为透气性。高温金属液浇入铸型后,型内充满大量气体,这些气体必须从铸型内顺利排出,否则将使铸件产生气孔、浇不足等缺陷。

铸型的透气性受砂粒度、黏土含量、水分含量及砂型紧实度等因素的影响。砂的粒度越细小,黏土及水分含量越高,砂型紧实度越高,透气性则越差。

(2) 强度　型砂抵抗外力破坏的能力称为强度。型砂必须具备足够高的强度才能在造型、搬运、合箱过程中不引起塌陷,浇注时也不会破坏铸型表面。型砂的强度也不宜过高,否则会因透气性、退让性的下降使铸件产生缺陷。

(3) 耐火性　指型砂抵抗高温热作用的能力。耐火性差,铸件易产生黏砂。型砂中 SiO_2 含量越多,型砂颗粒越大,耐火性越好。

(4) 可塑性　指型砂在外力作用下变形,去除外力后能完整地保持已有形状的能力。可塑性好,造型操作方便,制成的砂型形状准确、轮廓清晰。

(5) 退让性　指铸件在冷凝时,型砂可被压缩的能力。退让性不好,铸件易产生内应力或开裂。型砂紧实程度越高,退让性越差。在型砂中加入木屑等可以提高退让性。

3. 型(芯)砂的类型

型(芯)砂根据使用黏结剂的不同,可分为黏土砂、水玻璃砂和树脂砂等类型。

黏土砂是以黏土(包括膨润土和普通黏土)为黏结剂的型砂。其用量占整个铸造用砂量的70%～80%。其中湿型砂使用最为广泛,因为湿型铸造不用烘干,可节省烘干设备和燃料,降低成本;工序简单,生产率高;便于组织流水生产,实现铸造机械化和自动化,但湿型砂强度不高,不能用于大铸件生产。

为节约原材料,合理使用型砂,往往把湿型砂分为面砂和背砂两种。与模样接触的那层型砂,称为面砂,其强度、透气性等要求较高,需专门配制。远离模样在砂箱中起填充加固作用的型砂称为背砂，一般使用旧砂。在机械化造型生产中，为提高生产率，简化操作，一般不分面砂和背砂，而用单一砂。

水玻璃砂是用水玻璃(硅酸钠的水溶液)作为黏结剂配制而成的型砂。水玻璃加入量为砂子质量的6%～8%。水玻璃砂型浇注前需进行硬化，以提高强度。硬化的方法主要是通入CO_2，使其产生化学反应后自行硬化。由于取消或缩短了烘干工序，水玻璃砂的出现使大件造型工艺大为简化。但其溃散性差，落砂、清砂及旧砂回用都很困难，在铸铁件浇注时黏砂严重，故不适合铸铁件的生产，主要应用在铸钢件生产中。

树脂砂是以合成树脂(酚醛树脂和呋喃树脂等)为黏结剂的型砂。树脂加入量为砂子质量的3%～6%，另加入少量催化剂水溶液，其余为新砂。树脂砂加热后1～2 min可快速硬化，干强度很高，做出的铸型尺寸精确、表面光洁，溃散性极好，落砂时只要轻轻敲打铸件，型砂就会自动溃散落下。由于有快干自硬特点，使造型过程易于实现机械化和自动化。树脂砂主要用于制造复杂的砂芯及大铸件造型。

4. 型(芯)砂的制备

型砂的制备工艺对型砂的性能有很大影响。浇注时，砂型表面受高温金属液的作用，砂粒碎化，煤粉燃烧分解，型砂中灰分增多，部分黏土丧失黏结力，型砂的性能变坏。所以，落砂后的旧砂一般不能直接用于造型，需加入新材料，经过混制，恢复型砂的良好性能后才能使用。旧砂混制前需经磁选及过筛以去除铁块和砂团。型砂的混制在碾轮式混砂机中进行，在碾轮的碾压及搓揉作用下，各种原材料混合均匀并使黏土膜均匀包敷在砂粒表面。

黏土砂的混制过程是：先加入新砂、旧砂(回用砂)和附加物干混2～3 min，再加入水湿混6～10 min，性能符合要求后即可从出砂口出砂，混制好的型砂应放置2～3 h，使黏土膜内的水分均匀，以提高黏土的湿强度和透气性，型砂使用前要用松砂机将砂松散，使之松散好用。

5. 型(芯)砂的性能检测

专业的铸造生产厂常使用相应的仪器设备检测型(芯)砂的各项性能，如用型砂透气测定仪测定透气性，用型砂强度试验机测试强度等。

在单件小批生产的铸造车间里，常用手捏法来粗略判断型砂的某些性能，如用手抓起一把型砂，紧捏时感到柔软容易变形；放开后砂团不松散、不粘手，并且手印清晰；把它折断时，断面平整均匀并没有碎裂现象，同时感到具有一定强度，就认为型砂具有了合适的性能要求，如图2.3所示。

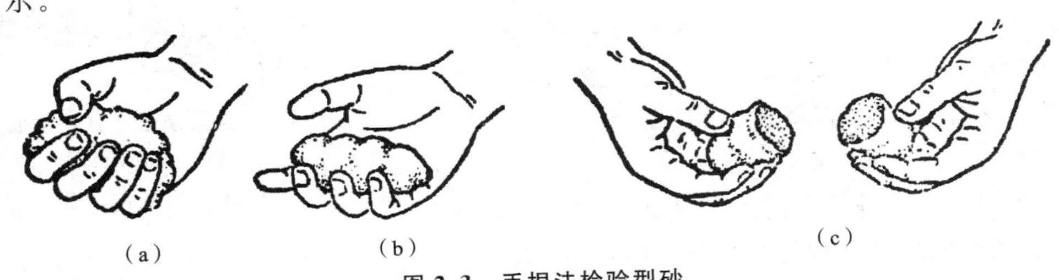

图 2.3　手捏法检验型砂

(a) 型砂湿度适当时可用手捏成砂团；(b) 手放开后可看出清晰的手纹；(c) 折断时断面没有碎裂状，同时有足够的强度

2.2.2　铸型

铸型是根据零件形状用造型材料制成的，铸型可以是砂型，也可以是金属型。砂型是由型砂(芯砂)作造型材料制成的。它用于浇注金属液，以获得形状、尺寸和质量符合要求的铸件。

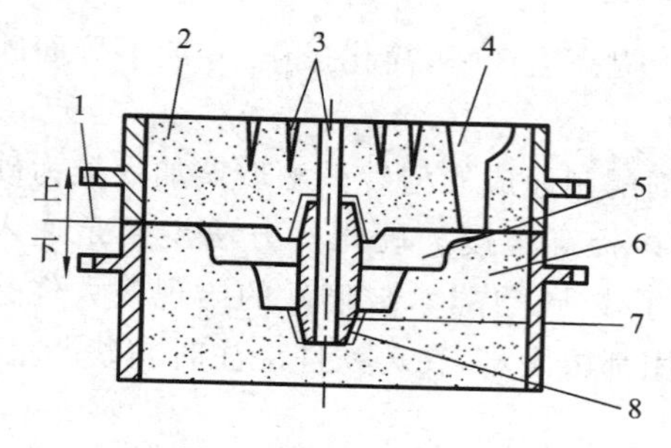

图 2.4　铸型装配图

1—分型面;2—上砂型;3—出气孔;4—浇注系统;5—型腔;6—下砂型;7—型芯;8—芯座

铸型一般由上砂型、下砂型、型芯、型腔和浇注系统组成,如图 2.4 所示。铸型组元间的接合面称为分型面。铸型中造型材料所包围的空腔部分,即形成铸件本体的空腔称为型腔。液态金属通过浇注系统流入并充满型腔,产生的气体从出气口等处排出砂型。

2.2.3　浇注系统

浇注系统是为金属液流入型腔而开设于铸型中的一系列通道。正确地设置浇注系统,对保证铸件质量、降低金属的消耗量有重要的意义。若浇注系统不合理,铸件易产生冲砂、砂眼、渣孔、浇不到、气孔和缩孔等缺陷。

1. 浇注系统的作用和要求

(1) 控制和引导金属液平稳、连续地充型,避免因激溅和涡流过度强烈而造成夹卷空气,产生金属氧化物夹杂和冲刷型芯。

(2) 控制充型过程中金属液的流动方向和速度,保证铸件轮廓清晰、完整。

(3) 在合适的时间内充满型腔,避免形成夹砂、冷隔、皱皮等缺陷。

(4)调节铸型内的温度分布,有利于强化铸件补缩,减少铸造应力,防止铸件出现变形、裂纹等缺陷。

(5) 具有挡渣、溢渣能力,净化金属液。

(6) 浇注系统结构应简单可靠,减少金属液消耗并便于清理。

2. 典型浇注系统的组成

典型的浇注系统由外浇口、直浇道、横浇道和内浇道四部分组成,如图 2.5 所示。对形状简单的小铸件可以不设横浇道。

(1) 外浇口　其作用是容纳注入的金属液并缓解液态金属对砂型的冲击。小型铸件的外浇口通常呈漏斗状(称浇口杯),大型铸件的外浇口通常呈盆状(称浇口盆)。

(2) 直浇道　它是连接外浇口与横浇道的垂直通道。改变直浇道的高度可以改变金属液的静压力大小和改变金属液的流动速度,从而改变液态金属的充型能力。如果直浇道的高度太小或直径太大,会使铸件产生浇不足的现象。为便于取出直浇道棒,其形状一般为上大下小的圆台形。

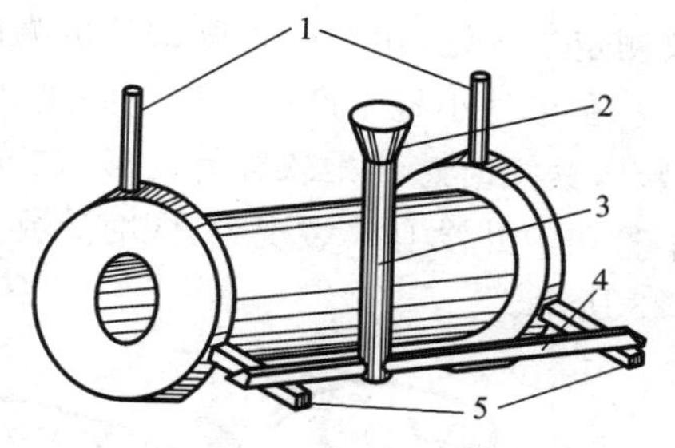

图 2.5　典型浇注系统的组成

1—出气口;2—外浇口(漏斗形);3—直浇道;4—横浇道;5—内浇道

(3) 横浇道　它是将直浇道的金属液引入内浇道的水平通道,其截面形状一般是高梯形,并位于内浇道的上面。横浇道的主要作用是分配金属液进入内浇道和挡渣。

(4) 内浇道　它是直接与型腔相连,并调节金属液流入型腔的方向和速度、调节铸件各部分的冷却速度。内浇道的截面形状一般是扁梯形和月牙形,也可为三角形。

内浇道的开设位置对铸件质量影响较大,开设时一般应满足下列要求:

① 内浇道不能开设在直浇道的正下方;

② 内浇道不能顺着横浇道内金属液的流动方向开设;

③ 要求同时凝固的铸件,内浇道应开设在铸件的薄壁处;

④ 要求顺序凝固的铸件,内浇道应开设在铸件的厚壁处;

⑤ 内浇道不能开设在铸件质量要求高的表面或加工面上;

⑥ 内浇道的开设,应避免直冲砂芯、型壁或型腔中的凸台、吊砂等薄弱部分;

⑦ 内浇道开设应不妨碍铸件收缩;

⑧ 内浇道开设应尽量使造型简单、铸件清理容易。

3. 浇注系统的类型

按内浇道在铸件上的开设位置不同,浇注系统可分为以下五种。

(1) 顶注式 将内浇道开设在铸件的顶部,金属液由顶部流入型腔,易于充满,有利于铸件形成自下而上的定向凝固,补缩效果好,简单易做,节约金属,但对型腔底部冲击较大,金属易氧化。顶注式适于质量小、高度低和形状简单的铸件。

(2) 底注式 内浇道位于铸件底部,金属液从铸件底部注入,充型平稳,有利于排气和浮渣,不易产生冲刷,但不利于补缩,对较高薄壁件易产生冷隔。底注式适于非铁合金(易氧化的铝镁合金、铝青铜、黄铜等铸件)和铸钢件,也应用于高度较大、结构复杂的铸铁件。

(3) 中间注入式 内浇道开设在铸件中部某一高度上,一般从分型面注入,造型较为方便,对于铸件在分型面以下的部分是顶注,对上半部分则是底注。中间注入式主要用于壁厚较均匀、高度不太大、水平方向尺寸较大的各类中小型铸件。

(4) 阶梯式 在铸型的高度方向上开设若干内浇道,使金属液从底部开始,逐层地从若干不同高度引入型腔的浇注系统。阶梯式主要用于大型、复杂及重型铸件。

(5) 复合式 将几种浇注系统联合使用,组成复合式浇注系统。

4. 冒口

冒口一般有补缩冒口和出气冒口两种。常见的缩孔、缩松等缺陷是由于铸件冷却凝固时体积收缩而产生的。为防止缩孔和缩松,往往在铸件的顶部或厚大部位设置补缩冒口。补缩冒口是指在铸型内特设的空腔及注入该空腔的金属。补缩冒口中的金属液可不断地补充铸件的收缩,从而使铸件避免出现缩孔、缩松。补缩冒口除了具有补缩作用外,还有排气和集渣作用。当铸件较大时,为使铸型中的气体在浇注过程中能及时排出,应在铸件最高处开设与大气相通的出气冒口。冒口是铸件上的多余部分,清理时要切除。

2.2.4 模样和芯盒

模样是铸造生产中必要的工艺装备。对具有内腔的铸件,铸造时内腔由砂芯形成,因此还需要制造砂芯用的芯盒。模样和芯盒常用木材、金属或塑料制成。在单件、小批量生产时广泛采用木质模样和芯盒,在大批量生产时多采用金属或塑料模样、芯盒。金属模样与芯盒的使用寿命长达10万~30万次,塑料的使用寿命最多几万次,而木质的仅1 000次左右。

为了保证铸件质量,在设计和制造模样和芯盒时,必须先设计出铸造工艺图,然后根据工艺图的形状和尺寸,制造模样和芯盒。在设计工艺图时,要考虑下列问题。

(1) 分型面的选择 分型面是上、下砂型的分界面,选择分型面时必须使模样能从砂型中取出,并使造型方便和有利于保证铸件质量。

(2) 拔模斜度 为了易于从砂型中取出模样,凡垂直于分型面的表面,要设置$0.5^\circ\sim4^\circ$的拔模斜度。拔模斜度的存在使毛坯上的平直面变为斜面,不利于后期机械加工过程中零件的装夹,所以对形状简单、无实际起模困难的铸件,可不设置拔模斜度。

(3) 加工余量　铸件需要加工的表面,均需留出适当的加工余量(为保证零件精度和表面粗糙度,在毛坯上增加的而在切削加工中切除的金属层厚度)。

(4) 收缩量　铸件冷却时要收缩,模样的尺寸应考虑铸件收缩的影响。通常用于铸铁件的模样要加大 1%;铸钢件的模样加大 1.5%~2%;铝合金件的加大 1%~1.5%。

(5) 圆角　铸件上各表面的转折处要做成过渡性圆角,以利于造型及保证铸件质量。

(6) 芯头　有砂芯的砂型,必须在模样上做出相应的芯头。

图 2.6 为压盖零件的铸造工艺图及相应的模样图。从图中可见模样的形状和零件图往往是不完全相同的。形状上,模样相对零件增加了斜度、圆角和芯头,尺寸上,模样相对于零件,其对应尺寸要大一个加工余量和收缩量。

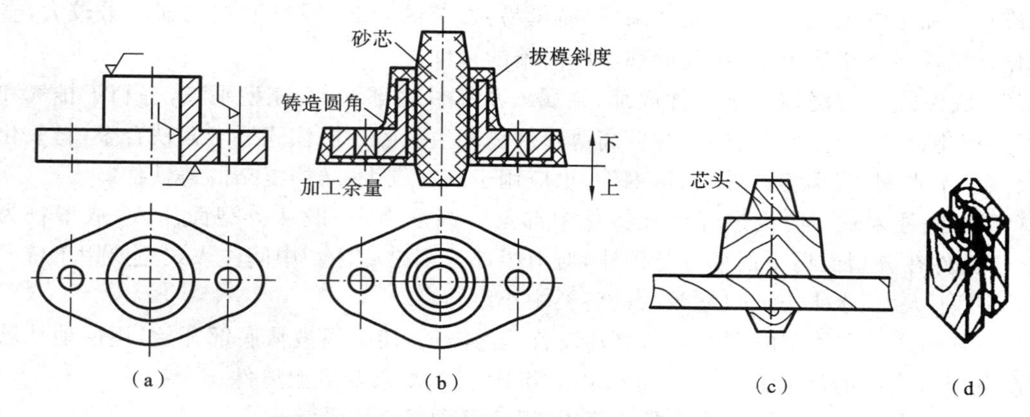

图 2.6　压盖零件的铸造工艺图及相应的模样图

(a) 零件图;(b) 铸造工艺图;(c) 模样图;(d) 芯盒

2.2.5　手工造型

用型砂及模样等工艺装备制造铸型的过程称为造型。造型方法可分为手工造型和机器造型两大类。手工造型适用于单件小批量生产,机器造型适用于大批大量生产。

1. 手工造型的常用工具

手工造型的常用工具如图 2.7 所示,各种工具的作用为:浇口棒形成上大下小的圆台形直浇道;砂冲起紧实型砂的作用;通气针用于扎通气孔;起模针用于起模;墁刀用于修理砂型(芯)的较大平面、开挖浇注系统、冒口、切割沟槽、将插入砂型表面的钉子按入砂型等;秋叶用于修整曲面和窄小的凹面;砂钩用于修理砂型(芯)中深而窄的底面和侧面,提出散落在型腔深窄处的型砂;皮老虎用于吹去砂型上散落的灰尘、砂粒。

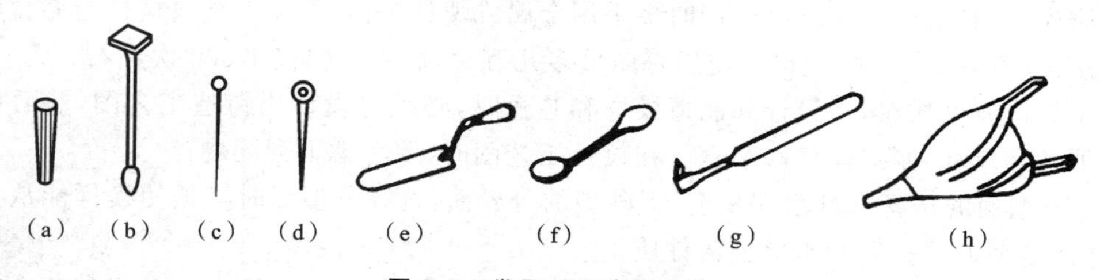

图 2.7　常用手工造型工具

(a) 浇口棒;(b) 砂冲;(c) 通气针;(d) 起模针;(e) 墁刀;(f) 秋叶;(g) 砂钩;(h) 皮老虎

2. 手工造型的基本过程

手工造型主要包含填砂、舂砂、起模、修型、合箱等工序，手工造型的基本过程如表2.1所示。

表2.1　手工造型的基本过程

序号	工序名称	工序要求	图示
0	模样准备	（1）形状考虑拔模斜度、圆角及芯头等； （2）尺寸考虑加工余量及合金的收缩量； （3）表面涂防黏模材料	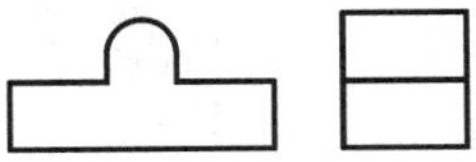
1	模样放在平板上	（1）模样位置处于平板中央位置； （2）注意起模方向，要大端面向下	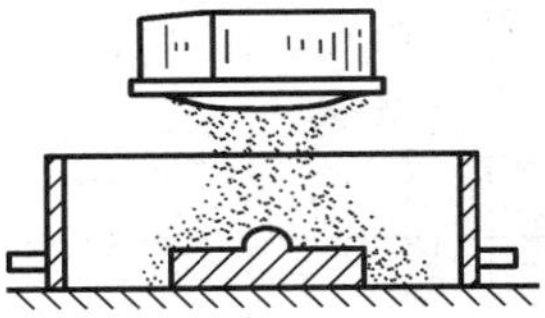
2	放下砂箱	（1）保持模样与砂箱壁间有合适的吃砂量； （2）砂箱大小合适	
3	加面砂	（1）面砂性能符合要求； （2）加砂量使舂实厚度为20～60 mm	
4	加背砂	（1）背砂性能符合要求； （2）逐层加入	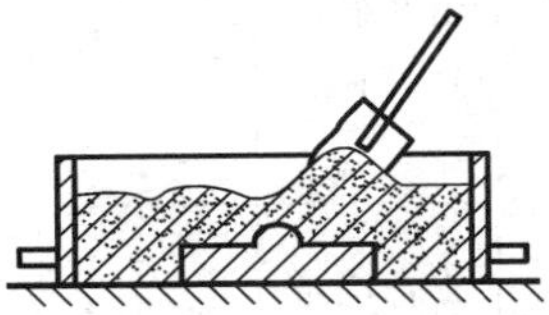
5	紧实型砂	（1）逐层加砂，逐层紧实； （2）紧实度符合要求； （3）砂舂扁头不能离模样太近； （4）舂砂路线应从砂型边上开始，从外向内，顺序地靠近模样	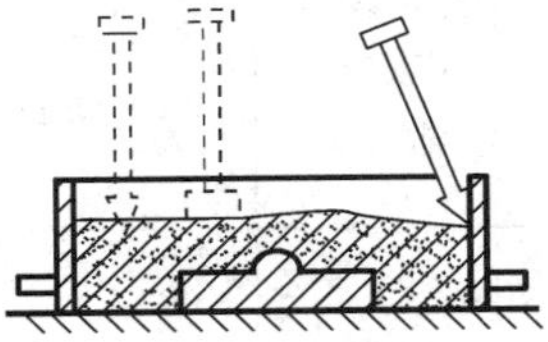
6	紧实背砂	（1）砂舂平头舂实； （2）紧实度符合要求	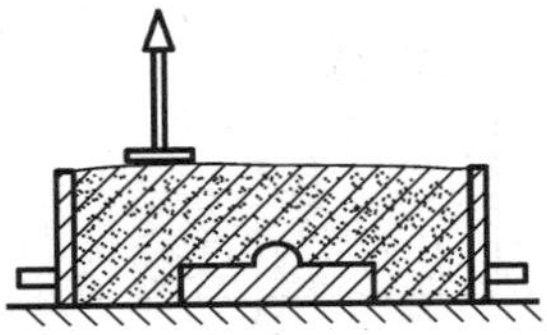
7	刮砂板刮砂	使砂型表面和砂箱边缘平齐	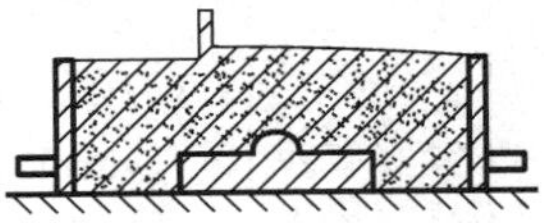
8	扎出气孔	（1）孔深度。针尖距离模样，湿型10～15 mm，干型30～50 mm； （2）孔密度。一般每平方分米保持4～5个孔； （3）上下砂型均要扎出	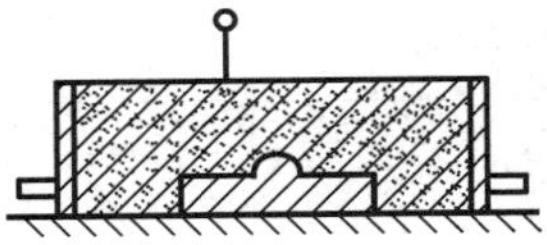
9	修分型面	（1）先修没有舂实的部分； （2）保持分型面的平整度	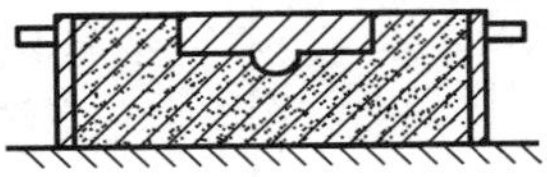

续表

序号	工序名称	工序要求	图　示
10	撒分型砂	(1) 撒砂均匀; (2) 尽量只撒在砂面上	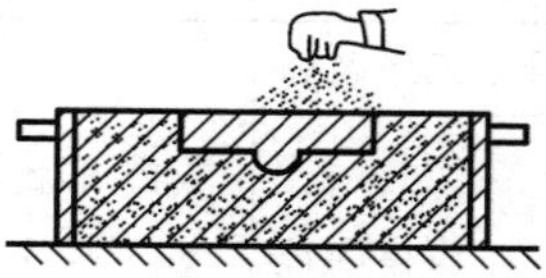
11	吹去模样表面的分型砂	吹干净	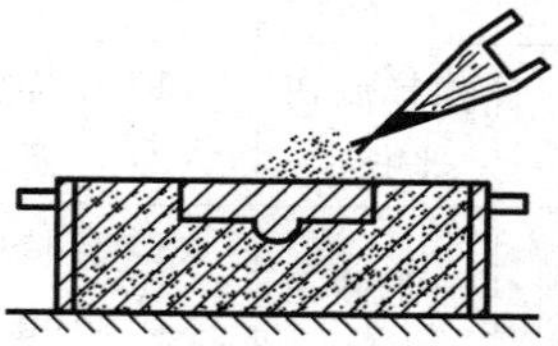
12	放置上砂箱并撒防黏模材料	(1) 注意上砂箱位置; (2) 模样表面均匀地撒上一层防黏模材料	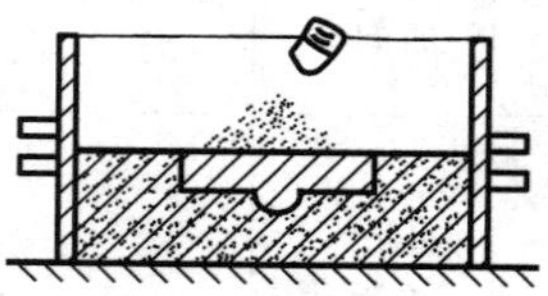
13	放直浇道棒和冒口,在模样上撒面砂	(1) 直浇道棒小头向下,位置合适; (2) 冒口位置符合要求; (3) 面砂量符合要求	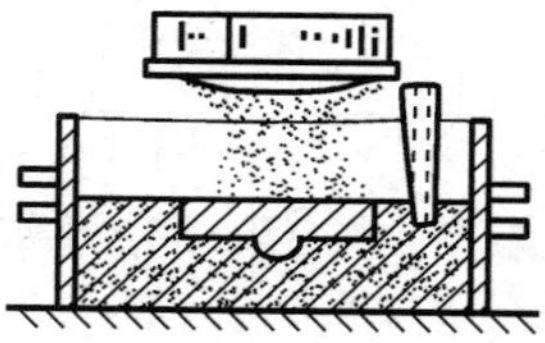
14	加背砂	(1) 背砂性能符合要求; (2) 逐层加入	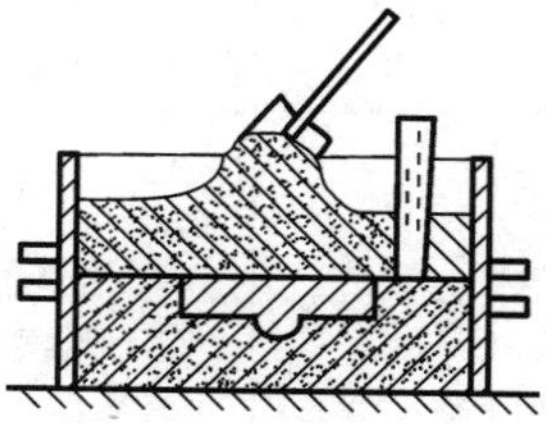
15	紧实型砂	(1) 逐层加砂,逐层紧实; (2) 紧实度符合要求; (3) 砂舂扁头不能离模样太近; (4) 舂砂路线应从砂型边上开始,从外向内,顺序地靠近模样	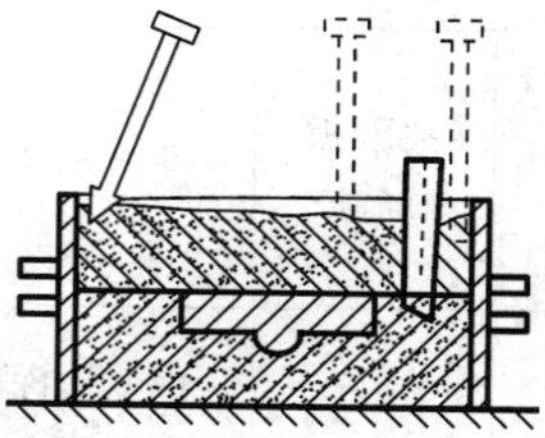
16	紧实背砂	(1) 砂舂平头舂实; (2) 紧实度符合要求	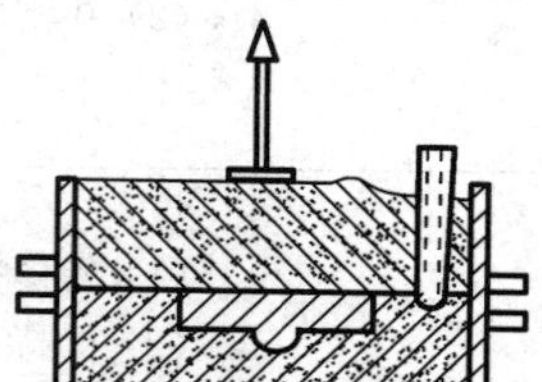

续表

序号	工序名称	工序要求	图示
17	刮砂板刮砂	使砂型表面和砂箱边缘平齐	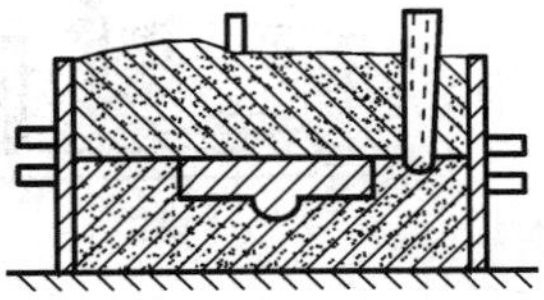
18	扎出气孔、取直浇道棒、挖外浇口、砂箱定位	(1) 出气孔深度及密度； (2) 外浇口的形状及尺寸； (3) 做泥号使砂箱定位，防止错箱	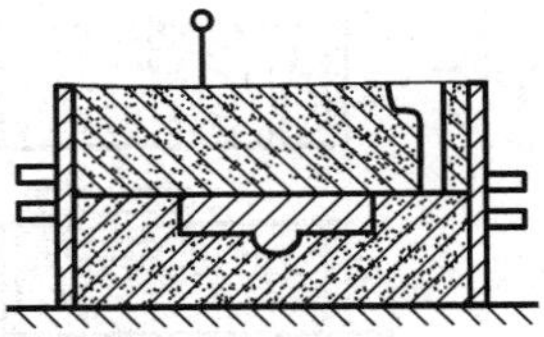
19	开型	(1) 垂直向上提起上型； (2) 将上型翻转并放好	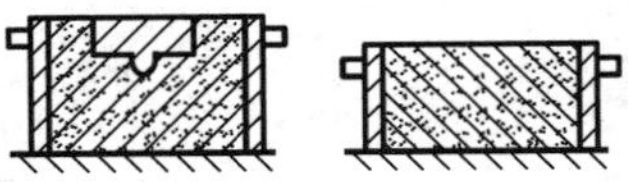
20	修整分型面，扫分型砂，挖内浇道	(1) 分型面应修平整； (2) 扫净模样上的分型砂； (3) 注意内浇道的位置、尺寸及形状	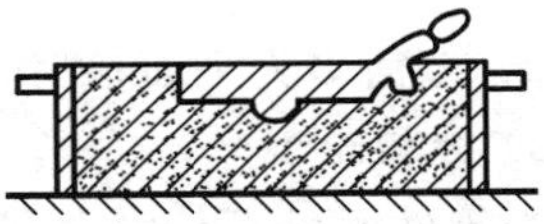
21	用水润湿模样周围的型砂	刷水量合适	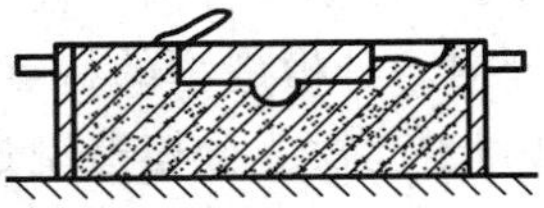
22	松模，修型，刷涂料或敷料	(1) 用起模针或起模钉起出模样； (2) 损坏的砂型必须修好，否则直接影响铸件形状及尺寸	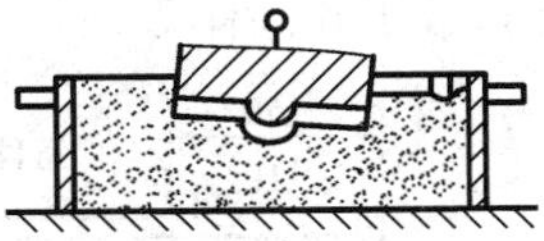
23	若技术要求是表干型或干型，则需烘干		
24	若技术要求有型芯，则进行下芯		
25	合型；放置压铁；抹好箱缝；等待浇注	(1) 严格按泥号或其他定位位置合箱； (2) 压铁位置合适	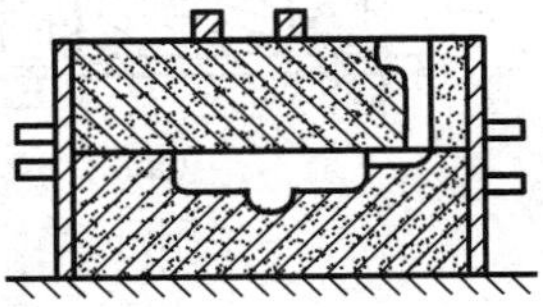

3. 手工造型方法

手工造型是指利用手工工具和手工劳动完成的造型。其造型质量与工人的技术水平直接相关，且造型质量不稳定，生产率低，劳动强度大，故一般只适用于单件小批量生产。手工造型有整模造型、分模造型、活块造型、挖砂造型、三箱造型、刮板造型、假箱造型及地坑造型等方法。

1) 整模造型

图 2.8 所示为齿轮整模造型过程。其特点是：模样是整体结构，最大截面在模样一端且为

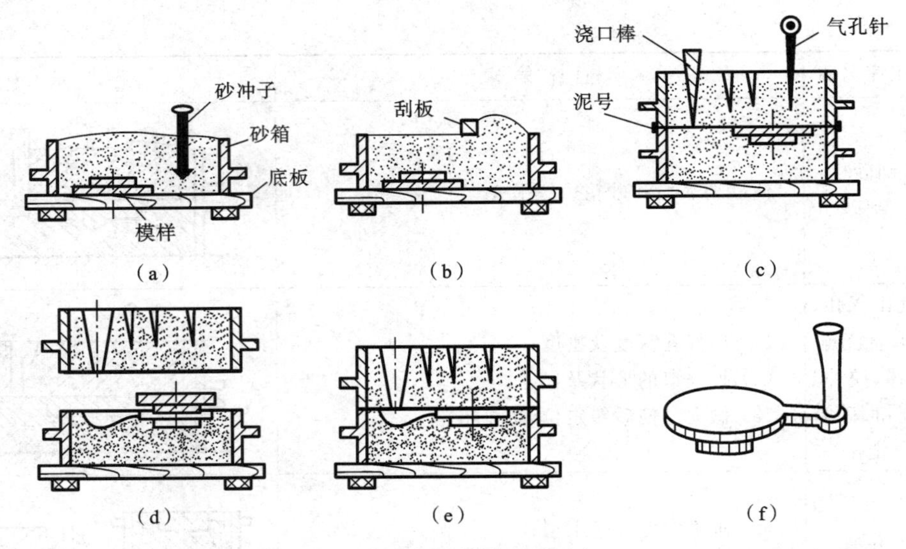

图 2.8　齿轮整模造型过程

(a) 造下砂型、填砂、舂砂;(b) 刮平、翻箱;(c) 造上型、扎气孔、做泥号;
(d) 起箱、起模、开浇口;(e) 合型;(f) 落砂后带浇口的铸件

平面;分型面多为平面;操作简单。整模造型适用于形状简单的铸件,如盘、盖类铸件。

2) 分模造型

当零件截面不是由大到小逐渐递减时,为了取模,将模样从最大截面处分开,用销钉和销孔定位,这种模样称为分模。用此模样进行造型称为分模造型,造型时,型腔分别位于上、下两个半型内。分模造型的特点是:模样是分开的,模样的分开面(分模面)必须是模样的最大截面,以利于起模。分模造型过程与整模造型基本相似,不同的是造上型时增加放上半模样和取上半模样两个操作。套筒的分模造型过程如图 2.9 所示。分模造型适用于形状复杂的铸件,如套筒、管子和阀体等。

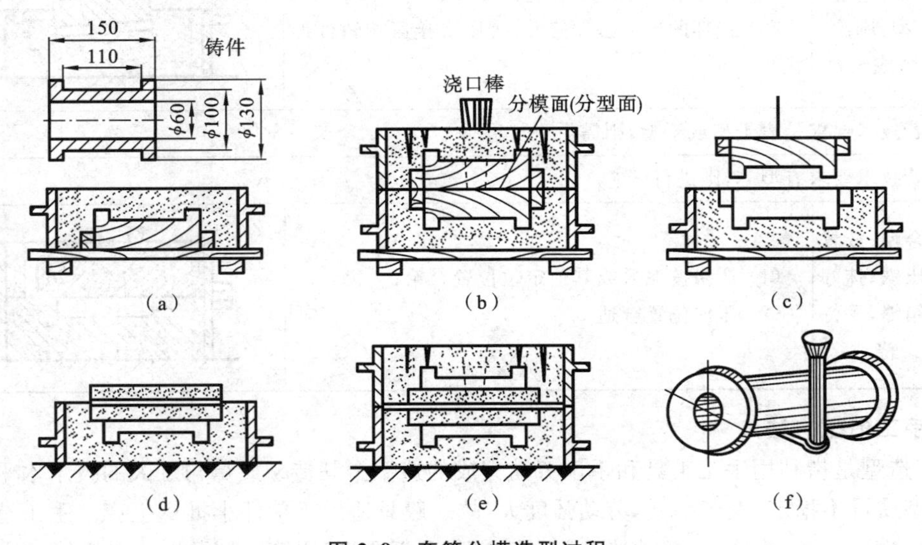

图 2.9　套筒分模造型过程

(a) 造下型;(b) 造上型;(c) 开箱、起模;(d) 开浇口、下芯;(e) 合型;(f) 带浇口的铸件

3）活块造型

模样上可拆卸或能活动的部分称为活块。当模样上有妨碍起模的侧面凸出部分（如小凸台）时，常将该部分做成活块。起模时，先将模样主体取出，再将留在铸型内的活块单独取出，这种方法称为活块模造型。用钉子连接的活块模造型时（见图2.10），应注意先将活块四周的型砂紧实，然后拔出钉子。

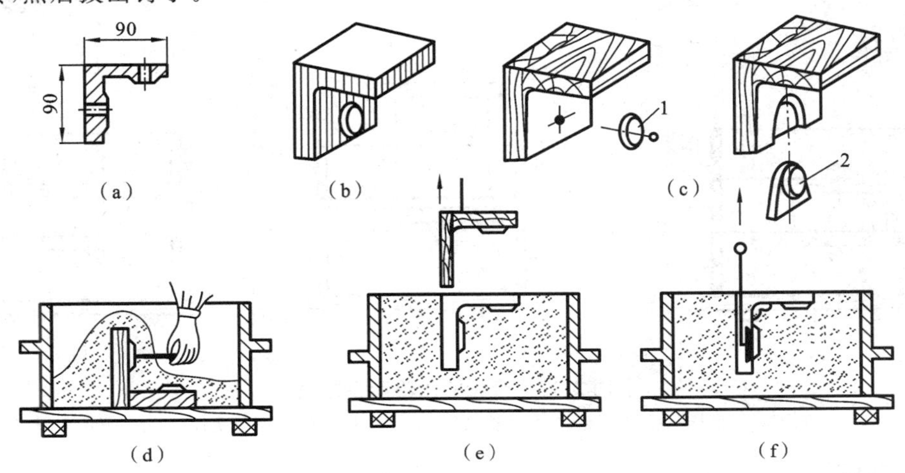

图2.10 活块造型

(a) 零件图；(b) 铸件；(c) 模样；(d) 造下型、拔出钉子；(e)取出模样主体；(f) 取出活块

1—用钉子连接活块；2—用燕尾连接活块

4）挖砂造型

当铸件按结构特点需要采用分模造型，但由于条件限制（如模样太薄，分模困难）仍做成整体模样时，为便于起模，下型分型面需挖成曲面或有高低变化的阶梯形状（称不平分型面），这种方法称为挖砂造型。挖砂时，需挖到模样的最大截面处，才能保证模样的顺利取出。手轮的挖砂造型过程如图2.11所示。

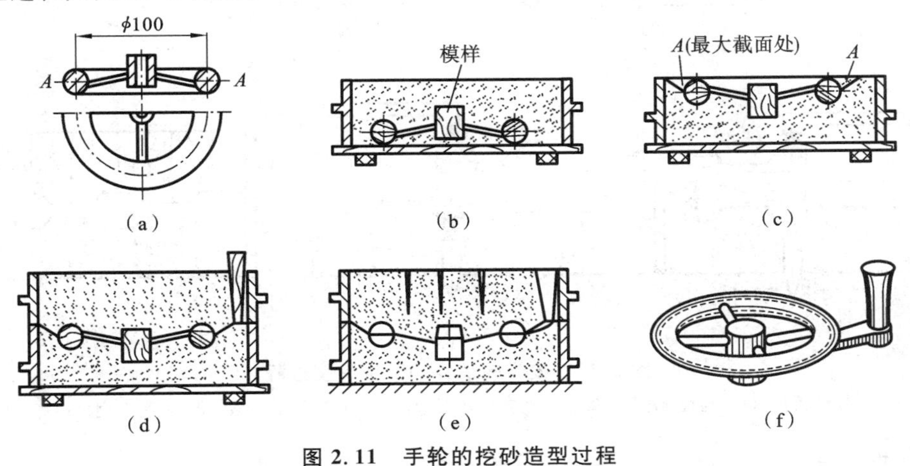

图2.11 手轮的挖砂造型过程

(a) 零件图；(b) 造下型；(c) 翻下型、挖出分型面；(d) 造上型；(e) 起模、合箱；(f) 带浇口的铸件

5）三箱造型

用三个砂箱制造铸型的过程称为三箱造型。前述各种造型方法都是使用两个砂箱，操作简便、应用广泛。但有些铸件如在起模方向上两端截面尺寸大于中间截面时，这就需要用三个

砂箱,从两个方向分别起模。图 2.12 所示为带轮的三箱造型过程。

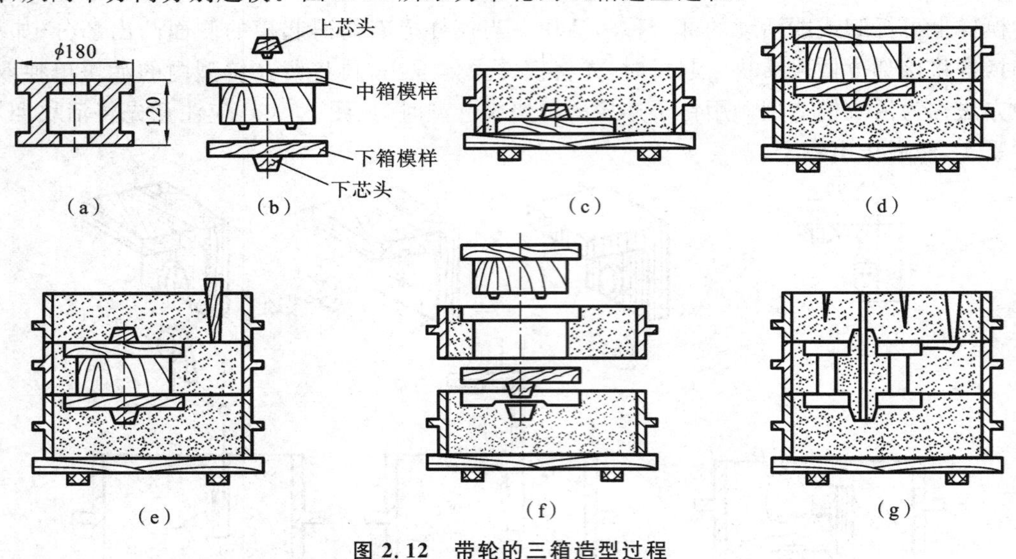

图 2.12 带轮的三箱造型过程

(a) 铸件图;(b) 模样;(c) 造下箱;(d) 翻箱、造中箱;(e) 造上箱;(f) 依次取模;(g) 下芯合箱

6) 刮板造型

尺寸大于 500 mm 的旋转体铸件,如带轮、飞轮、大齿轮等单件生产时,为节省木材、模样加工时间及费用,可以采用刮板造型。刮板造型是基于回转体形成机理而产生的一种造型方法,刮板是一块和铸件截面形状相适应的木板。造型时将刮板绕着固定的中心轴旋转,在砂型中刮制出所需的回转体型腔,如图 2.13 所示。有时,利用刮板沿直线或曲线移动也可形成铸型中等截面的直线槽或曲线槽。

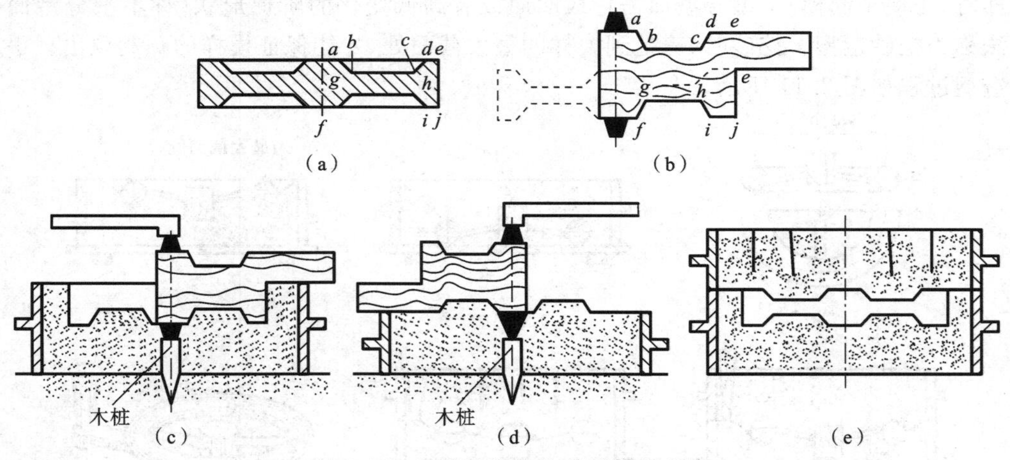

图 2.13 皮带轮铸件的刮板造型过程

(a) 皮带轮铸件;(b) 刮板(图中字母表示与铸件的对应部位);(c) 刮制下型;(d) 刮制上型;(e) 合型

7) 假箱造型

假箱造型是利用预先制好的成形底板或假箱来代替挖砂造型中所挖去的型砂,如图 2.14 所示。

8) 地坑造型

直接在铸造车间的砂地上或砂坑内造型的方法称为地坑造型。大型铸件单件生产时,为节省砂箱，降低铸型高度，便于浇注操作，多采用地坑造型。图2.15所示为地坑造型结构，造型时需考虑浇注时能顺利将地坑中的气体引出地面，常以焦炭、炉渣等透气物料垫底，并用铁管引出气体。

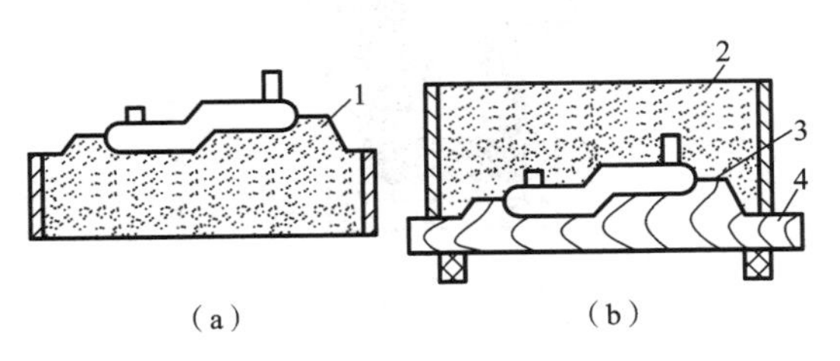

图2.14 假箱和成形底板造型

(a) 假箱；(b) 成形底板

1—假箱；2—下砂型；3—最大分型面；4—成形底板

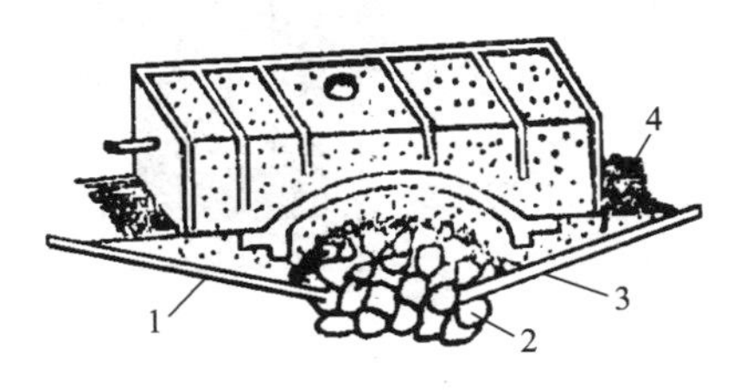

图2.15 地坑造型结构

1—通气管；2—焦炭；3—草垫；4—定位桩

2.2.6 机器造型

手工造型生产效率低，铸件表面质量差，要求工人的技术水平高，劳动强度大，因此在批量生产中，一般均采用机器造型。

机器造型是把造型过程中的主要操作——紧砂与起模过程实现机械化。紧砂主要有压实、振击、高压、射砂、抛砂、射压和微振压实等方式。压实紧实是通过液压、机械力或气压作用到压板、柔性膜或组合压头上，压缩砂箱内型砂使其紧实的过程，有上压式和下压式两种形式。振击紧实是在低频率和高振幅的运动中，下落冲程撞击使型砂因惯性获得紧实的过程。高压紧实砂型的比压一般为0.7～1.5 MPa，一般适用于砂型尺寸较大，结构比较复杂的铸件。射砂紧实是利用压缩空气膨胀将型砂射入砂箱或芯盒进行填砂和紧实的方法。抛砂紧实是利用离心力抛出型砂，使型砂在惯性力下完成填砂和紧实的方法。射压紧实是射砂和压实相结合的紧砂方法。微振压实是振动与压实相结合的紧砂方法。起模方式主要有顶箱起模、翻转起模和漏模起模三种。

气动微振压实造型机是采用振动辅助压实的紧砂方式。如图2.16所示，通过振动使砂箱内靠近模板底部的型砂紧实度高，再辅助压实使砂箱上部型砂紧实度增加，联合使用后，型砂紧实度均匀。这种造型机噪声较小，型砂紧实度均匀，生产率高。

2.2.7 制芯

为获得铸件的内腔或局部外形，用芯砂或其他材料制成的、安放在型腔内部的铸型组元称型芯。绝大部分型芯是用芯砂制成的。砂芯的质量主要依靠配制合格的芯砂以及采用正确的造芯工艺来保证。

浇注时砂芯受高温液体金属的冲击和包围，因此砂芯除了要求具有与铸件内腔相应的形状外，还应具有较好的透气性、耐火性、退让性、强度等性能，故要选用杂质少的石英砂和用植物油、水玻璃等黏结剂来配制芯砂，并在砂芯内放入金属芯骨和扎出通气孔以提高强度和透气性。芯砂还要具有一些特殊的性能，如吸湿性要低(以防止合箱后型芯返潮)；发气量要少(金属浇注后，型芯材料受热而产生的气体应尽量少)；出砂性要好(以便于清理时取出型芯)。

形状简单的大、中型型芯，可用黏土砂制造。但对形状复杂和性能要求很高的型芯，必须采用特殊黏结剂来配制，如采用油砂、树脂砂等。

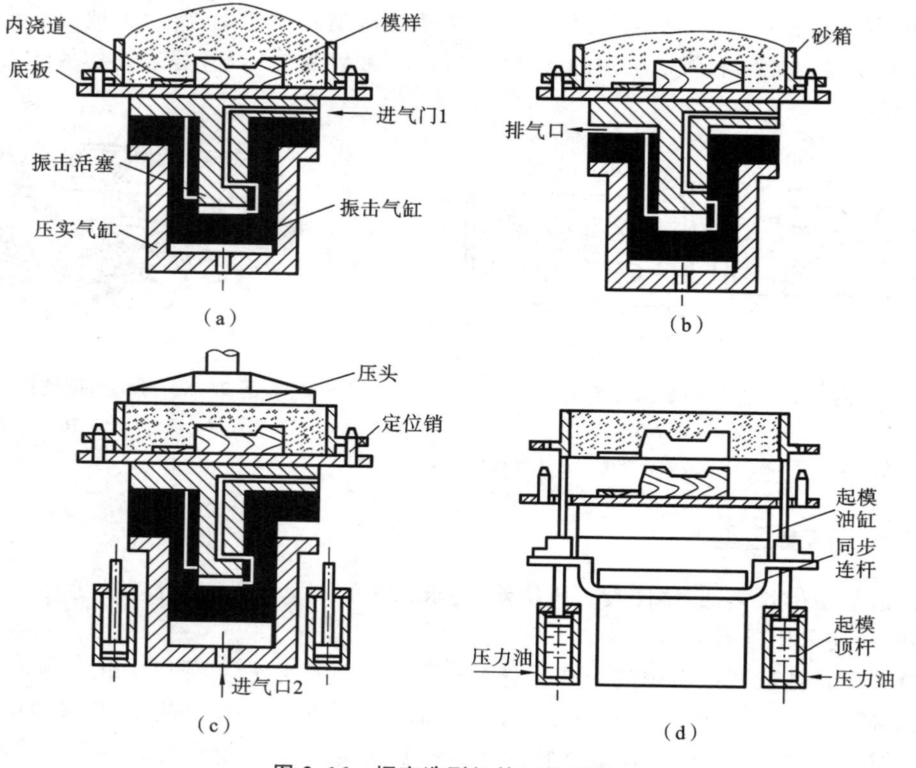

图 2.16　振实造型机的工作原理

(a) 填砂;(b) 振击紧砂;(c) 辅助压实;(d) 顶箱起模

型芯一般用芯盒制成,开式芯盒制芯是常用的手工制芯方法,适用于圆形截面的较复杂型芯。对开式芯盒制芯过程如图 2.17 所示。

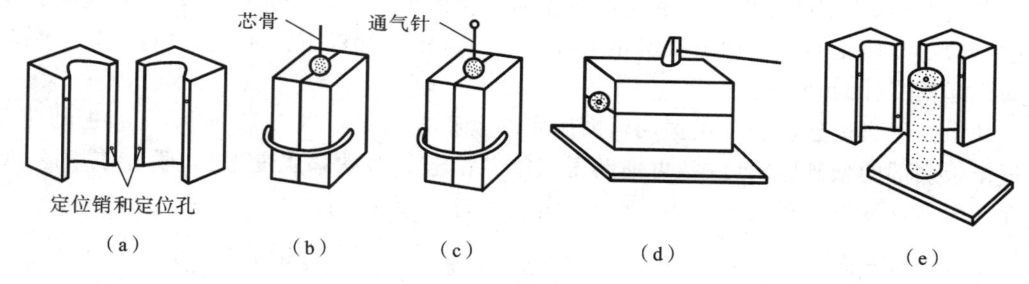

图 2.17　对开式芯盒制芯过程

(a) 准备芯盒;(b) 夹紧芯盒,分次加入芯砂、芯骨、舂砂;(c) 刮平、扎通气孔;

(d) 松开夹子,轻敲芯盒;(e) 打开芯盒,取出砂芯,上涂料

2.2.8　合型

将上型、下型、型芯等组合成一个完整铸型的操作过程称为合型,又称合箱。合型是制造铸型的最后一道工序,直接关系到铸件的质量。即使铸型和型芯的质量很好,若合型操作不当,也会引起气孔、砂眼、错箱、偏芯、飞边和跑火等缺陷。合型包括以下工作。

(1) 铸型的检验和装配　下芯前,应先清除型腔、浇注系统和型芯表面的浮砂,并检查其形状、尺寸和排气道是否通畅。下芯应平稳、准确。然后导通砂芯和砂型的排气道;检查型腔的主要尺寸是否正确;固定型芯;在芯头与芯座的间隙处填满泥条或干砂,防止浇注时金属液钻入芯头而堵死排气道。最后，平稳、准确地合上上型。

(2) 铸型的紧固　为避免由于金属液作用于上砂箱引发的抬箱力而造成的缺陷，装配好的铸型需要紧固。单件小批生产时，多使用压铁压箱，压铁重量一般为铸件重量的3～5倍。成批、大量生产时，可使用压铁、卡子或螺栓紧固铸型。紧固铸型时应注意用力均匀、对称，压铁应压在砂箱箱壁上。铸型紧固后即可浇注，待铸件冷凝、落砂、清除浇冒口后，便可获得铸件。

2.3　金属的熔炼和浇注

金属熔炼的目的是为了获得符合质量要求的金属液，即熔炼出预定温度、预定化学成分、杂质少的金属液。不同类型的金属，需要采用不同的熔炼方法及设备。如铸铁多采用冲天炉熔炼；铸钢采用转炉、平炉、电弧炉、感应电炉等设备熔炼；而非铁金属如铝、铜合金等的熔炼，则用坩埚炉。

2.3.1　铸铁的熔炼

在铸造生产中，铸铁件占铸件总重量的70%～75%，其中绝大多数采用灰铸铁。

1. 冲天炉的构造

冲天炉是铸铁的熔炼设备，如图2.18所示。炉身是用钢板弯成的圆筒形，筒内砌耐火砖炉衬。炉身上部有加料口、烟囱、火花罩，中部有热风胆，下部有热风带，风带通过风口与炉内相通。从鼓风机送来的空气，通过热风胆加热后经风带进入炉内，供燃烧用。风口以下为炉缸，熔化的铁液及炉渣从炉缸底部流入前炉。

冲天炉的大小是以每小时能熔炼出铁液的质量来表示，常用的为1.5～10 t/h。

2. 冲天炉的炉料

1) 金属料

金属料包括生铁、回炉铁、废钢和铁合金等。生铁是铁矿石经高炉冶炼后的铁碳合金块，是生产铸铁件的主要材料；回炉铁如浇口、冒口和废铸件等，利用回炉铁可节约生铁用量，降低铸件成本；废钢是机加工车间的钢料头、钢切屑等，加入废钢可降低铁液的碳含量，提高铸件的力学性能；铁合金如硅铁、锰铁、铬铁以及稀土合金等，用于调整铁液化学成分。

2) 燃料

冲天炉多用焦炭作燃料。通常焦炭的加入量一般为金属料的1/12～1/8，这一数值称为焦铁比。

3) 熔剂

熔剂主要起稀释熔渣的作用。在炉料中加入石灰石($CaCO_3$)和萤石(CaF_2)等矿石，会使熔渣与铁液容易分离，便于把熔渣清除。熔剂的加入量为焦炭的25%～30%。

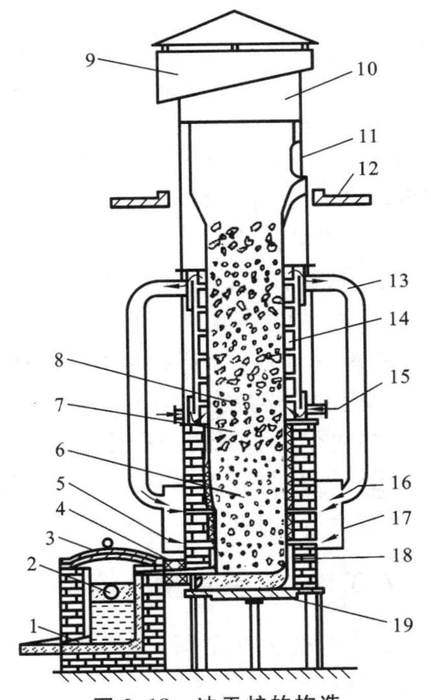

图2.18　冲天炉的构造

1—出铁口；2—出渣口；3—前炉；4—过桥；5—风口；6—底焦；7—金属料；8—层焦；9—火花罩；10—烟囱；11—加料口；12—加料台；13—热风管；14—热风胆；15—进风口；16—热风；17—风带；18—炉缸；19—炉底门

3. 冲天炉的熔炼原理

冲天炉工作时,炉料从加料口加入,自上而下运动,被上升的高温炉气预热,温度升高;鼓风机鼓入炉内的空气使底焦燃烧,产生大量的热。当炉料下落到底焦顶面时,开始熔化。铁液在下落过程中被高温炉气和灼热的焦炭进一步加热(过热),过热的铁液温度可达 1 600 ℃左右,然后经过桥流入前炉。此后铁液温度稍有下降,最后出铁温度为 1 380～1 430 ℃。

冲天炉内铸铁熔炼的过程并不是金属炉料简单重熔的过程,而是包含一系列物理、化学变化的复杂过程。熔炼后的铁液成分与金属炉料相比较,碳含量有所增加;硅、锰等合金元素含量因烧损会降低;硫含量升高,这是由于焦炭中的硫进入铁液所致。

2.3.2 铸钢的熔炼

铸钢常用的熔炼设备主要有电弧炉和感应电炉。其中感应电炉的结构如图 2.19 所示。感应电炉是根据电磁感应和电流热效应原理,利用炉料内感应电流产生的热能熔化金属。盛装金属炉料的坩埚外绕有一个紫铜管感应线圈,当感应线圈中通以一定频率的交流电时,在其内外形成相同频率的交变磁场,使金属炉料内产生强大的感应电流,也称涡流。涡流在炉料中产生的电阻热使炉料熔化和过热。熔炼中为保证尽可能大的电流密度,感应线圈中应通水冷却。铸钢熔炼时使用耐火材料坩埚。

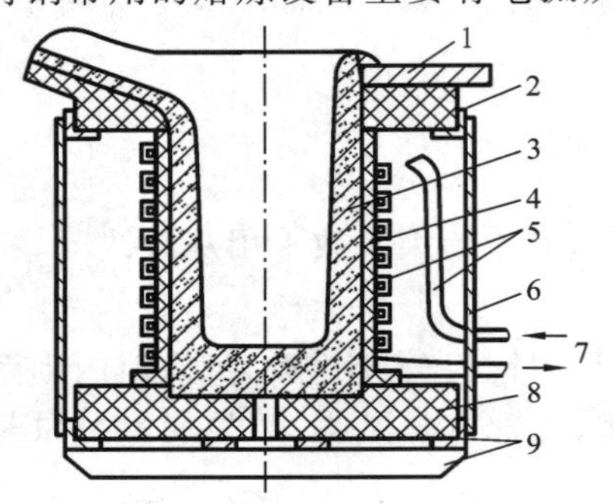

图 2.19　感应电炉结构示意图

1—水泥石棉盖板;2—耐火砖上框;3—捣制坩埚;4—玻璃丝绝缘布;5—感应线圈;6—水泥石棉防护板;7—冷却水;8—耐火砖底座;9—边框

感应电炉按电源工作频率可分为以下三种。

(1) 高频感应电炉　频率 10 000 Hz 以上,炉子最大容量在 100 kg 以下,主要用于实验室和少量高合金钢熔炼。

(2) 中频感应电炉　频率 250～10 000 Hz,炉子容量从几千克到几十吨,广泛用于优质钢和优质铸铁的冶炼,也可用于铸铜合金、铸铝合金的熔炼。

(3) 工频感应电炉　使用工业频率 50 Hz,炉子容量 500 kg 以上,最大可达 90 t,广泛用于铸铁熔炼,还可用于铸钢、铸铝合金、铸铜合金的熔炼。

感应电炉熔炼的优点是:加热速度快,热效率高;加热温度高且可控,最高温度可达 1 650 ℃以上,故可熔炼各种铸造合金;元素烧损少,吸收气体少;合金液成分和温度均匀,铸件质量高。所以感应电炉得到越来越广泛的应用。感应电炉的缺点是耗电量大,去除硫、磷有害元素作用差,要求金属炉料硫、磷含量低。

2.3.3 非铁合金的熔炼

非铁合金主要是铜、铝等合金,其熔炼特点是金属炉料不与燃料直接接触,以减少金属的损耗,保持金属液的纯净,一般多采用坩埚炉熔炼。坩埚炉根据所用热源不同,有焦炭坩埚炉(见图 2.20(a))、电阻坩埚炉(见图 2.20(b))等不同形式。焦炭坩埚炉利用焦炭燃烧产生的高温熔炼金属,电阻坩埚炉利用电流通过电热元件产生的热量熔炼金属。

通常用的坩埚有石墨坩埚和铁质坩埚两种。石墨坩埚用耐火材料和石墨混合并烧制而成,可用于熔点较高的铜合金的熔炼。铁质坩埚由铸铁铸造而成,可用于铝合金等低熔点合金的熔炼。

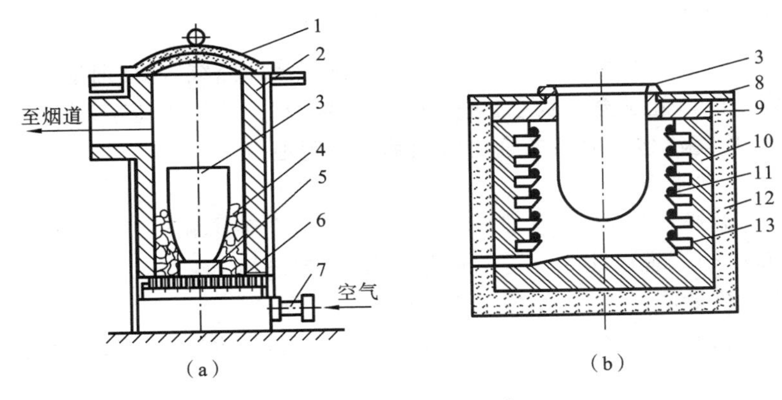

图 2.20　坩埚炉结构示意图

(a) 焦炭坩埚炉；(b) 电阻坩埚炉

1—炉盖；2—炉体；3—坩埚；4—焦炭；5—垫板；6—炉篦；7—进气管；8—托板；9—耐热板；10—耐火砖；11—电阻丝；12—石棉板；13—托砖

2.3.4　浇注

把金属液浇入铸型的过程称为浇注。浇注是铸造生产中的一个重要环节。浇注工艺是否合理，不仅影响铸件质量，还涉及工人的安全。

1. 浇注工具

浇注常用工具有浇包(见图 2.21)、挡渣钩等。浇注前应根据铸件大小、批量选择容量合适的浇包，并对浇包和挡渣钩等工具进行烘干，以免降低金属液温度及引起液体金属的飞溅。浇包有手提浇包、抬包和吊包三种，其容量依次增大。

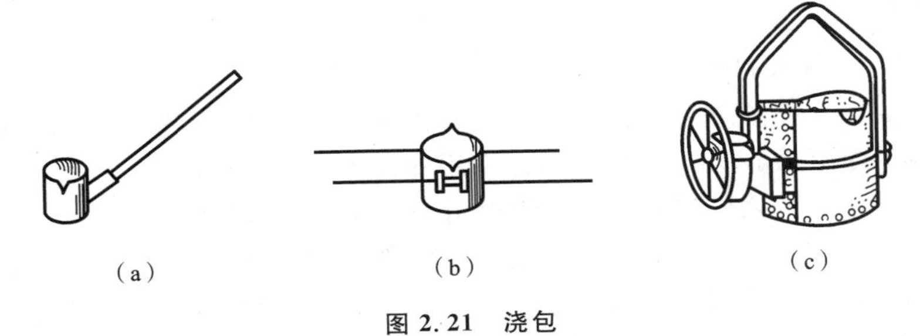

图 2.21　浇包

(a) 手提浇包；(b) 抬包；(c) 吊包

2. 浇注工艺

1) 浇注温度

浇注温度过高，铁液在铸型中收缩量增大，易产生缩孔、裂纹及黏砂等缺陷；温度过低则铁液流动性差，又容易出现浇不足、冷隔和气孔等缺陷。合适的浇注温度应根据合金种类和铸件的大小、形状及壁厚来确定。对于形状复杂的薄壁灰铸铁件，浇注温度为 1 400 ℃左右；对于形状较简单的厚壁灰铸铁件，浇注温度为 1 300 ℃左右即可；而铝合金液的浇注温度一般在 700 ℃左右。

2) 浇注速度

浇注速度太慢，铁液冷却快，易产生浇不足、冷隔及夹渣等缺陷；浇注速度太快，则会使铸型中的气体来不及排出而产生气孔，同时易造成冲砂、抬箱和跑火等缺陷。铝合金液浇注时勿断流，以防铝液氧化。

3）浇注的操作

浇注前应估算好每个铸型需要的金属液量，安排好浇注路线，浇注时应注意挡渣。浇注过程中要始终保持外浇口处于充满状态，这样可防止熔渣和气体进入铸型。

浇注结束后，应将浇包中剩余的金属液倾倒到指定地点。

4）浇注时的注意事项

(1) 浇注是高温操作，必须注意安全，必须穿着白帆布工作服和工作皮鞋。

(2) 浇注前，必须清理浇注时行进的通道，预防意外跌撞。

(3) 必须烘干烘透浇包，检查砂型是否紧固。

(4) 浇包中金属液不能盛装太满，吊包液面应低于包口 100 mm 左右，抬包和手提浇包的液面应低于包口 60 mm 左右。

2.4　铸件的落砂、清理及缺陷分析

2.4.1　落砂

从砂型中取出铸件的工作称为落砂。落砂时应注意铸件的温度：落砂过早，铸件温度过高，暴露于空气中急速冷却，易产生过硬的白口组织及形成铸造应力、裂纹等；落砂过晚，占用生产场地和砂箱时间过长，生产率降低。应在保证铸件质量的前提下尽早落砂。一般铸件落砂温度在 400～500 ℃之间。形状简单、小于 10 kg 的铸铁件，可在浇注后 20～40 min 落砂；10～30 kg 的铸铁件，可在浇注后 30～60 min 落砂。

落砂的方法有手工落砂和机械落砂两种，大量生产中采用各种落砂机进行落砂。

2.4.2　清理

落砂后的工件必须经过清理工序，才能使铸件外表面达到要求。清理工作包括下列内容。

(1) 切除浇冒口　铸铁件可用铁锤直接敲掉浇冒口，铸钢件要用气割或锯割的方法切除，有色合金铸件则用锯割切除。大量生产时用专用的设备切除浇冒口。

(2) 清除砂芯　铸件内腔的砂芯和芯骨可用手工或振动出芯机清除。

(3) 清除黏砂　主要采用机械抛丸方法清除铸件表面黏砂。利用履带式抛丸清理机(见图 2.22)内高速旋转的叶轮，将铁丸以 70～80 m/s 的速度抛射到转动的铸件表面上，可清除黏砂、细小飞翅及氧化皮等缺陷。小型铸件可采用抛丸清理滚筒、履带式抛丸清理机，大、中型铸件可用抛丸室、抛丸转台(见图 2.23)等设备清理。生产量不大时也可手工清理。

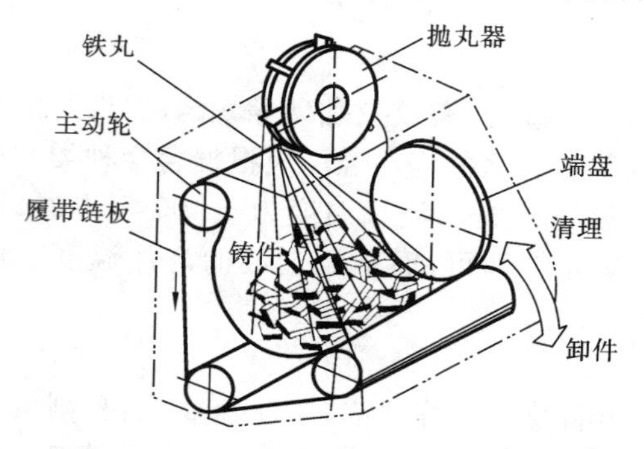

图 2.22　履带式抛丸清理机

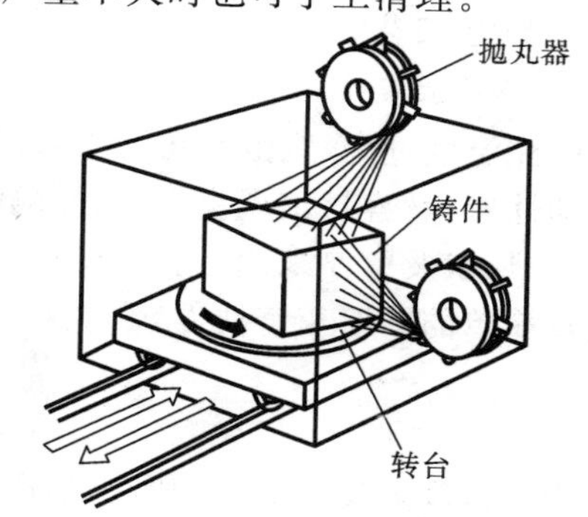

图 2.23　抛丸转台

(4) 铸件的修整　利用砂轮机、手凿和风铲等工具去掉在分型面或芯头处产生的飞翅、毛刺和残留的浇、冒口痕迹等。

2.4.3 铸件的缺陷分析

在实际生产中，常需对铸件缺陷进行分析，其目的是找出产生缺陷的原因，以便采取措施加以预防。铸件的缺陷很多，常见的铸件缺陷及产生的主要原因如表2.2所示。具有缺陷的铸件是否确定为废品，必须根据铸件的用途、要求、缺陷产生的部位及缺陷的严重程度来综合衡量。

表2.2　常见的铸件缺陷及产生的主要原因

缺陷名称	特　征	产生的主要原因
气孔	在铸件内部或表面有大小不等的光滑孔洞	型砂含水过多，透气性差；起模和修型时刷水过多；砂芯烘干不良或砂芯通气孔堵塞；浇注温度过低或浇注速度太快等
缩孔 补缩冒口	缩孔多分布在铸件厚断面处，形状不规则，孔内粗糙	铸件结构不合理，如壁厚相差过大，造成局部金属积聚；浇注系统和冒口的位置不对，或冒口过小；浇注温度太高，或金属化学成分不合格，收缩过大
砂眼	在铸件内部或表面有充塞砂粒的孔眼	型砂和芯砂的强度不够；砂型和砂芯的紧实度不够；合箱时铸型局部损坏，浇注系统不合理，冲坏了铸型
黏砂	铸件表面粗糙，黏有砂粒	型砂和芯砂的耐火性不够；浇注温度太高；未刷涂料或涂料太薄
错箱	铸件在分型面有错移	模样的上半模和下半模未对好；合箱时，上、下砂箱未对准
裂缝	铸件开裂，开裂处金属表面氧化	铸件的结构不合理，壁厚相差太大；砂型和砂芯的退让性差；落砂过早

续表

缺陷名称	特 征	产生的主要原因
冷隔	铸件上有未完全融合的缝隙或洼坑，其交接处是圆滑的	浇注温度太低；浇注速度太慢或浇注过程有中断；浇注系统位置开设不当或浇道太小
浇不足	铸件不完整	浇注时金属量不够；浇注时液体金属从分型面流出；铸件太薄；浇注温度太低；浇注速度太慢

2.5 特种铸造

随着科学技术的发展和生产水平的提高，对铸件质量、劳动生产效率、劳动条件和生产成本有了进一步的要求，因而促使铸造方法有了长足的发展。所谓特种铸造，是指有别于砂型铸造方法的其他铸造工艺。目前特种铸造方法已发展到几十种，常用的有熔模铸造、金属型铸造、低压铸造、压力铸造、离心铸造、陶瓷型铸造、实型铸造等。

特种铸造能获得迅速的发展，主要是由于这些方法一般都能提高铸件的尺寸精度和表面质量，或提高铸件的物理及力学性能。此外，特种铸造大多能提高金属的利用率，减少原料消耗量；有些方法更适宜于高熔点、低流动性、易氧化合金铸件的铸造；有的还能明显改善劳动条件，并便于实现机械化和自动化生产而提高生产率。

2.5.1 熔模铸造

熔模铸造是指用易熔材料(蜡或塑料等)制成精确的可熔性模型，并涂以若干层耐火涂料，经干燥、硬化后形成整体型壳，再将模型熔化以排出型外，经高温焙烧而形成耐火型壳，在型壳中浇注形成铸件的铸造方法。熔模铸造的铸型是没有分型面的。

1. 熔模铸造的工艺流程

熔模铸造的工艺流程主要包含：压型制造→蜡模压制→蜡模组装→浸涂料→撒砂→硬化及干燥→脱蜡→造型→焙烧→浇注→落砂及清理。

1) 压型制造

熔模铸造生产的第一道工序就是制造熔模，熔模是用来形成耐火型壳中型腔的模型，所以要获得尺寸精度高和表面粗糙度值小的铸件，首先熔模本身就应该具有高的尺寸精度和表面质量。此外熔模本身的性能还应尽可能使随后的制造型壳等工序简单易行。为得到上述高质量要求的熔模，除了应有好的压型(压制熔模的模具)外，还必须选择合适的制模材料(简称模料)和合理的制模工艺。小批量生产时压型材料常使用锡铋合金，其特点是容易制造和切削加工，大批量生产时压型材料常用碳素钢，其特点是耐磨、寿命长，但制造困难。压型制造要考虑蜡料和铸造合金的双重收缩。

2）蜡模压制

制模材料的性能不仅应保证方便地制得尺寸精确高和表面粗糙度值小，强度好，重量轻的熔模，它还要为型壳的制造和获得良好铸件创造条件。模料通常采用蜡料、天然树脂和塑料（合成树脂）配制。配制模料的目的不仅是将组成模料的各种原材料混合成均匀的一体，而且使模料的状态符合压制熔模的要求。配制时主要用加热的方法使各种原材料熔化混合成一体，而后在冷却情况下，将模料剧烈搅拌，使模料变为糊膏状供压制熔模用。有时也有将模料熔化为液体直接浇注熔模的情况。生产中大多采用压力把糊状模料压入压型的方法制造熔模。压制熔模之前，需先在压型表面涂薄层分型剂，以便从压型中取出熔模。压制蜡基模料时，分型剂可为机油、松节油等；压制树脂基模料时，常用麻油和酒精的混合液或硅油作分型剂。分型剂层越薄越好，以使熔模能更好地复制压型的表面，提高熔模的表面质量。制模材料常用50％的石蜡和50％的硬脂酸配制而成。这种蜡料的全熔温度为70～90 ℃，为加速蜡料凝固，减少蜡料收缩，制模时蜡料是45～48 ℃的糊状稠蜡，用2～4个大气压压入制好的压型中成型。从压型中取出模型后放入14～24 ℃的水中冷却，以防止变形。最好使环境温度保持在18～28 ℃间，使蜡模具有足够的强度，并保持准确的尺寸和形状。

3）蜡模组装

熔模的组装是把形成铸件的熔模和形成浇、冒口系统的熔模组合在一起，主要有两种方法：焊接法和机械组装法。焊接法是用薄片状的烙铁，将熔模的连接部位熔化，使熔模焊在一起。此法应用较普遍。机械组装法是在大量生产小型熔模铸件时应用，国外已广泛采用机械组装法组合模组，采用此种方法可使模组组合效率大大提高，工作条件也得到了改善。若干个蜡模使用蜡料焊接在一个直浇口上，装配成蜡模组。直浇口的中心是一个铁芯，外围是蜡制的直浇口，它的直径较大，同时起补缩冒口的作用。

4）浸涂料

将蜡模组置于涂料中浸渍，使涂料均匀地覆盖在蜡模组表面。涂料是由耐火材料（石英粉）、黏结剂（水玻璃）组成的糊状混合物，它使型腔获得光洁的面层。涂料一般由55％～60％的石英粉和40％～45％的水玻璃组成。在熔模铸造中用得最普遍的黏结剂是硅酸胶体溶液（简称硅酸溶胶），如硅酸乙酯水解液、水玻璃和硅溶胶等。组成它们的物质主要为硅酸（H_2SiO_3）和溶剂，有时也有稳定剂，如硅溶胶中的NaOH。硅酸乙酯水解液是硅酸乙酯经水解后所得的硅酸溶胶，是熔模铸造中用得最早、最普遍的黏结剂。水玻璃壳型易变形、开裂，用它浇注的铸件尺寸精度和表面质量都较差。但在我国，当生产精度要求较低的碳素钢铸件和熔点较低的有色合金铸件时，水玻璃仍被广泛应用于生产中。硅溶胶的稳定性好，可长期存放，制造型壳时不需专门的硬化剂，但硅溶胶对熔模的润湿作用稍差，型壳硬化过程是一个干燥过程，需较长时间。

5）撒砂

撒砂是使浸渍涂料的蜡模组均匀地黏附一层耐火材料，以迅速增厚型壳。小批量生产用人工手工撒砂，大批量生产在专门的撒砂设备上进行。目前熔模铸造中所用的耐火材料主要为石英和刚玉，以及硅酸铝耐火材料，如耐火黏土、铝钒土、焦宝石等。有时也用锆英石、镁砂（MgO）等。

6）硬化及干燥

为使耐火材料层结成坚固的型壳，撒砂后应进行硬化及干燥。以水玻璃为黏结剂时，在空气中干燥一段时间后，将蜡模组浸在饱和浓度（25％）的NH_4Cl溶液中1～3 min，这样硅酸凝胶就将石英砂黏得很牢,而后在空气中干燥 7～10 min,形成 1～2 mm 厚的薄壳。为使型壳具有一定的厚度与强度,上述的浸涂料、撒砂、硬化及干燥过程需重复 4～6 次,最后形成 5～12 mm 厚的耐火型壳。此外,面层(最内层)所用的石英粉及石英砂应较以后各加固层细小,以获得高质量的型腔表面。

7) 脱蜡

为取出蜡模以形成铸型型腔,必须进行脱蜡。最简单的方法是将附有型壳的蜡模组浸泡于 85～95 ℃的热水中,使蜡料熔化,经朝上的浇口上浮而脱除,脱出的蜡料经回收处理后仍可重复使用。除上述热水法外,还可用高压蒸汽法,将蜡模组倒置于高压釜内,通入 2～5 个大气压的高压蒸汽,使蜡料熔化。

8) 造型

造型是指将脱蜡后的型壳置于铁箱中,周围用粗砂填充的过程。如在加固层涂料中加入一定比例的黏土形成高强度型壳,则不经造型过程,直接进入焙烧环节。

9) 焙烧

为去除型壳中的水分、残余蜡料及其他杂质,脱蜡后,必须将置于铁箱中的型壳送入800～1 000 ℃的加热炉中进行焙烧,使型壳强度升高,并且干净。

10) 浇注

浇注是将熔炼出的预定化学成分与温度的金属液趁热浇注到型壳的过程。熔模铸造时常用的浇注方法有:热型重力浇注法,这是应用最广泛的一种浇注形式,即型壳从焙烧炉中取出后,在高温下进行浇注。此时金属液在型壳中冷却较慢,能在流动性较高的情况下充填铸型,故铸件能很好地复制型腔的形状,提高铸件的精度。但铸件在热型中的缓慢冷却会使晶粒粗大,这会降低铸件的力学性能。在浇注碳钢铸件时,冷却较慢的铸件表面还易氧化和脱碳,从而降低铸件的表面硬度和尺寸精度,增大表面粗糙度值。真空吸气浇注法是将型壳放在真空浇注箱中,通过型壳中的微小孔隙吸走型腔中的气体,使液态金属能更好地充填型腔,复制型腔的形状,提高铸件精度,防止气孔、浇不足的缺陷。该法已在国外应用。压力结晶法是将型壳放在压力罐内进行浇注,浇注后,立即封闭压力罐,向罐内通入高压空气或惰性气体,使铸件在压力下凝固,以增大铸件的致密度。定向结晶(定向凝固)法是对一些熔模铸件而言的,如涡轮机叶片、磁钢等,如果它们的结晶组织是按一定方向排列的柱状晶,它们的工作性能便可提高很多,所以熔模铸造定向结晶技术正迅速地得到发展。

11) 落砂及清理

铸件冷却后,破坏型腔,取出铸件,去掉浇口,清理毛刺。熔模铸件清理的内容主要为:从铸件上清除型壳;从浇注系统上取下铸件;去除铸件上所黏附的型壳耐火材料;铸件热处理后的清理,如除氧化皮、切边和切除浇口残余等。

熔模铸造的工艺过程如图 2.24 所示。

2. 熔模铸造的特点和应用

铸件尺寸精度高,表面粗糙度低;适用于各种铸造合金、各种生产批量;生产工序繁多,生产周期长,铸件不能太大。

熔模铸造主要适用于高熔点合金精密铸件的成批、大量生产,特别是对形状复杂、难以切削加工的小零件,如汽轮机叶片。目前熔模铸造在汽车、拖拉机、机床、刀具、汽轮机、仪表、航空、兵器等制造领域已得到广泛应用,成为少、无切削加工中最重要的工艺方法。

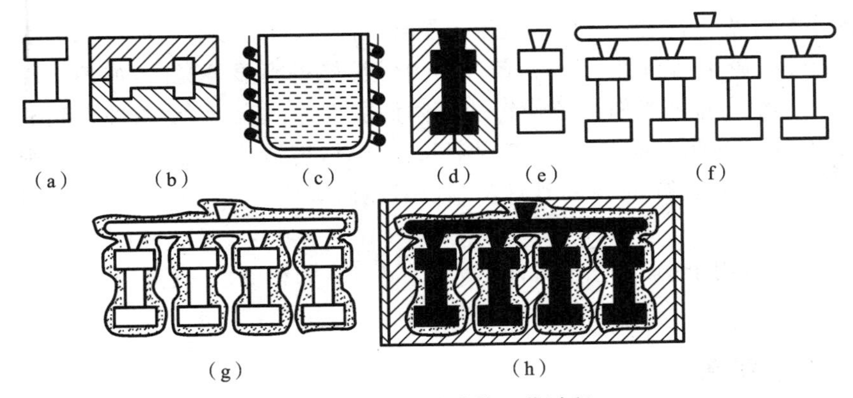

图 2.24 熔模铸造的工艺过程

(a) 母模；(b) 压型；(c) 熔蜡；(d) 铸造蜡模；(e) 单个蜡模；(f) 组合蜡模；(g) 结壳；(h) 填砂、浇注

2.5.2 金属型铸造

金属型铸造是指将液态金属在重力作用下浇入金属铸型以获得铸件的方法。由于铸型一般用铸铁、碳钢或低合金钢等金属材料制成，可反复使用，所以有永久型铸造之称。图 2.25 所示为铸造铝活塞的金属型结构简图，其左右两半型 3、7 用铰接相连接，以开合铸型，由于铝活塞内腔存在销孔内凸台，整体型芯无法抽出，故采用组合金属型芯，浇注后，先抽出中间型芯 5，然后再取出左、右侧型芯 4 和 6。

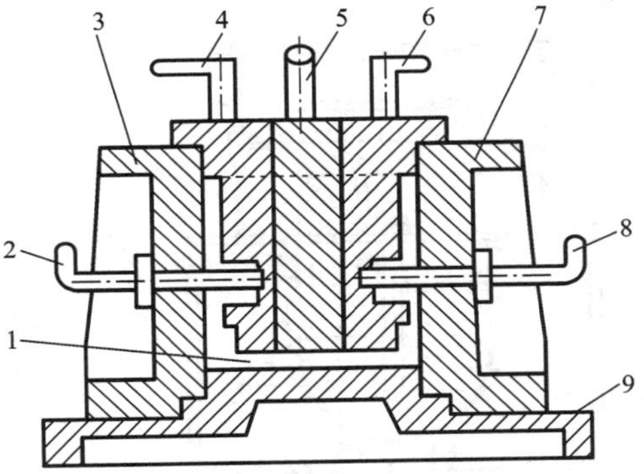

图 2.25 铸造铝活塞的金属型

1—型腔；2、8—销孔型芯；3—左半型；4—左侧型芯；5—中间型芯；6—右侧型芯；7—右半型；9—底板

由于金属型导热快，且没有退让性和透气性，为保证铸件质量和延长铸型使用寿命，必须严格控制其工艺。

1. 金属型的铸造工艺

1) 喷刷涂料

金属型的型腔和型芯表面必须喷刷涂料。涂料可分衬料和表面涂料两种，前者以耐火材料为主，厚度为 0.2～1.0 mm；后者为可燃物质（如油类），每次浇注喷涂一次，以产生隔热气膜。

2) 金属型工作温度

通常铸铁件为 250～350 ℃。目的是减缓铸型对浇入金属的激冷作用，减少铸件缺陷。同时，因减少了铸型与浇入金属的温差，可提高铸型的寿命。

3) 出型时间

浇注之后，铸件在金属型内停留的时间愈长，铸件的出型及抽芯愈困难，铸件的裂纹倾向增加。同时，铸铁件的白口倾向增加，金属型铸造的生产率也会降低。为此，应使铸件凝固后尽早出型。通常小型铸铁件的出型时间为 10～60 s，铸件温度为 780～950 ℃。此外，为避免灰铸铁件产生白口组织，除应采用碳、硅含量高的铁液外，涂料中应加入些硅铁粉。对于已经产生白口组织的铸件，要利用出型时铸件的自身余热及时进行退火。

2. 金属型铸造的特点及应用

金属型铸造的优点是：可“一型多铸”，便于实现机械化和自动化生产，从而大大提高生产率。同时,铸件的精度和表面质量比砂型铸造显著提高(尺寸精度IT12～IT16,表面粗糙度值Ra25～12.5 μm)。由于结晶组织致密,铸件的力学性能得到显著提高,如铸铝件的屈服强度平均提高20%。此外,金属型铸造还使铸造车间面貌大为改观,劳动条件得到显著改善。它的主要缺点是金属型的制造成本高、生产周期长。同时,铸造工艺要求严格,否则容易出现浇不足、冷隔、裂纹等铸造缺陷,而灰铸铁件又难以避免白口缺陷。此外,金属型铸件的形状和尺寸还有着一定的限制。

金属型铸造主要用于铜、铝合金铸件的大批量生产,如铝活塞、气缸盖、油泵壳体、铜瓦、衬套、轻工业品等。

2.5.3 低压铸造

低压铸造是指使液体金属在压力作用下充填型腔,以形成铸件的一种方法。由于所用的压力较低,所以称为低压铸造。低压铸造的金属液充型压力介于重力铸造和压力铸造之间。浇注时压力和速度可人为控制,可适用于各种不同的铸型;充型压力及时间易于控制,充型平稳;铸件在压力下结晶,自上而下定向凝固,铸件组织致密,力学性能好,金属利用率高,铸件合格率高。

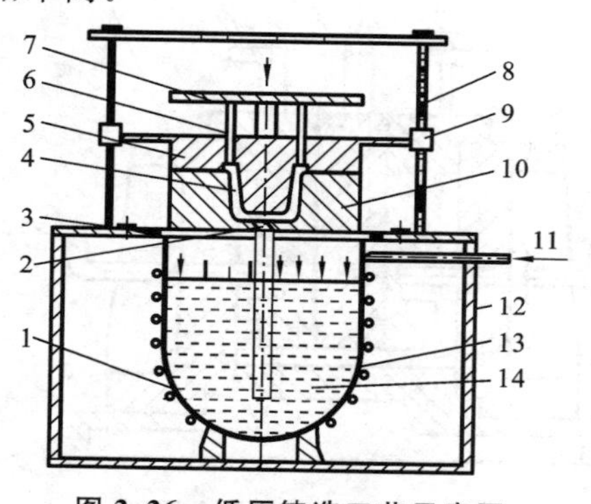

图2.26 低压铸造工艺示意图

1—坩埚;2—浇口;3—密封垫;4—型腔;5—上型;6—顶杆;7—顶板;8—导柱;9—滑套;10—下型;11—压缩空气;12—保温炉;13—液态金属;14—升液管

1. 低压铸造工艺

低压铸造工艺示意图(见图2.26)是:在密封的坩埚(或密封罐)中,通入干燥的压缩空气,金属液在气体压力的作用下,沿升液管上升,通过浇口平稳地进入型腔,并保持坩埚内液面上的气体压力,一直到铸件完全凝固为止。然后解除液面上的气体压力,使升液管中未凝固的金属液流回坩埚。

2. 低压铸造的特点及应用

低压铸造的优点表现在以下方面:液体金属充型平稳;铸件成形性好,有利于形成轮廓清晰、表面光洁的铸件,对于大型薄壁铸件的成形更为有利;铸件组织致密,力学性能高;提高了金属液的利用率,低压铸造一般情况下不需要开设冒口,这样使金属液的利用率大大提高,一般可达90%～98%。此外,劳动条件好;设备简单,易于实现机械化和自动化,也是低压铸造的突出优点。

低压铸造主要用来生产质量要求高的铝、镁合金铸件,如气缸体、气缸盖、曲轴箱、高速内燃机活塞、纺织机零件等。

2.5.4 压力铸造

压力铸造是指在高压作用下将金属液以较高的速度压入高精度的型腔内,力求在压力下快速凝固,以获得优质铸件的高效率铸造方法。它的基本特点是金属液充型时具有高压(5～150 MPa)和高速(5～100 m/s)。

压力铸造的基本设备是压铸机。压铸机可分为热室压铸机和冷室压铸机两大类,冷室压铸机又可分为立式和卧式等类型,但它们的工作原理基本相似。压铸型是压力铸造生产铸件的模具,主要由活动半型和固定半型两部分组成。固定半型固定在压铸机的定型座板上,浇道将压铸机压室与型腔连通。活动半型随压铸机的动型座板移动，完成开合型动作。完整的压铸型由型体部分、导向装置、抽芯机构、顶出铸件机构、浇注系统、排气和冷却系统等部分组成。压力铸造的工艺过程如图 2.27 所示。

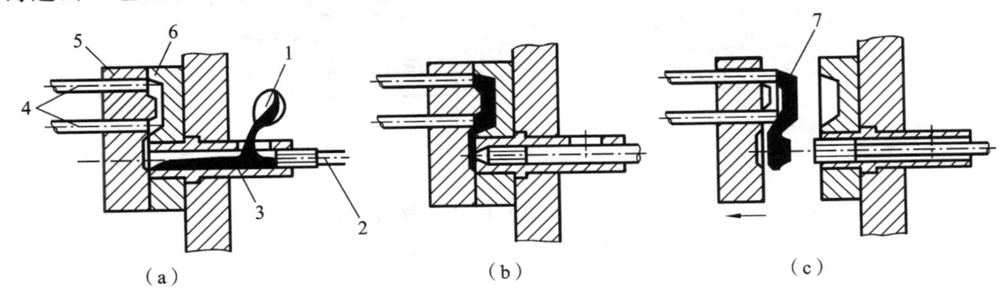

图 2.27 压力铸造工艺过程

(a) 合型注入金属液；(b) 加压；(c) 开型顶出铸件

1—金属液；2—压射冲头；3—压射室；4—顶杆；5—活动半型；6—固定半型；7—铸件

压铸工艺的优点是：铸件精度高（IT11～IT13，*Ra*0.8 μm～*Ra*3.2 μm）、强度与硬度高（R_m 比砂型铸件高 20%～40%）、生产率高（50～150 件/小时）。缺点是存在无法克服的皮下气孔，且铸件塑性差；设备投资大，应用范围较窄（适于低熔点的合金和较小的、薄壁且均匀的铸件。适宜的壁厚：锌合金 1～4 mm，铝合金 1.5～5 mm，铜合金 2～5 mm）。

压力铸造主要适用于汽车、拖拉机、航空、兵器、仪表、电器、计算机、轻纺机械、日用品等制造领域，如气缸体、箱体、化油器、喇叭外壳等铝、镁、锌合金铸件的生产。

2.5.5 离心铸造

离心铸造是指将液态金属液浇入高速旋转（250～1 500 r/min）的铸型中，使其在离心力作用下填充铸型和结晶的铸造方法。离心铸造机有立式（见图 2.28(a)）和卧式（见图 2.28(b)）之分。立式离心铸造机的铸型是绕垂直轴旋转的，当其浇注圆筒形铸件时，金属液并不填满型腔，这样即可自动形成内腔，铸件的壁厚取决于浇入的金属量。立式离心铸造机便于铸型的固定和金属的浇注，但其自由表面（内表面）呈抛物线状，使铸件上薄下厚。所以，在其他条件不变的前提下，铸件的高度愈大，立壁的壁厚差别也愈大。故其主要用于高度小于直径的圆环类铸件。卧式离心铸造机的铸型是绕水平轴旋转的，由于铸件各部分的冷却条件相近，故铸出的圆筒形铸件在轴向和径向的壁厚都是均匀的，因此适合浇注长度较大的套筒、管类铸件。

离心铸造的优点是：利用自由表面生产圆筒形或环形铸件时，可省去型芯和浇注系统，降低了铸件成本；在离心力作用下，铸件呈由外向内的定向凝固，而气体和熔渣因密度小，离心力小，则向铸件内腔（自由表面）移动而排除，故铸件很少存在缩孔、缩松、气孔、夹渣的缺陷；便于制造双金属件，如在钢套上镶铸薄层铜材，制出的滑动轴承与整体铜轴承相比节省铜料，降低了成本。

离心铸造的缺点是：依靠自由表面形成的内孔尺寸偏差大，而且内表面粗糙，若需切削加工，必须加大余量；不适合密度偏析大的合金及轻合金铸件，如铅青铜、铝合金、镁合金等；需投资购置专用设备，故不适合单件、小批量生产。

离心铸造主要适用于大口径铸铁管、气缸套、铜套的生产，铸件最大质量可达十多吨。

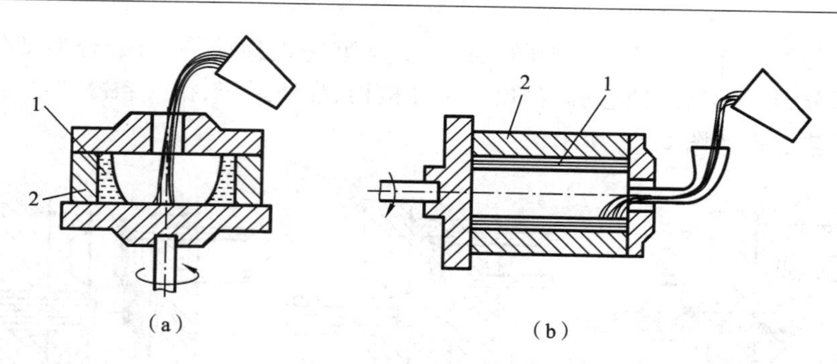

图 2.28　离心铸造示意图

(a) 立式离心铸造机;(b) 卧式离心铸造机

1—铸件;2—铸型

2.5.6　陶瓷型铸造

陶瓷型铸造是指以陶瓷作为铸型材料的一种铸造方法。

1. 陶瓷型铸造的工艺过程

陶瓷型铸造的工艺过程如图 2.29 所示。

(1) 砂套造型　为节省昂贵的陶瓷材料和提高铸型的透气性,通常先用水玻璃砂制出砂套(相当于砂型铸造的背砂)。制造砂套的木模 B 比铸件的木模 A 应增大一个陶瓷料的厚度(见图 2.29(a))。砂套的制造方法与砂型铸造相似(见图 2.29(b))。

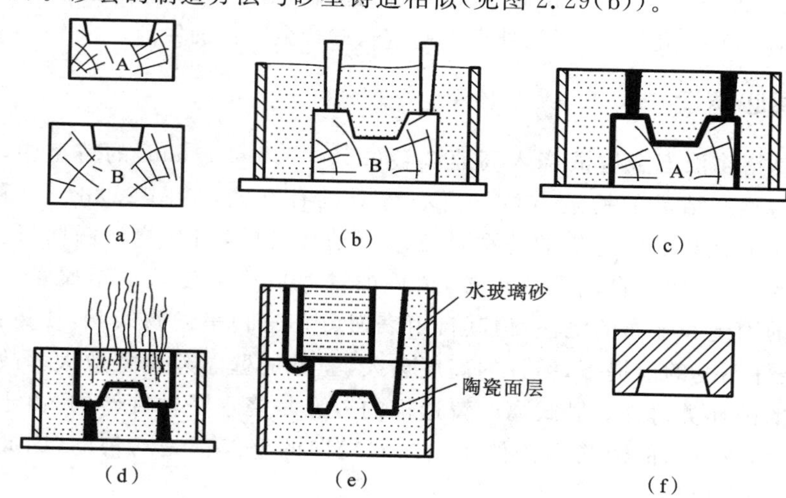

图 2.29　陶瓷型铸造工艺过程

(a) 模样;(b) 砂套造型;(c) 灌浆;(d) 喷烧;(e) 合箱;(f) 铸件

(2) 灌浆与胶结　即制造陶瓷面层。其过程是将铸件木模固定于平板上,刷上分型剂,扣上砂套。将配制好的陶瓷浆通过浇口注入型腔(见图 2.29(c)),经数分钟后,陶瓷浆便开始胶结。陶瓷浆由耐火材料(如刚玉粉、铝钒土等)、黏结剂(硅酸乙酯水解液)、催化剂($Ca(OH)_2$、MgO)、透气剂(双氧水)等组成。

(3) 起模与喷烧　灌浆 5～15 min 后,趁浆料尚有一定弹性便可起出模样,为加速固化过程,必须用明火均匀地喷烧整个型腔(见图 2.29(d))。

(4) 焙烧与合箱　陶瓷型要在浇注前加热到 350～550 ℃焙烧 3～5 h,以烧去残存的乙醇、水分等,并使铸型的强度进一步提高。

(5) 浇注 浇注温度可稍高一些,以便获得轮廓清晰的铸件。

2. 陶瓷型铸造的特点及适用范围

首先,陶瓷型铸造具有熔模铸造的许多优点。由于起模是在陶瓷层处于弹性状态下进行的,同时,陶瓷型高温时变形小,故铸件的尺寸精度和表面粗糙度与熔模铸造相近。此外,陶瓷材料耐高温,故也可浇注高熔点合金。

其次,陶瓷型铸件的大小几乎不受限制,铸件质量可从几千克到数吨,而熔模铸件最大仅有几十千克。

另外,在单件、小批生产时,需要的投资少、生产周期短,在一般铸造车间较易实现。

陶瓷型铸造的不足之处是:不适合批量大、质量轻或形状复杂铸件的生产,且生产过程难以实现机械化和自动化。

陶瓷型铸件主要用于生产厚大的精密铸件,广泛用于铸造冲模、锻模、玻璃器皿模、压铸模、模板等,也用于生产中型铸钢件。

2.5.7 实型铸造

实型铸造又称汽化模铸造,它是指使用泡沫塑料制造模样(包括浇注系统)替代木模(或金属模),在浇注时,迅速将模样燃烧汽化直到消失,金属液充填原来模样的位置,冷却凝固后而形成铸件的铸造方法。其工艺过程如图 2.30 所示。

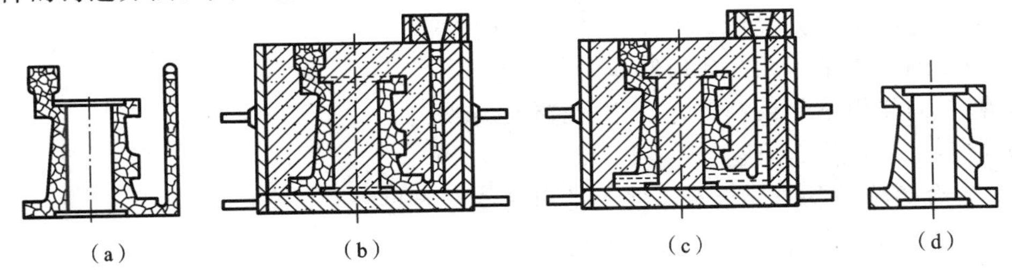

图 2.30 实型铸造工艺过程

(a) 泡沫塑料模样;(b) 造型;(c) 浇注;(d) 铸件

1. 泡沫塑料模

塑料模多用聚苯乙烯泡沫塑料制成,由于塑料呈蜂窝状结构,故其密度小、汽化迅速。泡沫塑料模制造方法有如下两种。

(1) 发泡成形法 将预发泡并熟化好的聚苯乙烯珠粒置于专用的发泡模内,通入热空气或蒸汽加热,使珠粒进一步膨胀形成附带浇冒口的模样。这种模样制造方法主要用于大批量生产。

(2) 加工成形法 通常以厚度为 100 mm 的泡沫塑料板为原材料,先用机械加工或电热丝切割等方法制成形状简单的部件,然后用黏结剂将这些部件黏合成模样。显然,这种方法不需要制造模具,适合单件、小批量生产。

泡沫塑料模表面必须浸涂厚度为 0.5~2.5 mm 的耐火涂料,以提高铸件的表面质量。在铸铁件涂料中,除铝钒土和石墨粉外,多以陶土和少量糖浆为黏结剂。泡沫塑料模在浸涂料后,应彻底烘干。

2. 铸造工艺

在单件、小批生产中,实型铸造多采用自硬砂(如水玻璃砂、水泥砂等)造型。舂砂时,要自下而上分层均匀舂实。在大批量生产中,可采用干砂造型,填砂之后用机器将干砂振实。金属浇注时,应先慢后快,使金属液上升速度低于模样的汽化速度,以减少汽化模分解产物与金属液的作用,防止铸件产生表面缺陷。同时,浇注场地要有良好的通风与排烟设施,以保护环境。

3. 特点及应用

首先,实型铸造的铸型没有分型面,省去起模和修型工序,便于制出凸台、法兰、肋条、吊钩等在普通砂型铸造中需要活块(或型芯)的结构,简化了造型工艺,降低了劳动强度。

其次,加大了铸件结构的自由度,简化了铸件结构和工艺设计。

另外,铸件的尺寸精度高于普通砂型铸造。铸件无飞翅,减轻了铸件清理工作量。

实型铸造适用范围较广,几乎不受铸造合金、铸件大小及生产批量的限制,尤其适用于形状复杂铸件的生产。

思 考 题

(1) 什么是铸造？铸造的特点和应用范围是什么？铸造包含哪些主要工序？

(2) 型(芯)砂由什么组成？性能要求有哪些？

(3) 什么是黏土砂？什么是水玻璃砂和树脂砂？各自的特点和应用范围如何？

(4) 常用的手工造型方法有哪些？各自的特点和适用范围如何？

(5) 手工造型和机器造型各有何特点？各适用于何种生产批量？

(6) 机器造型主要完成什么工作？各有哪些方式？

(7) 型芯的作用是什么？如何制作砂芯？

(8) 冒口的作用是什么？其开设位置有什么要求？

(9) 合型应注意什么问题？

(10) 合金熔炼的基本要求有哪些？常用设备有哪些？

(11) 浇注前和浇注时应注意什么问题？

(12) 浇注温度的高低对铸件质量有什么影响？

(13) 浇注速度的快慢对铸件质量有什么影响？

(14) 浇注系统由哪几部分组成？各部分的作用是什么？

(15) 内浇道开设时,应注意哪些问题？

(16) 浇注系统有哪几种类型？各适用于何种生产条件？

(17) 气孔、缩孔、浇不足、冷隔产生的原因是什么？

(18) 什么是金属型铸造？其特点和应用范围如何？

(19) 什么是压力铸造？有何特点？适合生产哪些铸件？

(20) 什么是低压铸造？有何特点？适合生产哪些铸件？

(21) 什么是离心铸造？有何特点？适合生产哪些形状的铸件？

(22) 什么是熔模铸造？其工艺过程是什么？适合生产哪些铸件？

(23) 什么是陶瓷型铸造？其工艺过程是什么？

(24) 什么是实型铸造？其特点和应用范围如何？

第3章　锻　　压

3.1　概　　述

锻压是指锻造和板料冲压的总称，是指金属材料在一定外力作用下，使其产生塑性变形，从而获得一定尺寸、形状及具有一定力学性能毛坯或零件的加工方法。锻压属于塑性加工，塑性加工作为金属加工方法之一，是机械制造领域的重要加工方法。

锻造是利用锻造设备，通过工具或模具使金属毛坯产生塑性变形，从而获得具有一定形状、尺寸和内部组织的工件的一种塑性加工方法。按金属变形的温度不同，锻造分为热锻、温锻和冷锻；根据工作时所受作用力的来源不同，锻造分为手工锻造和机器锻造两种。手工锻造是利用手锻工具，依靠人力在铁砧上进行的锻造，仅用于零件修理或初学者基本操作技能的训练；机器锻造是现代锻造生产的主要方式，包括自由锻、模锻和胎模锻，在各种锻造设备上进行。生产中按锻件质量的大小和生产批量的多少选择不同的锻造方法。锻造生产一般包括下料、加热、锻造成形和冷却等工艺环节。

冲压是指利用冲模在冲床上对金属板料施加压力，使其产生分离或变形，从而得到一定形状、满足一定使用要求零件的加工方法。冲压通常在常温下进行，也称冷冲压，又因其主要用于加工板料零件，故又称板料冲压。

锻造和板料冲压同金属的切削加工、铸造、焊接等加工方法相比，它具有材料利用率高和成形零件力学性能好的特点。一方面，金属塑性成形是依靠金属材料在塑性状态下形状的改变和体积转移来实现的，因此材料利用率高，可节约大量金属材料；另一方面，在塑性成形过程中，金属内部组织得到改善，使工件获得良好的力学性能和物理性能。一般对于受力较大的重要机器零件，大多采用锻造方法制造。

3.2　自　由　锻

自由锻是指将加热的金属毛坯放在自由锻造设备的平砧间进行锻造的方法，自由锻由操作者来控制金属的变形方向，从而获得符合形状和尺寸要求的锻件。

自由锻具有工具简单、通用性强的特点，适合单件和小批量锻件的生产。自由锻时，因坯料只有部分表面与上、下砧接触产生塑性变形，其余部分为自由表面，故自由锻所需变形力较小，设备功率小。自由锻对大型锻件也适用，可以锻造各种变形程度相差很大的锻件。由于自由锻是靠人工操作来控制锻件形状和尺寸，因此，操作者的技术水平直接影响锻件的精度。此外，自由锻生产率较低，且劳动强度大。

3.2.1　坯料的加热和锻件的冷却

1. 加热目的和锻造温度范围

加热的目的是提高坯料的塑性并降低变形抗力，以改善其锻造性能。一般来说，随着温度的升高,金属材料的强度会降低,而塑性会提高,锻造性能变好。但是加热温度过高,也会使锻件质量下降,甚至造成废品。因此,金属的锻造应在一定的温度范围内进行。

各种材料在锻造时,所允许的最高加热温度,称为该材料的始锻温度。坯料在锻造过程中,随着热量的散失,温度不断下降,塑性变差,变形抗力变大。温度下降到一定程度后,坯料不仅难以继续变形,而且易于断裂,必须停止锻造,重新加热。各种材料停止锻造的温度,称为该材料的终锻温度。

从始锻温度到终锻温度的温度区间称为锻造温度范围。在保证金属坯料具有良好锻造性能的前提下,应尽量扩大锻造温度范围,以便锻造成形有充裕的时间,减少加热次数,降低材料消耗,提高生产率。

2. 加热方式

根据所采用的热源不同,金属毛坯的加热方法分为火焰加热和电加热。

1) 火焰加热

火焰加热是利用燃料(如煤、焦炭、油等)在加热炉内燃烧,产生含有大量热能的高温气体(火焰),通过对流、辐射,把热能传递到毛坯表面,再由表面向中心传导,使金属毛坯加热。

火焰加热方法广泛用于各种毛坯的加热。其优点是原料来源方便,炉子修造简单,加热费用低,对毛坯适应范围广。但火焰加热的劳动条件差,加热速度慢,效率低,加热过程难以控制。

2) 电加热

电加热是利用电流通过特种材料制成的电阻体产生的热量,再以辐射传热方式将金属坯料加热。电加热方法主要有电阻加热法、感应加热法、电接触加热法和盐浴加热法。

3. 加热缺陷

1) 氧化和脱碳

钢是铁与碳组成的合金。加热时,钢料与高温的氧气、二氧化碳及水蒸气等接触,发生剧烈的氧化反应,使坯料表面产生氧化皮及脱碳层。脱碳层在机械加工过程中被切削掉,一般不影响零件使用,但氧化过于严重时会造成锻件的报废。

减少氧化和脱碳的措施是严格控制送风量,快速加热,减少坯料加热后在炉中停留的时间,或采用少氧、无氧等加热方法。

2) 过热及过烧

加热钢料时,如果加热温度超过始锻温度,或在始锻温度下保温过久,内部晶粒会变得粗大,这种现象称为过热。过热锻件的力学性能较差,可通过增加锻打次数或锻后热处理的措施,使晶粒细化。

如果将钢料加热到更高的温度,或将过热的钢料在高温下长时间保温,会造成晶粒间低熔点杂质的熔化和晶粒边界的氧化,削减晶粒之间的连接力,继续锻打时会出现碎裂,这种现象称为过烧,过烧的钢料是无可挽回的废品。

为防止过热和过烧,须严格控制加热温度,不要超过规定的始锻温度,尽量缩短坯料在高温炉内的停留时间。

3) 加热裂纹

尺寸较大的坯料,尤其是高碳钢料和一些合金钢料,其在加热过程中,如果加热速度过快或装炉温度过高,则由于坯料内各部分之间较大的温差引起温度应力,导致产生裂纹。

为避免加热裂纹,加热时须防止装炉温度过高和加热过快,一般采取预热措施。

4. 锻件的冷却

锻件的冷却是保证锻件质量的重要环节。常见的冷却方式如下。

1）空冷

锻件在无风的空气中，在干燥的地面上冷却。

2）坑冷

锻件放入填有炉灰、沙子等保温材料的坑中慢慢冷却。

3）炉冷

锻件锻好后，再放回加热炉中，随炉温慢慢冷却到较低温度后再出炉。

一般地，碳素结构钢和低合金钢的中小型锻件，锻后均采用冷却速度较快的空冷方式，成分复杂的合金钢件大都采用坑冷或炉冷。冷却速度过快会造成表层硬化，难以进行切削加工，甚至产生裂纹。

3.2.2　自由锻设备

常用的自由锻设备有空气锤、蒸汽-空气锤和水压机等。其砧座质量一般为落下部分的10～15倍，蒸汽-空气自由锻锤的落下部分质量一般为1～5 t，小于1 t的使用相应的空气锤，大于5 t的使用水压机。

1. 空气锤结构及工作原理

空气锤是自由锻最常见的设备，如图3.1(a)所示，由锤身、压缩缸、工作缸、传动机构、操纵机构、落下部分及砧座等组成。锤身、压缩缸和工作缸缸体铸成一体。传动机构包括减速机构、曲柄、连杆等。操纵机构包括踏杆(或手柄)、旋阀及其连接杠杆。

空气锤的规格用落下部分的重量来表示，其落下部分包括工作活塞、锤杆等。例如70 kg的空气锤是指落下部分的重量为70 kg。空气锤打击力为落下部分重量的1 000倍左右。空气锤规格依据锻件的尺寸与重量选择。

空气锤的传动原理如图3.1(b)所示。电动机通过减速装置带动曲柄连杆机构运动，使压

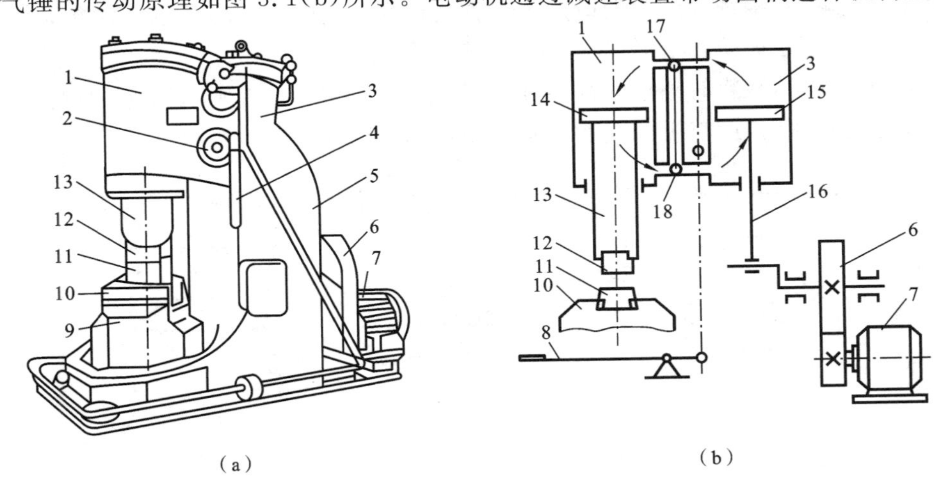

图3.1　空气锤结构和传动原理

(a) 空气锤结构；(b) 空气锤传动原理

1—工作缸；2—旋阀；3—压缩缸；4—手柄；5—锤身；6—减速机构；7—电动机；8—脚踏板；9—砧座；10—砧；11—下砧铁；12—上砧铁；13—锤杆；14—工作活塞；15—压缩活塞；16—连杆；17—上旋阀；18—下旋阀

缩气缸的压缩缸活塞上下运动,产生压缩空气。通过手柄或踏脚杆操纵上、下旋阀,使其处于不同位置时,使压缩空气进入工作气缸的上部或下部,推动由活塞、锤杆和上砧铁组成的落下部分上升或下降,完成各种动作。

2. 空气锤的操作

空气锤通过控制旋阀与两个气缸之间的联通方式,实现提锤、连打、下压、空转等几种动作循环。

1) 提锤

上阀通大气,下阀单向通工作气缸的下腔,使落下部分提升并停留在上方。

2) 连打

上、下阀均与压缩空气和工作气缸连通,压缩空气交替进入气缸的下腔和上腔,使落下部分上、下运动,实现连续打击。

3) 下压

下阀通大气,上阀单向通工作气缸的上腔,使落下部分压紧工件。

4) 空转

上、下阀均与大气相通,压缩空气排入大气中,落下部分靠自重落在下砧铁上。

用空气锤进行自由锻造操作方便,但只适用于小型锻件。

3.2.3 自由锻工序

自由锻通过一系列工序完成锻件的成形。自由锻工序分为辅助工序、基本工序和精整工序三类。辅助工序是为便于基本工序的实施而使坯料预先产生的变形工序,如压肩、压钳口和压钢锭棱边等;精整工序是为修整锻件的尺寸和形状而实施的工序,如滚圆、摔圆、平整和校直;基本工序是改变坯料的形状和尺寸,实现锻件基本成形的工序,主要有镦粗、拔长、冲孔、弯曲、切割、扭转和错移等。

1. 镦粗

使毛坯高度减少,横截面增大的锻造工序称为镦粗,如图 3.2(a)所示。镦粗是自由锻最基本的工序,一般用于锻造圆盘形、齿轮坯和凸轮坯锻件。

为保证锻件质量,镦粗时毛坯的高径比应控制在 2.5 以下,否则易镦弯,如图 3.2(b)所示。当出现镦弯现象时,应将工件放平,轻轻锤击矫正,如图 3.2(c)所示。

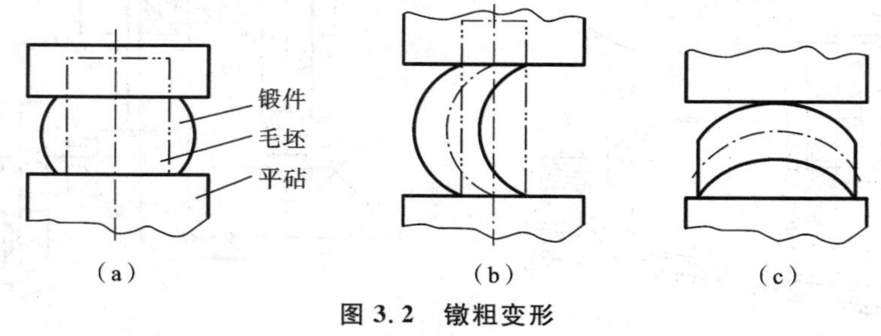

图 3.2 镦粗变形

(a) 镦粗;(b) 镦弯;(c) 矫正

2. 拔长

使毛坯横截面减小而长度增加的锻造工序称为拔长,如图 3.3 所示。拔长一般用于锻造轴类、杆类及长筒形锻件。

拔长时,锻件成形质量取决于送进量、压下量及拔长操作等因素。拔长操作时,每次送进

量 L 过大或过小不仅影响拔长效率，还会影响锻件质量，一般送进量 $L=(0.4\sim0.8)B$（B 为砧宽）；增大压下量 h，可以提高生产效率和锻合锻件内部的缺陷，在锻件塑性允许的条件下，应尽量采用大压下量拔长。对于塑性好的结构钢锻件虽不受塑性限制，但压下量过大时锻件会出现折叠，如图 3.3(c)所示。因此，单边压下量 $h/2$ 应小于送进量 L。

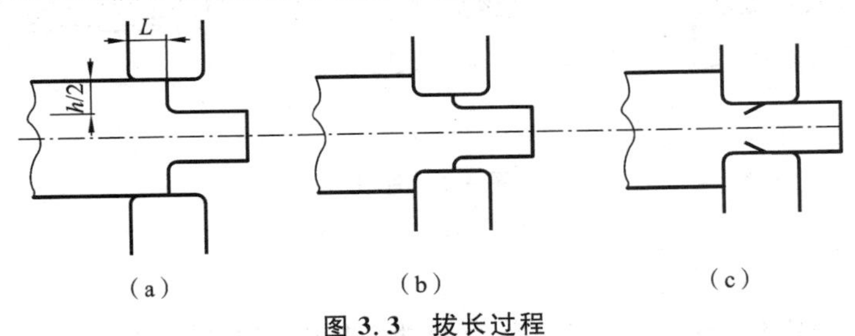

图 3.3　拔长过程

(a) 送进量 L、压下量 $h/2$；(b) 压下过程；(c) 产生折叠过程

为保证坯料在整个长度上都被拔长，操作时必须一边沿轴线送进，一边不断翻转锻打，翻转方法如图 3.4 所示。方法一是沿圆周拔长一周后再沿轴线方向给一定的送进量，如图 3.4(a)所示，该方法适用于锻造台阶轴锻件；方法二是先对一周的两个面反复翻转 90°拔长，如图 3.4(b)所示，然后再对另外两个面进行同样的操作，该方法常用于手工操作锻造；方法三是沿整个毛坯长度方向拔长一遍后再翻转 90°拔长，如图 3.4(c)所示，该方法多用于锻造大型锻件，但这种操作方法容易使毛坯端部产生弯曲，因此需要先翻转 180°将料压平直，然后再翻转 90°依次拔长，翻转前后拔长的送进位置要相互错开，从而使锻件及轴线方向的变形趋于均匀。拔长短毛坯时，可从毛坯的一端拔至另一端；而拔长长毛坯和钢锭时，则应从毛坯的中间向两端拔。

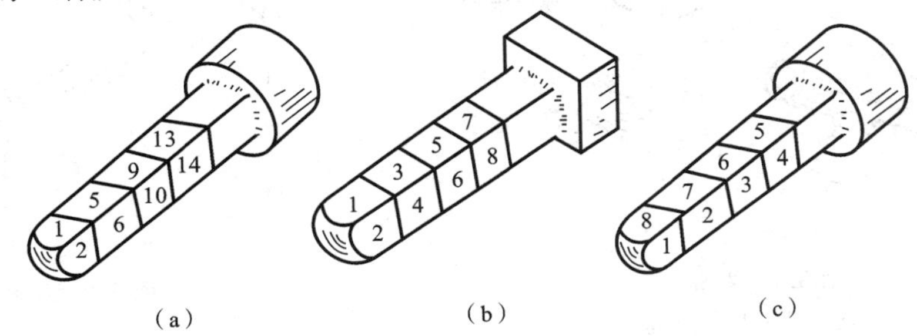

图 3.4　拔长操作方法

为防止拔长时锻件内部产生裂纹，无论工件由圆锻方、由方锻圆，还是由大圆锻成小圆，都要先将坯料锻成方形后再进行拔长，最后锻打成所需要的截面形状和尺寸，如图 3.5 所示。

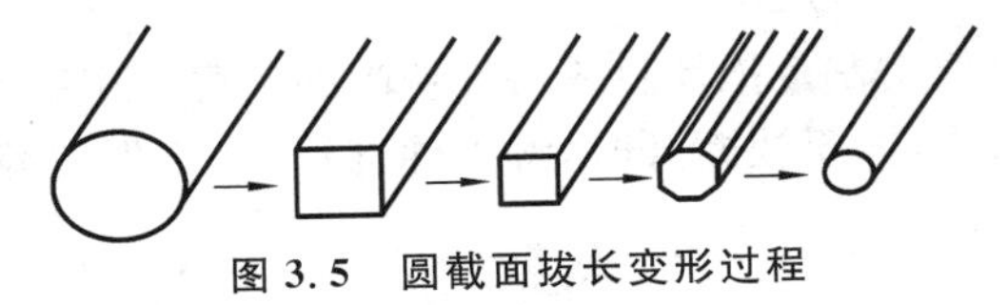

图 3.5　圆截面拔长变形过程

3. 冲孔

采用冲子将毛坯冲出通孔或不通孔的锻造工序称为冲孔，常用于齿轮、套筒、空心轴和圆环等带孔锻件。直径小于 25 mm 的孔一般在切削加工时制出，大于 25 mm 的孔常用冲孔方法冲出，分单面冲孔和双面冲孔。

一般锻件采用双面冲孔。冲孔时，冲子由毛坯的一面冲入，当冲孔冲到深为毛坯高度的 70%左右时，将毛坯翻转 180°，再用冲子从另一面把孔冲透，如图 3.6(a)所示。该方法操作简单，材料损失少，广泛用于孔径小于 400 mm 的锻件。

较薄的坯料采用单面冲孔，如图 3.6(b)所示，单面冲孔冲子大头朝下，漏盘孔径不易过大。

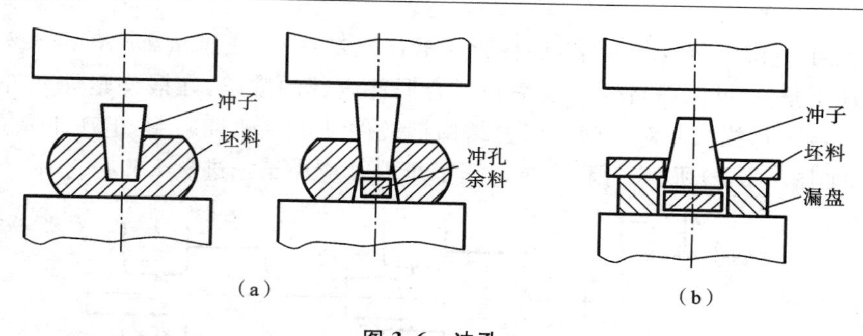

图 3.6　冲孔

(a) 双面冲孔;(b) 单面冲孔

4. 弯曲

将毛坯弯成所规定外形的锻造工序称为弯曲,其用来锻造各种弯曲类锻件,如起重机吊钩、曲轴杆等。弯曲时,只将需要弯曲部分进行加热操作,如图 3.7 所示。当需要多处弯曲时,弯曲顺序一般是先弯锻件端部,再弯与直线相连接部分,最后弯其余部分。弯曲通常在砧铁的边缘或砧角上进行。

5. 扭转

将坯料的一部分相对另一部分绕其轴线旋转一定角度的工序称为扭转,如图 3.8 所示。扭转时,金属变形剧烈,受扭部分应加热到始锻温度,扭转后缓慢冷却,以防扭裂。扭转常用于多拐曲轴和连杆等锻件。

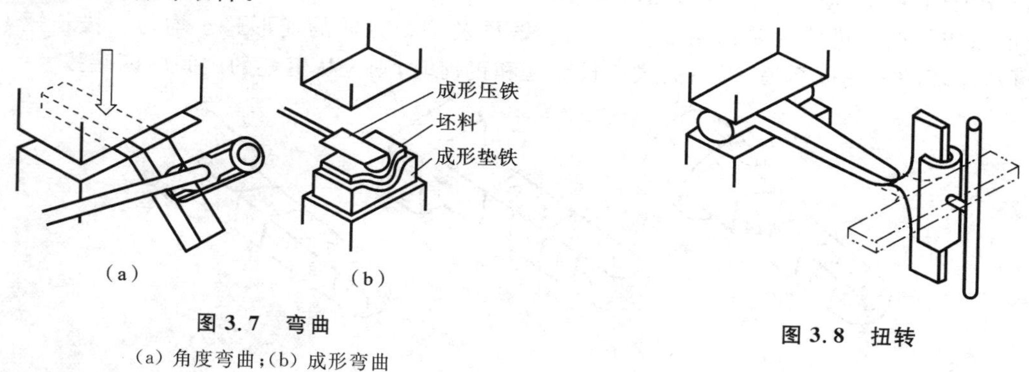

图 3.7　弯曲

(a) 角度弯曲;(b) 成形弯曲

图 3.8　扭转

6. 切割

切割是把坯料或工件切断的工序。切割方形截面工件如图 3.9(a)所示,先将剁刀垂直切入工件,至快断开时,将工件翻转,再用剁刀截断。切割圆形截面工件如图 3.9(b)所示,将工

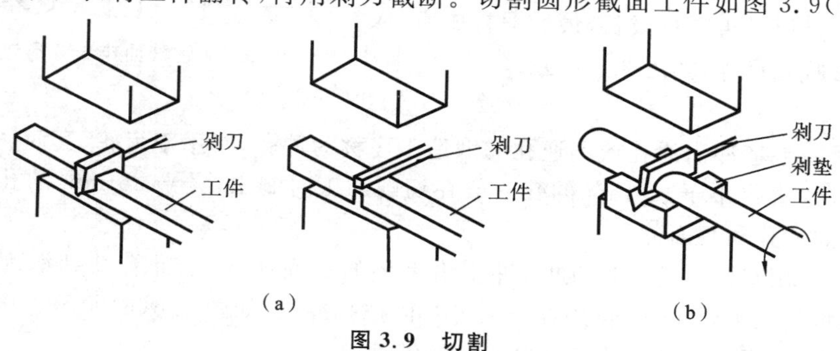

图 3.9　切割

(a) 方料切割;(b) 圆料切割

件放在带有凹槽的剁垫中，边切割边旋转，直至切断为止。

3.3　模锻和胎模锻

除了自由锻造外，按照锻造模具固定方式的不同，锻造成形还有模锻和胎模锻两种方式。

3.3.1　模锻

模锻即模型锻造，是指将加热的毛坯放在固定于模锻设备上的模具内，在外力作用下锻模型腔中的毛坯产生塑性变形获得锻件的方法。按模具固定的设备不同，模锻分为锤上模锻和压力机上模锻。模锻件主要有短轴类（盘类）锻件和长轴类锻件两大类。

与自由锻相比，模锻由于模具的作用，能够锻出形状较复杂、精度较高、表面粗糙度值较低的锻件，此外，能够提高生产效率及改善劳动条件。但模锻设备及模具造价高，消耗能量大，故只适用于中、小型锻件的大批大量生产。

1. 模锻设备

模锻可以在多种设备上进行。工业生产中，常采用的模锻设备有蒸汽-空气模锻锤、热模锻压力机和摩擦压力机等。蒸汽-空气模锻锤的结构如图3.10所示，摩擦压力机传动如图3.11所示。

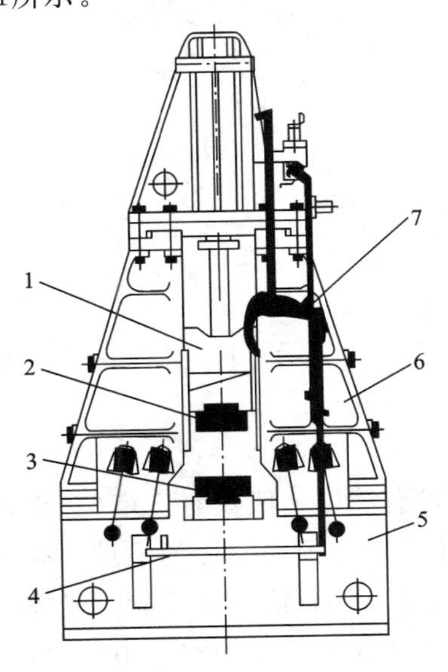

图 3.10　蒸汽-空气模锻锤

1—锤头；2—上模；3—下模；4—踏板；5—砧座；6—锤身；7—操纵机构

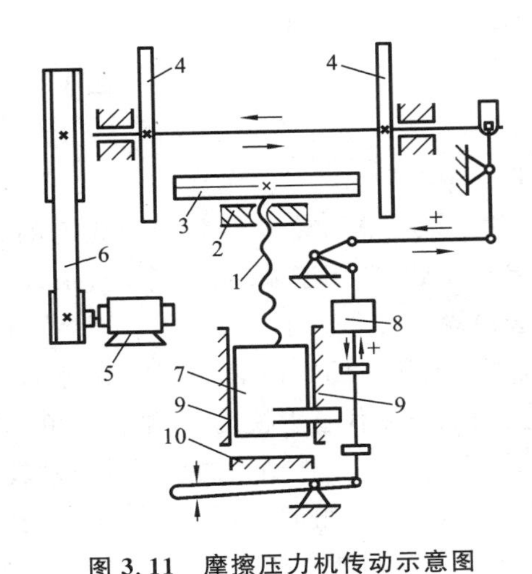

图 3.11　摩擦压力机传动示意图

1—螺杆；2—螺母；3—飞轮；4—圆轮；5—电动机；6—V带；7—滑块；8—离合器；9—导轨；10—工作台

2. 锻模

模锻以锤上模锻更为常用，锤上模锻所用的锻模结构如图3.12所示，锻模由上、下模构成。上模和下模分别安装在锤头下端和砧座上的燕尾槽内，用楔铁紧固。锻模由模具钢制成，具有较高的热硬性、耐磨性和抗冲击性能。上模和下模的模腔构成坯料借以成形的模膛，根据作用不同，模膛分为制坯模膛和模锻模膛。常用的制坯模膛有拔长模膛、滚压模膛和弯曲模膛；模锻模膛分为预锻模膛和模锻模膛。锻模中，由于没有顶出装置，为便于锻件出模，与分模

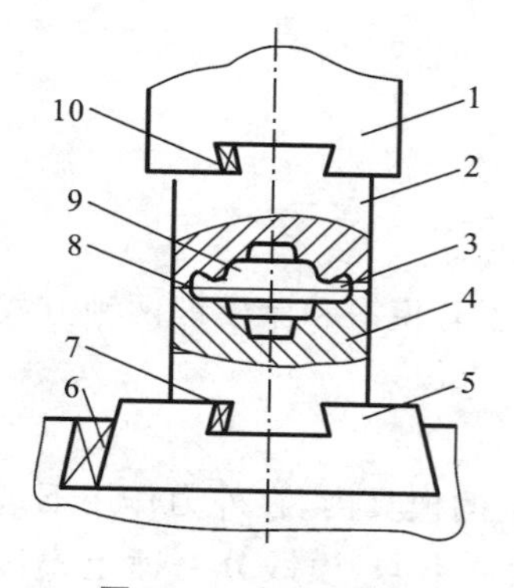

图 3.12　锤上模锻

1—锤头;2—上模;3—飞边槽;
4—下模;5—模垫;6,7,10—紧固楔铁;
8—分型面;9—模膛

面垂直的模腔表面都有 5°～10°的模锻斜度;为便于金属在型腔内流动,避免锻件产生折伤并保持金属流线的连续性,模膛中面与面的交角都做成圆角。

模锻下料时,考虑到锻造烧损量、飞边及连皮等损耗,坯料体积要稍大于锻件。

3.3.2　胎模锻

胎模锻使用的模具简称为胎模,胎模不固定在锤头或砧铁上,只是在使用时放在自由锻设备的下砥铁上进行锻造。胎模锻一般先采用自由锻的镦粗或拔长工序制坯,然后在胎模内终锻成形。与自由锻相比,胎模锻具有锻件尺寸较精确、生产效率高和节约金属等优点。与模锻相比,胎模锻具有操作较灵活、胎模模具简单、易制造、成本低和周期短等优点。胎模的种类主要有以下三种,如图 3.13 所示。

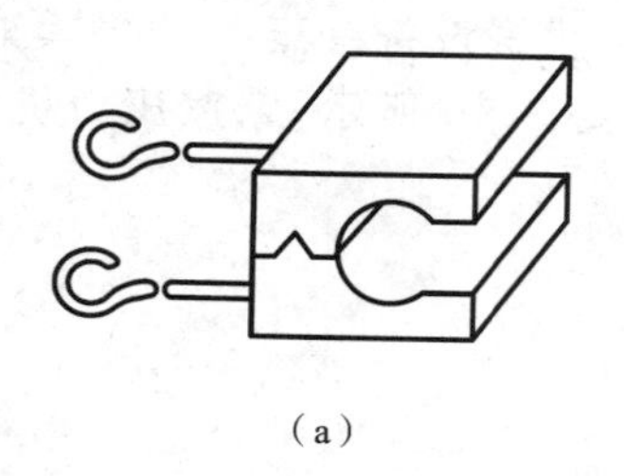

(a)

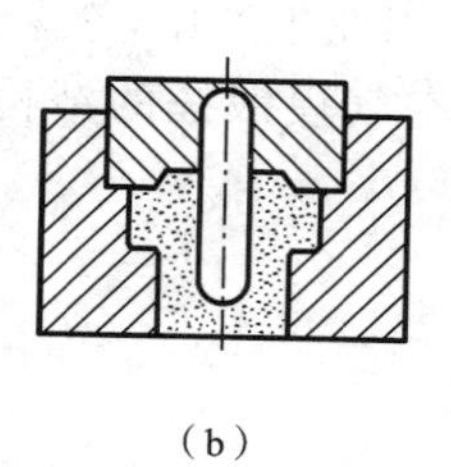

(b)

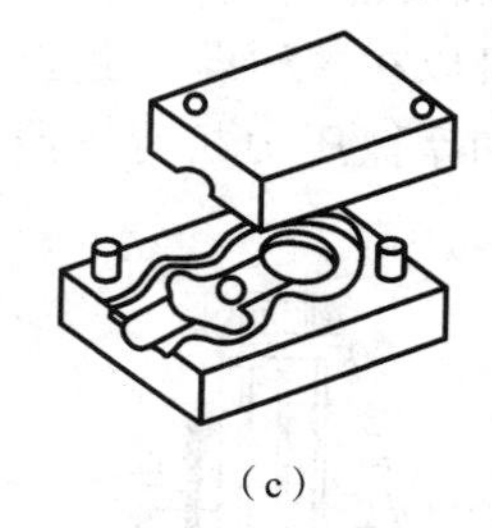

(c)

图 3.13　胎模类型

(a) 扣模;(b) 套筒模;(c) 合模

1. 扣模

扣模用于锻造非回转体锻件,具有敞开的模膛,如图 3.13(a)所示。锻造时,工件一般不翻转,不产生毛边,既用于制坯,也用于成形。

2. 套筒模

套筒模主要用于回转体锻件,有开式和闭式两种。开式套筒模一般只有下模(套筒和垫块),没有上模(锤砧代替上模)。其结构简单,可以得到很小或不带模锻斜度的锻件。取件时一般要翻转 180°,对上、下砧铁的平行度要求较严,否则易使毛坯偏斜或填充不满。闭式套筒模一般由上模、套筒等组成,如图 3.13(b)所示。锻造时金属在模膛的封闭空间中变形,不形成毛边。由于导向面间存在间隙,往往在锻件端部间隙处形成横向毛刺,需进行修整。该方法要求坯料尺寸精确。

3. 合模

合模一般由上、下模及导向装置组成,如图 3.13(c)所示。其用来锻造形状复杂的锻件,锻造过程中多余金属流入飞边槽形成飞边。合模成形与带飞边的固定模模锻相似。

齿轮坯锻件的胎模锻过程如图 3.14 所示,其所用的胎模为套筒模,由模筒、模垫和冲头三部分组成。加热的坯料经自由锻,将模垫和模筒放在砧铁上,再将镦粗的坯料平放在模筒内,压上冲头,锻打成形,取出锻件并将孔中的连皮冲掉。

胎模锻造主要适用于没有模锻设备的中小型工厂的中、小批量小型锻件的生产。

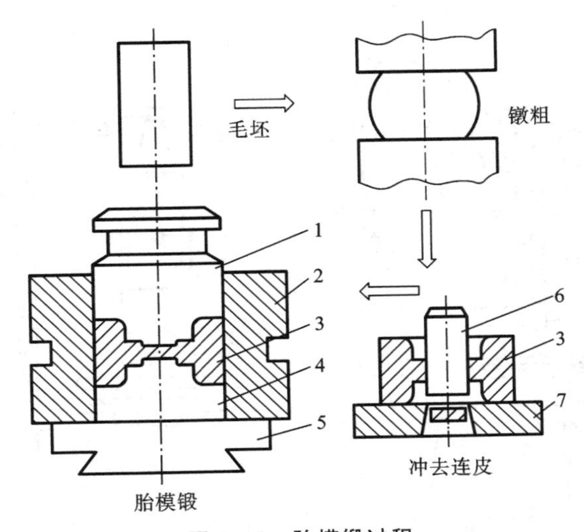

图 3.14　胎模锻过程

1—冲头；2—模筒；3—锻件；4—模垫；5—砧座；6—凸模；7—凹模

3.4　板料冲压

板料冲压简称冲压，是指利用冲模使板料分离或变形，从而获得冲压件的加工方法。

3.4.1　冲压设备

1. 剪床

剪床是进行剪切工序（下料）的主要设备，用它可将板料切成一定宽度条料，为后续冲压工序备料，如图 3.15 所示。

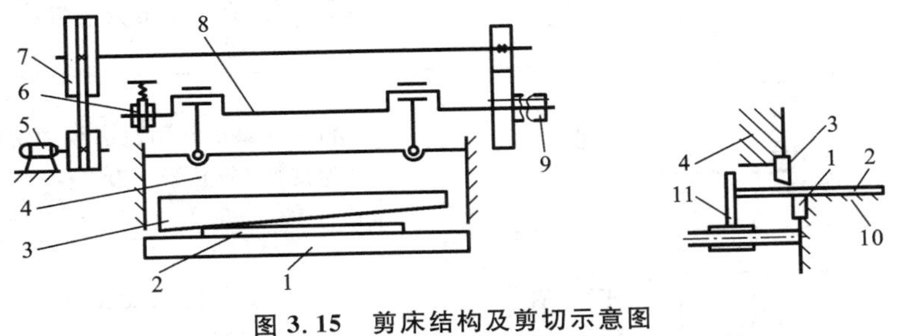

图 3.15　剪床结构及剪切示意图

1—下刀片；2—板料；3—上刀片；4—滑块；5—电动机；6—制动器；7—传送带；8—曲柄；9—离合器；10—工作台；11—挡铁

2. 冲床

冲床是进行冲压加工的主要设备，主要由工作机构、传动系统、操纵系统、支承部件和辅助系统组成，如图 3.16 所示。

3.4.2　板料冲压基本工序

板料冲压的基本工序主要有分离工序和变形工序两大类。

1. 分离工序

分离工序是使坯料的一部分与另一部分相互分离的工序，主要包括落料、冲孔等，如表3.1 所示。

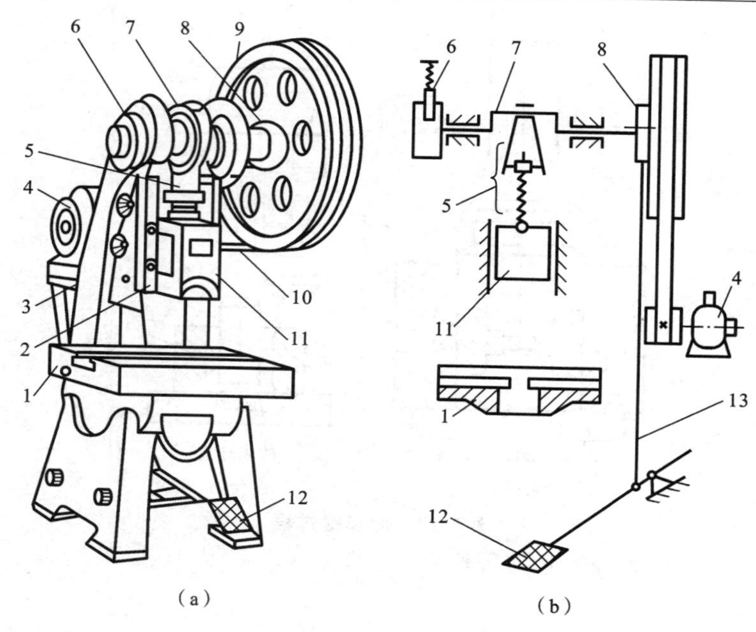

图 3.16　开式冲床

(a) 外形图;(b) 传动示意图

1—工作台;2—导轨;3—床身;4—电动机;5—连杆;6—制动器;
7—曲轴;8—离合器;9—飞轮;10—V 带;11—滑块;12—踏板;13—拉杆

表 3.1　冲压分离工序

工序名称		工序简图	特　　点
分离工序	落料	废料　零件	利用模具沿封闭轮廓线冲切板料,冲下的部分为工件,余下部分为废料
	冲孔	零件　废料	利用模具沿封闭轮廓线冲切板料,冲下的部分为废料,余下部分为工件
	切边		利用模具将拉深或成形后的半成品边缘部分的多余材料切除
	剪切		将板料沿封闭轮廓线剪切成条料,作为其他冲压工序毛坯
	切口		利用模具将板料部分切开而不完全分离,切口处的材料发生弯曲

续表

工序名称		工序简图	特　点
分离工序	剖切	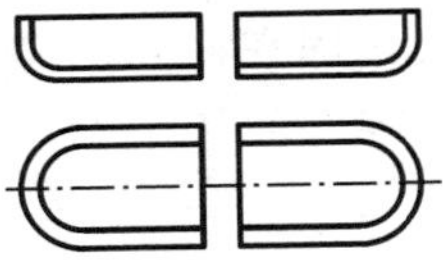	将半成品切开为两个或几个工件，常用于成对冲压

2. 变形工序

变形工序是使板料的一部分相对于另一部分产生变形而不破裂的工序，主要包括弯曲、拉深、翻边、胀形等，如表3.2所示。

表3.2　冲压变形工序

工序名称		工序简图	特点及应用范围
变形工序	弯曲	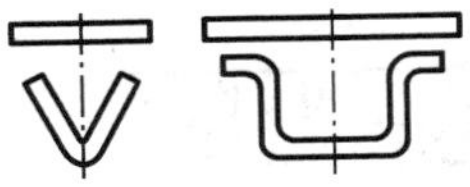	利用模具将板料、棒料、管料和型材弯曲成一定形状及角度的制件
	拉深	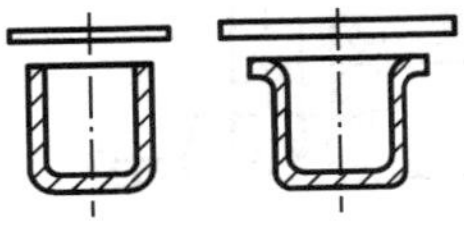	利用拉深模具将平板毛坯压制成各种的空心工件，或将已制成的空心件进一步加工成其他形状空心件
	翻边	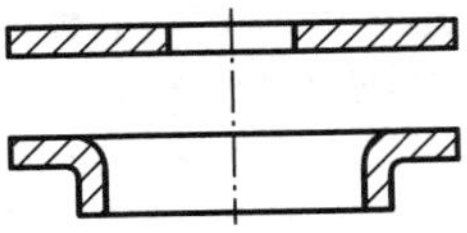	将板料毛坯外边缘或板料孔边缘制成竖立直边的制件
	胀形	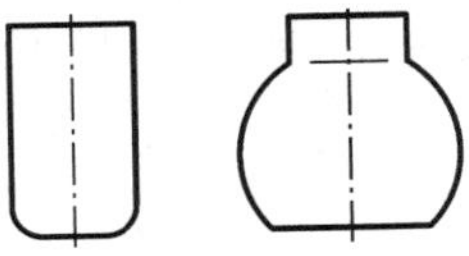	用模具对空心件加由内向外的径向力，使其局部直径扩大
	缩口	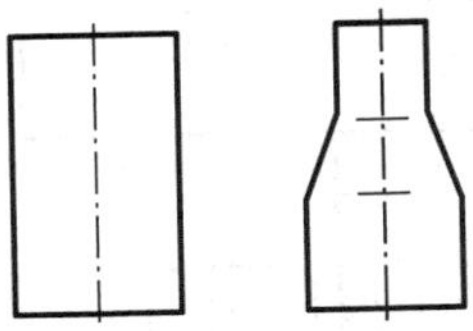	用模具对空心件口部加由外向内的径向压力，使其局部直径缩小
	起伏	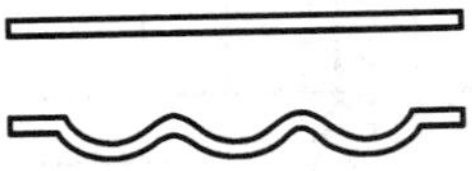	用模具在板料或零件大的表面上，利用局部成形的方法制成各种形状的凸起与凹陷

3.4.3　冲模

冲压模具简称冲模，是指在冲压加工中使板料冲压成形和分离的模具。成形用的模具有型腔,分离用的模具有刃口。冲模种类很多,据工艺性质分冲裁模、弯曲模、拉深模和成形模等;根据工序组合程度分为简单工序模、连续模和复合模等。

冲压模具有不同类型,但都是由上模和下模构成。上模通过模柄安装在冲床滑块上,随滑块上、下往复运动;下模通过下模板由压板或螺栓安装紧固在冲床工作台上。工作时,坯料通过定位零件定位,冲床滑块带动上模下压,在模具工作零件的作用下,坯料分离或发生塑性变形,从而获得所需形状和尺寸的制件。

1) 简单冲模

最常用的冲模只有一个工位,冲床的每个动作循环完成一道生产工序,这种模具称为单工序模,也称简单冲模,用于批量较大、尺寸较小工件的生产,单工序模结构简单、制造容易,但生产率低,如图 3.17 所示。该模具中,凸模和凹模是工作零件,凸模也称为冲头,它与凹模配合使板料产生分离,是主要工作部分。定位销和导板是定位零件,上、下模通过导柱、导套的滑动配合(导向)保证凸模和凹模间隙的均匀性。冲床工作时,上模的下行作用使制件从凹模孔中推出,经工作台孔进入料箱。

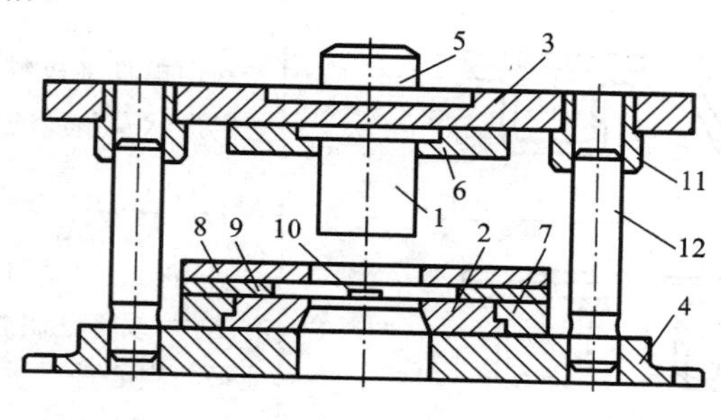

图 3.17　简单冲模

1—凸模;2—凹模;3—上模板;4—下模板;5—模柄;6、7—压板;8—卸料板;9—导板;10—定位销;11—导套;12—导柱

2) 复合模

为提高生产率,将多道冲压工序,如落料、拉深、冲孔、切边等工序安排在一个模具上,使坯料在一个工位上完成多道冲压工序,这种模具称为复合模,如图 3.18 所示。在冲床滑块的一

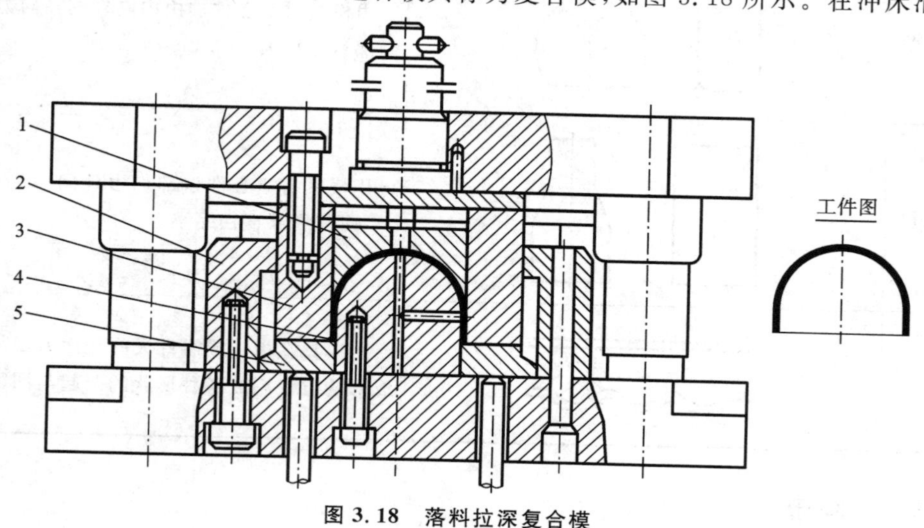

图 3.18　落料拉深复合模

1—推件板;2—落料凹模;3—凸凹模;4—拉深凸模;5—压料顶板

次行程中，落料凹模和凸凹模进行落料，随着滑块的继续下行运动，拉深凸模与凸凹模完成拉深成形工序。

3）连续冲模

将多个工序安排在一个模具的不同位置上，在冲压过程中坯料依次通过多工位被连续冲压成形，到最后一个工位时成为制件，这种模具称为连续模，又称为级进模，如图3.19所示，该模具在冲床滑块的一次行程中，在模具的不同位置上同时完成冲孔和落料两道工序。

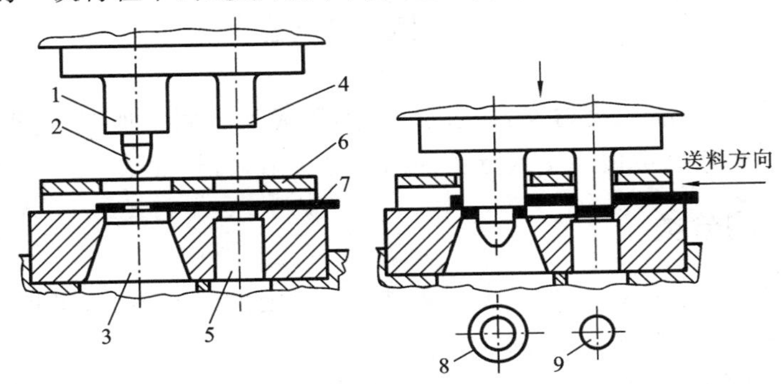

图3.19 连续冲模

1—落料凸模；2—定位销；3—落料凹模；4—冲孔凸模；5—冲孔凹模；6—卸料板；7—坯料；8—成品；9—废料

思 考 题

（1）锻造前，坯料加热的目的是什么？

（2）自由锻基本工序有哪些？简述其操作要领。

（3）简述自由锻和模锻的异同。

（4）说明冲床的主要组成部分及其作用。

（5）简述落料与冲孔的区别。

（6）简述胎模锻的特点及应用。

（7）冲压的基本工序有哪些？

（8）冲模有哪几类？如何区别？

第4章 焊　　接

4.1 概　　述

焊接是使用(或不使用)填充材料,通过加热、加压或加热同时加压,使得两种或两种以上的同种(或异种)材料,借助金属原子或分子的结合与扩散,将焊件结合的一种连接加工方法。

4.1.1 焊接的分类

焊接方法的种类很多,一般根据焊接时被焊材料所处的状态不同,可把焊接分为三大类,即熔化焊、压力焊和钎焊,如图4.1所示。

熔化焊是在焊接的过程中,利用一定的热源将焊件接头处加热至熔化状态,在常压下冷却结晶成为一体的焊接方法。在加热的条件下,焊件连接处熔化形成液态熔池,原子之间充分扩散和紧密接触,冷却凝固后形成牢固的焊接接头。熔化焊的关键点是要有一个能量集中且温度足够高的热源,一般以热源的种类作为熔焊的名称,如以电子束为热源的称为电子束焊,以气体火焰为热源的称为气焊,以激光束为热源的称为激光焊,以电弧为热源的称为电弧焊,等等。

压力焊是在焊接的过程中对焊接的材料施加一定的压力,在加热或不加热的状态下完成焊接,将焊件结合起来的一种连接加工方法。如摩擦焊、电阻焊等是将被焊材料的接触部分加热至塑性状态或局部熔化状态,然后施加压力使之相互结合而形成牢固的接头。冷压焊、爆炸焊等则是在不加热的状态,在被焊材料上施加巨大的压力,借助塑性变形而形成压挤接头。

钎焊是指采用比母材熔点低的材料作为钎料,将焊件和钎料加热至高于钎料熔点,但低于母材熔点的温度,利用毛细作用使液态钎料充满焊件接头间隙,液态钎料润湿母材表面,并使其与母材相互扩散,冷却后结晶形成冶金结合的一种焊接方法。焊接时,被焊焊件处于固体状态,只适当进行了加热,且没有受到压力的作用,其过程只是钎料的熔化和凝固,形成一个过渡的连接层。

4.1.2 焊接的特点

焊接是目前应用非常广泛的一种永久性连接方法,有着其他加工方法不可替代的优势。焊接的主要特点如下。

1. 节省材料,减轻重量

焊接与其他连接方法(如螺纹连接、铆接、键连接等)相比,不用钻孔,材料截面能得到充分的利用,也不需要辅助材料,因此可以节省大量材料,大大减轻结构的重量;不需要机械加工设备,以及相关的工序,简化了加工和装配的工作量,提高了工作效率。焊接能达到很高的密封性,这是压力容器特别是高温、高压容器不可缺少的性能。

2. 简化复杂零件和大型零件的制造

焊接方法灵活,可将大型工件化大为小,以简拼繁,不必像铸件那样受工艺限制。容易加

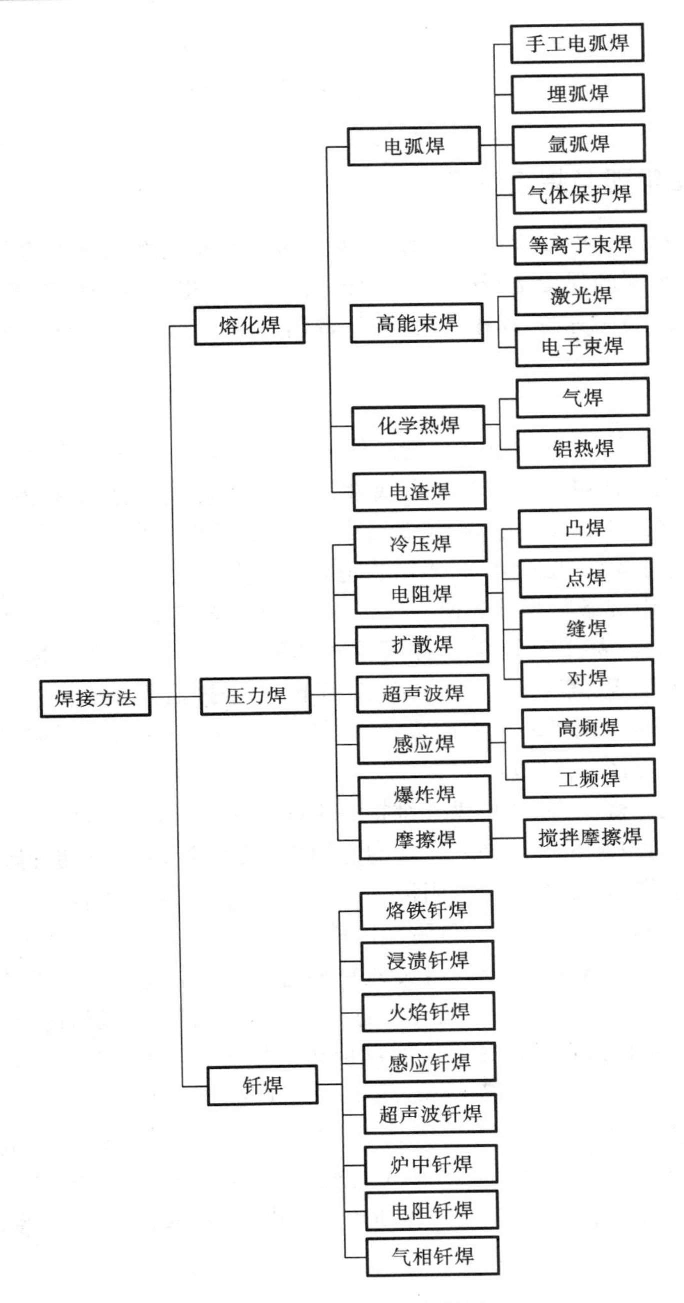

图 4.1 焊接方法分类图

大尺寸、增加肋板和大圆角，加工快，效率高，生产周期短，且质量易于保证。

3. 适应性好

多种焊接方法几乎可以焊接所有的金属材料和部分非金属材料，可焊范围非常广泛，而且连接性能好，焊接接头可达到与工件等强度或相应的特殊性能。

4. 可以满足特殊要求

焊接具有一些工艺方法难以达到的优点，可以使零件的各部分具备不同的性能，以适应各自的受力情况和工作环境，例如车刀工作部分和车刀刀柄的焊接。

4.2　手工电弧焊

4.2.1　焊接电弧及焊接过程

手工电弧焊又称焊条电弧焊，是利用焊条和焊件之间稳定燃烧产生的电弧热，使金属和母材熔化凝固后形成牢固的焊接接头的一种焊接方法。手工电弧焊是熔化焊中最基本的焊接方法，它使用设备简单，操作方便，焊接材料广泛，特别适用于尺寸小、形状复杂的焊件，在生产中被广泛应用。

1. 焊接电弧

电弧是在具有一定电压的两电极之间的气体介质中，产生的强烈而持久的放电现象，即在局部气体介质中有大量的电子流通的导电现象。电弧把电能转换成焊接所需的热能。电弧的引燃方式一般分为接触引弧和非接触引弧两种，手工电弧焊采用接触引弧。其过程如图 4.2 所示，焊条和焊件瞬时接触(见图 4.2(a))，当电极与工件接触时，发生短路，产生较大的短路电流(见图 4.2(b))，因焊条与焊件表面不是绝对平整的，短路电流流经几个接触点，使接触点的温度急剧上升而熔化，甚至汽化，产生电子逸出和气体电离，阴极产生热电子发射，此时焊条快速提起，使两电极瞬间分离，在强大的电场作用下，电子撞击焊条和焊件空隙间气体的原子和分子，使其电离成正、负离子并流向两极，这些带电离子的定向移动形成焊接电弧(见图 4.2(c))，然后引燃电弧(见图 4.2(d))。

为了使电弧稳定燃烧，必须要提供并维持一定的电弧电压，同时要保证电弧空间的介质有足够的电离程度，并将电弧长度控制在一定的范围内，只有这样电弧才能持续稳定。

沿着电弧长度方向，焊接电弧是由阴极区、弧柱区和阳极区三个部分组成，如图 4.3 所示。由于阴极区和阳极区的厚度极薄，所以，弧柱区的长度就被认为是电弧的长度。引燃电弧后，弧柱中就充满了高温电离气体，并释放出大量的热能和强烈的光。电弧的热量与焊接电流和电弧电压的乘积成正比，电流越大，电弧产生的总热量就越多。一般情况下，阳极区产生的热量较多(约为总热量的 43%)，阴极区产生的热量相对较少(约为总热量的 36%)，其余热量由弧柱区产生(21%左右)。焊接时，用于加热和熔化金属的热量只占总热量的 65%～85%，其余部分则散失于电弧周围和飞溅的金属熔滴中。用钢焊条焊接钢材时，阴极区和阳极区的温度分别为 2 130～3 230 ℃和 2 330～3 930 ℃，弧柱区中心温度为 5 370～7 730 ℃。

由于阳极区和阴极区的温度不一样，在使用直流电源进行焊接时这一情况比较明显，工件

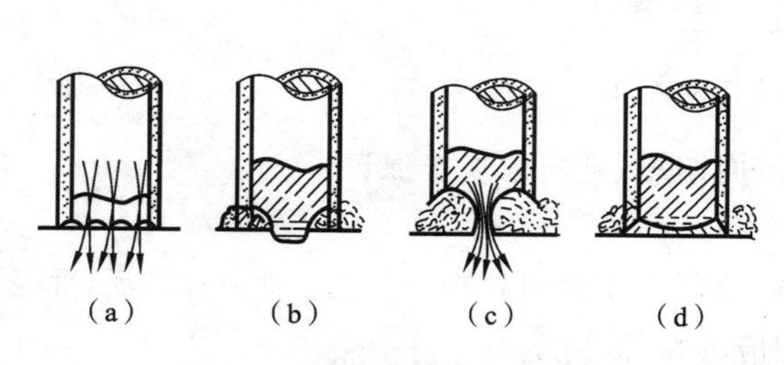

图 4.2　焊接电弧的引燃过程

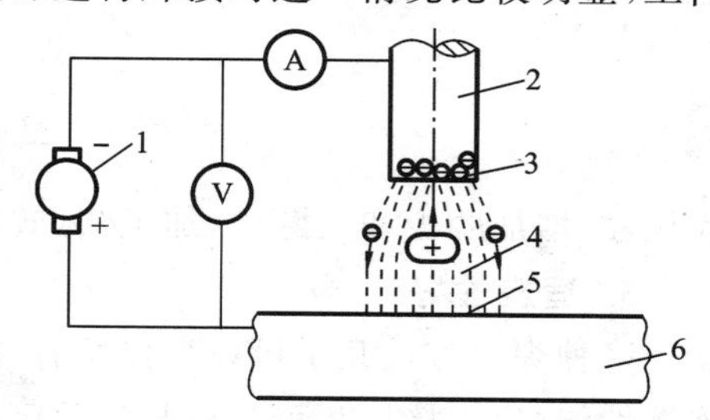

图 4.3　焊接电弧结构示意图

1—弧焊机；2—焊条；3—阴极区；4—弧柱区；5—阳极区；6—工件

接正极(正接),焊条接负极时,工件区热量较多,温度较高,会加大工件区域熔深;工件接负极(反接),焊条接正极时,情况相反。在使用交流电源进行焊接时,电流的方向每秒要变换很多次,电极和工件轮流为阳极或阴极,所以两极温度基本相同。

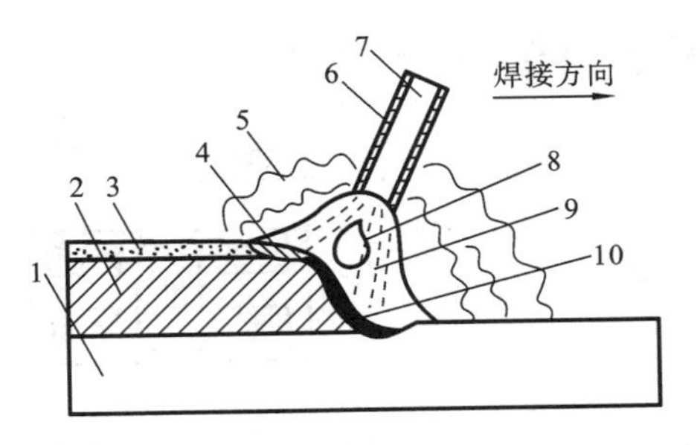

图 4.4 手工电弧焊的焊接过程

1—焊件;2—焊缝;3—渣壳;4—熔渣;5—气体;6—药皮;7—焊芯;8—熔滴;9—电弧;10—熔池

2. 焊接过程

手工电弧焊的焊接过程如图 4.4 所示。

焊接前先将焊件和焊钳通过导线分别接到焊机输出端的两极上,并用焊钳夹持焊条。焊接时,首先在焊件与焊条间引出电弧,在电弧的高热作用下,焊条端部和被焊金属局部被同时熔化,由于电弧吹力的作用,在被焊金属上形成了一个充满液体金属的熔池,随着焊条向焊接方向慢慢移动,新的熔池不断产生,原先的熔池则不断冷却、凝固。同时不断熔化了的焊条金属,呈球滴状向熔池过渡,并进入熔池,构成焊缝的填充金属。焊条药皮在电弧的高温下也被熔化,熔化过程中一部分产生一定量的保护气体包围在电弧和熔池周围,隔绝大气保护熔池,另一部分则直接进入熔池,与熔池金属发生冶金反应,并形成液态熔渣浮起盖在液态金属表面,也起着保护焊缝的作用。随着电弧的移动,熔池后方的液体金属温度逐渐下降,依次冷凝形成焊缝。

4.2.2 手工电弧焊设备

电弧焊的电源按电流性质可分为交流电源和直流电源,按结构原理不同可分为交流弧焊电源、直流弧焊电源和逆变式弧焊电源三种。

1. 交流弧焊机

交流弧焊电源由交流弧焊机提供。交流弧焊机实际上是一种特殊的降压变压器,也称为弧焊变压器,一般有动圈式和动铁式两种。它将电网输入的 220 V(或 380 V)交流电变成适宜于电弧焊的低压交流电。交流弧焊机具有结构简单、价格便宜、使用可靠、维护方便等优点,但在电弧稳定性方面有些不足。

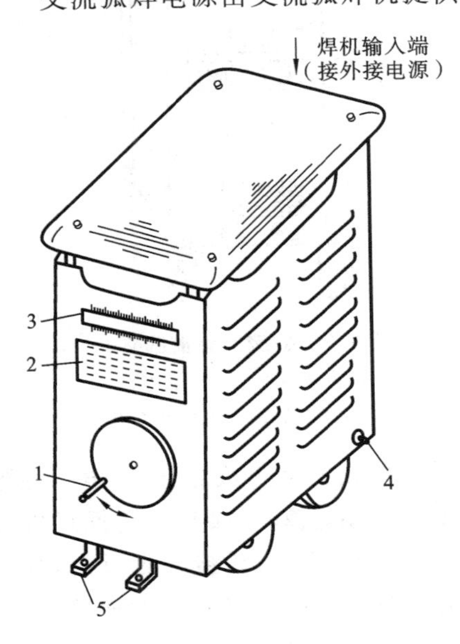

图 4.5 交流弧焊机

1—调节手柄;2—焊机铭牌;3—电流指示器;4—接地螺栓;5—焊接电源两极(接焊件和焊条)

BX1-315 型交流弧焊机外形如图 4.5 所示。其型号中的"B"代表弧焊变压器,"X"代表下降外特性,"1"代表动铁系列,"315"代表额定焊接电流。此弧焊机是动铁式弧焊机,它由一个口字形固定铁芯(Ⅰ)和一个梯形活动铁芯(Ⅱ)组成,如图 4.6 所示。活动铁芯构成一个磁分路,以增强漏磁使焊机获得陡降外特性。它的一次侧绕组和二次侧绕组各自分成两半,分别绕在变压器固定铁芯上,一次侧绕组两部分串联接电源,二次侧绕组两部分并联接焊接回路。

BX1-315 型焊机焊接电流调节方便,仅需移动铁芯就可以满足电流调节要求,其调节范围为 70～315 A,当移动铁芯由里向外移动而离开固定铁芯时,磁漏减少,则焊接电流增大;反之焊接电流减少。焊接电流调节如图 4.7 所示。

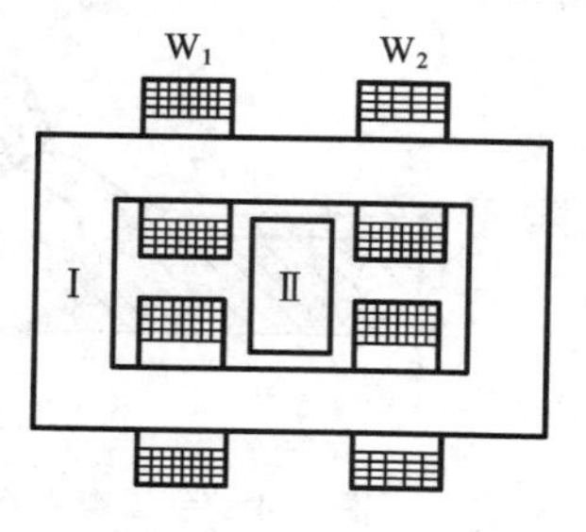

图 4.6　交流弧焊机

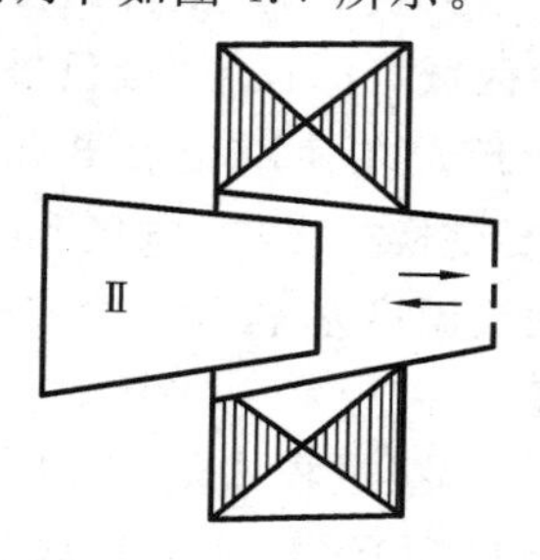

图 4.7　焊接电流调节

2. 直流弧焊机

直流弧焊电源由直流弧焊机提供。直流弧焊机是一种将交流电变压再整流转换成直流电的设备,也称为弧焊整流器。弧焊发电机是直流弧焊机的一种,它由一台三相感应电动机和一台直流发电机组成,由发电机供给焊接所需的直流电,图 4.8 所示为一台弧焊发电机,它的特点是能够得到稳定的直流电,引弧容易,电弧稳定,焊接质量较好。但这种直流弧焊机结构复杂,硅钢片和铜导线的需要量大,价格比交流弧焊机高得多,且后期维护成本高,使用时噪声大,目前使用得越来越少。

整流式直流弧焊机是近年来发展起来的一种弧焊机。它的结构相当于在交流弧焊机上加上硅整流元件,从而把交流电变成直流电。它既弥补了交流弧焊机电弧稳定性不好的缺点,又比弧焊发电机的结构简单,且维修方便、后期维护成本低、噪声小,目前应用比较广泛。整流式直流弧焊机如图 4.9 所示。

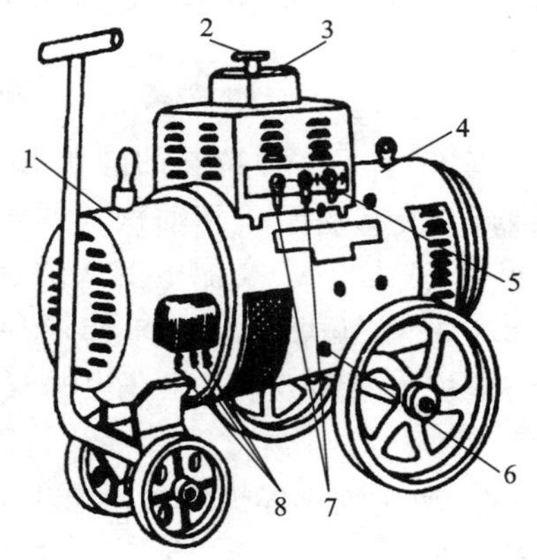

图 4.8　弧焊机

1—交流发动机;2—调节手柄;3—电流指示盘;4—直流发电机;
5—正极抽头;6—接地螺钉;7—焊接电源两极;8—外接电源

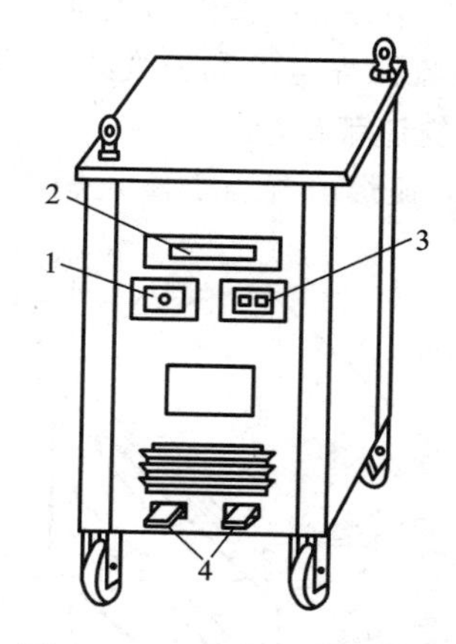

图 4.9　整流式直流弧焊机

1—电流调节器;2—电流指示盘;
3—电源开关;4—焊接电源两极

直流弧焊机是供给焊接电流的电源设备,其输出端有固定的正极和负极之分,而电弧在阳极区和阴极区的温度不同,因此在焊接时有两种连接方法,即正接法和反接法。前面已经讲过,正接法就是工件接直流弧焊机的正极,焊条接负极,如图 4.10 所示;反接法则反之,如图 4.11 所示。在具体使用中一般根据焊条的性质和工件所需热量的情况选择不同的连接方法。在使用酸性焊条焊接较厚的钢板时,可利用阳极区温度较高的特性,选择正接法,加快工件的熔化、增加熔深,保证焊缝根部熔透。而焊接较薄的钢板,或对铸铁、高碳钢及非铁金属等材料进行焊接时,为防止烧穿,则利用阴极区温度较低的特性,采用反接法。另外使用碱性焊条时为保证电弧的燃烧稳定性，必须按规定采用直流反接法。

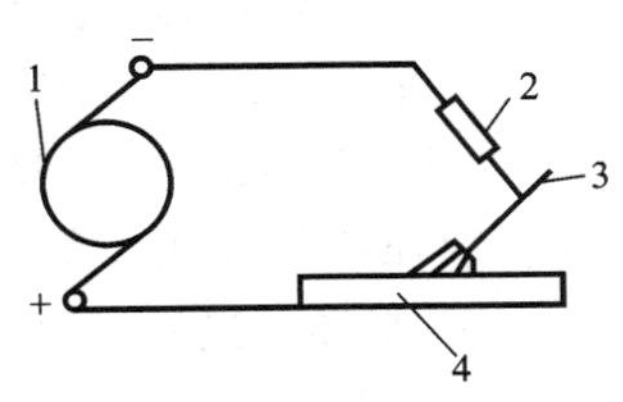

图 4.10　正接法

1—焊机；2—焊钳；3—焊条；4—工件

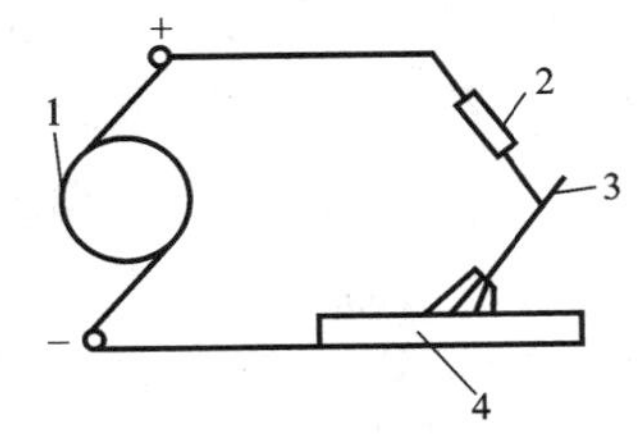

图 4.11　反接法

1—焊机；2—焊钳；3—焊条；4—工件

3. 弧焊逆变器

将直流电转换成交流电的装置称为逆变器。图 4.12 为 ZX7-400Z 型逆变弧焊电源前面板图。逆变式弧焊电源，又称弧焊逆变器，是一种新型的焊接电源。这种电源一般是将 50 Hz 的交流网路电压，经输入整流器整流、滤波，使之变成直流电，再通过大功率开关电子元件将整流后的直流逆变成几百至几万赫兹的中频交流电，并经变压器降至适合于焊接的几十伏电压，然后再次整流、滤波输出相当平稳的直流焊接电流。

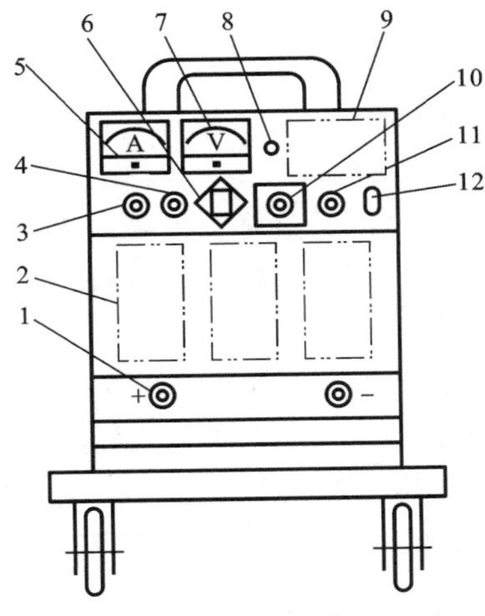

图 4.12　ZX7-400Z 型逆变弧焊电源前面板图

1—输出接头；2—散热窗；3—电流调节；4—起弧电流调节；5—电流表；6—大小挡开关；7—电压表；8—指示灯；9—铭牌；10—远控插座；11—焊条电弧焊/氩弧焊转换；12—远/近控转换开关

4 . 辅助设备及工具

手工电弧焊辅助设备和工具有：焊钳、接地钳、焊接电缆、面罩、敲渣锤、钢丝刷、焊条保温筒等。

1）焊钳和接地钳

焊钳是用来夹持焊条并传导电流以进行焊接的工具，应具有良好的导电性、可靠的绝缘性和隔热性能。常用的焊钳有 300 A 和 500 A 两种。

接地钳是将焊接导线或接地电缆接到工件上的工具，低负载率时比较适合用弹簧夹钳，大电流时宜用螺纹夹钳以获得良好的连接。

2）焊接电缆

焊接电缆主要由多股细铜线电缆组成，一般可选用 YHH 型电焊橡皮套电缆或 YHHR 型电焊橡皮套特软电缆。焊接电缆选用表如表 4.1 所示。

表 4.1　焊接电缆选用表

额定电流/A	电缆长度/m						
	20	30	40	50	60	70	80
	电缆截面积/mm²						
100	25	25	25	25	25	25	25
150	35	35	35	35	50	50	60
200	35	35	35	50	60	70	70
300	35	50	60	60	70	70	70

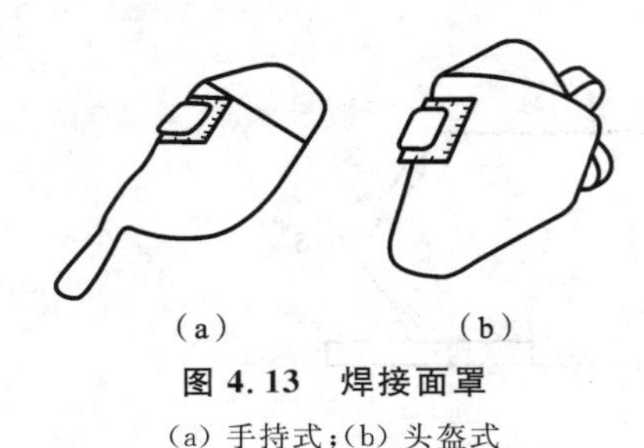

图 4.13　焊接面罩

(a) 手持式;(b) 头盔式

3) 面罩及护目玻璃

面罩是为了防止焊接时飞溅物、弧光及其他辐射对人体面部及颈部灼伤的一种遮盖工具。一般有手持式和头盔式两种,如图 4.13 所示。面罩上的护目玻璃则主要起到减弱电弧光,过滤红外线、紫外线的作用。焊接时,通过护目玻璃观察熔池情况,从而控制焊接过程,避免眼睛灼伤。焊工用护目遮光镜片的选用如表 4.2 所示。

表 4.2　焊工用护目遮光镜片的选用表

护目玻璃色号	颜色深浅	使用焊接电流/A	规格尺寸/mm
7～8	较浅	小于 100	2.8×50×108
9～10	中等	100～350	2.8×50×108
11～12	较深	大于 350	2.8×50×108

4) 其他辅助工具

(1) 焊条保温筒　主要是将烘干的焊条放在保温筒内供现场使用,起到防沾泥土、防潮、防雨淋等作用,能够避免焊接过程中焊条药皮的含水率上升,防止焊条的工艺性能变差和焊缝质量降低。

(2) 防护服　为了防止焊接时触电及被弧光和金属飞溅物灼伤,焊接操作时,必须戴好皮革手套、穿好工作服、脚盖、绝缘鞋等。敲焊渣时应佩戴护目镜。

(3) 常用焊接手工工具　常用的焊接手工工具有清渣用的敲渣锤、錾子、钢丝刷、手锤、钢丝钳、夹持钳等,如图 4.14 所示。

4.2.3　焊条

电弧焊用焊条由两部分组成,中间是金属制成的焊芯,外面包裹着一定厚度的药皮,如图 4.15 所示。为了便于引弧,在焊条引弧端有 45°左右的倒角;焊条尾部为方便夹持和导电,裸露一段焊芯,一般占焊条总长度的 1/16。焊条直径以焊芯的直径来表示,其长度通常为 250～450 mm。

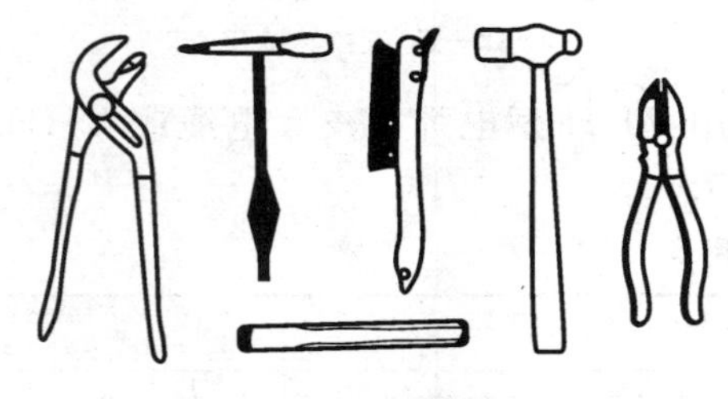
图 4.14　常用焊接手工工具

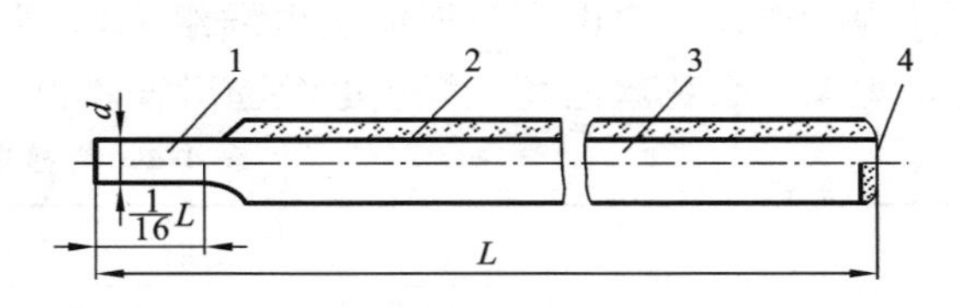

图 4.15　焊条的组成

1—夹持导电端;2—药皮;3—焊芯;4—引弧端

1. 焊芯

焊条中被药皮包裹的金属芯称为焊芯,是具有一定长度及直径的金属棒。焊接时焊芯有两个作用:一是作为电极传导电流,产生电弧;二是熔化后作为填充金属,与熔化的母材一起组成焊缝金属。

2. 药皮

药皮是压涂在焊芯表面的涂料层，它由多种矿物质、铁合金、有机物、化工材料混合而成，其主要作用如下。

(1) 改善焊接工艺性 可以使电弧稳定燃烧，减少飞溅，易于脱渣，有利于焊缝成形。

(2) 冶金处理和渗合金作用 通过熔渣与熔化金属的冶金反应，去除有害杂质并添加有益元素，提高焊缝力学性能。

(3) 机械保护作用 利用药皮熔化后产生的气体和熔渣，保护熔滴和熔池金属。

3. 焊条的种类及选用原则

1) 焊条种类

焊条按熔渣化学性质不同分为两大类：药皮熔化后形成的熔渣以酸性氧化物为主的焊条称为酸性焊条，熔渣以碱性氧化物和氟化钙为主的焊条称为碱性焊条。

焊条按用途分为十大类，分别是：结构钢焊条（碳钢和低合金钢焊条），钼和铬钼耐热钢焊条，不锈钢焊条，堆焊焊条，低温钢焊条，铸铁焊条，铜及铜合金焊条，铝及铝合金焊条，镍及镍合金焊条，特殊用途焊条。

2) 型号

焊条型号是国家标准规定的各类焊条代号。碳钢焊条型号由英文字母“E”和四位阿拉伯数字组成。例如E4303或E5016焊条，“43”和“50”分别表示熔敷金属的抗拉强度最小值为420 MPa(43 kgf/mm^2)和490 MPa(50 kgf/mm^2)；焊条型号中第三位数字表示适用于何种焊接位置，“0”和“1”都表示适用于全位置焊接；第三位数字和第四位数字组合表示药皮的类型和焊接电源的种类，“03”表示焊条药皮类型为钛钙型，适用于交流电或直流电，正接、反接均可，“16”表示焊条药皮类型为低氢钾型，适用于交流电或直流电反接。

焊条牌号是焊条生产行业统一的焊条代号。一般由表示焊条类别的特征字母和三位阿拉伯数字组成。结构钢焊条(包括碳钢和低合金钢焊条)的特征字母是“J”，铸铁焊条的特征字母是“Z”，等等；第一、二位数字表示熔敷金属的抗拉强度等级，第三位数字表式焊条的药皮类型和电流种类。例如比较常用的J422，表示熔敷金属的抗拉强度最小值为420 MPa，焊条药皮类型为钛钙型，适用于交流电或直流电，正接、反接均可。常用焊条的型号、牌号及用途如表4.3所示。

表4.3 常用焊条的型号、牌号及用途

型 号	牌 号	药皮类型	焊接电源	主要用途
E4303	J422	钛钙型	交流或直流	焊接低碳钢结构
E4316	J426	低氢钾型	交流或直流反接	焊接低碳钢结构和某些低合金钢结构
E5015	J507	低氢钠型	直流反接	焊接中碳钢及重要低合金钢
E5016	J506	低氢钾型	交流或直流反接	焊接中碳钢及重要低合金钢

3) 选用原则

各种类型的焊条均有一定的特性和用途，即使同一类型的焊条也会因药皮类型不同而在使用方面表现出差异。

(1) 对于低碳钢、中碳钢和低合金钢一般遵循“等强度原则”，按焊件的抗拉强度来选用相应强度的焊条，使熔敷金属的抗拉强度与焊件的抗拉强度相等或相近。对于结构复杂、刚度大的焊件，可考虑选用比母材强度低一级的焊条。

(2) 对于不锈钢、耐热钢、堆焊等焊件,则要从保证焊接接头的特殊性能出发,要求焊缝金属的化学性能与母材相同或相近。

(3) 重要焊缝宜选用力学性能好、抗裂性能强的碱性焊条。重要焊缝一般是指:受压焊件(锅炉、压力容器)焊缝;受振动或冲击载荷的焊缝;对强度、塑性、韧性要求较高的焊缝;焊件形状复杂、结构刚度大的焊缝。

(4) 在满足性能的前提下优先选用酸性焊条。酸性焊条的工艺性比碱性焊条好,其对铁锈、油污等不敏感,有害气体析出少,对电源没要求。总之在两种焊条都能满足性能的前提下,应优先选用酸性焊条。

4.2.4　焊接工艺

1. 接头和坡口

1) 接头

用焊接方法连接的接头称为焊缝接头,它的性能直接关系到焊接结构的可靠性。焊接接头由焊缝、熔合区和热影响区三部分组成,如图 4.16 所示。

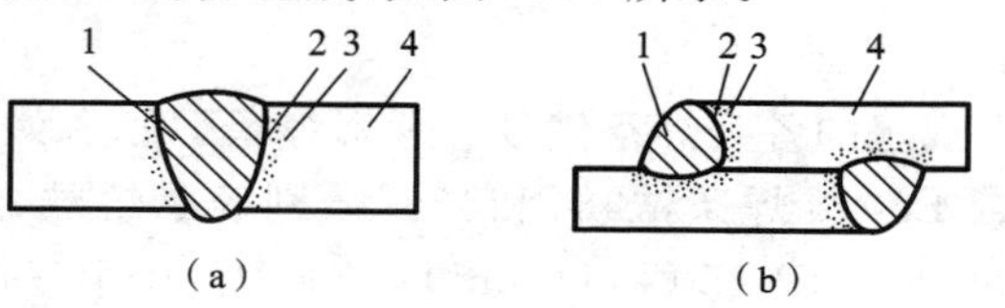

图 4.16　焊接接头组成

(a) 熔焊对接接头;(b) 熔焊搭接接头

1—焊缝;2—熔合区;3—热影响区;4—母材

在手工电弧焊中,主要根据焊件厚度、结构形式和使用条件的不同,以及焊接成本,合理地选用不同的接头形式。最基本的焊接接头形式有对接接头、搭接接头、角接接头、T 形接头四种,如图 4.17 所示。

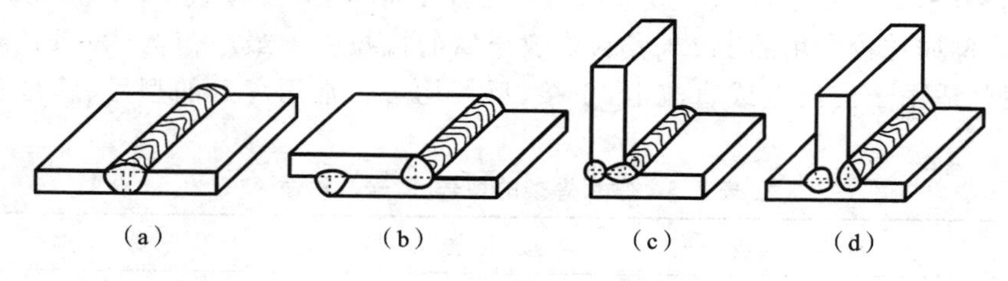

图 4.17　焊接接头形式

(a) 对接接头;(b) 搭接接头;(c) 角接接头;(d) T 形接头

(1) 对接接头是指两焊件表面构成大于 135°、小于或等于 180°夹角的接头形式。

(2) 搭接接头是指两焊件部分重叠构成的接头形式。

(3) 角接接头是指两焊件端部构成大于 30°、小于 135°夹角的接头形式。

(4) T 形接头是指一焊件断面与另一焊件表面构成直角或近似直角的接头形式。

其中,对接接头具有受力均匀,应力集中较小,节约材料,易于保证焊接质量等优点,尽管对焊件边缘加工及组装要求较高,依然是目前应用较多的接头形式,而且重要的受力焊缝一般选用这种形式。

2) 坡口

焊接时,为了使焊件能够焊透,获得足够的焊接强度和致密性,在工件接头处加工出一定几何形状的沟槽,称为坡口。坡口使得电弧能深入接头根部,保证根部能够焊透,以及便于清除熔渣,最后获得较好的焊缝成形,保证良好的焊缝质量,同时还可以改变坡口尺寸,调节焊缝金属中的母材金属和填充金属的比例。

坡口的加工称为开坡口,开坡口的方法主要根据工件的尺寸、形状和加工条件来进行选择。常用的坡口加工方法有剪切、刨削、车削、铣削和气割等。加工坡口时,通常在焊件端面的根部留有 2 mm 的直边,称为钝边,其作用是为了防止焊穿。焊接接头组装时往往留有 2 mm 左右的缝隙,这主要是为了保证焊缝能焊透。

坡口形式应根据工件的结构和厚度、焊接方法、焊接位置及焊接工艺等进行选择,同时,还应考虑保证焊缝能焊透、坡口容易加工、节省焊条、焊后变形较小及提高生产效率等问题。对接接头的坡口形式及适用厚度如图 4.18 所示。

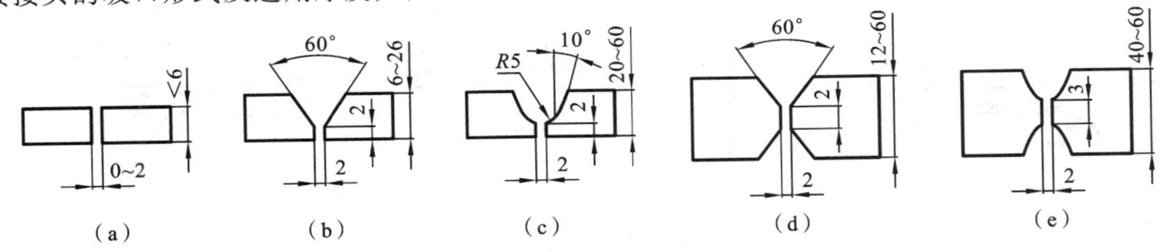

图 4.18　对接接头的坡口形式及适用厚度

(a) I 形坡口;(b) Y 形坡口;(c) U 形坡口;(d) 双 Y 形坡口;(e) 双 U 形坡口

当工件厚度小于 6 mm 时,一般用 I 形坡口,即不开坡口,只要在焊接接头处稍加处理并留出 0～2 mm 的间隙即可。

当工件厚度大于等于 6 mm 时,则应开坡口。其中,Y 形坡口加工简单,焊接性能好,U 形坡口加工复杂,但根部较宽,焊条用量较 Y 形坡口少,易于焊透,但这两种坡口主要用于单面焊,焊后易产生角变形。双 Y 形和双 U 形坡口需双面施焊,焊缝对称、受热均匀、焊接应力及变形小,同等厚度下较之 Y 形或 U 形坡口焊条消耗量少,但双 U 形坡口的加工较困难,成本高,一般只在重要的厚板结构中采用。

焊接时,对 I 形、Y 形、U 形坡口,可以根据实际情况,采取单面焊或双面焊完成,如图4.19 所示。为了保证焊透,减少变形,在条件允许的情况下,应尽量采用双面焊。

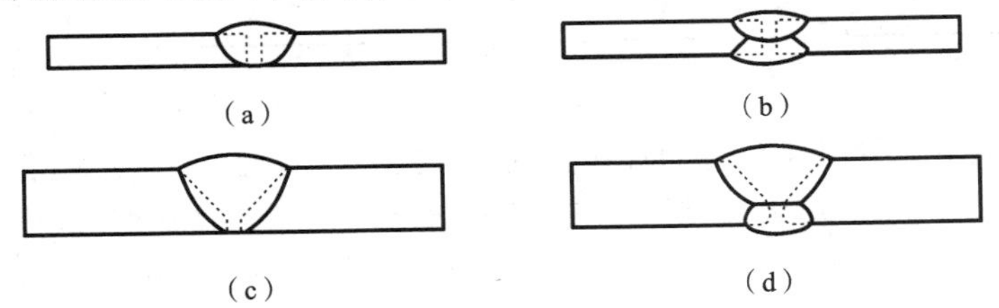

图 4.19　单面焊或双面焊

(a) I 形坡口单面焊;(b) I 形坡口双面焊;(c) Y 形坡口单面焊;(d) Y 形坡口双面焊

工件较厚时,应采用多层焊才能焊满坡口,如图 4.20(a)所示。如果坡口较宽,同一层中还可采用多层多道焊,如图 4.20(b)所示。多层焊时,应保证焊缝根部焊透。

2. 焊接位置

熔焊时,焊件接缝所处的空间位置称为焊接位置,有平焊位置、立焊位置、横焊位置和仰焊位置四种。

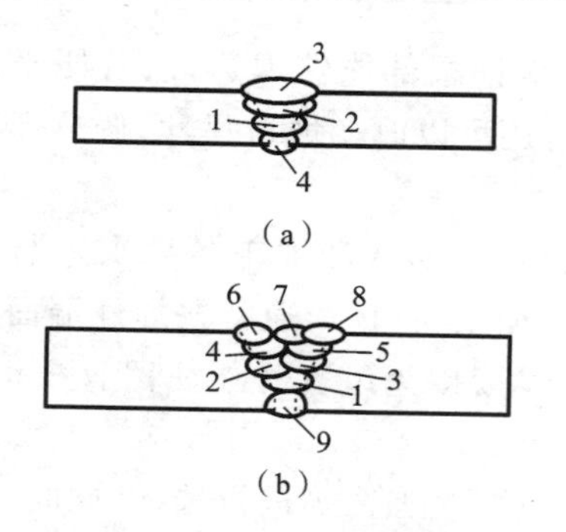

图 4.20　对接接头 Y 形坡口多层焊

(a) 多层焊;(b) 多层多道焊

对接接头的各种焊接位置如图 4.21 所示。平焊位置最容易操作,生产效率高,劳动条件好,焊接质量容易保证,焊接时应尽量采用平焊位置进行焊接,立焊位置和横焊位置较之平焊次之,仰焊位置最差,应尽量避免采用。

3. 焊接工艺参数

焊接时,为保证焊接质量而选定的各物理量称为焊接工艺参数。焊条电弧焊的焊接工艺参数主要包括焊条直径、焊接电流、电弧电压、焊接速度和焊接层数等。焊接工艺参数选择得正确与否,将直接影响焊缝的形状、尺寸、焊接质量和生产效率。

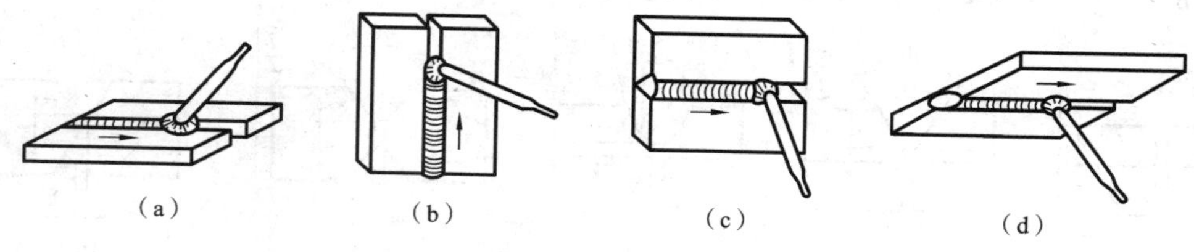

图 4.21　焊接位置

(a) 平焊位置;(b) 立焊位置;(c) 横焊位置;(d) 仰焊位置

1) 焊条直径

焊条直径的选择通常在保证焊接质量的前提下,尽可能选用大直径焊条,这样可以提高生产效率。选择焊条直径,主要依据焊件厚度,同时考虑接头形式、焊接位置、焊接层次等因素。厚焊件可选用直径大一些的焊条,薄焊件应选用直径小一些的焊条;搭接接头和 T 形接头可选用直径较大的焊条;平焊位置选用的焊条直径可比其他位置大一些,仰焊、横焊应选用直径小一些的焊条;多层焊时,首层应采用较小的焊条焊接,以后各层可根据焊件厚度选择较大直径的焊条焊接。一般情况下,可参照表 4.4 选择焊条直径。

表 4.4　根据焊件厚度选择焊条直径

工件厚度/mm	≤1.5	2	3	4～5	6～12	≥12
焊条直径/mm	1.5	1.6～2	2.5～3.2	3.2～4	4～5	4～6

2) 焊接电流

焊接时,流经焊接回路的电流称为焊接电流。焊接电流的大小直接影响着焊接过程、焊接质量和焊接生产率。焊接电流增大,可提高生产率,但电流过大极易造成焊缝咬边、烧穿、裂纹等缺陷,同时增加金属飞溅,使接头组织过热而发生变化;而电流过小,焊接时电弧会不稳定,易造成夹渣、未焊透、焊瘤等缺陷,从而降低焊接接头的力学性能。所以应选择适当的焊接电流。

焊接电流要根据焊条类型、焊条直径、焊件材质、焊件厚度、接头形式、焊接位置及焊接层数等进行选择,但主要是参照焊条直径、焊接位置、焊条类型进行选择。

(1) 焊条直径　一般焊条直径越大,焊条电流也越大,在使用一般碳钢焊条时,焊接电流的大小参照下面公式进行选择:

$$I=(35\sim55)d \tag{4.1}$$

式中　I——焊接电流(A);

d——焊条直径(mm)。

(2)焊接位置 平焊时容易控制熔池中的熔化金属,可以选择较大的电流,立焊、横焊时的焊接电流应比平焊时小10%～15%,仰焊时则应比平焊时小15%～20%。

(3)焊条类型 当其他条件相同时,碱性焊条使用的焊接电流应比酸性焊条小10%～15%,不锈钢焊条使用的焊接电流应比碳钢焊条小15%～20%。

3)电弧电压

电弧电压主要由电弧长度来决定:电弧长,电弧电压高;反之,电弧电压低,焊接时应根据具体情况灵活选择。一般焊接时电弧不宜过长,应力求做到短弧焊接,一般认为短弧的电弧长度为焊条直径的0.5～1.0。

4)焊接速度

单位时间内完成的焊缝长度为焊接速度。焊接速度应适当、均匀,既保证焊透又要保证不烧穿,同时还要使焊缝宽度和高度符合要求。焊接速度过快或过慢则会造成咬边、未焊透、气孔、夹渣、熔池溢满等缺陷。

5)焊接层数

在对中厚板进行焊接时,一般要开坡口并采用多层多道焊,对于低碳钢和强度等级低的普通低碳钢的多层多道焊时,每道焊缝厚度不宜过大,一般不大于4～5 mm。每层厚度一般可取焊条直径的0.8～1.2。

4.3 气焊和气割

气焊和气割都是利用可燃气体和助燃气体混合燃烧产生的气体火焰的热量作为热源,对金属进行焊接或切割的加工工艺方法。

4.3.1 气焊的原理、特点及应用

气焊是利用气体火焰作为热源的一种熔化焊方法。气焊时最常用的气体是氧气和乙炔。乙炔和氧气混合燃烧形成的火焰称为氧-乙炔焰,其温度可达3 150 ℃。

气焊的特点是:设备简单,移动方便,成本低,适应性强,施工场地不受限制;可以焊接薄板、小直径薄壁管;在焊接铸铁、非铁金属及硬质合金时质量较好。但气焊火焰温度低,热量分散,热影响区宽,焊件变形大,接头质量不如焊条电弧焊容易保证;生产率低,不易焊接较厚的金属,难以实现自动化。

目前,气焊主要用于焊接薄板、小直径薄壁管、铸铁、非铁金属、低熔点金属及硬质合金,此外气焊火焰还用于钎焊、喷焊和矫正等。

4.3.2 气焊设备

气焊所用的设备主要有氧气瓶、乙炔瓶(或乙炔发生器)、减压器、回火防止器、焊炬和橡胶管等,如图4.22所示。

1. 氧气瓶

氧气瓶是存储和运输氧气的高压容器,其形状和构造如图4.23所示。氧气瓶外表涂成天蓝色,瓶体上用黑漆标注“氧气”字样。最常用的氧气瓶容积为40 L,在瓶内为15 MPa工作压力下,可以储存6 m^3 的氧气。

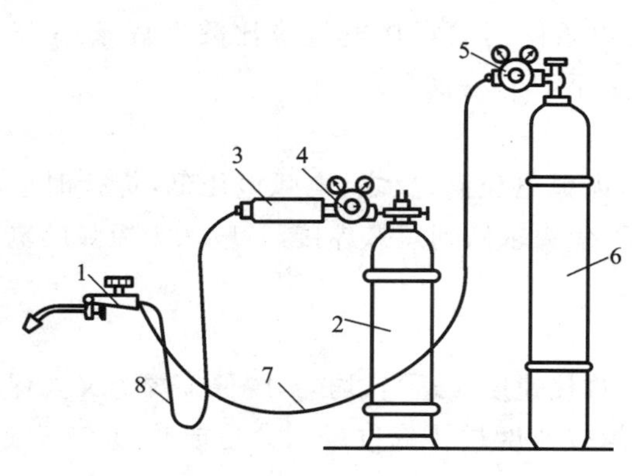

图 4.22 气焊设备

1—焊炬;2—乙炔瓶;3—回火防止器;
4—乙炔减压器;5—氧气减压器;6—氧气瓶;
7—氧气管;8—乙炔管

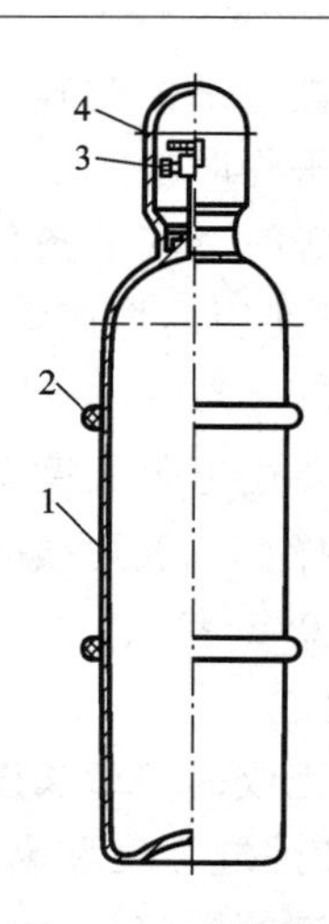

图 4.23 氧气瓶

1—瓶体;2—防振圈;3—瓶阀;4—瓶帽

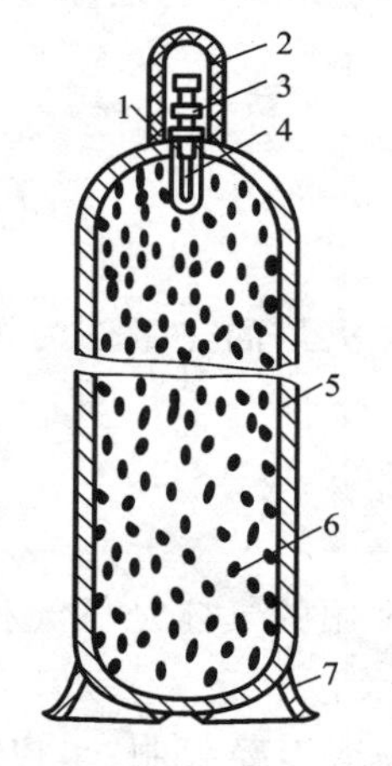

图 4.24 乙炔瓶

1—瓶口;2—瓶帽;3—瓶阀;4—石棉;
5—瓶体;6—多孔填料;7—瓶底

2. 乙炔瓶

乙炔瓶是一种储存和运输乙炔的容器,其形状和构造如图 4.24 所示。乙炔瓶外表涂成白色,瓶体上用红漆标注"乙炔"和"不可近火"字样。因乙炔不能用高压压入瓶内储存,所以乙炔瓶的内部构造较氧气瓶复杂,乙炔瓶内装有浸满丙酮的多孔性填料,利用乙炔易溶解于丙酮的特点,使乙炔稳定而又安全地储存在瓶内。气瓶内压力最高为 1.5 MPa。

3. 减压器

气焊时所需的气体工作压力一般都比较低,氧气压力通常为 0.2~0.3 MPa,乙炔压力最高不超过 0.15 MPa。因此,必须将气瓶内输出的气体减压后才能使用。减压器又称压力调节器,是将瓶内储存的高压气体降低为工作用的低压气体,并能调节气体压力和保持工作时气体压力稳定的调节装置。减压器按用途分为氧气减压器、乙炔减压器等。

1) 氧气减压器

图 4.25 所示为一种常用的氧气减压器的外形、内部构造和工作原理。当减压器工作时,拧紧调压螺钉,使调压弹簧受压,产生向上的压力顶开活门,高压气体从高压室进入低压室,由于气体膨胀而使压力降低,起到减压的作用。

高压气体流入低压室后,随着低压室压力的增加,压迫薄膜及调压弹簧,使活门的开启度逐渐减小直至闭合,使低压室内的气体压力不会增高;焊接或切割时,低压室气体输出量增加,压力降低,活门开启度随之增大,使得高压气体流入低压室,流入低压室的气体增多,使得低压室的气体压力增高。这种自动调节作用,使得低压室的气体压力稳定地保持着工作压力,起到稳压的作用。

2) 乙炔减压器

乙炔减压器(见图 4.26)的构造和工作原理及使用方法与氧气减压器的基本相同,但由于

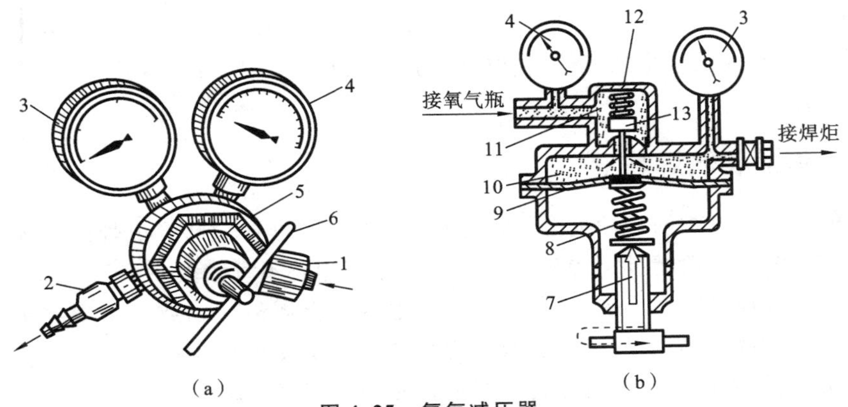

图 4.25　氧气减压器

(a) 外形;(b) 构造和工作原理

1—进气接头;2—出气接头;3—低压表;4—高压表;5—外壳;6、7—调压螺钉;8—调压弹簧;9—薄膜;10—低压室;11—高压室;12—活门弹簧;13—活门

乙炔瓶阀的阀体旁没有连接减压器的侧接头,所以乙炔减压器与乙炔瓶连接时需要特殊的夹环,并用紧固螺钉加以固定。

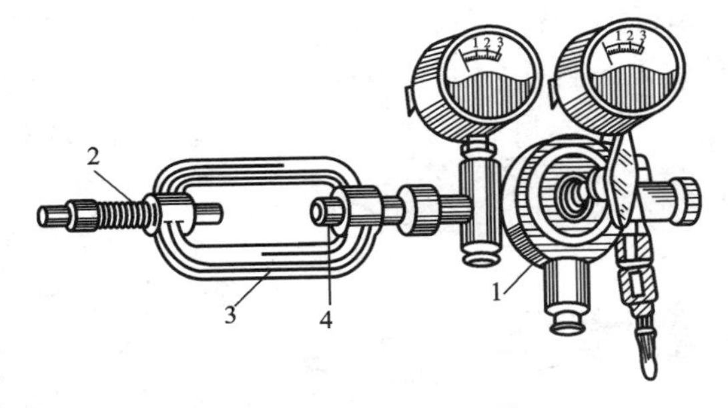

图 4.26　乙炔减压器

1—乙炔减压器;2—紧固螺钉;3—夹环;4—连接管

4. 回火防止器

回火是火焰进入喷嘴逆向燃烧的一种现象,其根本原因是混合气体从焊炬喷嘴内喷出的速度小于其燃烧的速度。回火可能烧坏焊炬和管路,如不及时处理还有可能引起可燃气体源(乙炔瓶)的爆炸。

回火防止器装在乙炔瓶和焊炬之间,是防止回烧火焰向乙炔瓶回烧的安全装置。其作用就是截住回火气体,防止火焰逆向燃烧到气源,保证气源的安全。

5. 焊炬

焊炬是气焊时用于控制火焰进行焊接的工具,其作用是将乙炔和氧气按一定比例均匀混合,由焊嘴喷出后,点火燃烧,产生气体火焰。按乙炔与氧气在焊炬中的混合方式,焊炬分为射吸式和等压式两种。射吸式焊炬应用最为广泛,其外形如图 4.27 所示,常用的型号有 H01-3 和 H01-6,其中用"H"代表焊炬;"0"代表手工操作;"1"则代表焊炬为射吸式;"3"和"6"表示可焊接低碳钢最大厚度为 3 mm 和 6 mm。

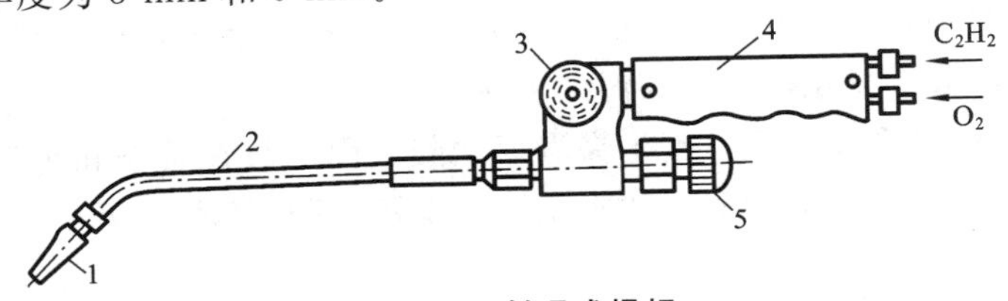

图 4.27　射吸式焊炬

1—焊嘴;2—混合气管;3—乙炔阀门;4—手柄;5—氧气阀门

6. 橡胶管

按目前的规定,氧气管为蓝色或黑色,乙炔管为红色。通常氧气管内径为 8 mm,乙炔管

内径为10 mm,氧气管工作压力为1.5 MPa,乙炔管工作压力为0.5 MPa。连接焊炬的胶管长度不能短于5 m,但太长会增加气体流动的阻力,一般在10～15 m。橡皮管禁止油污和漏气,并严禁互换使用。

4.3.3 焊丝和气焊熔剂

气焊用的焊丝在气焊时起填充金属的作用,与熔化的母材一起形成焊缝。焊丝的化学成分应与母材相匹配。一般情况下焊丝直径与焊件厚度相差不宜太大。

气焊熔剂是气焊时的助熔剂,其作用是与熔池内的金属氧化物或非金属夹杂物相互作用形成熔渣,覆盖在熔池表面,保护熔池,改善焊接质量。焊接低碳钢时,一般不使用气焊熔剂,但在焊接非铁金属、铸铁及不锈钢等材料时通常必须使用气焊熔剂。

4.3.4 气焊火焰

气焊火焰是由可燃气体与氧气混合后燃烧形成的火焰,由氧气和乙炔混合燃烧的火焰称为氧-乙炔焰。氧-乙炔焰的外形、构造、火焰的化学性质和火焰温度的分布与氧气和乙炔的混合比大小直接相关。根据氧气和乙炔混合比大小的不同,氧-乙炔焰分为中性焰、碳化焰和氧化焰三种,如图4.28所示。

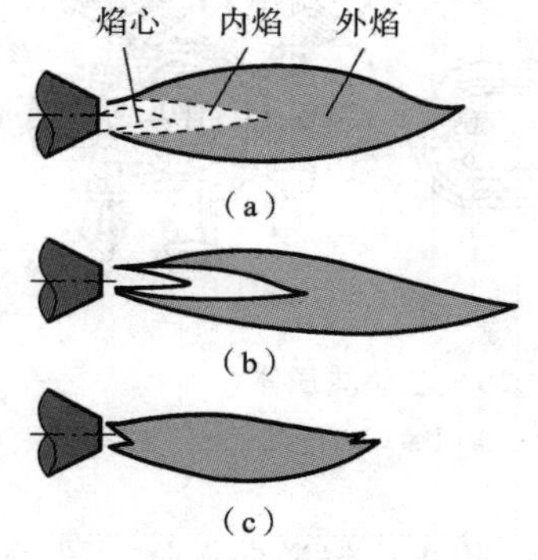

图4.28　氧-乙炔焰

(a) 中性焰;(b) 碳化焰;(c) 氧化焰

(1) 中性焰　氧气与乙炔的混合比为1.1～1.2时的混合气体燃烧所形成的火焰称为中性焰。中性焰由焰心、内焰和外焰三部分组成。中性焰各部分温度分布不同,其最高温度产生于焰心前2～4 mm处的内焰,可达3 150 ℃。中性焰在燃烧阶段,既无过剩的氧又无游离的碳。气焊一般都采用中性焰,焊接时主要是利用内焰加热。中性焰适用于碳钢、低合金钢、合金钢、铜合金等的气焊。

(2) 碳化焰　氧气与乙炔的混合比小于1.1时的混合气体燃烧所形成的火焰称为碳化焰。由于乙炔过剩,因此燃烧不完全,碳化焰中含有游离碳,具有较强的还原作用和一定的渗碳作用,又称为还原焰。碳化焰的温度只有2 700～3 000 ℃。由于碳化焰中过剩的乙炔会分解成氢气和碳,在焊接碳钢时,火焰中的游离碳和氢会进入熔池,使得焊缝金属的塑性降低,且焊缝易产生气孔和裂纹,因此碳化焰不能用于焊接低碳钢和合金钢,轻微的碳化焰可用于高碳钢、铸铁、高合金钢等材料的焊接。

(3) 氧化焰　氧气与乙炔的混合比大于1.2时的混合气体燃烧所形成的火焰称为氧化焰。氧化焰由于火焰中含氧量较多,氧化反应剧烈,整个火焰及内焰的长度都明显缩短,只能看到焰心和外焰两部分。氧化焰的最高温度可达3 100～3 400 ℃。由于氧气过多,使整个火焰具有氧化性,会使焊缝金属氧化并产生夹渣等缺陷。因此只在黄铜和锡青铜的气焊时采用轻微氧化焰,利用其氧化性生成的氧化物阻止熔池中锌、锡的蒸发。

4.3.5 气焊的操作

1. 点火和灭火

点火时,先稍微打开氧气阀门,再稍微打开乙炔阀门,随后点燃火焰,然后逐渐调节氧气和乙炔阀门,将火焰调整到所需火焰及相应的大小。

灭火时，应先关闭乙炔阀门，紧接着关闭氧气阀门，以防止火焰倒流和产生烟灰。

2. 火焰调节

根据焊接材料的种类和性能，调节焊炬的氧气和乙炔阀门，获得相应的氧-乙炔火焰，一般来说，需要减少元素的烧损时，应选用中性焰；需要增碳时应选用碳化焰；当需要生成氧化物时则选用氧化焰。

3. 焊接操作

对平焊气焊时，一般用左手持填充焊丝，右手持焊炬。两手的动作要协调，沿焊缝向左或向右焊接。当焊接方向由右向左时，气焊火焰应指向焊件未焊部分，焊炬跟着焊丝向前移动，称为左向焊法，适宜于焊接薄焊件和熔点较低的焊件；当焊接方向从左向右时，气焊火焰指向已焊好的焊缝，焊炬在焊丝前面向前移动，称为右向焊法，适宜于焊接厚焊件和熔点较高的焊件。如图 4.29 所示。

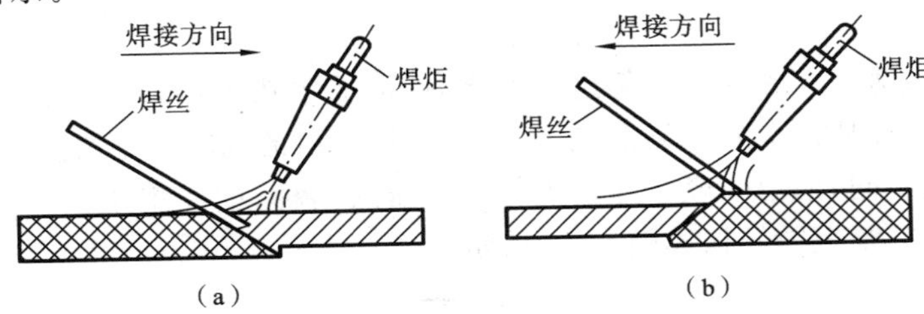

图 4.29　右向焊法和左向焊法

(a) 右向焊法；(b) 左向焊法

操作时，应保证焊嘴轴线的投影与焊缝重合，同时要注意掌握好焊嘴与焊件的夹角 α，如图 4.30 所示。焊件越厚，夹角越大。在焊接开始时，为了较快地加热焊件和迅速形成熔池，夹角应大些；正常焊接时，一般保持夹角在 30°～50°范围内；当焊接结束时，夹角应适当减小，以便更好地填满熔池和避免焊穿。焊炬向前移动的速度应能保证焊件熔化并保持熔池具有一定的大小。焊件局部熔化形成熔池后，再将焊丝适量地点入熔池内熔化。

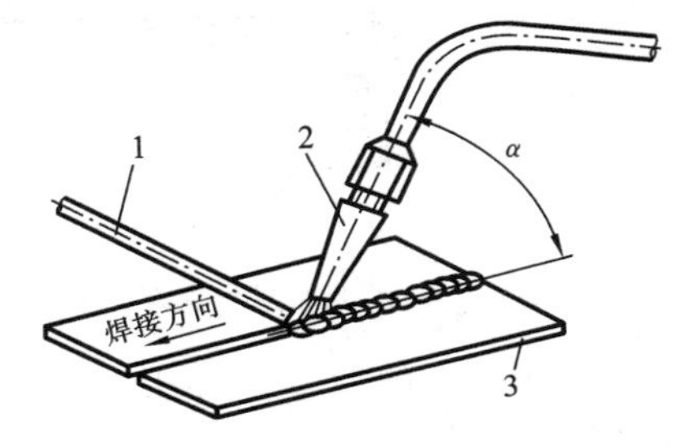

图 4.30　气焊操作示意图

1—焊丝；2—焊嘴；3—焊件

4.3.6　气割

气割实际上是氧气切割的简称，其实质是利用某些金属在纯氧中燃烧的原理实现切割金属的一种方法。

1. 气割的特点及材料要求

气割最突出的优点是设备简单、使用灵活、切割效率高，但会对切口两侧的金属成分和组织产生一定影响，并引起切割工件的变形，且尺寸精度较低，对材料有一定要求。

气割原理是利用金属在纯氧中的燃烧来切割金属，整个气割过程中被割金属并不熔化，其过程是预热→燃烧→吹渣，如图 4.31 所示。并不是所有的金属工件都能用气割操作，只有符合以下条件的金属才能用气割操作。

(1) 金属的燃点必须低于其熔点，才能保证金属在固体状态下燃烧而不熔化，这是氧气切割过程能正常进行的最基本条件。

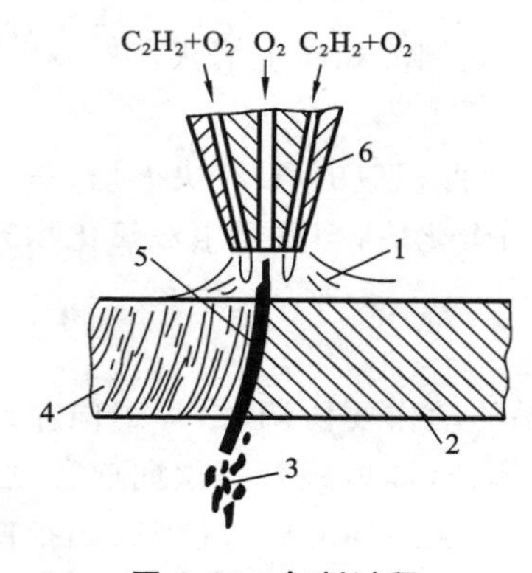

图 4.31　气割过程

1—预热火焰;2—待切割金属;
3—氧化物;4—割口;5—氧流;6—割嘴

(2) 气割时金属氧化物的熔点应低于金属的熔点,且流动性好。这样才能保证气割产生的氧化物能以液体状态从割缝处被吹除。

(3) 金属在切割氧气流中的燃烧应是放热反应。因为放热反应的结果是上层金属燃烧产生的大量热能对下层金属起到预热作用,使下层金属到达燃点并持续燃烧。

(4) 金属本身的导热性要低。从而使下层金属的热量不会被传导失散,保证气割过程的持续进行。

2. 气割设备

气割设备与气焊设备相比,除用割炬代替焊炬外,其他部分(氧气瓶、乙炔瓶、减压器、回火防止器和橡胶管等)与气焊设备完全一样。

割炬的作用是:氧气和乙炔按比例进行混合后,形成预热火焰,并将高压纯氧喷射到被切割的金属工件上,使被切割金属在氧射流中燃烧,高压氧射流同时吹走熔渣形成割缝。按氧气和乙炔的混合方式不同,割炬一般分为射吸式和等压式两种,前者多用于手工切割,而后者多用于机械切割。气割割炬的结构如图 4.32 所示。

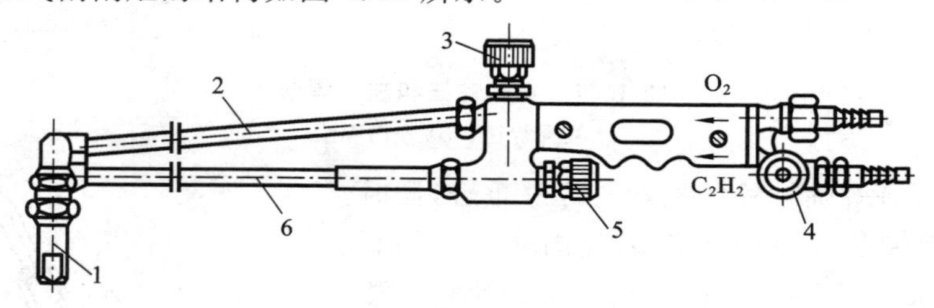

图 4.32　气割割炬

1—割嘴;2—切割氧气管;3—切割氧调节阀;4—乙炔调节阀;5—火焰用氧调节阀;6—混合气体管

射吸式割炬的型号有 G01-30、G01-100、G01-300 等。型号中"G"代表割炬,"0"代表手工操作,"1"表示射吸式,"30"、"100"和"300"分别表示切割金属的最大厚度为 30 mm、100 mm 和 300 mm。

3. 气割的操作

气割时,先稍微打开氧气阀门,再稍微打开乙炔阀门,随后点燃火焰,然后逐渐调节氧气和乙炔阀门,将火焰调整到所需预热火焰,对准工件进行预热,当起割部位预热至燃点时,立刻开启切割氧气阀门,使金属在氧气流中燃烧,并用高压氧气流将割缝处的熔渣吹走,不断向待切割金属方向移动割炬,形成新的割口。

4.4　其他焊接方法简介

4.4.1　埋弧焊

埋弧焊是利用在焊剂层下燃烧的电弧热熔化焊丝、焊剂和母材而形成焊缝的一种电弧焊方法。

1. 焊接过程

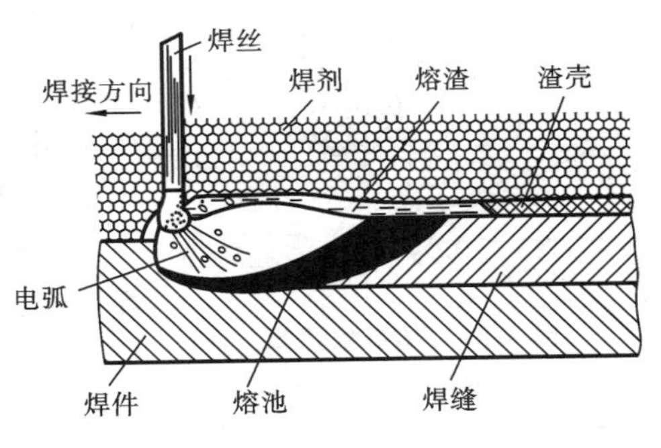

图 4.33　埋弧焊焊缝形成过程

埋弧焊焊缝形成过程如图 4.33 所示。埋弧焊时，将焊剂均匀地撒在焊件上，形成厚度为 40～60 mm 的焊剂层，焊丝连续地进入焊剂层下的电弧区，维护电弧平稳燃烧。

在颗粒状焊剂层下燃烧的电弧使焊丝和焊件熔化形成熔池，焊剂熔化形成熔渣，蒸发的气体使液态熔渣形成封闭的熔渣泡，有效阻止空气侵入熔池和熔滴，使熔化金属得到焊剂层和熔渣泡的双重保护；同时阻止熔滴向外飞溅，既可避免弧光四射，又使热量损失少，加大熔深。随着电弧的向前移动，电弧不断熔化前方的焊件、焊丝和焊剂，而熔池后部边缘开始冷却凝固形成焊缝，浮在熔池表面密度较小的熔渣冷却后结成渣壳覆盖焊缝表面。没有熔化的焊剂回收可重新使用。

2. 埋弧焊设备

埋弧焊设备由焊接车、控制箱和焊接电源组成，如图 4.34 所示。埋弧电源有交流和直流两种。埋弧焊的焊接过程由电气控制系统控制完成。

埋弧焊的焊接材料有焊丝和焊剂。

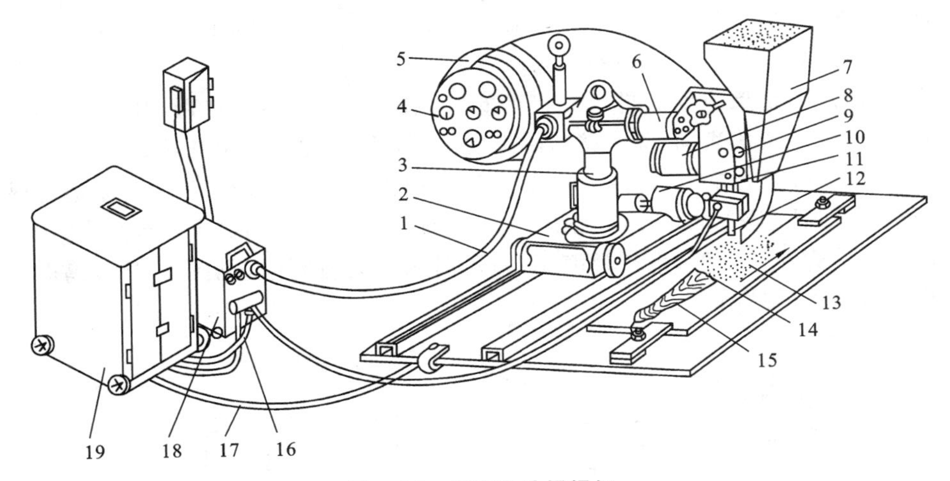

图 4.34　埋弧自动焊焊机

1—控制电缆；2—小车；3—立柱；4—操纵盘；5—焊丝盘；6—横梁；7—焊剂漏斗；8—送丝电动机；9—送丝轮；10—小车电动机；11—机头；12—导电嘴；13—焊剂；14—渣壳；15—焊缝；16—控制线；17—焊接电缆；18—控制箱；19—焊接电源

3. 埋弧焊的特点与应用

埋弧焊与手工电弧焊相比，生产率高，成本低，一般埋弧焊电流强度高于手工电弧焊 4 倍左右，当板厚在 24 mm 以下对接焊接时，不需要开坡口；焊接质量好，稳定性高；劳动条件好，没有弧光和飞溅。但埋弧焊适应性较差，不能焊空间位置焊缝及不规则焊缝；设备费用一次性投资较大。适用于成批生产中、厚板结构件的长直及环形焊缝的平焊。

4.4.2　气体保护电弧焊

气体保护电弧焊是利用外加气体作为电弧介质并保护电弧和焊接区的电弧焊，简称为气体

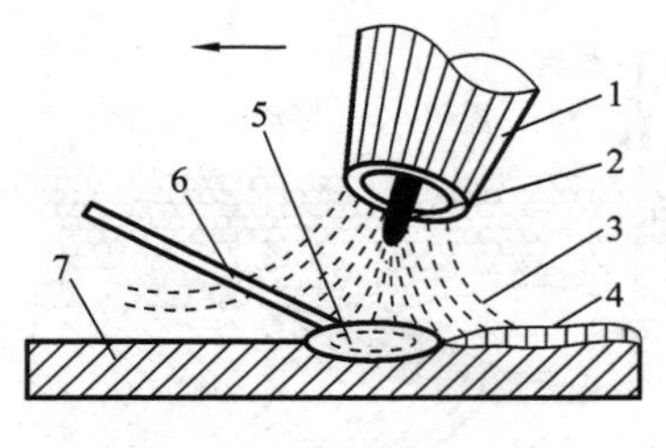

图 4.35　钨极氩弧焊

1—喷嘴;2—钨极;3—氩气;4—焊缝;5—熔池;6—填充金属(焊丝);7—焊件

保护焊。常用的主要有氩弧焊和二氧化碳气体保护焊两种。

1. 氩弧焊

用氩气作为保护气体的气体保护焊称为氩弧焊,根据电极是否熔化,氩弧焊可分为钨极氩弧焊和熔化极氩弧焊。

钨极氩弧焊(见图 4.35)是用高熔点的钨作为电极材料,焊接中不熔化,主要起产生电弧,加热熔化焊丝,并形成焊缝的作用。它是用氩气作为保护气体,氩气从喷嘴中送出,在电弧周围形成保护区,使空气与电极、熔滴和熔池隔离开来,从而保证焊接的正常进行。

钨极氩弧焊具有以下特点。

(1) 氩气能有效地隔绝空气;它本身又不溶于金属,不和金属反应,焊接过程中熔池的冶金反应简单易控制,不需要使用焊剂就几乎可以焊接所有的金属,焊后也不用清渣,可以获得高质量的焊缝。

(2) 焊接工艺性能好,明弧焊接,能有效观察电弧和熔池状态,便于控制;钨极电弧非常稳定,电弧热量损失小,即使很小的电流,电弧仍然能稳定燃烧,非常适合薄板或对热敏感的材料进行焊接,且可以进行全位置焊接。

(3) 钨极氩弧焊过程中,电弧具有阴极清理作用,因此可以焊接化学活泼性强的非铁金属、不锈钢和各种合金。但因成本较高,目前主要应用于易氧化的非铁合金、难溶活性金属、高强度合金钢及一些特殊性能合金钢的焊接。

(4) 不能通过冶金反应消除进入焊接区的氢、氧等元素的有害作用,其抗气孔能力较差,焊接前必须严格清理接头表面,除去接口附近的油污、锈蚀、涂层及氧化膜。

(5) 焊接时抗风能力差,不宜在室外或有风处操作,否则极易破坏氩气对熔池的保护。

(6) 生产率较低,焊接成本较高。因过大的电流会引起钨极的熔化甚至蒸发,因此焊接电流不宜过大,致使焊接速度低,生产效率不高;同时因为设备复杂(见图 4.36),钨极和氩气成本高,使得焊接成本比较高。

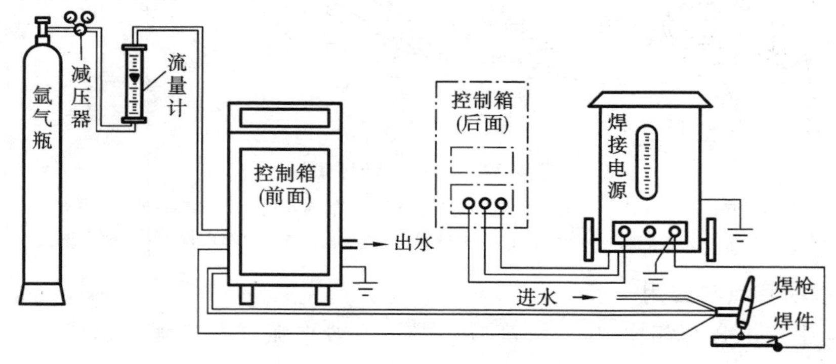

图 4.36　手工钨极氩弧焊设备系统示意图

2. 二氧化碳气体保护焊

二氧化碳气体保护焊是利用 CO_2 作为保护气体的熔化极电弧焊,简称 CO_2 焊。其焊接过程如图 4.37 所示。它是利用送丝机构将成盘的焊丝经软管及焊枪的导电嘴送至焊接区,气瓶中输出的 CO_2 气体,以一定的压力和流量从焊枪的喷嘴喷出,形成保护气流;焊接电源的两个输出端分别连接在焊枪导电嘴和焊件上,在电弧的高温作用下,使焊接接头处熔化,最后凝固

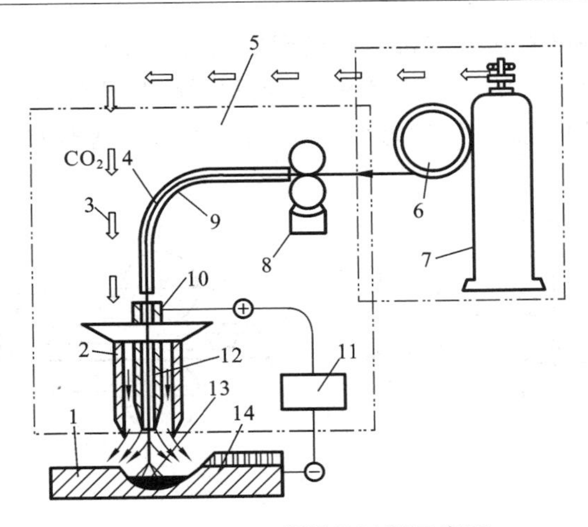

图 4.37　CO_2 焊焊接过程示意图

1—焊件；2—喷嘴；3—CO_2 气流方向；4—焊丝；5—焊接设备；6—焊丝盘；7—气瓶；8—送丝机构；9—软管；10—焊枪；11—焊接电源；12—导电嘴；13—熔池；14—焊缝

形成焊缝。

二氧化碳气体保护焊的优点是：电流密度大，生产效率是焊条电弧焊的 1～4 倍；CO_2 气体来源广泛，且一般是化工厂的副产品，降低了生产成本；CO_2 气体可以起到较强的冷却作用，使得焊接变形和焊接应力小；CO_2 气体的氧化性使得焊缝对油污和锈蚀敏感性较低，而且适用于全位置焊接。

但二氧化碳气体保护焊焊接设备复杂（见图 4.38），焊接时飞溅大，焊件表面质量不好，此外，由于 CO_2 气体的氧化性，不能焊接易氧化的非铁金属。

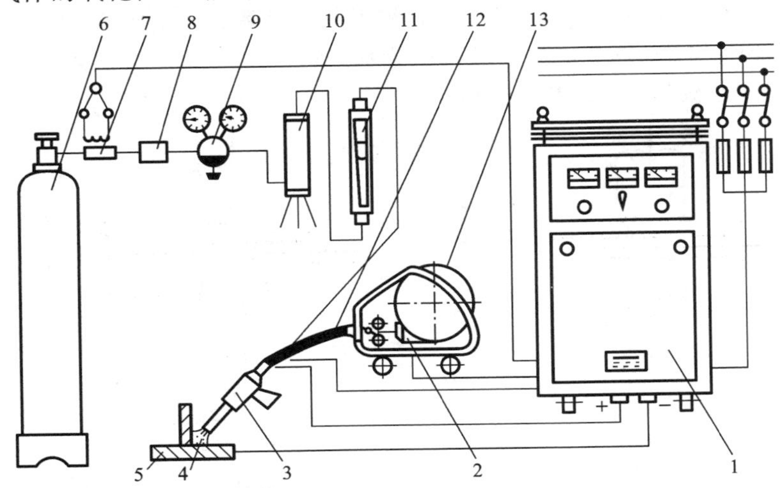

图 4.38　CO_2 焊设备组成简图

1—弧焊电源；2—送丝机；3—焊枪；4—电弧；5—焊件；6—气瓶；7—预热瓶；8—高压干燥器；9—减压器；10—低压干燥器；11—气体流量计；12—软管；13—焊丝盘

4.4.3　压力焊

1. 电阻焊

电阻焊又称为接触焊，是将被焊工件压紧于两电极之间，并施以电流，利用电流流经工件接触面及邻近区域产生的电阻热效应将其加热到熔化或高塑性状态,并在压力下使之形成金属结合的一种方法。电阻焊方法主要有四种,即点焊、缝焊、凸焊、对焊(见图 4.39)。电阻焊在焊接时具有冶金过程简单,变形与应力小,不需要填充金属等焊接材料,易于实现机械化和自动化等优点。

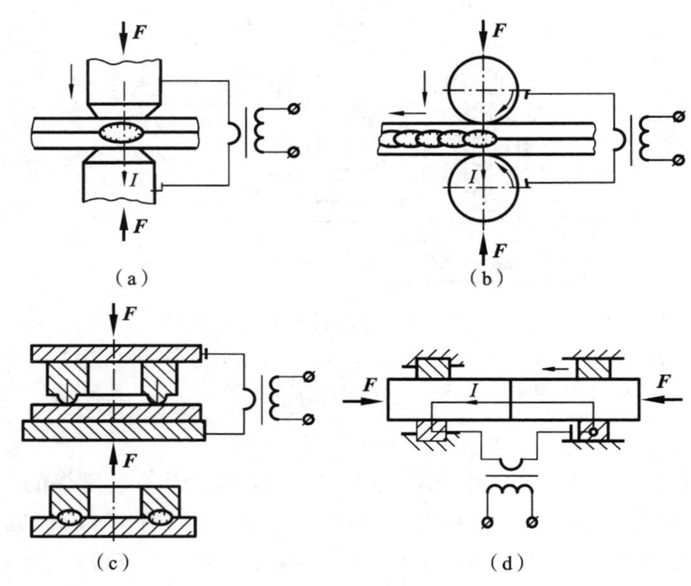

图 4.39　电阻焊

(a) 点焊;(b) 缝焊;(c) 凸焊;(d) 对焊

1) 点焊

点焊是将焊件压紧在两个柱状电极之间,通电利用电阻热,使焊件在接触处熔化形成熔核,然后断电并在压力下凝固形成焊点的焊接方法,如图 4.40 所示。点焊主要适用于 4 mm 以下不要求密封的薄板和钢筋结构的焊接。

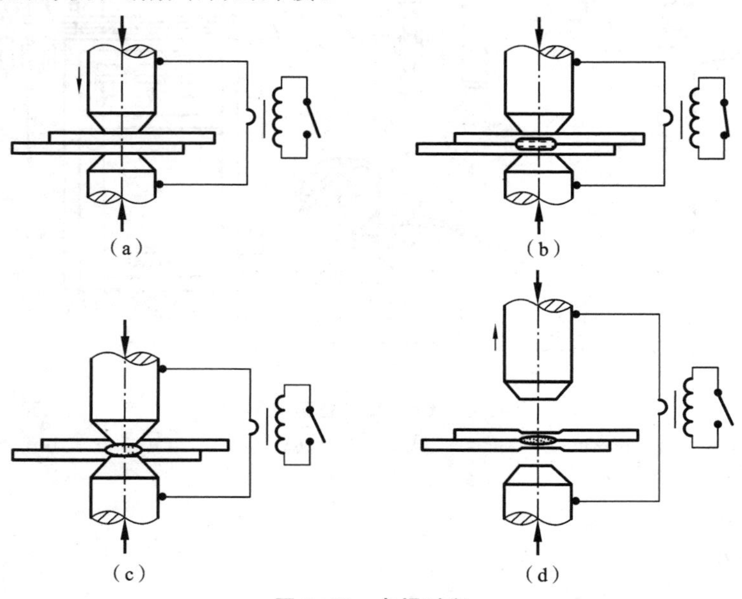

图 4.40　点焊过程

(a) 加压;(b) 通电;(c) 断电;(d) 去压

2）缝焊

缝焊是采用一对滚轮电极代替点焊时的柱状电极，滚轮对工件加压并转动，带动焊件向前移动，并配合断续通电（或连续通电），形成连续焊缝的焊接方法，如图 4.39(b)所示。

3）凸焊

凸焊是在焊件表面上预先加工出一个或多个凸点，使其与另一焊件表面相接触并通电加热，然后压塌，使这些接触点形成焊点的焊接方法。主要适用于 0.5～4 mm 的低碳钢、低合金钢和不锈钢的焊接，如图 4.39(c)所示。

4）对焊

对焊根据焊接操作过程和方法的不同可分为电阻对焊和闪光对焊两种。

电阻对焊是先将焊件接触并加压，使其处于有压力状态后再通电，利用电阻热使接头处金属加热到塑性状态，然后断电再施加顶锻压力，最后去除压力形成焊接接头，如图 4.41(a)所示。电阻对焊一般用于截面简单，直径 20 mm 以下且对强度要求不高的棒材和线材。

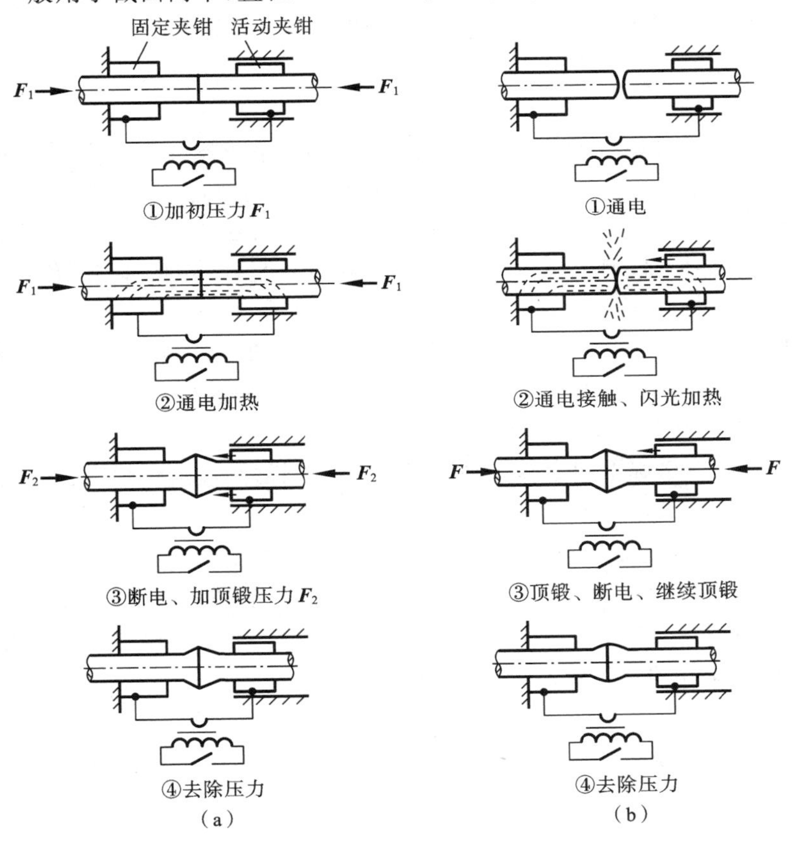

图 4.41 对焊焊接过程

(a) 电阻对焊；(b) 闪光对焊

闪光对焊焊接时，被焊工件没接触时就接通电源，再逐渐移动焊件使其逐步接触，因端面凹凸使得端面局部接触，接触点在大电流流经时产生电阻热，使接触点金属迅速熔化、蒸发、爆破，高温金属颗粒向外飞射形成闪光，随着焊件继续靠拢，爆破、闪光连续发生，待焊件端面金属在一定深度范围内达到预定温度时断电，迅速施加顶锻力完成焊接，最后去除压力，形成焊接接头，如图 4.41(b)所示。

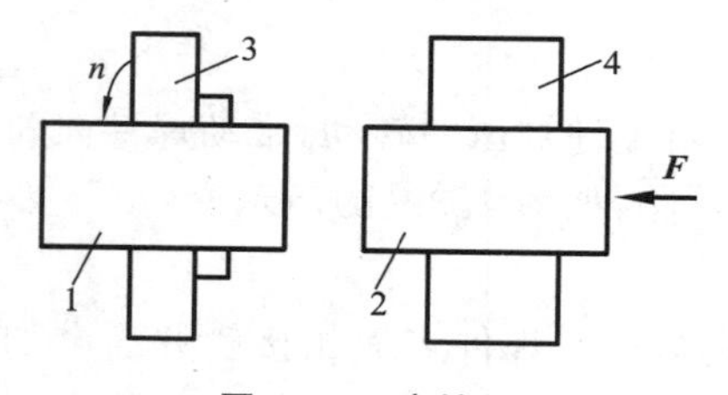

图 4.42　摩擦焊

1,2—焊件;3—旋转夹头;4—加压夹头

2. 摩擦焊

摩擦焊是利用焊件表面相互摩擦产生的热,使焊件断面达到塑性状态,然后加压,在压力作用下形成固态连接的焊接方法,如图 4.42 所示。

摩擦焊接时,焊件一部分夹持在可旋转的夹头 3 上,另一部分夹持在可移动并能加压的夹头 4 上,夹头 3 带动工件高速旋转并与夹头 4 上的工件接触,摩擦产生的热量使焊件接头处温度升高并达到塑性状态,此时夹头 3 停止转动,夹头 4 向夹头 3 移动并加压,通过材料的塑性变形和扩散过程获得致密的焊接接头组织。

摩擦焊与熔化焊的最大不同点在于整个焊接过程中,焊件金属获得能量造成的温度升高并没有达到其熔点,即金属并不熔化,而是在热塑性状态下实现的类似锻压状态的固相连接。

摩擦焊具有焊接接头质量高,可以达到焊缝强度与基体材料等强度的效果,且易于机械化生产,生产效率高、质量稳定、一致性好,可实现异种材料焊接等优点。

4.4.4　钎焊

钎焊是指采用比母材熔点低的材料作为钎料,将焊件和钎料加热到高于钎料熔点、但低于母材熔点的温度,利用毛细作用使液态钎料充满焊件接头间隙,液态钎料润湿母材表面,并使其与母材相互扩散,冷却后结晶形成冶金结合的一种焊接方法。焊接时,被焊焊件处于固体状态,只适当进行了加热,且没有受到压力的作用,其过程只是钎料的熔化和凝固,形成一个过渡的连接层。

根据钎料熔点的不同,钎焊一般分为软钎焊和硬钎焊两种,一般用锡、铅类熔点在 450 ℃以下的钎料,接头强度小于 70 MPa 的称为软钎焊;而用铜基、银基和镍基等熔点在 450 ℃以上的钎料,焊接强度 200 MPa 以上的称为硬钎焊。

根据钎焊时采用的热源不同,钎焊还可以分为:烙铁钎焊、浸渍钎焊、火焰钎焊、感应钎焊、超声波钎焊、炉中钎焊、电阻钎焊、气相钎焊等。

钎焊与熔化焊相比,具有如下特点:钎焊焊接时钎料熔化,母材不熔化;焊件加热温度低,接头组织、性能变化小,焊件变形小、尺寸精确,接头部位光滑平整,可以焊接同种或异种金属、金属与非金属,以及其他焊接方法难以实现的复杂结构等。但是钎焊的焊接接头强度较低,耐热性较差,焊前准备工作要求比较高。

4.5　金属材料的焊接性能及焊接缺陷与检验

4.5.1　金属的焊接性能

理论上讲,各种金属都可以进行焊接加工,但金属本身固有的基本性能不能直接表明它在焊接时会出现哪些问题,以及焊接接头处的性能是否能够满足要求。

金属的焊接性是指在一定的焊接工艺条件下,金属能获得优质焊接接头的能力。用它可以评价金属材料焊接时的难易程度,一般包含两个方面:一方面是金属材料在焊接时对缺陷的敏感性,另一方面是焊接接头在使用条件下的可靠性。

各种钢材是焊接加工的重要材料,钢的焊接性一般通过焊接性试验来进行评定,也可以通过钢的化学成分进行间接估算。

1. 直接试验法

直接试验法是将被焊金属按规定做成一定形状和尺寸的试件，在规定的工艺条件下进行焊接，然后鉴定产生缺陷（表面裂纹、根部裂纹、断面裂纹）的倾向程度，或者鉴定接头是否满足使用性能（如力学性能）的要求，评估金属的焊接性能。常用的试验有斜Y形坡口焊接裂纹试验、插销试验、压板对接焊接裂纹试验等。

2. 间接估算法

间接估算法不需制作试件和焊接焊缝，只对金属材料的化学成分、物理及化学性能、金相组织等分析和测定，间接评估金属的焊接性能。常用间接估算法如下。

1）*碳当量法*

在钢材的各种化学成分中，对焊接性影响最大的是碳，碳是引起淬硬及冷裂的主要元素，其次是锰、铬、钼、钡等。为便于分析，把钢中合金元素（包括碳）的含量按其对焊接性的影响程度换算成碳的相对含量，其总和称为碳当量，用 C_E 表示。钢材的焊接性可用碳当量作为一种参考指标来表示。

国际焊接协会推荐的主要适用于中高强度的非调质低合金钢高强钢（$R_m=500\sim900$ MPa）的碳当量公式为

$$C_E = C + Mn/6 + (Cr + Mo + V)/5 + (Ni + Cu)/15 \tag{4.2}$$

式中，元素符号均表示其在钢中含量的百分数，计算时取上限。根据经验，碳当量越高，钢材的焊接性越差。

当 $C_E<0.4\%$ 时，钢的淬硬倾向不明显，焊接性优良，一般不需进行预热处理。当 $C_E=0.4\%\sim0.6\%$ 时，钢的淬硬倾向增加，焊接性较差，焊接时需适当采取预热、缓冷等工艺措施。当 $C_E>0.6\%$ 时，钢的淬硬、冷裂倾向很大，焊接性差，属于较难焊接金属，需采取较高的预热温度和严格的工艺措施才能保证焊接质量。

2）*焊接冷裂纹敏感指数法*

碳当量法无法准确地估算碳含量较低、合金元素较少的低合金钢的焊接性，根据对数百种钢的大量试验，并在考虑板厚、焊缝含氢量等因素后，得出钢材焊接冷裂纹敏感指数 P_c 的计算公式，即

$$P_c = C + Si/30 + (Mn + Cu + Cr)/20 + Ni/60 + Mo/15 + V/10 + 5B + H/60 + h/600 \tag{4.3}$$

式中 P_c——焊接冷裂纹敏感系数；

H——甘油法测定的扩散氢含量(0.01 mL/g)；

h——板厚(mm)。

式中元素符号均表示其在钢中含量的百分数。

钢的冷裂纹敏感指数越高，则对冷裂纹越敏感，焊接性越差。一般可以提高预热温度来降低冷裂纹敏感性。通过Y形坡口对接裂纹试验可得出防止冷裂纹所需的最低预热温度 T_p 为

$$T_p = 1\,440P_c - 392(℃) \tag{4.4}$$

4.5.2 碳钢的焊接

碳钢的焊接性主要取决于含碳量的高低，随着碳含量的增加，碳钢的焊接性逐渐变差。碳钢中除以碳为合金元素外，还有锰、硅等有益元素，这些合金元素对焊接也有一定的影响，但这

些元素比例很小,其影响远不及碳作用强烈。碳钢的焊接性及焊接要点如表 4.5 所示。

表 4.5　碳钢的焊接性及焊接要点

名称	含碳量/(%)	焊　接　性	焊接工艺要点
低碳钢	≤0.25	焊接性优良,用任何一种焊接方法和普通焊接工艺都能获得优质的焊接接头	当焊件较厚或低温条件下,宜采取预热、焊后热处理等工艺。电渣焊接头焊后需正火处理,以细化热影响区晶粒
中碳钢	0.25～0.6	含碳量处于下限时焊接性良好,随含碳量增加,焊接性降至中等,焊缝金属易产生热裂纹,热影响区易产生冷裂纹	(1) 预热　含碳量低于 0.45%时预热至 150～250 ℃,高于 0.45%时可预热到 250～400 ℃ (2) 宜开坡口焊接　尽量开 U 形坡口;多层焊第一层焊缝尽量采用小电流、细焊条、慢焊速;操作上尽力减慢热影响区冷却速度 (3) 最好采用低氢焊条　当焊缝金属与母材不要求等强度时,可采用强度低一级的焊条;当焊件不允许预热时,为避免裂纹,可采用奥氏体不锈钢焊条进行焊接
高碳钢	≥0.60	导热性、塑性、热影响区倾向及焊缝产生裂纹、气孔的倾向严重,焊接性很差。一般不用于结构焊接,只用于修补	(1) 宜开坡口焊接　尽量开 U 形坡口,尽量减少母材金属熔入焊缝中的比例,即减少熔合比 (2) 焊前需预热到 250～350 ℃,并在焊接时尽量保持这个温度 (3) 选用较小的焊接电流和焊接速度 (4) 焊后进行缓冷处理,消除应力

4.5.3　合金结构钢的焊接

对于焊接结构中使用的合金结构钢,用得最多的是低合金结构钢,主要用于制造压力容器、锅炉、桥梁、船舶、车辆、起重机等。合金结构钢的焊接性及焊接要点如表 4.6 所示。

表 4.6　合金结构钢焊接性及焊接要点

类　　型	屈服强度/MPa	焊　接　性	焊接工艺要点
热轧及正火钢	295～490	合金元素和碳含量较低,焊接性良好,强度级别较低的,其焊接性与低碳钢相近,随强度级别提高,焊接性下降,需采取一定工艺措施	一般按等强原则选择焊接材料,使焊缝强度不低于母材强度下限值即可;强度级别较高(≥420 MPa)或厚板结构宜选用碱性焊条。强度等级≥390 MPa 或小于 420 MPa 的厚板、刚度大的结构,一般要进行 100～200 ℃的预热处理及焊后热处理
低碳调质钢	450～980	焊接性良好,易产生冷、热裂纹和热影响区脆化、软化	宜选择化学成分与母材相近的焊接材料,预热处理不超过 200 ℃,一般焊后不需热处理
中碳调质钢	880～1760	合金元素和碳含量较高,焊接性较差,极易产生冷、热裂纹和热影响区脆化、软化	大多数在退火状态下焊接,宜选择化学成分与母材相近的焊接材料,预热温度 200～350 ℃,焊后立即进行调制处理。当焊件复杂或变形不易控制时也可在调制状态下进行,焊后热处理比母材原回火温度低 20 ℃

4.5.4 铸铁的焊接

铸铁是机械制造业中应用广泛的一种材料。铸铁含碳量高，组织不均匀，塑性很低，因此焊接性很差，极容易产生裂纹；另外，焊接时 C、Si 等元素会出现烧损，再加上焊接时冷却速度较大，常常在焊缝位置形成机加工中不允许产生的白口组织。因此一般不使用铸铁设计和制作焊接构件。

铸铁的焊接主要是指铸造缺陷的焊接修补和铸铁零件局部损坏、断裂后焊接修复工作。

4.5.5 焊接变形、缺陷与检验

1. 焊接变形

按焊接变形的特征，可将焊接变形分为收缩变形、角变形、弯曲变形、扭曲变形和波浪形变形等五种基本变形形式，如图 4.43 所示。

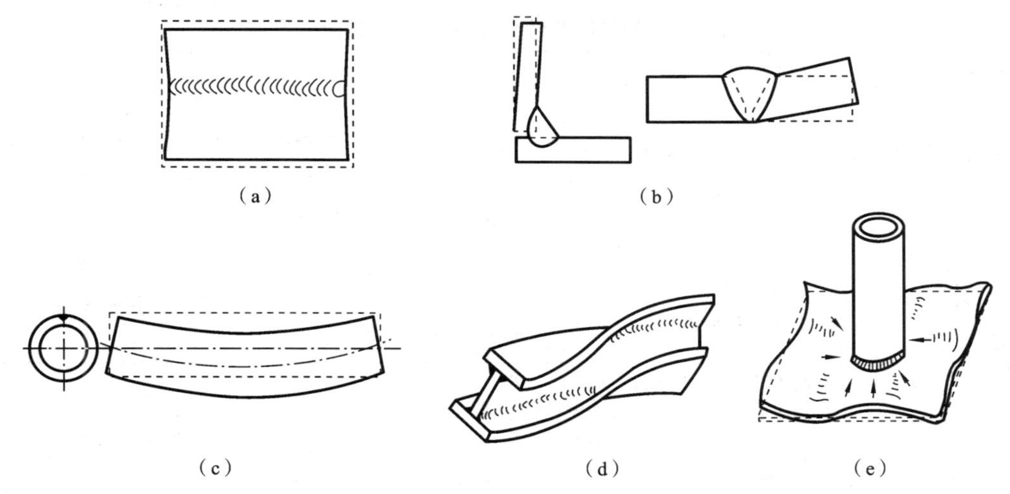

图 4.43 焊接变形的基本形式

(a) 缩短变形；(b) 角变形；(c) 弯曲变形；(d) 扭曲变形；(e) 波浪形变形

熔化焊时，焊件受到局部的不均匀加热，焊缝及其附近的金属被加热到高温时，受温度较低的母材金属所限制，不能自由膨胀。冷却后将产生纵向(沿焊缝方向)和横向(垂直焊缝方向)的收缩，从而引起焊接变形。

焊接变形不仅影响焊接结构的尺寸精度与外形，而且为防止和矫正焊接变形要采取一系列工艺措施，从而增加了制造成本，变形严重时还会造成工件报废。

2. 焊接缺陷

焊接缺陷是指焊接过程中焊接接头中产生的金属不连接、不致密或连接不良的现象。

熔化焊常见的焊接缺陷有焊缝表面尺寸不符合要求、咬边、焊瘤、夹渣、未焊透、气孔、裂纹等，如图 4.44 所示。产生焊接缺陷的原因很多，主要有材料选择不当、焊接工艺不合适、焊前准备工作做得不好、焊接工艺参数不合适和操作不当等。焊接缺陷特征、产生原因及防止方法如表 4.7 所示。

3. 焊接检验

工件焊接后，要根据产品的有关标准和技术要求进行检验。焊接检验方法分为破坏性检验和非破坏性检验两种。

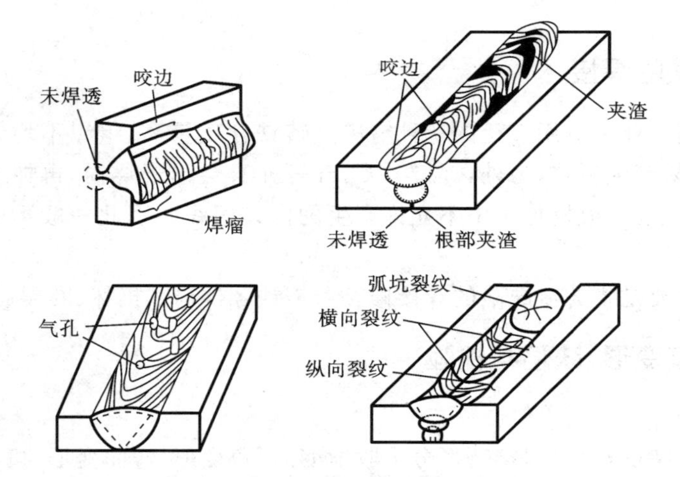

图 4.44　熔化焊常见的焊接缺陷

表 4.7　焊接缺陷特征、产生原因及防止方法

焊接缺陷名称	缺陷特征	主要产生原因	防止方法
焊缝外形尺寸不符合要求	焊缝表面高低不平、外形宽窄不齐、余高过大或过小。角焊缝单边以及焊角尺寸不合格等	坡口角度不正确或间隙不均匀，焊接速度不合适，焊接电流过大或过小，运条方法或焊条角度不当	选择正确的焊接坡口角度和间隙，正确选用焊接工艺参数，调整到适当的运条方法和角度
咬边	沿焊趾的母材部位处产生凹陷或沟槽	焊接电流过大，速度过慢，电弧过长，运条方法或焊条角度不当	选择适当的焊接电流，保持运条均匀、合适的角度，并保持一定的电弧长度
焊瘤	焊接时，熔化金属淌到焊缝外未熔化的母材上形成的金属瘤	电流过大，速度过慢，运条方法不当	正确选择焊接电流，控制熔池温度，碱性焊条宜采用短弧焊
未焊透	焊接接头根部未完全融合	焊接电流过小，速度过快，坡口角度或间隙过小；运条方法或焊条角度不当，焊缝边缘有氧化皮及油污	正确选用坡口形式及尺寸，正确选择焊接电流和速度，做好清理工作，调整焊条角度保证熔化金属与母材充分融合
夹渣	焊缝表面和内部残留有熔渣	焊接电流过小，焊缝金属冷却凝固过快，焊缝清理不彻底，焊接材料成分不当，运条方法或焊条角度不当	采用良好工艺的焊条，适当的工艺参数，做好清理工作，调整焊条角度和运条方法，保证熔渣在熔池后面
气孔	焊缝凝固时，表面和内部留有由气体造成的孔洞	焊接材料不干净，焊接电流过大，速度过快，电弧过长，焊条使用前未烘干	焊前做好清理工作，烘干焊条，正确选择焊接工艺参数，正确选择电流种类和极性
裂纹	焊缝及附近区域的表层和内部产生的缝隙	焊接材料或工件材料选择不当，未进行预热处理，焊缝金属冷却凝固过快，焊接结构设计不合理，焊接工艺不合理	正确选择焊接工艺参数；选用低氢焊条，确定正确的接头形式，做好清理工作，合理安排焊接顺序。正确选择预热温度和焊后热处理

破坏性检验是指从焊件或试件上切取试样，或以产品（或模拟体）的整体进行破坏试验，以检验其各种力学性能、化学成分和金相组织的试验方法。主要有以下试验和分析方法。

（1）焊缝金属及焊接接头力学性能试验，包括拉伸试验、弯曲试验、冲击试验、硬度试验、断裂韧度试验和疲劳试验等。

（2）观察焊件宏观组织和显微组织的金相检验。

（3）对焊件宏观断口和微观断口的分析。

（4）对焊件进行化学分析与试验，包括焊缝金属的化学成分分析、扩散氢测定和腐蚀试验等。

非破坏性检验是指不破坏被检验对象的结构与材料的检验方法。常用的检验方法如下。

（1）外观检验　用肉眼或借助样板或低倍放大镜对焊件进行观察，发现表面缺陷并测量焊缝外形尺寸的方法。较多采用着色探伤、荧光探伤和磁粉探伤。

（2）密封性检验　一般用液体或气体（根据情况加压或不加压）来检查焊缝区有无漏液、漏气等现象，检验容器的强度和焊缝致密性。一般有煤油试验、水压试验和气密性检验等。

（3）无损探伤检验　主要在不破坏焊件的基础上检查焊缝内部存在的缺陷，包括声发射探伤、超声波探伤、射线探伤、激光全息探伤等。

思　考　题

（1）焊接方法分哪几类，各有何特点？

（2）什么是焊接电弧？其形成特点是什么？

（3）直流焊机与交流焊机有哪些区别？

（4）什么是正接法、反接法？

（5）焊条由哪几个部分组成？各有何作用？

（6）说明 E4303、E5016 焊条各部分的含义。

（7）焊条电弧焊常用的接头形式有哪些？对接接头有哪几种常见的坡口形式？

（8）为什么焊接时要开坡口？

（9）焊条电弧焊有哪些焊接参数需要确定？

（10）简述气焊实习时所用设备的连接情况。

（11）氧气减压器的工作原理是什么？

（12）如何区分氧-乙炔火焰？它们分别适用于哪种情况？

（13）举例说明那些材料不能用于气割操作，为什么？

（14）钎焊和熔焊有哪些不同？

（15）焊接变形有哪些基本形式？

（16）什么是金属的焊接性？

第5章 切削加工的基础知识

5.1 概 述

切削加工是利用切削工具从工件上切除多余材料的加工方法。

在现代机械制造中，除少数零件采用精密铸造、精密锻造及粉末冶金和工程塑料压制等方法直接获得（有的仍需辅以局部切削加工）外，绝大多数零件都需要通过切削加工获得，以保证零件的精度和表面质量要求。因此，切削加工在机械制造中占有十分重要的地位。

机械加工是通过工人操作机床进行的切削加工，按切削加工所用切削工具类型可分为两类：一类是利用刀具进行加工，如车削、刨削、钻削、镗削、铣削等；另一类是利用磨料进行加工，如磨削、研磨、珩磨、超精加工等。

使用机床进行切削加工，除了要有一定切削性能的切削工具外，还要有机床提供工件与切削工具间所必需的相对运动，这种相对运动应与工件各种表面的形成规律和几何特征相适应。

5.1.1 切削运动

金属切削加工时，工件是机械加工过程中被加工对象的总称，任何一个工件都经过由毛坯加工到成品的过程。在这个过程中，要使刀具对工件进行切削加工形成各种表面，必须使刀具与工件间产生相对运动，这种在金属切削加工中必需的相对运动称为切削运动。

切削运动包括主运动和进给运动以及合成切削运动。所有切削运动的速度及方向都是相对于工件定义的。切削过程中，为了提高生产效率，机床除切削运动外，还需要有辅助运动，如切入运动、分度转位运动、空程运动及送夹料运动等。图5.1所示为车削运动及在工件上形成的表面。

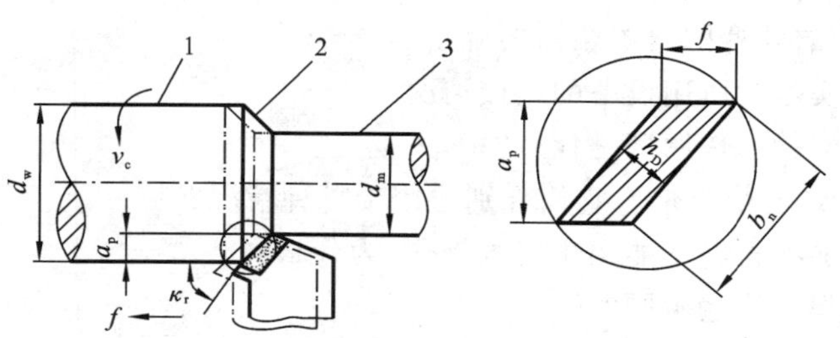

图5.1 车削运动及在工件上形成的表面

1—待加工表面；2—加工表面；3—已加工表面

1. 主运动

主运动提供切削刀具（工具）与工件之间产生的相对运动，使刀具切削刃及其邻近的刀具表面切入工件材料，使被切削层转变为切屑，从而形成工件的新表面。例如，车外圆时的主运动为工件的旋转运动。

2. 进给运动

进给运动配合主运动连续不断地切削工件，使多余的材料不断被投入切削，从而加工出完整表面。例如，车外圆时的进给运动是车刀的移动。

3. 合成切削运动

合成切削运动是指同时进行的主运动和进给运动合成的运动。

5.1.2　切削三要素

切削速度、进给量和背吃刀量（切削深度）总称为切削三要素。由于它们是切削过程中不可缺少的因素，所以又称为切削用量三要素，它们是影响工件质量和生产率的重要因素。切削运动使工件产生三个不断变化表面（见图 5.1）：待加工表面（工件上等待切除的表面）、已加工表面（工件经刀具切削后产生的新表面）和加工表面（工件上由切削刃形成的那部分表面）。

1. 切削速度

切削速度是指主运动的线速度。在进行切削加工时，切削速度是指刀具切削刃上的某一点相对于待加工表面在主运动方向上的瞬时速度（m/s 或 m/min），用 v_c 表示。

如图 5.1 所示，当主运动为旋转运动时，如车外圆时的切削速度为其最大线速度，即

$$v_c=\frac{\pi dn}{1\,000}\quad (\text{m/s 或 m/min}) \tag{5.1}$$

式中　d——工件待加工表面或刀具某一点的回转直径（mm）；

　　n——工件的转速（r/s 或 r/min）。

当主运动为往复运动时，切削速度为主运动的平均速度，即

$$v_c=\frac{2Ln_r}{1\,000}\quad (\text{m/s 或 m/min}) \tag{5.2}$$

式中　L——往返行程长度（mm）；

　　n_r——主运动每秒或每分钟的往复次数（str/s 或 str/min）。

2. 进给量

单位时间内的进给位移量称为进给速度，单位是 mm/min。

车削时，进给量 f 为工件或刀具每回转一周时二者沿进给方向的相对位移量，单位是 mm/r，如图 5.2(a)所示。

对于刨削、插削等主运动为往复直线运动的加工，虽然可以不规定间歇进给速度，但要规定间歇进给的进给量，单位为毫米/双行程，如图 5.2(b)所示。

进给速度 v_f、进给量 f 和每齿进给量 f_Z 有如下关系：

$$v_f=fn=f_Z zn \tag{5.3}$$

每齿进给量 f_Z 为多刃刀具（铣刀、铰刀、拉刀、齿轮滚刀）每移动一个刀齿的进给位移量，

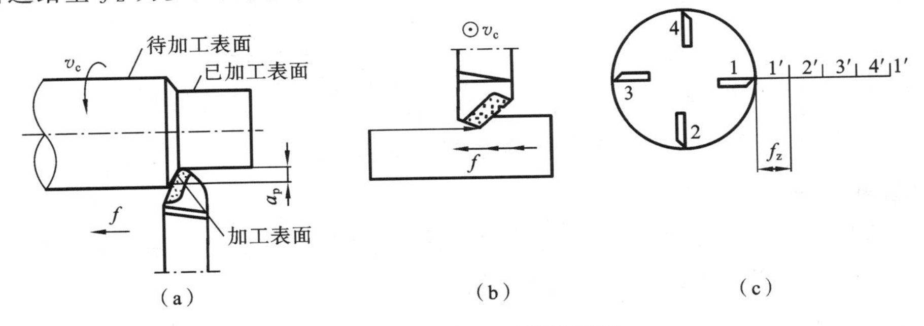

图 5.2　不同加工时的进给量

(a) 车削；(b) 刨削；(c) 齿轮加工

单位是 mm/z,如图 5.2(c)所示。

3. 背吃刀量

在通过切削刃上选定点并垂直于该点主运动方向的平面内,垂直于进给方向测量的切削层尺寸,称为背吃刀量(切削深度),单位为 mm。对于车削和刨削,背吃刀量 a_p 为工件上已加工表面和待加工面间的垂直距离。

外圆切削时背吃刀量(见图 5.1)为

$$a_p=\frac{d_w-d_m}{2} \tag{5.4}$$

钻削时背吃刀量为

$$a_p=\frac{d_m}{2} \tag{5.5}$$

式中 d_w——待加工表面直径(mm);

d_m——已加工表面直径(mm)。

铣削时背吃刀量为沿铣刀轴向度量的切削层尺寸。

切削三要素也是影响切削加工质量、刀具磨损、机床动力消耗及生产率的重要参数。

5.1.3 切削力和切削功率

1. 切削力

切削力是工件材料抵抗刀具切削产生的阻力。切削力是一对大小相等、方向相反、分别作用在工件和刀具上的作用力和反作用力,它来源于工件的弹性变形与塑性变形抗力及切屑与前刀面及工件和后刀面之间的摩擦变形力。切削力是影响工艺系统强度、刚度和加工工件质量的重要因素,是设计机床、刀具和夹具,计算切削功率的主要依据。

为便于测量、计算切削力的大小和分析切削力的作用,通常将切削力沿主运动方向、进给运动方向和切深方向分解为三个相互垂直的分力,如图 5.3 所示。

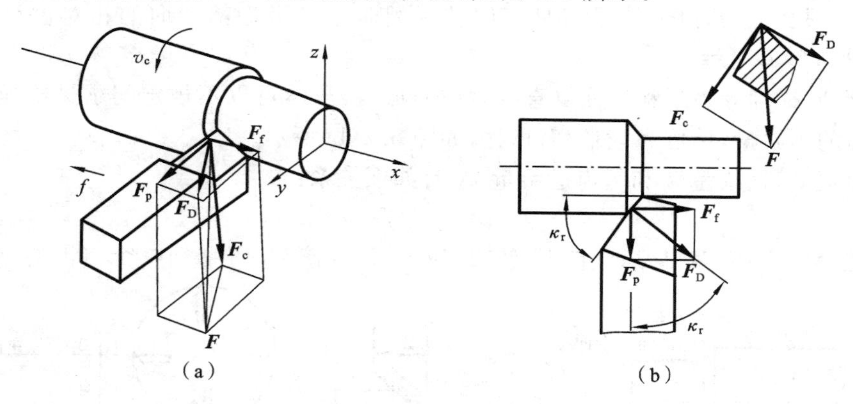

图 5.3 切削力的分力与合力

1) 主切削力(切向力) $\boldsymbol{F}_c$

主运动方向上的切削分力,相切于过渡表面并与基面垂直,消耗功率最多,它是计算刀具强度、设计机床零件、确定机床功率的主要依据。

2) 进给力(轴向力) $\boldsymbol{F}_f$

作用在进给方向上的切削分力,处于基面内并与工件轴线平行,它是设计进给机构、计算刀具进给功率的依据。

3）背向力（径向力或吃刀力）$\boldsymbol{F}_{\mathrm{p}}$

作用在吃刀方向上的切削分力，处于基面内并与工件轴线垂直的力。它是确定与工件加工精度有关的工件挠度、切削过程的振动的力。合力与分力之间的关系如下：

$$\left.\begin{aligned}&F=\sqrt{F_{\mathrm{D}}^{2}+F_{\mathrm{c}}^{2}}=\sqrt{F_{\mathrm{c}}^{2}+F_{\mathrm{p}}^{2}+F_{\mathrm{f}}^{2}}\\&F_{\mathrm{p}}=F_{\mathrm{D}}\cos\kappa_{\mathrm{r}}\\&F_{\mathrm{f}}=F_{\mathrm{D}}\sin\kappa_{\mathrm{r}}\end{aligned}\right\}\tag{5.6}$$

2. 切削分力的作用

切削力 $\boldsymbol{F}_{\mathrm{c}}$ 作用在工件上，并通过卡盘传递到机床主轴箱，它是设计机床主轴、齿轮和计算主运动功率的主要依据。$\boldsymbol{F}_{\mathrm{c}}$ 的作用使刀杆弯曲、刀片受压，故根据它可以选择刀杆、刀片尺寸。$\boldsymbol{F}_{\mathrm{c}}$ 也是设计夹具和选择切削用量的重要依据。

在车外圆时，如果加工工艺系统刚度不足，$\boldsymbol{F}_{\mathrm{p}}$ 是影响加工工件精度、引起切削振动的主要原因，但 $\boldsymbol{F}_{\mathrm{p}}$ 不消耗切削功率。

$\boldsymbol{F}_{\mathrm{f}}$ 作用在机床进给机构上，是计算进给机构薄弱环节零件的强度和检测进给机构强度的主要依据，$\boldsymbol{F}_{\mathrm{f}}$ 消耗的功率为总功率的 1%～5%。

3. 影响切削力的主要因素

1）工件材料

材料的强度愈高，硬度愈高，所需的切削力就愈大；在强度、硬度相近的材料中，塑性、韧度大的，或加工硬化严重的，所需的切削力大。

2）切削用量

当 a_{p} 和 f 增大时，分别会使 b_{n}、h_{D} 增大，即切削面积 A_{D} 增大，从而使变形力、摩擦力增大，引起切削力增大。

3）刀具几何参数

γ_{o}增大，切削力减小。主偏角 κ_{r} 适当增大，使切削厚度 h_{D} 增加，单位切削面积上的切削力 F 减小。在切削力不变的情况下，主偏角 κ_{r} 增大，背向力 F_{p} 减小；主偏角 $\kappa_{\mathrm{r}}=90°$时，背向力 $F_{\mathrm{p}}=0$，对防止加工细长轴类零件弯曲变形、减少振动十分有利。

4. 切削功率

消耗在切削过程中的功率称为切削功率 P_{c}，单位为 kW，它是 $\boldsymbol{F}_{\mathrm{c}}$、$\boldsymbol{F}_{\mathrm{p}}$、$\boldsymbol{F}_{\mathrm{f}}$ 在切削过程中单位时间内所消耗的功的总和。在进行外圆车削时，因 $\boldsymbol{F}_{\mathrm{p}}$ 有方向没有位移，故消耗功率为零。

5.1.4　切削热和切削温度

1. 切削热的产生、传出及对加工的影响

切削过程中的切削热和由它引起的切削温度升高，直接影响刀具的磨损和寿命，并影响工件的加工精度和已加工表面的质量。切削热主要来源于以下三方面（见图 5.4）：

（1）切屑变形所产生的热量，是切削热的主要来源；

（2）切屑与刀具前刀面之间的摩擦所产生的热量；

（3）工件与刀具后刀面之间的摩擦所产生的热量。

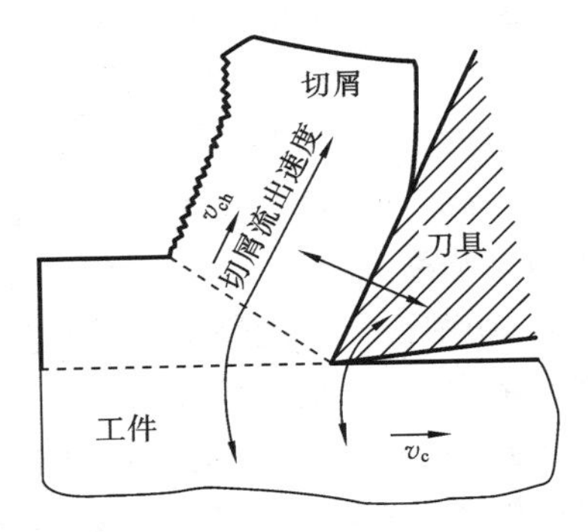

图 5.4　切削热的产生和传出

当刀具材料、工件材料、切削条件不同时，三个热源的发热量亦不相同。切削热产生以后，由切屑、工件、刀具及周围的介质(如空气)传出。用高速钢车刀及与之相适应的切削速度切削钢料时,切屑传出的热量为50%～86%;工件传出的热量为10%～40%;刀具传出的热量为3%～9%;周围介质传出的热量约为1%。传入切屑及介质中的热量越多,对加工越有利。传入工件的切削热会使工件产生热变形,影响加工精度,特别是加工内壁工件、细长零件和精密零件时,热变形的影响更大。磨削淬火钢件时,磨削温度过高,往往使工件表面产生烧伤和裂纹,影响工件的耐磨性和使用寿命。传入刀具的切削热,比例虽然不大,但由于刀具的体积小、热容量小,因而温度较高,高速切削时切削温度可达1 000 ℃,这会加速刀具的磨损。

2. 切削温度及其影响因素

切削温度一般是指切削区的平均温度。它可用热电偶或其他仪器进行测定,生产中常根据切屑的颜色进行大致判别。例如:切削碳素结构钢,切屑呈银白色或淡黄色时,温度约200 ℃,说明切削温度不高;切削呈深蓝色或蓝黑色时,则说明切削温度很高,蓝色为320 ℃。

切削温度的高低取决于切削热的产生和传散情况。

影响切削温度的主要因素如下。

(1) 切削用量　当切削速度增加时,切削功率增加,切削热亦增加。同时,源于切屑底层与前刀面间强烈摩擦产生的摩擦热来不及向切屑内部传导,而大量积聚在切屑底层,因而使切削温度升高。若增大进给量,单位时间内的金属切削量增多,切削热也增加。但进给量对切削温度的影响不如切削速度那样显著。这是由于进给量增加,使切屑变厚,切屑的热容量增大,由切屑带走的热量也增多,切削区的温升较小。若增加背吃刀量,切削热增加,但切削刃参加切削的长度也增加,改善了散热条件,因此切削温度的上升不明显。从降低切削温度、提高刀具寿命的观点来看,选用大的背吃刀量和进给量,比选用高的切削速度有利。

(2) 工件材料　工件材料的强度和硬度越高,切削力和切削功率越大,产生的切削热越多,切削温度也越高。即使对同一材料,由于其热处理状态不同,切削温度也不相同。例如,45钢分别在正火状态、调质状态和淬火状态下,其切削温度相差很大。工件材料(如铝、镁合金)的导热系数高时,切削温度低。切削脆性材料时,由于塑性变形很小,崩碎切屑与前刀面的摩擦也小,产生的切削热也较少。

(3) 刀具角度　增大前角可减少切屑变形,降低切削温度,但当前角过大时会使刀具的传热条件变差,反而不利于切削温度的降低。若减小主偏角,主切削刃的工作长度增加,改善了散热条件,有利于降低切削温度。采用导热性好的刀具材料,可以降低切削温度。

(4) 切削液　浇注切削液是降低切削温度的重要措施。

3. 影响刀具磨损的因素

一把刀具使用一段时间后,它的切削刃会变钝,以致无法再使用。对于可重磨的刀具经过重新刃磨以后,切削刃恢复锋利,仍可继续使用。这样经过使用、磨钝、刃磨锋利若干个循环以后,刀具的切削部分会无法继续使用,而完全报废。刀具从开始切削到完全报废,实际切削时间的总和称为刀具寿命。为了提高刀具寿命,有必要了解影响刀具磨损的因素。增大切削用量时,切削温度随之增高,将加速刀具磨损。在切削用量中,切削速度对刀具磨损的影响最大,进给量次之,背吃刀量最小。

此外,刀具材料、刀具几何形状、工件材料及是否使用了切削液等,也会影响刀具的磨损。譬如,耐热性好的刀具材料不易磨损,适当加大刀具前角,由于减小了切削力,可减少刀具的磨损。

5.1.5　切屑

1. 切屑的形成过程

大量的实验和理论分析证明，塑性金属切削过程中切屑的形成过程就是切削层金属的变形过程。切削层在刀具与工件间相对运动的作用下，产生压缩变形，进而产生整体弹塑性变形，从而产生剪切滑移，形成切屑。金属切削过程中，由于切屑与前刀面之间的压力很大，可达 2～3 GPa，再加上几百摄氏度的高温，可以使切屑底部与前刀面发生黏结现象，即一般生产中常发生的“冷焊”，也称为积屑瘤，如图 5.5 所示。积屑瘤的产生改变了刀具的几何角度，使切削不稳定，破坏表面质量，影响加工精度，对于精加工要避免它的出现。

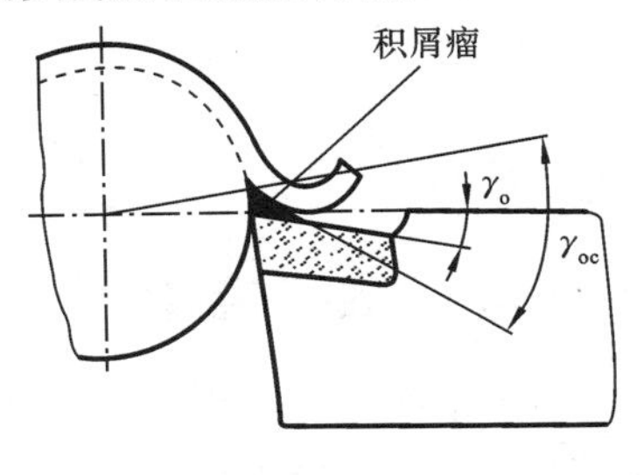

图 5.5　积屑瘤

2. 切屑的类型

由于工件材料不同，切削过程中的变形程度也就不同，因而产生的切屑种类也就多种多样，如图 5.6 所示。图中(a)、(b)、(c)为切削塑性材料的切屑，(d)为切削脆性材料的切屑。

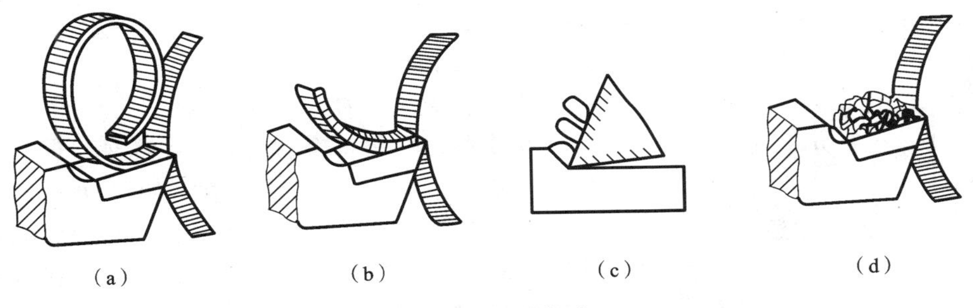

图 5.6　切屑类型

(a) 带状切屑；(b) 节状切屑；(c) 单元切屑；(d) 崩碎切屑

(1) 带状切屑　这是最常见的一种切屑，如图 5.6(a)所示，它的内表面是光滑的，外表面是毛茸的。加工塑性金属材料，当切削厚度较小、切削速度较高、刀具前角较大时，一般常得到这类切屑。它的切削过程平稳，切削力波动较小，已加工表面粗糙度值较小。

(2) 节状切屑　如图 5.6(b)所示，这类切屑与带状切屑不同之处是外表面呈锯齿形，内表面有时有裂纹。这种切屑一般在切削速度较低、切削厚度较大、刀具前角较小时产生。

(3) 单元切屑　如果在节状切屑剪切面上，裂纹扩展到整个面上，则整个单元被切离成为梯形的单元切屑，如图 5.6(c)所示。

以上三种切屑只有在加工塑性材料时才可能得到。其中，带状切屑的切削过程最平稳，单元切屑的切削力波动大。在生产中，最常见的是带状切屑，有时得到节状切屑，单元切屑则很少见。假如改变节状切屑的条件，如进一步减小刀具前角、降低切削速度或加大切削厚度，就可以得到单元切屑；反之，则可以得到带状切屑。这说明切屑的形态是可以随切削条件的变化而转化的，掌握了它的变化规律，就可以控制切屑的变形、形态和尺寸，以达到卷屑和断屑的目的。

(4) 崩碎切屑　它是属于脆性材料的切屑。这种切屑的形状是不规则的，加工表面是凸凹不平的，如图 5.6(d)所示。从切削过程来看，切屑在破裂前变形很小，和塑性材料的切屑形成机理不同，它的脆断主要是由于材料所受应力超过了它的抗拉强度。加工脆硬材料,如高硅铁、白口铸铁等,特别是当切削厚度较大时常得到这种切屑。由于它的切削过程很不平稳,容易破坏刀具,也有损于机床,已加工表面又粗糙,因此在生产中应力求避免。避免的方法是减小切削厚度,使切屑成针状或片状,同时适当提高切削速度,增加工件材料的塑性。

5.2　机械加工零件的技术要求

5.2.1　加工精度

加工精度与加工误差都是评价加工表面几何参数的术语。零件的尺寸要加工成绝对准确是不可能的,也是没有必要的。所以在保证零件使用要求的条件下,要给予一定的加工误差范围,这个规定的误差范围就是公差。加工精度用公差等级衡量,等级值越小,其精度越高;加工误差用数值表示,数值越大,其误差越大。加工精度高,就是加工误差小,反之亦然。

机械加工精度是指零件加工后的实际几何参数(尺寸、形状和位置)与理想几何参数相符合的程度。它们之间的差异称为加工误差。加工误差的大小反映了加工精度的高低。误差越大加工精度越低,误差越小加工精度越高。

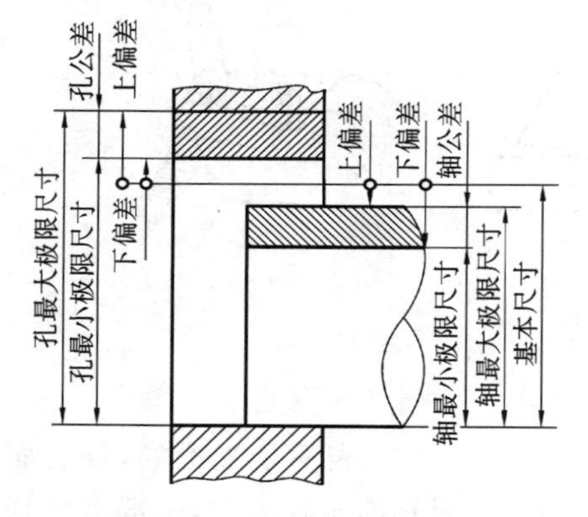

图 5.7　尺寸公差的概念

1. 尺寸精度

尺寸精度是指加工后零件的实际尺寸与零件尺寸的公差带中心的相符合程度,尺寸精度用尺寸公差控制。尺寸公差是指切削加工中零件尺寸允许的变动量。在基本尺寸相同的情况下,尺寸公差越小,则尺寸精度越高。尺寸公差等于最大极限尺寸与最小极限尺寸之差,或等于上偏差与下偏差之差,如图 5.7 所示。

国家标准将确定尺寸精度的标准公差等级分为 20 级,由符号和阿拉伯数字构成,代号分别为 IT01、IT0、IT1、IT2、……、IT18,其中 IT01 的公差值最小,表示零件加工的尺寸精度最高,IT18 表示零件加工精度最低,一般 IT7、IT8 是加工精度的中等级别。

2. 形状精度

形状精度是指零件上的线、面要素的实际形状与理想形状的相符合程度。形状精度用形状公差来控制。国家标准规定了六项形状公差,如表 5.1 所示。

表 5.1　形状公差的名称与符号

项目	直线度	平面度	圆度	圆柱度	线轮廓度	面轮廓度
符号	—	⏥	○	⌭	⌒	⌓

3. 位置精度

位置精度是指零件上的点、线、面要素的实际位置相对于理想位置的准确程度,位置精度用位置公差控制。国家标准规定了八项位置公差,如表 5.2 所示。

表 5.2　公差位置的名称与符号

项目	平行度	垂直度	倾斜度	位置度	同轴度	对称度	圆跳动	全跳动
符号	//	⊥	∠	⌖	◎	⌯	↗	⌰

5.2.2　获得加工精度的方法

1. 对工艺系统进行调整

1）试切法

试切法是通过试切、测量尺寸、调整刀具的吃刀量、走刀切削、再试切，如此反复直至达到所需尺寸要求。此法生产率低，主要用于单件小批生产。

2）调整法

调整法是通过预先调整好机床、夹具、工件和刀具的相对位置获得所需尺寸。此法生产率高，主要用于大批大量生产。

2. 减小机床误差

(1) 提高主轴部件的制造精度；提高轴承的回转精度；提高与轴承相配件的精度。

(2) 对滚动轴承适当预紧。

(3) 使主轴回转精度不反映到工件上。

3. 减少传动链传动误差

(1) 传动件数少，传动链短，传动精度高。

(2) 采用降速传动，这是保证传动精度的重要原则，且越接近末端的传动副，其传动比应越小。

(3) 末端件精度应高于其他传动件。

4. 减小刀具磨损

在刀具尺寸磨损达到急剧磨损阶段前必须重新磨刀。

5. 减小工艺系统的受力变形

(1) 提高系统的刚度，特别是提高工艺系统中薄弱环节的刚度。

(2) 减小载荷及其变化，提高系统刚度。

6. 减小工艺系统的热变形

(1) 减少热源产生的热量，分离、隔离热源。

(2) 冷却、通风与散热。

(3) 均衡温度场，控制温度变化，快速达到热平衡。

(4) 改进机床结构，减少热变形对加工精度的影响。

7. 减少残余应力

(1) 对精密零件，增加时效处理以减小或消除工件中的残余应力。

(2) 合理安排工艺过程，将粗加工和精加工分开。

(3) 合理设计零件结构，铸件和锻件的壁厚应均匀，焊接件的焊缝应均匀分布。

5.2.3　表面质量

已加工表面质量(也称表面完整性)包括表面粗糙度、表层加工硬化的程度和深度、表层残余应力的性质和大小。在一般情况下,零件表面的尺寸精度要求越高,其形状和位置精度要求越高,表面粗糙度的值越小。但有些零件的表面,出于外观或清洁的考虑,要求光亮,而其精度不一定要求高,例如机床手柄、面板等。

零件表面的微观不平度称为表面粗糙度。表面粗糙度对零件的使用性能有很大影响。国家标准规定了表面粗糙度的评定参数及其数值、所用代号及其标注等。其中,最常用的评定参数是轮廓算数平均偏差 Ra,其常用允许数值分别为 50、25、12.5、6.3、3.2、1.6、0.8、0.4、0.2、0.1、0.05、0.025、0.012 等,单位为 μm。Ra 值越大,则零件的表面越粗糙;反之零件表面越光洁。

在切削过程中,由于前刀面的推挤及后刀面的挤压和摩擦,工件已加工表面层的晶粒发生很大的变形,晶粒产生畸变,致使其硬度比原来工件材料的硬度有显著提高,这种现象称为加工硬化。切削加工所造成的加工硬化,常常伴随着表面裂纹,因而降低了零件的疲劳强度和耐磨性。另一方面,硬化层的存在加速了后续加工中刀具的磨损。

经切削加工后的表面,由于切削时力和热的作用,在一定深度的表层金属里,常常存在着残余应力和裂纹。这都会影响零件表面质量和使用性能。若各部分的残余应力分布不均匀,还会使零件发生变形,影响尺寸和形位精度。这一点对刚度比较差的细长或扁薄零件的影响更大。

因此,对于重要的零件,除限制表面粗糙度外,还要控制其表层加工硬化的程度和深度,以及表层的残余应力的性质(拉应力或压应力)和大小。而对于一般的零件,则主要规定其表面粗糙度的数值范围。

5.3　刀具材料及其几何形状

5.3.1　刀具材料具备的性能

金属切削过程中,直接完成切削工作的是刀具,而刀具能否胜任切削工作,起决定作用的是切削部分的几何形状是否合理及刀具材料的物理、力学性能。

刀具材料在切削时要承受高压、高温、摩擦、冲击和振动,因此应具备以下基本性能。

(1) 较高的硬度和耐磨性　刀具材料硬度必须高于工件材料的硬度,刀具材料的常温硬度一般要求在 60 HRC 以上。一般刀具材料的硬度越高、晶粒越细、分布越均匀,耐磨性就越好。

(2) 足够的强度和韧度　以便承受切削力、冲击和振动,防止刀具脆性断裂和崩刃。

(3) 较高的耐热性　以便在高温下仍能保持较高硬度、耐磨性、强度和韧度。耐热性又称为红硬性或热硬性。

(4) 良好的工艺性和经济性　即刀具材料应具有良好的锻造性能、热处理性能、焊接性能和磨削加工性能等,以便制造成各种刀具,而且要追求高的性价比。

5.3.2 刀具材料

切削加工的刀具材料种类很多,应根据实际需要加以选择,既要保证加工质量又要考虑其成本。下面简单介绍常用的刀具材料。

1. 优质碳素工具钢

优质碳素工具钢的常用牌号有 T10A、T12A 等,淬火后有较高的硬度(60～64 HRC),容易刃磨锋利;但热硬性差,在 200～250 ℃时,硬度明显下降,允许的切削速度低(8～10 m/min)。一般用来制造切削速度低、尺寸较小的手动工具。

2. 合金工具钢

合金工具钢的常用牌号有 9SiCr、CrWMn 等。其热硬性、韧度较碳素工具钢要好,热硬性温度为 300～350 ℃,切削速度较碳素工具钢高 10%～20%。常用来制造形状复杂的低速刀具,如铰刀、丝锥和板牙等。

3. 高速工具钢

高速工具钢的常用牌号有 W18Cr4V、W6Mo5Cr4V2 等。由于含有大量高硬度的碳化物,热处理后硬度可达 63～66 HRC,其热硬性温度达 550～600 ℃(在 600 ℃高温下硬度为 47～48.5 HRC);切削速度约为 30 m/min。适宜于制造成形车刀、铣刀、钻头和拉刀等。高速钢具体又可分为如下几种。

(1) 普通高速钢 这类高速钢应用最为广泛,约占高速钢总量的 75%,碳的质量分数为 0.7%～0.9%,硬度为 63～66 HRC。按 W、Mo 质量分数的不同,又可分为钨系、钨钼系和钼系,主要牌号有三种:W18Cr4V(18-4-1)、W6Mo5Cr4V2(6-5-4-2)和 W9Mo3Cr4V(9-3-4-1)。前两种是国内外普遍应用的牌号,W9Mo3Cr4V(9-3-4-1)是根据我国资源研制的牌号,其抗弯强度与韧度均比 6-5-4-2 的好,高温热塑性的好,脱碳敏感性小,有良好的切削性能。

(2) 高性能高速钢 高性能高速钢是指在普通高速钢中添加了钒、钴或铝等合金元素的高速钢。

(3) 粉末冶金高速钢 粉末冶金高速钢是指通过高压惰性气体或高压雾化高速钢液而得到的细小高速钢粉末,然后压制或热成形,再经烧结而成的高速钢。

(4) 表面涂层高速钢 表面涂层高速钢是指采用物理气相沉积(PVD)方法,在刀具表面涂覆 TN 等硬膜,以提高刀具的性能。

4. 硬质合金

以钴为黏结剂,将高硬度难熔的金属碳化物(WC,TiC,TaC,NbC 等)粉末化,用粉末冶金方法粘结制成。其常温硬度达 89～93 HRA,热硬性温度高达 900～1 000 ℃,耐磨性好,切削速度可比高速工具钢高 4～7 倍。它的韧度差,冲击韧度只有 W18Cr4V 的 1/30～1/4;抗弯强度低,只相当于 W18Cr4V 的 1/4～1/2。常用的硬质合金有钨钴类(由碳化钨和黏结剂钴组成)和钨钛钴类(由碳化钨、碳化钛和黏结剂钴组成)。钨钴类硬质合金的常用牌号有 YG8,YG6,YG3,YG8C,YG6X,YG3X 等,其抗弯强度、冲击韧度比钨钛钴类好,主要用来加工脆性材料,如铸铁、青铜等。钨钛钴类硬质合金的常用牌号有 YT5,YT14,YT15,YT30 等,其硬度高,耐热性好,但冲击韧度差,主要用来加工韧性材料,如碳钢等。

此外,在上述两类硬质合金中添加少量碳化钽 TaC(碳化铌 NbC)后派生的类别有钨钽(铌)钴类,常用牌号有 YG6A,YG8N 等;钨钛钽(铌)钴类,常用牌号有 YW1,YW2 等。

5. 陶瓷刀具材料

陶瓷是以氧化铝或氮化硅等为主要成分，经压制成形后烧结而成的刀具材料。它的硬度高，物理化学性能好，耐氧化，应用于高速切削加工。由于它抗弯强度不高、韧度差，主要用于精加工中。其主要特点是：可加工硬度高达 65 HRC 的难加工材料，耐热性高达 1 200 ℃，化学稳定性好，与金属的亲和力小，切削速度与硬质合金相比提高了 3～5 倍。由于它硬度高，耐磨性好，刀具的耐用度高，切削效率提高了 3～10 倍。

6. 超硬刀具材料

超硬刀具材料主要有金刚石和立方氮化硼，用于超精加工及硬脆材料加工。

(1) 金刚石　金刚石有天然金刚石及人造金刚石，多用人造金刚石作为刀具及磨具材料。

(2) 立方氮化硼　立方氮化硼(CBN)是 20 世纪 70 年代才发展起来的一种合成的新型刀具材料，由氮化硼是在高温、高压下加入催化剂转变而成的。其硬度很高(可达 8 000～9 000 HV)，仅次于金刚石，并具有很好的热稳定性，可承受 1 000 ℃以上的切削温度。它的最大优点是在高温(1 200～1 300 ℃)时也不会与铁族金属起反应，因此既能胜任淬硬钢、冷硬铸铁的粗车和精车，又能胜任高温合金、热喷涂材料、硬质合金及其他难加工材料的高速切削。

5.3.3　刀具的几何角度

各种刀具都是由切削部分和刀体或刀柄两部分组成。切削部分(俗称刀头)是刀具中起切削作用的部分，由切削刃、前刀面及后刀面等要素组成。下面以普通外圆车刀为例，说明刀具切削部分的几何形状。

1. 刀具切削部分的结构要素

如图 5.8 所示，车刀由刀体(夹持部分)与刀头(切削部分)组成。刀体用来将车刀夹持在车床刀架上，起支承和传力作用。刀头担负切削工作。车刀切削部分由前刀面(前面)、主后刀面(主后面)、副后刀面(副后面)、主切削刃、副切削刃和刀尖组成。

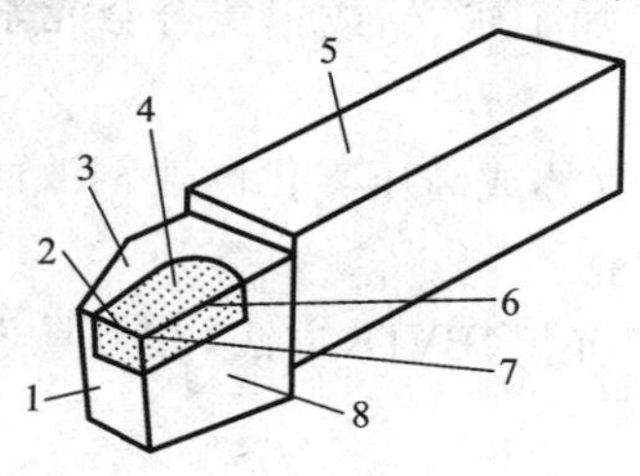

图 5.8　车刀的切削部位结构要素

1—副后刀面；2—副切削刃；3—刀头；4—前刀面；5—刀体；6—主切削刃；7—刀尖；8—主后刀面

由此可见，车刀主要由三个刀面、两个切削刃和一个刀尖组成。其他各类刀具，如刨刀、钻头、铣刀等都可看作是车刀的演变和组合，车刀类型具体如图 5.9 所示。

(1) 前刀面　前刀面是指切削时切屑流出所经过的表面。

(2) 主后刀面　主后刀面是指切削时与工件加工表面相对的表面。

(3) 副后刀面　副后刀面是指切削时与工件已加工表面相对的表面。

(4) 主切削刃　主切削刃是指前刀面与主后刀面的交线，可以是直线或曲线。它担负着主要的切削工作。

(5) 副切削刃　副切削刃是指前刀面与副后刀面的交线。它一般只担负少量的切削工作。

(6) 刀尖　刀尖是指主切削刃与副切削刃的相交部分。为了强化刀尖，常磨成圆弧形或制成一小段直线。

2. 确定刀具切削角度的辅助平面

刀具要从工件上切除金属，必须具有一定的切削角度，这些角度确定了刀具的几何形状。

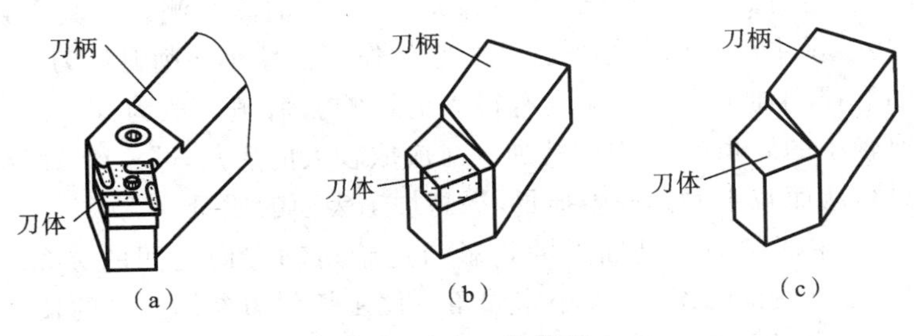

图 5.9　车刀的类型

(a) 可转位车刀;(b) 焊接式车刀;(c) 整体式车刀

为了确定和测量刀具角度,需要建立辅助平面,如图 5.10 所示。

(1) 基面　通过主切削刃某一点并与该点切削速度方向垂直的平面。

(2) 切削平面　通过主切削刃某一点并与工件加工表面相切的平面。

(3) 主剖面　通过主切削刃某一点并与主切削刃在基面投影垂直的平面。

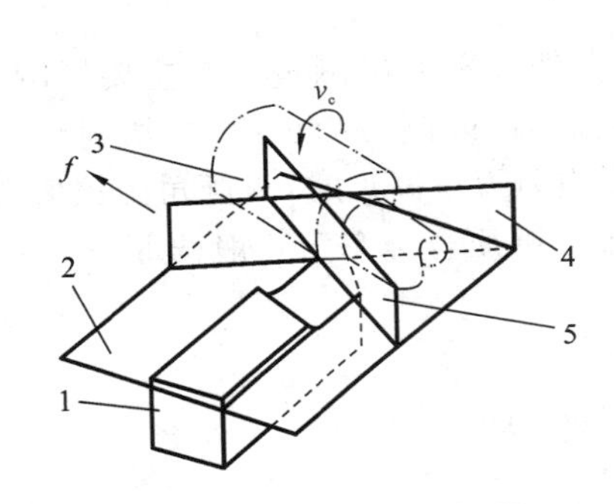

图 5.10　车刀的辅助平面

1—车刀;2—基面;3—工件;4—切削平面;5—主剖面

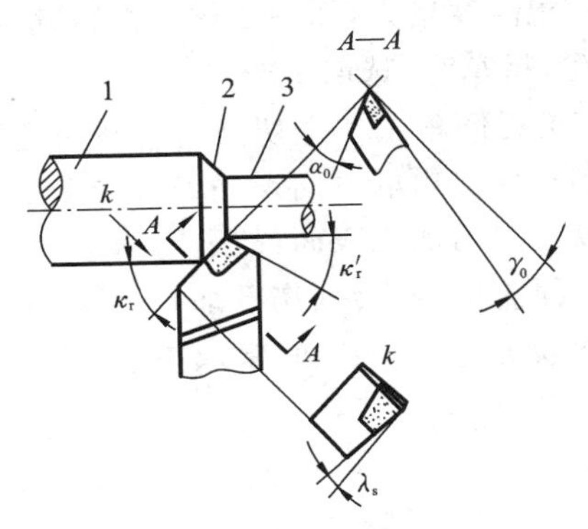

图 5.11　车刀的主要角度

1—待加工表面;2—加工表面;3—已加工表面

3. 刀具角度及其作用

刀具的几何角度分为标注角度和工作角度。工作角度是刀具工作状态的角度,其大小与刀具的安装位置和切削运动有关。标注角度一般是在三个互相垂直的坐标平面(辅助平面)内确定,其是刀具制造、刃磨和测量所要控制的角度。这里以外圆车刀为例,介绍车刀五个主要的标注角度,即前角、后角、主偏角、副偏角和刃倾角,如图 5.11 所示。

(1) 前角 γ_0　前刀面与基面之间的夹角,在主剖面中测量。其主要影响切削变形、刀具寿命和加工表面粗糙度。前角表示前刀面的倾斜程度。增大刀具的前角,可以使刀刃锋利,减小切削阻力和切削时功率的消耗;同时也会使切削时产生的热量减小,减轻刀具磨损。但前角也不能过大,否则会削弱刀刃的强度,减小刀头散热体积,加大刀具的磨损,甚至崩损刀刃。加工塑性材料时,切屑多为带状,切削力集中在离刀刃较远的部位,刀刃不易崩损,故前角应选大些。用硬质合金车刀加工钢件时,一般选取 γ_0 为 10°～20°。加工脆性材料时,切屑多为崩碎状,变化着的切削力(冲击力)集中在刃口附近,刀刃容易崩损,前角应选小些。用硬质合金车刀加工灰铸铁时,一般选取前角 γ_0 为 5°～15°。由于高速钢的韧度和抗弯强度比硬质合金高得多,故高速钢刀具的前角一般可以比硬质合金刀具的大 5°～10°。精加工时,切削深度较小,刀具受力不大,可取较大的前角;粗加工时,则应取较小的前角。

(2) 后角 α_0　主后刀面与切削平面之间的夹角,在主剖面中测量。其主要影响加工质量和刀具寿命。后角表示主后刀面的倾斜程度。它的作用是减小切削时后刀面与加工表面的摩擦,因而对刀具的磨损和加工表面粗糙度有很大的影响。后角一般为 3°～5°。粗加工时要求切削刃强固,应取较小的后角(3°～6°);精加工时应取较大的后角(6°～12°)以减小后刀面与加工表面之间的摩擦,从而减小刀具的磨损量,提高加工表面的质量。

(3) 主偏角 κ_r　主切削刃在基面上的投影与进给运动方向之间的夹角,在基面内测量。在切削深度和进给量不变的情况下,减小主偏角可使主切削刃参加工作的长度增加,刀刃单位长度上的受力减小。同时还使刀尖间夹角增大,相应地提高了刀尖的强度,增大了刀头散热的体积,因此,减小主偏角可以使刀具比较耐用。此外,主偏角还影响着切削力的分配,当减小主偏角时,径向力增大。车刀常用的主偏角有 45°、60°、75°和 90°几种。在车削细长轴时,为了减小径向力,常采用 75°和 90°主偏角的车刀。

(4) 副偏角 κ_r'　副切削刃在基面上的投影与进给运动反方向之间的夹角,在基面内测量。增大副偏角可以减小刀具副后刀面与已加工表面之间的摩擦,但副偏角过大,又会使车削后的残留面积高度增大,而使工件表面粗糙度值增加。副偏角一般取 5°～15°。精车时,一般选取 5°～10°,粗车时,选取 10°～15°。

(5) 刃倾角 λ_s　主切削刃与基面之间的夹角,在切削平面中测量。它主要影响主刀刃的强度和切屑流出的方向。当刀尖处于主切削刃最低点时,刃倾角为负值,主切削刃强度较好,但切屑流向已加工表面,故适于粗加工;当刀尖处于主刀刃最高点时,刃倾角为正值,切屑向待加工表面流出,不会划伤已加工表面,故适于精加工。硬质合金车刀一般选取－5°～10°,粗加工时常取负值,精加工时常取正值。

5.4 常 用 量 具

为保证加工出符合要求的零件,在加工过程中要对工件进行测量,对已加工完的零件要进行检验。这就要根据测量的内容和精度要求选用适当的量具。

5.4.1 游标卡尺

游标卡尺(见图 5.12)是一种常用的量具,具有结构简单、使用方便、精度中等和测量的尺寸范围大等特点,可以用它来测量零件的外径、内径、长度、宽度、厚度、深度和孔距等,应用范围很广。游标卡尺由主尺和游标(副尺)组成。主尺与固定卡脚制成一体,游标与活动卡脚制

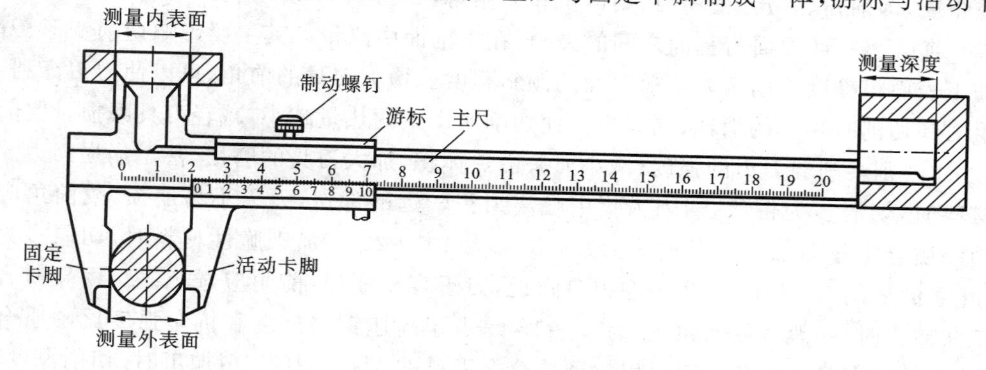

图 5.12　游标卡尺

成一体，并能在主尺上滑动。游标卡尺的分度值有 0.02 mm、0.05 mm、0.1 mm 三种，测量范围有 0～125 mm、0～200 mm、0～300 mm 等几种。游标卡尺是利用主尺刻度间距与游标刻度间距读数的。

图 5.13(a)所示为分度值为 0.02 mm 的游标卡尺，主尺的刻度间距为 1 mm，当两卡脚合并时，主尺上 49 mm 刚好等于游标上 50 格，游标每格长为 0.98 mm。主尺与游标的刻度间相距为(1－0.98) mm＝0.02 mm，因此它的分度值为 0.02 mm(游标上直接用数字刻出)。游标卡尺读数分为三个步骤，下面以图 5.13(b)所示分度值为 0.02 mm 的游标卡尺的某一状态为例进行说明。

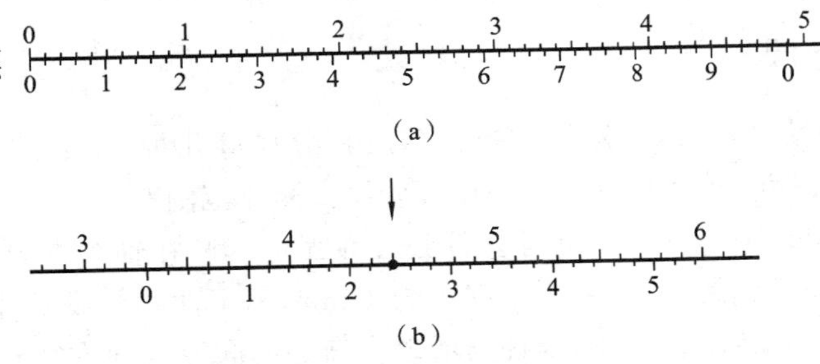

图 5.13　游标卡尺的刻度与读数

(a) 游标卡尺的刻度；(b) 游标卡尺的读数

在主尺上读出游标零线以左的刻度，该值就是最后读数的整数部分，图示为 33 mm。游标上一定有一条刻线与主尺的某一刻线相对齐，在游标上读出该刻线距零线的格数，将其与分度值 0.02 mm 相乘，就得到最后读数的小数部分，图示为 0.24 mm。将所得到的整数部分和小数部分相加，就得到总尺寸为 33.24 mm。

图 5.14 所示为专门用来测量深度和高度的游标深度尺和游标高度尺。后者还可用于钳工精密划线。

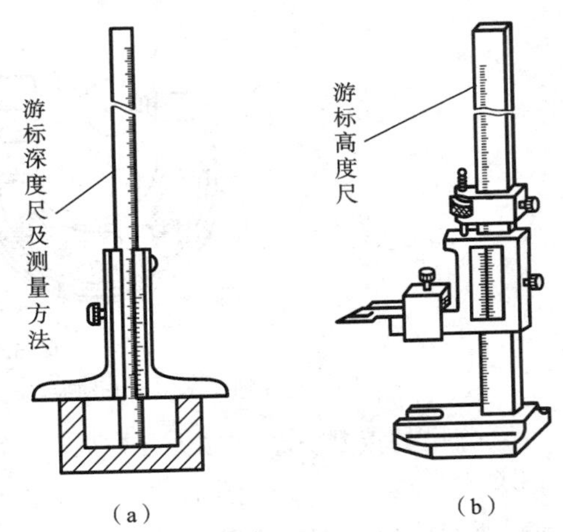

图 5.14　游标深度尺和游标高度尺

(a) 游标深度尺；(b) 游标高度尺

使用游标卡尺测量零件尺寸时，必须注意下列几点。

(1) 测量前应把卡尺擦拭干净，检查卡尺的两个测量面和测量刃口是否平直无损，把两个卡脚紧密贴合时，应无明显的间隙，同时游标和主尺的零位刻线要相互对准。这个过程称为校对游标卡尺的零位。

(2) 移动尺框时，活动要自如，不应有过松或过紧的现象，更不能晃动。用固定螺钉固定尺框时，卡尺的读数不应有改变。在移动尺框时，不要忘记松开固定螺钉，亦不宜过松以免脱落。

(3) 当测量零件的外尺寸时，卡尺两测量面的连线应垂直于被测量表面，不能歪斜。测量时，可以轻轻摇动卡尺，放正垂直位置。否则，量爪若在错误位置上，测量结果将比实际尺寸要大。测量时，先把卡尺的活动量爪张开，使量爪能自由地卡进工件，把零件贴靠在固定量爪上，然后移动尺框，用轻微的压力使活动量爪接触零件。如卡尺带有微动装置，此时可拧紧微动装置上的固定螺钉，再转动调节螺母，使量爪接触零件并读取尺寸。决不可把卡尺的两个量爪调节到接近甚至小于所测尺寸，把卡尺强制地卡到零件上去，这样做会使量爪变形，或使测量面过早磨损,使卡尺失去应有的精度。

(4) 用游标卡尺测量零件时,不允许过分地施加压力,所用压力应使两个量爪刚好接触零件表面。如果测量压力过大,不但会使量爪弯曲或磨损,且量爪在压力作用下产生弹性变形,使测量尺寸数据不准确(外尺寸小于实际尺寸,内尺寸大于实际尺寸)。在游标卡尺上读数时,应把卡尺水平拿着,朝着亮光的方向,使人的视线尽可能和卡尺的刻线表面垂直,以免由于视线的歪斜造成读数误差。

(5) 为了获得正确的测量结果,可以多测量几次。即在零件的同一截面上的不同方向进行测量。对于较长零件,则应当在全长的各个部位进行测量,获得一个比较正确的测量结果。

5.4.2 百分尺

百分尺是一种精密量具,有外径、内径、深度百分尺等几种,读数准确度为 0.01 mm。图 5.15 所示为可测量工件外径和厚度的外径百分尺。测量范围有 0～25 mm、25～50 mm、50～75 mm、75～100 mm、100～125 mm 等。百分尺的固定套筒在轴线方向刻有一条中线。中线的上、下方各刻有一排刻线,刻线每小格间距为 1 mm,上下两排刻线错开 0.5 mm。螺杆是和活动套管连在一起的,转动棘轮盘,螺杆与活动套筒一同向左或向右移动。螺杆的螺距为 0.5 mm,即螺杆每转一周,螺杆与套筒沿轴向移动 0.5 mm。活动套筒的圆周上有 50 等分的刻度线。所以,活动套筒每转过一小格,轴向移动 0.5/50 mm,即 0.01 mm。

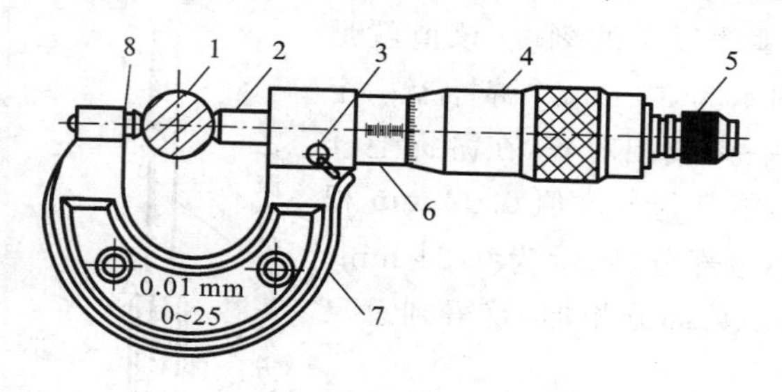

图 5.15　外径百分尺

1—工件;2—测量螺杆;3—止动器;4—活动套筒;5—棘轮;6—固定套筒;7—弓架;8—砧座

百分尺的读数方法如图 5.16 所示。先读出距活动套筒左端边线最近的固定套筒上的轴向刻度值(应为 0.5 mm 的整数倍),再看活动套筒上与固定套筒轴向刻度中线重合的圆周刻度值,两者读数之和即为零件的实际尺寸。测量时,当螺杆端面快要接触工件时,必须使用棘轮盘。当棘轮发出“嘎嘎”的打滑声时,表示压力合适,停止拧动。

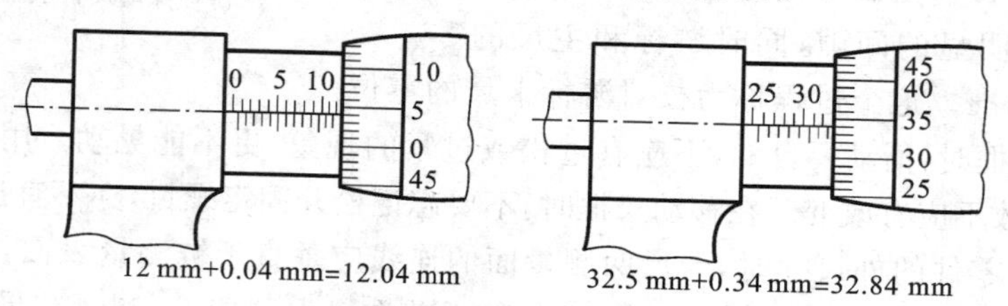

图 5.16　百分尺的刻线原理及读数方法

5.4.3 百分表

百分表是一种精度较高的比较量具,不能测出绝对数值,主要用来检查工件的形状和表面相互位置的误差(如圆度、平面度、垂直度、跳动等),也可在机床上用于工件的安装找正。读数准确度为0.01 mm。百分表常装在专用的百分表架上使用,百分表在表架上的位置可进行前后、上下调整。表架应放在平板或某一平整位置上。测量时百分表测量杆应与被测表面垂直。百分表结构及百分表架如图5.17所示。一般的百分表是杠杆式的,将细微的不平度和细微的变化通过杠杆原理放大,从而使显示在用户面前的是一个比较精确的数据,大表盘上指针转过一个单位小格为0.01 mm,小表盘上转过一个小格为1 mm。数字式百分表读数更简单、精确,避免了人为技术和经验上所造成的误差。千分表的原理和百分表是一样的。

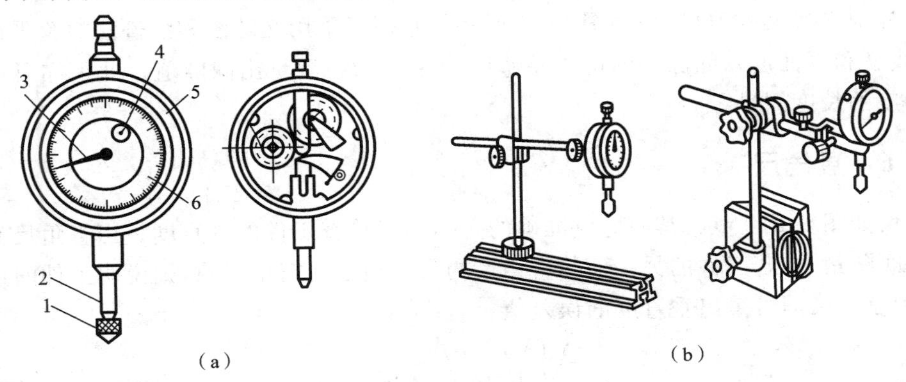

图5.17　百分表结构及百分表架

(a) 结构;(b) 表架

1—测量头;2—测量杆;3—大指针;4—小指针;5—表壳;6—刻度盘

5.4.4　量规

检验孔用的量规称为塞规,如图5.18(a)所示。检验轴用的量规称为卡规(或环规),如图5.18(b)所示。塞规与卡规是成批大量生产中应用的一种专用量具,统称为量规。量规通常成对使用,包括一个通规和一个止规。塞规的通规按被检验孔的最小极限尺寸制造,塞规的止规按被检验孔的最大极限尺寸制造。检验工件时,塞规的通规应通过被检验孔,表示被检验孔

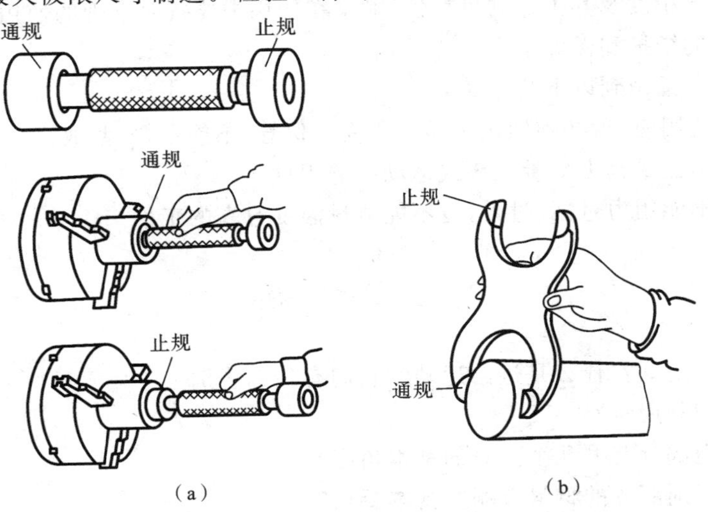

图5.18　塞规和卡规

(a) 塞规及其使用;(b) 卡规及其使用

的实际尺寸大于最小极限尺寸；止规应不能通过被检验孔，表示被检验孔实际尺寸小于最大极限尺寸。通规通过被检验孔而止规不能通过时，说明被检验孔的尺寸误差和形状误差都控制在极限尺寸范围内，被检验孔是合格的。

卡规是用来测量轴径或厚度的专用量具。它与塞规类似，也有通规端和止规端，其使用方法亦与塞规相同。

5.4.5 刀形样板平尺

刀形样板平尺又称刀口尺，如图 5.19 所示。它用于采用光隙法和痕迹法检验平面的形状误差（直线度和平面度），间隙大的可用厚薄尺（见图 5.20）测量出间隙值。此尺亦可用比较法作高准确度的长度测量。

5.4.6 直角尺

直角尺如图 5.21 所示，其两边成准确的 90°，用来检查工件的垂直度。当直角尺的一边与工件的一面贴紧时，若工件的另一面与直角尺的另一边之间露出缝隙，则说明工件的这两个面不垂直，用厚薄尺即可量出垂直度的误差值。

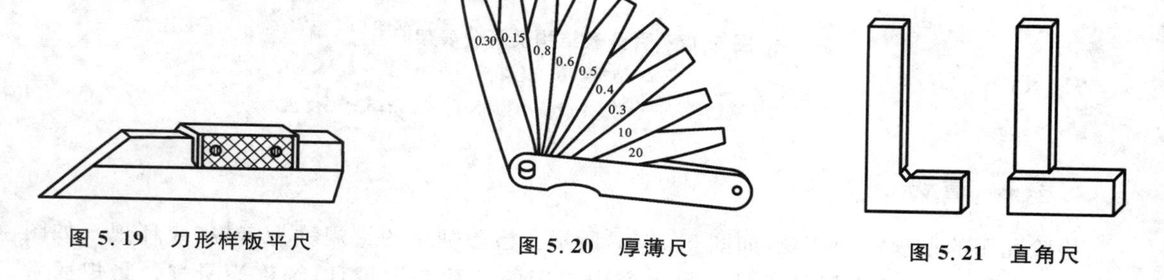

图 5.19　刀形样板平尺　　图 5.20　厚薄尺　　图 5.21　直角尺

5.4.7 量具的保养

要保持量具的精度及其工作的可靠性，除了在使用中要按照合理的使用方法进行操作外，还必须做好量具的维护和保养工作。

使用量具时必须做到以下几点。

（1）量具在使用前、后必须擦拭干净。要妥善保管，不能乱扔、乱放。

（2）不能用精密量具去测量毛坯或运动中的工件。

（3）测量时不能用力过猛、过大，也不能测量温度过高的工件。

思 考 题

（1）什么是主运动？什么是进给运动？它们有什么区别？

（2）什么是切削用量？

（3）车刀切削部分有哪几个独立的基本角度？

（4）对刀具切削部分的材料有哪些基本要求？

（5）高速工具钢有什么特点？适用于什么场合？

（6）什么是硬质合金？常用的硬质合金有哪几类？在应用上有什么不同？

(7) 什么是刀具总切削力？它可分解为哪三个分力？
(8) 什么是切削热？什么是切削温度？
(9) 切削温度高对加工质量有哪些不利影响？降低切削温度有哪些工艺措施？
(10) 机器零件的加工质量指标有哪两类？
(11) 什么是加工精度？它包括哪几个方面？
(12) 什么是加工表面质量？它包括哪几个方面？
(13) 怎样正确使用量具和保养量具？

第6章 车削加工

6.1 概　　述

车削加工是金属切削过程中最基本、最主要，也是最常见的一种加工方法，使用范围很广。在金属切削机床中，各类车床占机床总数的一半以上，无论是在产品的成批大量或单件小批量生产，还是在机械的维修方面，车削加工都占有重要的地位。

车削加工的范围较广，在车床上主要加工回转表面，其中包括：端面、内外圆柱面、内外圆锥面、内外螺纹、回转成形面、回转沟槽以及滚花等。图6.1所示为车床上切削加工的应用方式。车削加工时工件的旋转运动为主运动，车刀相对工件的移动为进给运动。

在车削加工中，已经切去多余金属面形成的新表面称为已加工表面，即将被切去金属的表面为待加工表面，而刀具正在切削的表面称为加工表面（也称为过渡表面）。

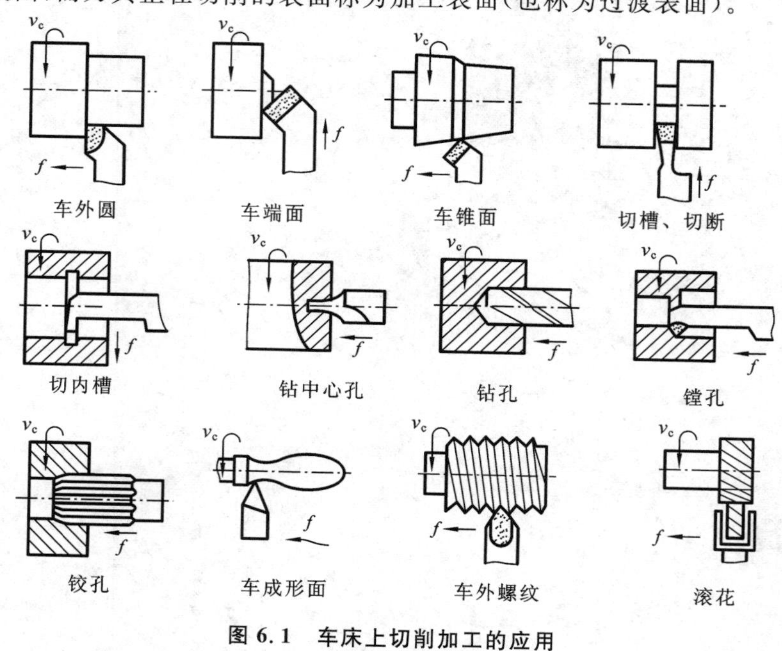

图6.1　车床上切削加工的应用

6.2 车　　床

车床的种类很多，按用途和结构分，有普通车床（卧式车床、立式车床、转塔车床），仪表车床，六角车床，单轴自动、半自动车床，多刀车床，仿形车床和数控车床等。各种车床的主要用途有所不同，普通车床主要用于回转体直径较小工件的粗加工、半精加工和精加工；立式车床主要用于回转体直径较大工件的粗加工、半精加工和精加工；自动及半自动车床主要用于成批或大量生产的形状较复杂的回转体工件的粗加工、半精加工和精加工；仪表车床主要用于回转体直径小的仪表零部件的粗加工、半精加工和精加工；数控车床主要用于单件小批生产，零件形状较复杂，一般车床难加工的粗加工、半精加工和精加工。随着技术的不断发展，高效率、自动化和高精度的车床不断出现，为车削加工提供了广阔的前景。在众多车床中，卧式车床通用性强，应用最为广泛。

6.2.1　机床型号

按国家标准 GB/T 15375—2008 规定，机床型号由一组汉语拼音字母和阿拉伯数字按一定规律组合而成，用来表示机床的类型、特征、主要参数等。其中，车床共有“0～9”10 个组，它们分别是：“0”表示仪表车床；“1”表示单轴自动车床；“2”表示多轴自动、半自动车床；“3”表示转塔车床；“4”表示曲轴及凸轮轴车床；“5”表示立式车床；“6”表示落地及卧式车床；“7”表示仿形及多刀车床；“8”表示轮、轴、辊、锭及铲齿车床；“9”表示其他车床。

以型号 CA6140 为例，说明各部分的含义如下：

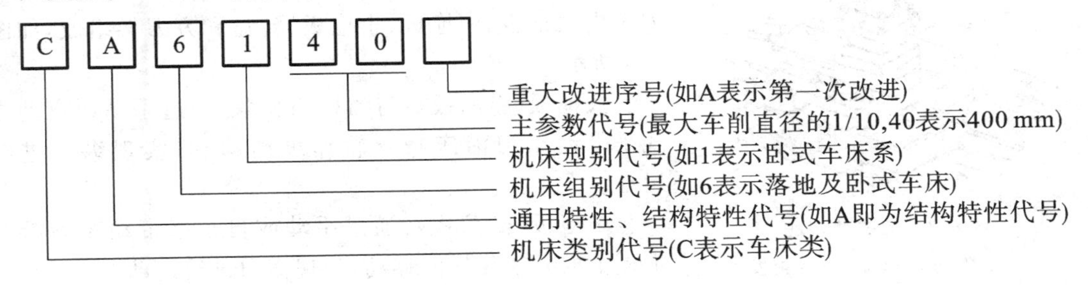

6.2.2　卧式车床的组成

图 6.2 为卧式车床的外观图，它由以下主要部件组成。

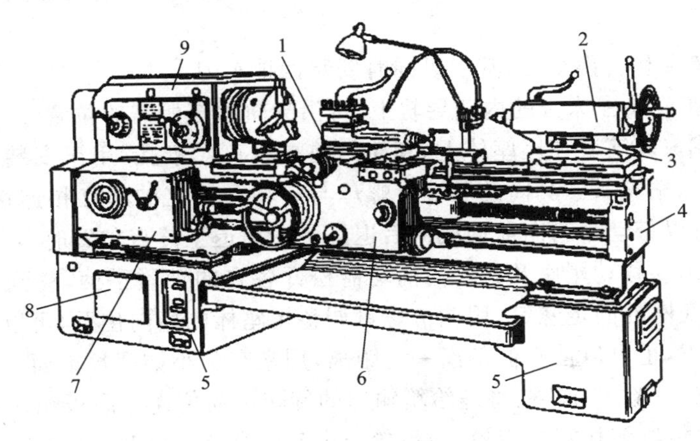

图 6.2　卧式车床的外观图

1—刀架；2—尾座；3—尾座锁紧螺钉；4—床身；5—床腿；6—溜板箱；7—进给箱；8—变速箱；9—主轴箱

(1) 变速箱　变速箱内装有车床主轴的变速齿轮，电动机的运动通过变速箱可变化成六种不同的转速输出，并传递到主轴箱。变速箱远离车床主轴，这样的传动方式称为分离传动，其目的可减小齿轮传动产生的振动和热量对主轴的不利影响，提高切削加工质量。

(2) 床身　床身是车床的基础零件，用以连接各主要部件并保证各部件之间有正确的相对位置。床身的上面有内、外两组平行的导轨。外侧的导轨用于床鞍的运动导向和定位，内侧的导轨用于尾座的运动导向和定位。床身的左右两端分别支承在左右床腿上,左床腿内安放变速箱和电动机,右床腿内安放电器箱。

(3) 主轴箱　主轴箱安装在床身的左上端,又称床头箱,主轴箱内装有一根空心主轴及部分变速机构,变速箱传来的六种转速通过变速机构变为主轴的十二种不同的转速。主轴通过另一些齿轮,又将运动传入进给箱。

(4) 进给箱　进给箱内装有进给运动的变速齿轮。主轴的运动通过齿轮传入进给箱,经过变速机构带动光杠或丝杠以不同的转速转动,最终通过溜板箱而带动刀具实现直线进给运动。

(5) 溜板箱　用于安装变向机构,把进给机构的旋转运动变为床鞍的纵向直线运动和中滑板的横向直线运动。

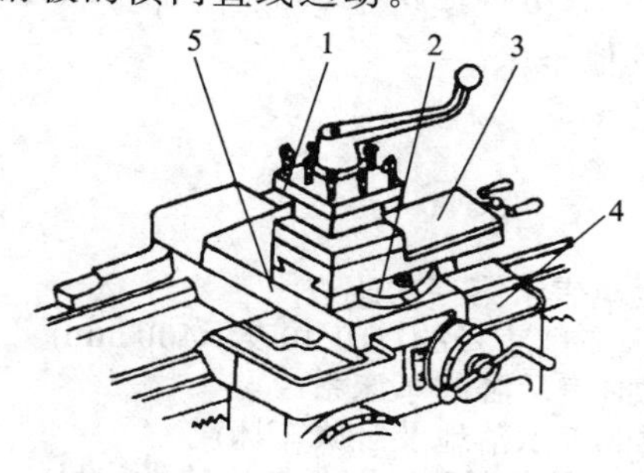

图 6.3　刀架的组成

1—方刀架;2—转盘;3—小拖板;4—大拖板;5—中拖板

(6) 刀架　刀架安装在床身导轨上,由几层刀架组成。用来装夹车刀,实现进给运动(纵向、横向、斜向)。刀架由大拖板、中拖板、小拖板、转盘和方刀架组成,如图6.3所示。

大拖板(纵溜板):与溜板箱相联,通过手动或自动方式来带动车刀沿床身导轨作纵向移动,实现纵向进给运动。

中拖板(横溜板):通过手动或自动来带动车刀沿大拖板上的导轨作横向移动,实现横向进给运动。

小拖板(小刀架):一般用于手动短行程纵向进给。

转盘:与中拖板相连,用螺栓紧固,松开螺母,转盘可在水平面内扳转任意角度。当转盘扳转一定角度后,小拖板(小刀架)可带动车刀作相应的斜向进给运动。

方刀架:用来装夹和转换车刀,其上可同时安装四把车刀。

(7) 尾座　尾座安装在床身的内侧导轨上,可沿导轨移至所需的位置。尾座由底座、尾座体、套筒等部分组成。套筒装在尾座体上,套筒的前端有莫氏锥孔,用于安装顶尖支承轴类工件或安装钻头、铰刀、钻夹头。套筒的后端有螺母与一轴向固定的丝杠相连接,摇动尾座上的手轮使丝杠旋转,可以带动套筒向前伸或向后退。当套筒退至终点位置时,可将装在套筒锥孔中的刀具或顶尖顶出。移动尾座及其套筒前均需松开各自的锁紧手柄,移到合适位置后再锁紧。松开尾座体与底座的固定螺钉,用调节螺钉调整尾座体的横向位置,可以使尾座顶尖中心与主轴顶尖中心对正,也可以使它们偏离一定距离,用来车削小锥度长锥面。

(8) 光杠与丝杠　光杠与丝杠将进给箱输出的旋转运动传递给溜板箱。光杠上开有长键槽,通过滑键将动力传给溜板箱内齿轮,使齿轮与齿条啮合,带动溜板箱处于不同位置,比较灵活地带动溜板箱作各种方向和速度的进给。光杠传动环节多,间隙较大,运动传递不够准确,用于加工内外圆柱面、锥面、台阶、端面等。而丝杠是通过螺母直接拖动溜板箱,传动环节少,运动传递误差比较小,主要用来加工螺纹表面。

(9) 床腿　床腿支承床身并与地基连接。车床的左床腿内安装变速箱和电动机,右床腿内安装电气部分。

车床还备有一套附件以适应各种加工需要,常用的附件有:顶尖、拨盘、鸡心夹头、卡盘、中心架、跟刀架及花盘等。

6.2.3　车床上常用的机械传动系统

车床的主运动与进给运动都由主电动机提供动力，而且由于刀具的进给量是以主轴每转一周刀具的移动量来表示，因此进给运动传动链是以主轴为起点，刀架为终点。图 6.4 为车床的传动系统示意图。

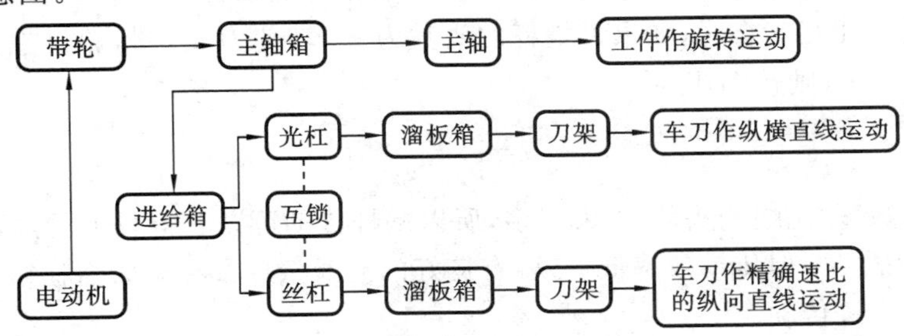

图 6.4　车床传动系统示意图

传递运动和动力的机构称为传动机构。常用的机械传动方式有带传动、齿轮传动、蜗杆蜗轮传动、齿轮齿条传动和丝杠螺母传动等。

1. 实现回转运动的传动机构

车床上常用的实现回转运动的传动机构有带传动、齿轮传动和蜗杆(蜗轮)传动。如果主动轴(轮)的转速为 n_1，从动轴(轮)的转速为 n_2，则 n_2/n_1 称为传动比，用 i 表示。

1）带传动

带传动利用传动带与带轮之间的摩擦作用将主动轮动力传至从动轮。在机床传动中带传动一般有 V 带传动和平带传动，如图 6.5(a)、图 6.5(b)所示。

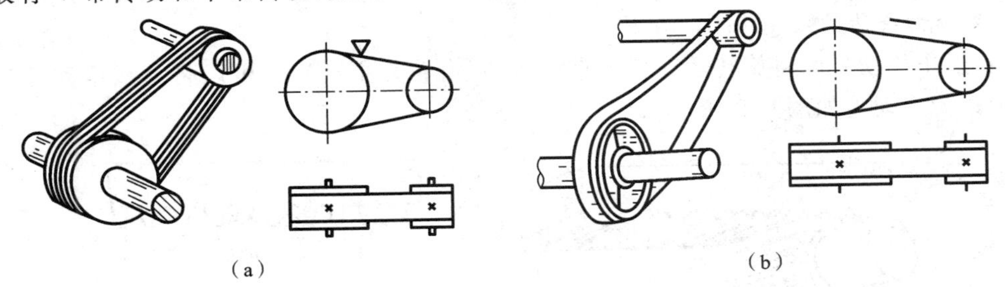

图 6.5　带传动简图及示意图

(a) V 带传动；(b) 平带传动

带传动的优点是传动平稳，不受轴间距离的限制；结构简单，制造和维护都很方便；过载时皮带打滑，可起到保护作用。缺点是由于传动中有打滑现象，无法保持准确的传动比，有摩擦损失，传动效率低，传动机构所占空间较大。

2）齿轮传动

齿轮传动是依靠轮齿之间的啮合，把主动轮的转动传递到从动轮(见图 6.6)。若主动轮的齿数和转速分别为 z_1 和 n_1，从动轮的齿数和转速分别为 z_2 和 n_2，则传动比 i 为

$$i=\frac{\text{从动轮(轴)转速}}{\text{主动轮(轴)转速}}=\frac{\text{主动轮齿数}}{\text{从动轮齿数}} \tag{6.1}$$

即

$$n_2=\frac{n_1\times z_1}{z_2},\quad i=\frac{n_2}{n_1}=\frac{z_1}{z_2} \tag{6.2}$$

由式(6.2)可知,在齿轮传动中,齿轮的转速与齿数成反比。

齿轮传动的优点是结构紧凑,传动比准确,可传递较大的圆周力,传动效率高(98%～99%)。缺点是制造比较复杂,制造质量不高时传动不平稳、有噪声。

3) 蜗杆(蜗轮)传动

如图 6.7 所示,在蜗杆传动中,蜗杆为主动件,蜗轮为从动件。这种传动方式一般只能是蜗杆带动蜗轮转。相互啮合时,如果设蜗杆的头数为 z_1,转速为 n_1。蜗轮设想为斜齿轮,其齿数设为 z_2,转速为 n_2,则传动比为

$$i=\frac{n_2}{n_1}=\frac{z_1}{z_2} \tag{6.3}$$

一般蜗轮齿数 z_2 比蜗杆头数 z_1 大得多,所以蜗杆传动可以获得较大的降速比,且传动平稳,噪声小,结构紧凑。但传动效率低,需要有良好的润滑条件。在车床溜板箱、铣床分度头等机构上均采用了蜗杆传动。

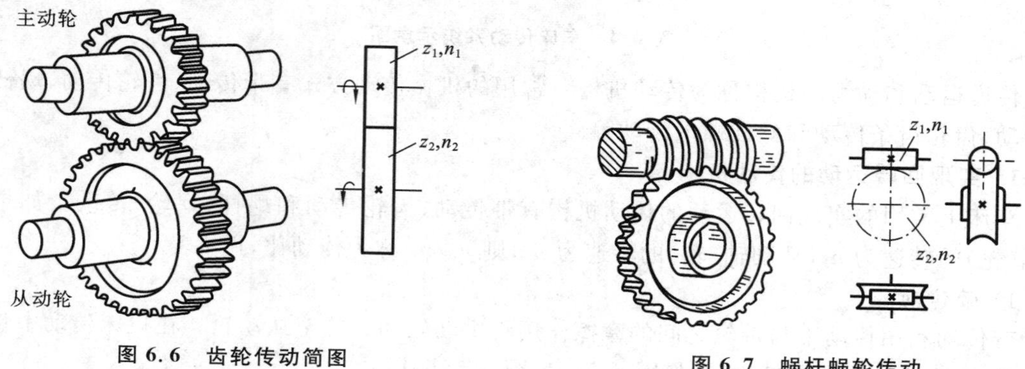

图 6.6　齿轮传动简图　　图 6.7　蜗杆蜗轮传动

4) 齿轮齿条传动

齿轮齿条传动可以将旋转运动变为直线运动(齿轮为主动),也可以将直线运动变为旋转运动(齿条为主动),如图 6.8 所示。

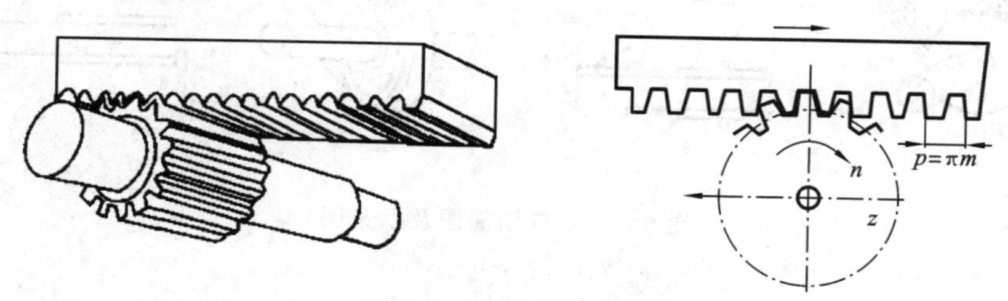

图 6.8　齿轮齿条传动

齿条的移动速度 v 为

$$v=zpn=z\pi mn \quad (\text{mm/min}) \tag{6.4}$$

式中　z——齿轮的齿数;

n——齿轮的转数;

p、m——齿轮和齿条的齿距和模数。

卧式车床导轨和刀架的纵向进给运动就是利用齿轮齿条传动实现的。齿轮齿条传动的效率高,但制造精度不高时,传动的平稳性和准确性较差。

5) 螺旋传动

要把旋转运动变为直线运动也可以用螺旋传动,如图 6.9 所示。例如,车床的长丝杠旋转

可通过开合螺母带动溜板箱纵向移动，铣床工作台丝杠可通过工作台下的螺母使工作台直线移动等。

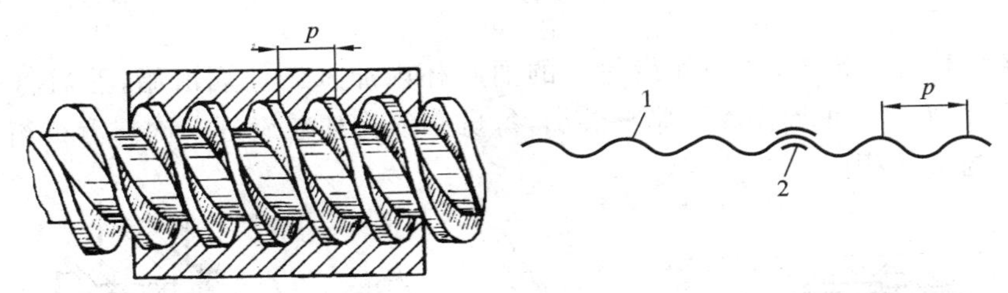

图 6.9　螺旋传动

1—螺杆(丝杠)；2—螺母

螺母传动时，丝杠转1转，螺母移动1个导程 P_h(P_h=螺距(p)×螺纹线数(z))。若单头丝杠($z=1$)的螺距为 p，转速为 n(r/min)，螺母(不转动)沿轴线方向移动的速度 v(mm/s)为

$$v=\frac{np}{60} \tag{6.5}$$

用多头螺杆传动时，螺杆螺纹头数设为 z，则 v(mm/s)为

$$v=\frac{znp}{60} \tag{6.6}$$

丝杠螺母传动是将旋转运动变为直线运动，它的优点是工作平稳，无噪声，若丝杠螺母制造得很精确，则传动精度较高，缺点是效率低。除了上述常用传动机构外，还有其他传动机构，如凸轮机构、棘轮机构和槽轮机构等。

2. 传动链及传动比

传动链是指实现从首端件向末端件传递运动的一系列传动件的总和，它是由若干传动副按一定方式依次组合起来的。传动链的传动比是指末端件转速与首端件转速之比。若已知主动轮轴的转速、带轮的直径、各齿轮的齿数、涡轮的齿数及蜗杆的头数，则可确定传动链中任一轴的转速。

传动链的总传动比 $i_{总}$ 等于传动链中所有传动件传动比的乘积，即

$$i_{总}=\frac{n_n}{n_1}=i_1 i_2 i_3 i_4 \cdots i_n \tag{6.7}$$

在车削外圆、端面和加工各种标准螺纹时，不需要计算进给量，只要根据进给量和螺距的标牌，选出挂轮箱应配换的齿轮和调整进给箱上各操纵手柄的位置即可。通过主轴箱中的换向机构，可使丝杠得到不同的转动方向，从而可以车削右旋螺纹或左旋螺纹。

熟悉车床的传动系统之后，就能够顺利地了解铣床、刨床等其他机床的机械传动系统。

6.2.4　车床的润滑和维护保养

1. 车床的润滑方法

(1) 主轴箱操作前要观察主轴箱油标孔，油位不应低于油标孔的一半，机床开动时，应观察油标孔内是否有油输出，若发现主轴箱油量不足应及时添加机油，如油孔内无油输出，则应立即停机检修。

(2) 进给箱用油绳润滑。每班加机械油一次。润滑方法如图6.10(a)所示。

(3) 床身和中、小拖板导轨面用油壶在导轨上浇油润滑。每班前后都需要加油一次。但

不要浇得太多。

(4) 车床尾座、中拖板和小拖扳手柄的转动部位用弹子油杯润滑，每班一次。如图 6-10(b)所示。

(5) 交换齿轮打开箱盖，在中间齿轮上的油脂杯内加入工业润滑脂，然后将杯盖旋进半圈，如图 6.10(c)所示。每周需将油脂杯装满，每班必须将杯盖旋进一次。滑板箱上的油脂杯加油方法与上述方法相同。

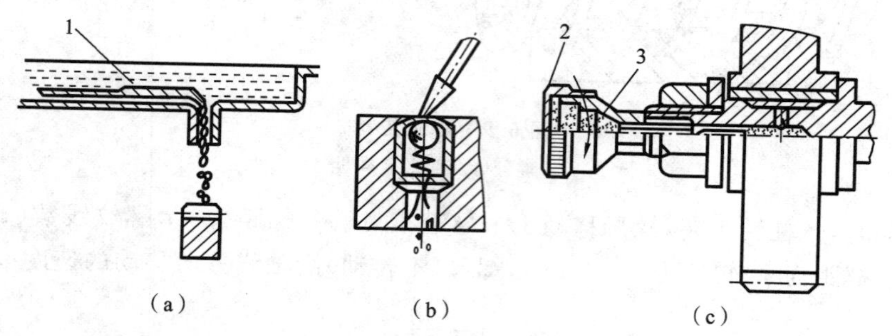

图 6.10　车床的润滑方法

(a) 油绳润滑；(b) 弹子油杯润滑；(c) 油脂杯润滑

1—毛线；2—油脂杯；3—润滑脂

2. 车床维护保养

车床运转 500 h 后，进行保养，保养时需切断电源，准备清洗装拆工具。

(1) 外保养　清洗机床外表及各罩壳、丝杠、光杠、操纵杠，检查并补齐螺钉、手柄等。

(2) 主轴箱　清洗滤油器和油池，检查并调整主轴及锁紧螺钉，调整摩擦离合器及制动器的间隙。

(3) 拖板及刀架　清洗刀架，调整中滑板、小拖板、燕尾槽镶条间隙及中、小拖板丝杠螺母间隙。

(4) 挂轮箱　清洗齿轮、轴套，注入新油脂，调整挂轮啮合间隙，检查轴套有无晃动现象。

(5) 尾座　清洗尾座丝杠、螺母及外表。

(6) 冷却润滑系统　清洗冷却泵、滤油器、盛液盘，畅通油路，使油孔、油绳、油毡清洁且无铁屑；检查油质确保品质保持良好，油杯应齐全，油窗应明亮。

(7) 电气部分　清扫电动机，清除电器部件油污和积尘，检查电气装置，检查照明灯及接地情况，保证安全可靠。

6.2.5　车削安全生产规程

(1) 工作时应穿工作服，并扣紧袖口。女生应戴工作帽，并将头发或辫子塞入帽内。

(2) 车削时，必须戴上防护眼镜，头部不应该跟工件靠得太近，以防切屑飞入眼中。严禁靠近正在旋转的工件或车床部件。

(3) 在车床上工作时不准戴手套。

(4) 开车前，检查车床各部分机构是否完好，运转正常后才能工作。

(5) 工作中主轴需要变速时，必须先停车，变换进给箱手柄位置要在低速时进行。停车时离合器操纵手柄不可用力过猛以免损坏车床。

(6) 不允许在卡盘上、床身导轨上敲击或校直工件，床面上不准放工具或工件。

(7) 为了保持丝杠的精度，除车螺纹外，不得使用丝杠进行自动进刀。

(8) 装夹较重的工件时，应该用木板保护床面。

(9) 使用切削液时，要在车床导轨上涂上润滑油，冷却泵中的切削液应定期调换。

(10) 下班前应清除车床上及车床周围的切屑及切削液，擦净后按规定在加油部位加上润滑油。

(11) 下班后将床鞍摇至车尾一端，转动各手柄放到空挡位置，关闭电源。

(12) 工作时所用的工具、夹具、量具及工件，应尽可能靠近和集中在操作者周围。

(13) 图样、工艺卡片应便于阅读，并注意保持清洁和完整。

(14) 毛坯、半成品和成品应分开堆放，并按次序整齐排列。

(15) 工作位置周围应经常保持清洁卫生。

(16) 按工具用途使用工具，不得随意替用，如不能用扳手代替锤子使用等。

(17) 爱护量具，经常保持清洁，用后擦净、涂油，放入盒内保存。

(18) 工件和车刀必须装夹牢固，卡盘必须装有保险装置。

(19) 车床开动时，不能测量工件，也不能用手去摸工件表面。

(20) 用专用的钩子清除切屑，不允许用手直接清除。

(21) 工件装夹后卡盘扳手必须随手取下，棒料伸出主轴后端过长时应使用料架或挡板。

(22) 工件、毛坯等应放于适当位置，以免从高处落下伤人。

(23) 注意作业地点的清洁卫生，交接班时要交接设备安全状况记录。

6.2.6 其他车床

根据GB/T 15375—2008，除前面介绍的组别为6的卧式车床外，还有其他组别的车床，较为常见的有如下几种。

1. 立式车床

如图6.11所示，立式车床底座上的圆形工作台可安装卡盘或花盘，以装夹并带动工件随直立的主轴旋转。在工作台的后侧有立柱，立柱上有一个横梁和一个侧刀架，它们均能沿着立柱的导轨上下移动。侧刀架上的方刀架可同时夹持4把刀具，并可进行水平方向的进给。立刀架可在横梁上作水平和垂直进给运动，并能扳转到一定的角度使刀架作斜向进给。立刀架上的转塔可同时夹持5把刀具。立式车床上安装和调整工件都很方便，并能准确而迅速地更换刀具。安装大型工件后，工作台运行仍然很平稳，而且几个刀架上的刀具可以同时进行切削，生产率高。在立式车床上，可加工内外圆柱面、圆锥面、端面等，适用于加工质量大且直径大的工件。

2. 转塔车床

如图6.12所示，转塔车床的结构特点是没有丝杠和尾座，代替尾座的是一个可转动的转塔刀架，转塔刀架安装于中滑板上，可随中滑板一起作纵向移动，其上可根据加工顺序安装6把不同的刀具。

加工时，转塔刀架周期性地将不同的刀具依次转到加工位置，刀具的工作行程由行程挡块控制，以保证工件加工精度。此外，还有一个与卧式车床相似的四方刀架，两个刀架配合使用，可同时对工件进行加工，以便在一次装夹中加工完工件的各个表面。转塔车床适用于小型复杂零件的批量生产。

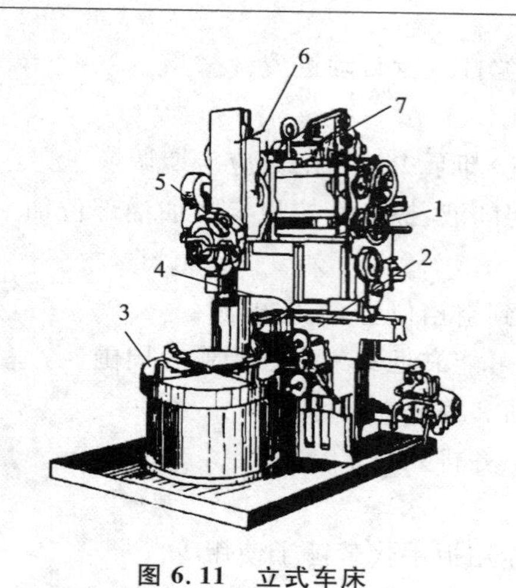

图 6.11　立式车床

1—立柱;2—侧刀架;3—花盘;4—横刀架;
5—立刀架;6—立刀架溜板;7—横梁

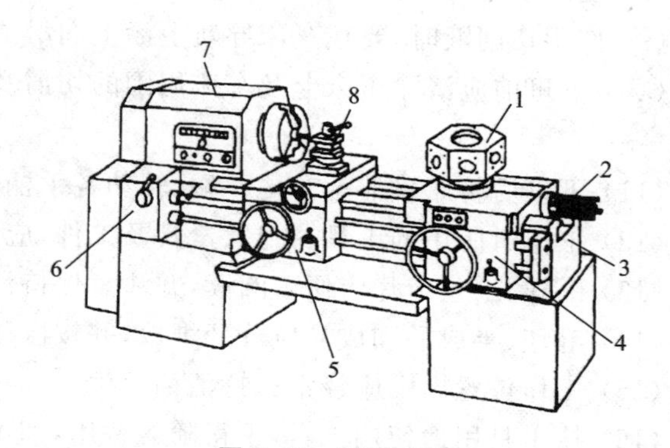

图 6.12　转塔车床

1—转塔刀架;2—定程装置;3—床身;4—转塔刀架溜板箱;
5—中滑板溜板箱;6—进给箱;7—主轴箱;8—四方刀架

3. 自动车床和半自动车床

车床调整好后,只需定时给机床加料,其他工作由车床连续完成的车床,称为自动车床。除上、下料由工人操作外,其他工作由车床连续完成的车床,称为半自动车床。

自动车床和半自动车床的种类很多。自动车床的所有工作均由凸轮控制,坯料多为棒料,按照主轴的数目可分为单轴自动车床和多轴自动车床,图 6.13 所示为单轴自动车床的工作原理。电动机通过带传动带动主轴转动,空心主轴右端的夹头夹紧棒料。分配轴每转一转,即是一个工作循环,完成一个工件的加工过程。分配轴上的夹料鼓轮控制夹头的松紧,送料鼓轮控制送料,横向进给凸轮控制装有车刀的方刀架的横向进给运动,纵向进给鼓轮控制装有钻头的尾座的纵向进给运动。

自动与半自动车床的调整时间长,主要用于大批大量生产单一品种的零件。

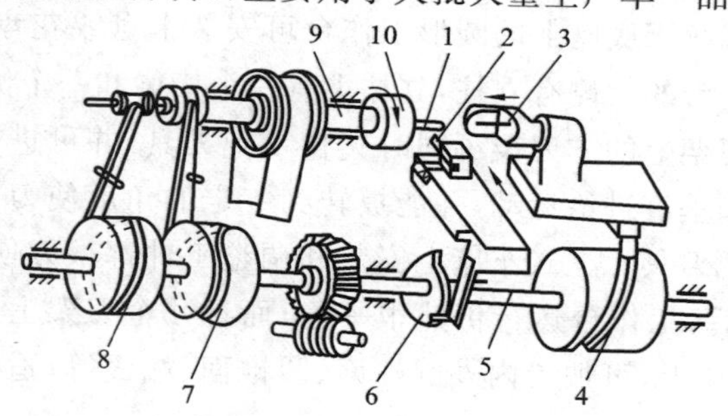

图 6.13　单轴自动车床的工作原理

1—工件;2—车刀;3—钻头;4—纵向进给鼓轮;5—分配轴;6—横向进给凸轮;7—夹料鼓轮;8—送料鼓轮;9—主轴;10—夹头

6.3　刀具及工件的装夹方法

6.3.1　车刀的装夹

车刀按使用用途及车刀刀头形状分为直头刀、弯头刀、偏刀、螺纹车刀、滚花刀等。钻头、铰刀、丝锥等也可在车床上使用。

使用车刀时，为保证加工质量及车刀正常工作，必须正确装夹车刀。

车刀在装夹时要注意以下几点事项。

(1) 车刀不能伸出刀架太长，应尽可能伸出短些。因为车刀伸出过长，刀杆刚性相对减弱，在切削时容易产生振动，使车出的工件表面不光洁。一般车刀伸出的长度不超过刀杆厚度的2倍(见图6.14)。

(2) 车刀刀尖的高低应对准工件的中心。车刀装夹得过高或过低都会引起车刀角度的变化，从而影响切削。根据经验，粗车外圆时，可将车刀装得比工件中心稍高一些；精车外圆时，可将车刀装得比工件中心稍低一些，这要根据工件直径的大小来决定，无论装高或装低，偏差量一般都不能超过工件直径的1%。

(3) 装夹车刀用的垫片要平整，尽可能地减少片数，一般只用2～3片。如垫刀片的片数太多或不平整，会使车刀产生振动，影响切削。

(4) 车刀装上后，要紧固刀架螺钉，一般要紧固两个螺钉。紧固时，应轮换逐个拧紧。同时要注意，一定要使用专用扳手，不允许再加套管等，以免使螺钉受力过大而损伤。车刀的安装如图6.14所示。

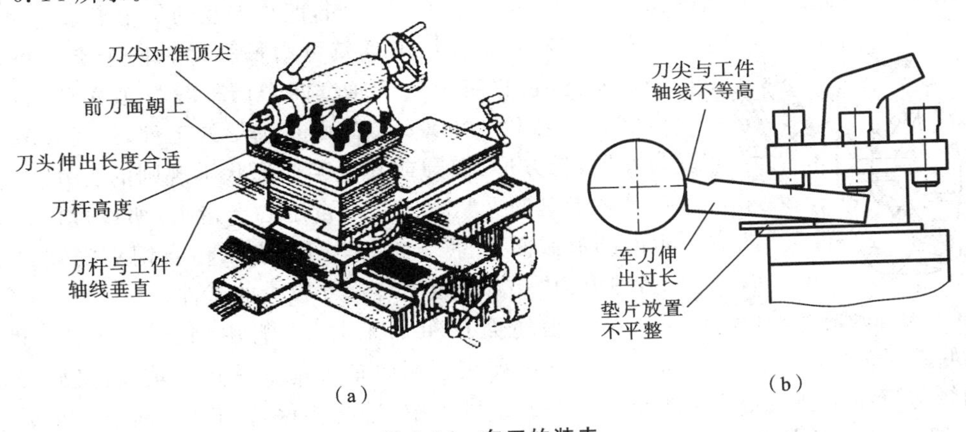

图6.14 车刀的装夹

(a) 正确；(b) 错误

6.3.2 工件装夹

车床主要用于加工回转表面。装夹工件时，应使被加工表面的回转中心与车床主轴的轴线重合，以保证工件位置准确。要把工件夹紧，以承受切削力，保证工作时的安全。在车床上常用装夹工件的附件有三爪自定心卡盘、四爪单动卡盘、顶尖、心轴、中心架、跟刀架、花盘和弯板等。根据工件的形状、大小和加工数量的不同，选用不同的附件与装夹方法，以保证加工质量和生产需求。

1. 三爪自定心卡盘装夹工件

三爪自定心卡盘是车床上最常用的附件，其结构如图6.15所示。使用时用扳手插入三爪卡盘的方孔中，转动小锥齿时，可使其相啮合的大锥齿轮随之转动，大锥齿轮背面的平面螺纹与两个卡爪背面的平面螺纹相啮合，当大锥齿轮转动时，使三卡爪同时向中心收拢或张开，以夹紧不同直径的工件。由于三个卡爪同时移动并能自行对中(其对中精度为0.05～0.15 mm)。三爪自定心卡盘适宜快速夹持截面为圆形、正三角形、正六边形的工件。三爪卡盘的缺点是夹紧力小,定位精度不高。特别是对于形状不规则的工件找正困难,须加垫片调整。三爪自定心卡盘还附带三个“反爪”。换到卡盘体上即可用来夹持直径较大的工件(见图 6.15(c))。

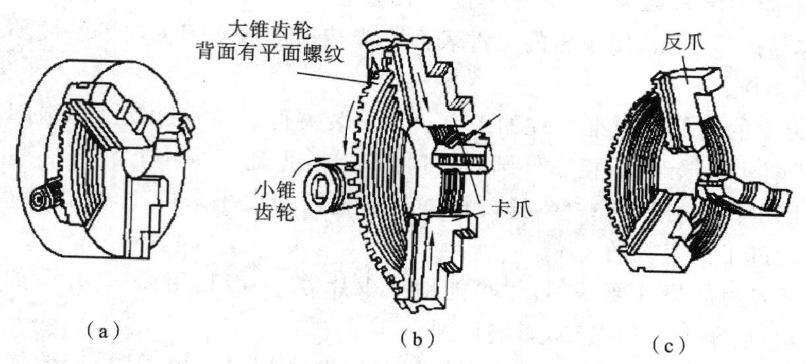

图 6.15　三爪自定心卡盘

2. 四爪单动卡盘装夹工件

四爪单动卡盘的结构如图 6.16 所示。与三爪卡盘不同,四爪卡盘的每个卡爪后面有半瓣内螺纹,转动螺杆时,卡爪就可沿槽移动。四个卡爪可用扳手分别调整,它的四个卡爪通过四个调整螺杆独立移动,因此用途广泛。它不但可以安装截面是圆形的工件,还可以安装截面为方形、长方形、椭圆或其他某些形状不规则的工件。此外,四爪单动卡盘的夹紧力比三爪自定心卡盘大,所以也用来安装较重的圆形截面工件。如果把四个卡爪各自调头安装在卡盘体上,即成为“反爪”,可安装尺寸较大的工件。

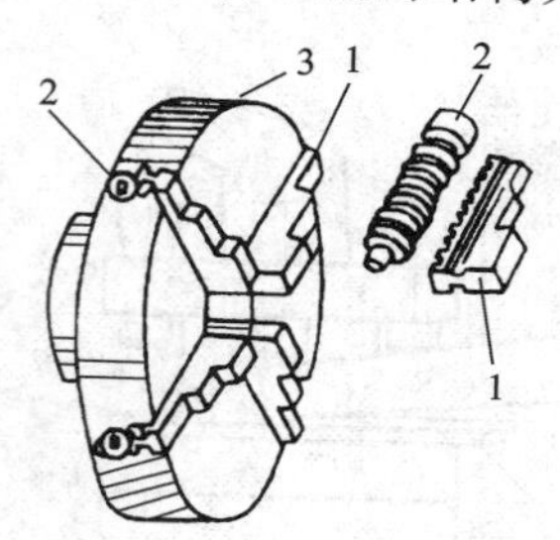

图 6.16　四爪单动卡盘的结构

1—卡爪;2—调整螺杆;3—卡盘体

装夹毛坯面及粗加工时,一般用划针盘校正工件,如图 6.17所示。既要校正端面是否基本垂直于轴线,又要校正工件回转轴线与机床主轴线是否基本重合。在调整过程中,始终要保持相对的两个卡爪处于夹紧状态,再调整另一对卡爪。两对卡爪交错调整,每次的调整量不宜太大(1～2 mm 或 1 mm 以下);并在工件下方的导轨上垫上木板,防止工件意外掉到导轨上。

3. 顶尖装夹工件

在车床上加工较长轴类零件时,一般用顶尖、拨盘和卡箍安装。为了保证加工表面的位置精度,通常采用工件两端的中心孔作为统一的定位基准,用双顶尖装夹工件,如图 6.18 所示。

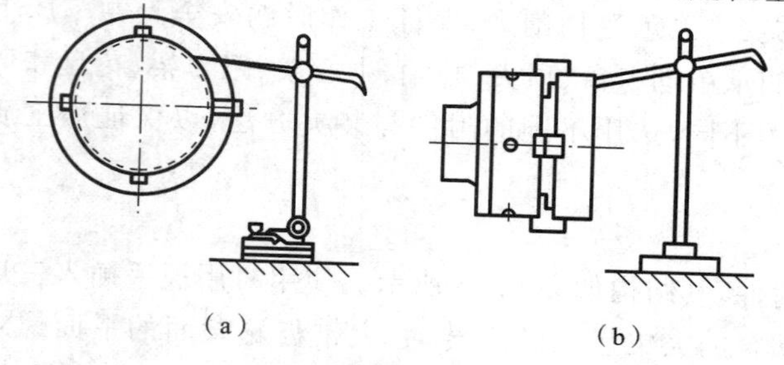

图 6.17　四爪卡盘校正工件

(a) 校正外圆;(b) 校正端面

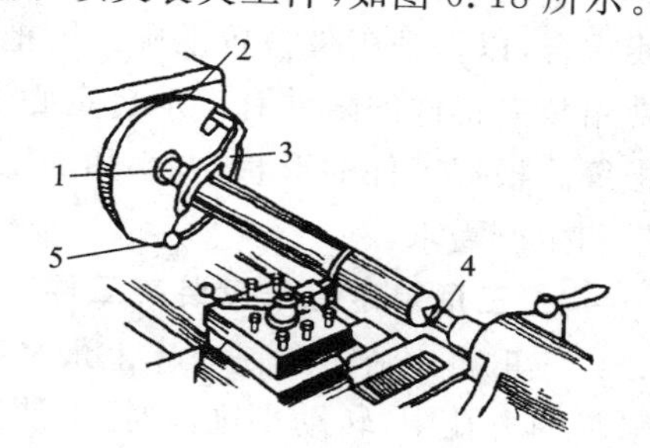

图 6.18　用双顶尖装夹工件

1—前顶尖;2—拨盘;3—卡箍;4—后顶尖;5—夹紧螺钉

用顶尖装夹工件前，要先车平工件的端面，并在端面上用中心钻钻出中心孔。中心孔是轴类工件在顶尖上安装的定位基面。中心孔有60°锥孔，为A型。与顶尖的60°锥面配合，里端的小圆孔可保证锥孔与顶尖锥面配合贴紧，并可储存少量润滑油。B型中心孔外端多一个120°锥面，用以保证60°锥孔的外缘不被破坏，另外也便于在顶尖上精车轴的端面。顶尖是利用尾部的锥面与主轴或尾座套筒的锥孔配合而装紧的，因此，安装顶尖时必须擦净顶尖和锥孔，然后用力推紧，否则装不牢或装不正。顶尖装牢后必须检查前后两个顶尖和锥孔是否重合，若不重合，必须将尾座体作横向调节，使之符合要求。图6.19为中心孔和中心钻示意图。

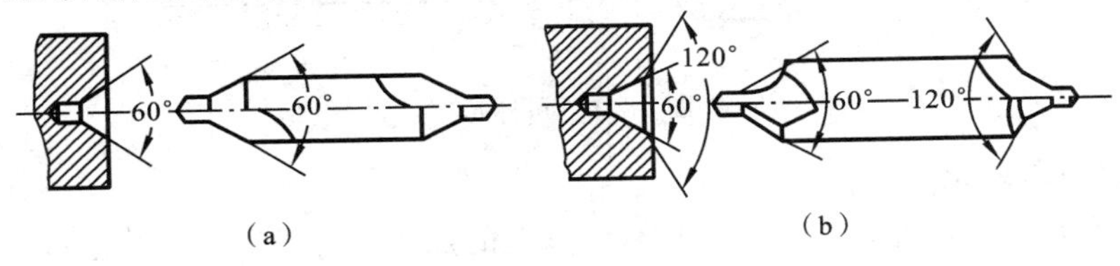

图6.19　中心孔和中心钻

(a) A型中心孔；(b) B型中心孔

4. 心轴

心轴一般要与顶尖、卡箍、拨盘一起配合使用。当盘套类零件上某一外圆或端面与孔的轴线有圆跳动要求，而又无法与孔在一次装夹中加工完成时，如果把零件上的孔先精加工出来，以孔定位安装心轴，再将心轴安装在前后顶尖之间，这样就可以把盘套类零件当成阶梯轴来加工，即可以保证圆跳动要求。对于同轴度要求较严或端面与孔的轴线垂直度要求较严的盘套类零件，在车削加工外圆及端面时，可以利用三爪卡盘一次装夹同时进行孔加工、外圆加工及端面加工。还可以在孔精加工后，再装到心轴上进行外圆及端面等加工，以保证位置精度。

心轴可根据工件的形状、尺寸、精度要求来确定。常用的心轴有锥度心轴和圆柱心轴。如图6.20所示。

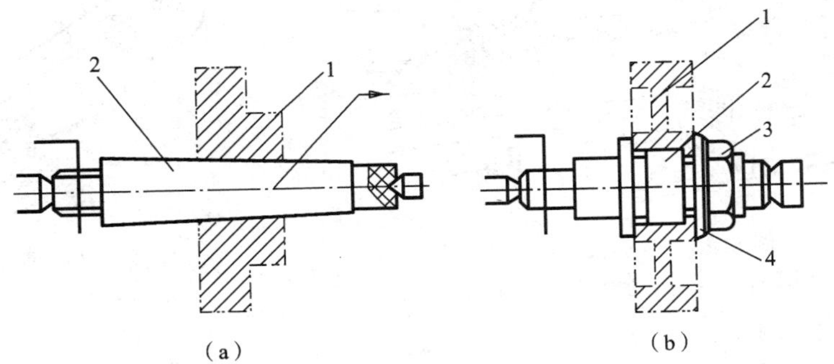

图6.20　常用心轴

(a) 锥度心轴；(b) 圆柱心轴

1—工件；2—心轴；3—螺母；4—垫圈

当工件长度大于工件孔径时，可采用稍带有锥度（1∶1 000至1∶2 000）的心轴，靠心轴圆锥表面与工件的变形面将工件夹紧。这种心轴装卸方便，对中准确，但不能承受较大的力矩，多用于精加工盘套类零件。

当工件长度比孔径小时，常用圆柱心轴。工件左端紧靠心轴的台阶，右端由螺母及垫圈压紧，因此夹持力较大，多用于加工盘类零件。由于零件孔与心轴之间有一定的配合间隙，对中性较差。因此，应尽可能减少孔与轴的配合间隙，以保证加工精度的要求。

有时也用可胀心轴,如图 6.21 所示。当拧紧螺杆时,螺杆推动锥度套筒向左移动,带有开口的弹性心轴胀开而夹紧工件。这种心轴装卸方便,但结构比较复杂,制造成本较高,适于成批或大量生产中、小型零件。其定心精度通常为 0.01～0.02 mm。

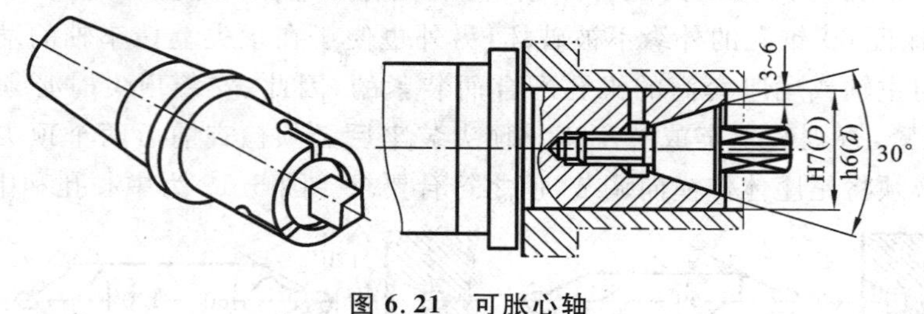

图 6.21　可胀心轴

5. 中心架与跟刀架

加工细长轴时,为了减小因工件刚度不足引起的加工误差,常采用中心架或跟刀架,起辅助支承作用。

如图 6.22 所示,利用中心架来车削长轴外圆。中心架固定在床身某一部位,其 3 个支承爪支承在预先加工过的工件外圆上,对工件在中心架右侧或左侧部分进行车削加工,一般先车削一端再调头车削另一端。长轴的端面或轴端内孔要加工时,也可利用中心架进行辅助安装。与中心架不同的是,跟刀架固定在大拖板上,并随之一起移动。使用跟刀架需先在工件上靠后顶尖的一端车出一小段外圆,根据它来调节跟刀架支承爪的位置和松紧,然后再车出零件的全长。跟刀架主要用于加工细长的光轴,如图 6.23 所示。

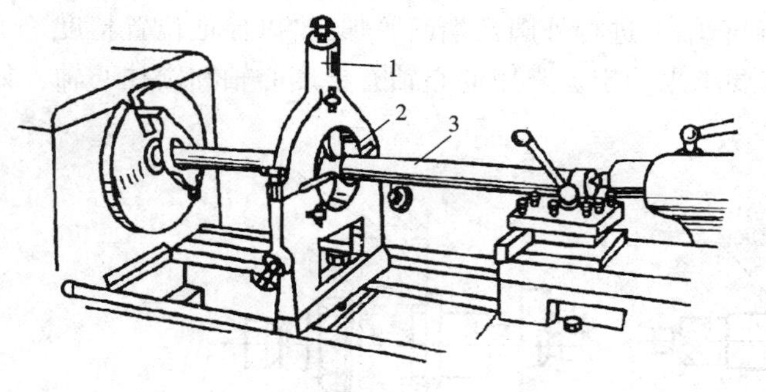

图 6.22　中心架

1—中心架;2—槽;3—加工中的长轴

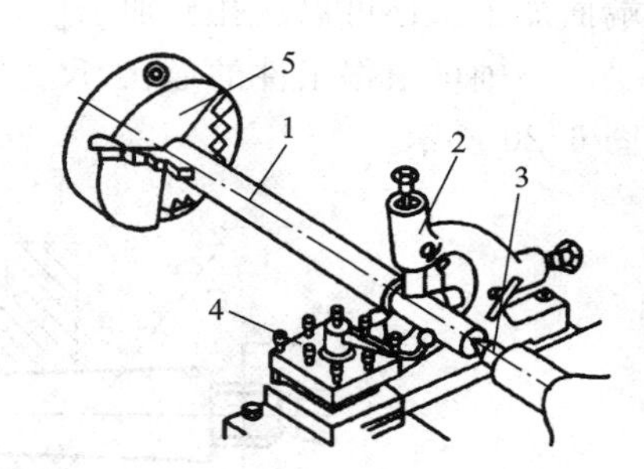

图 6.23　跟刀架的应用

1—工件;2—跟刀架;3—尾顶尖;4—刀架;5—三爪自定心卡盘

使用中心架或跟刀架时,工件的支承部分要加机油润滑。工件的转速不能太高,以免工件与支承爪之间摩擦过热而烧坏或磨损支承爪。

6. 用花盘与弯板安装工件

对于形状不规则的工件,或要求工件孔(或外圆)的轴线与安装面垂直,或要求工件的一个面与安装面平行时,可以把工件直接压在花盘上加工,如图 6.24(a)所示。当要求孔的轴线与安装面平行或要求两孔的轴线垂直相交时,则可将工件安装在花盘的弯板上(见图 6.24(b))。花盘的端面必须平整,并与主轴中心线垂直。弯板上贴紧花盘和装置工件的两个面应有较高的垂直度要求,弯板装在花盘上要经过仔细找正后才能使用。

用花盘、弯板安装工件时,由于重心偏向一边,要在另一边上加配重板予以平衡,以减小转

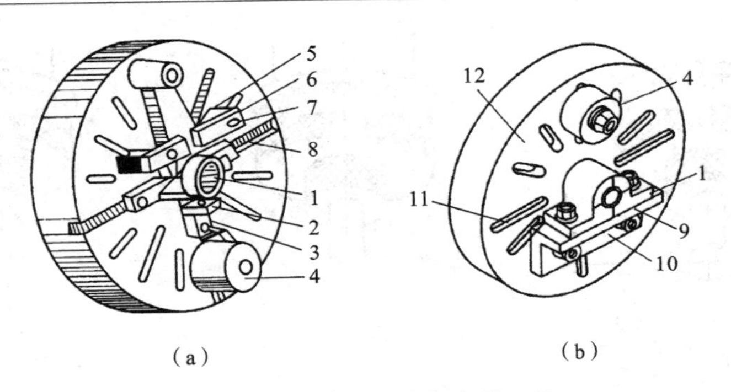

(a) (b)

图6.24 用花盘和弯板安装工件

(a) 用花盘安装工件;(b) 用花盘-弯板安装工件

1—工件;2—角铁;3—顶丝;4—平衡铁;5—垫铁;6—压板;7—螺栓;

8—螺栓槽;9—安装基面;10—弯板;11—螺栓孔槽;12—花盘

动时的振动。此外,加工时工件转速不宜太高,以免因离心力造成事故。

6.4 车削工作及操作要点

6.4.1 车床的基本操作

1. 刻度盘及刻度盘手柄的使用

在车削工件时要准确、迅速地控制切深,必须熟练地使用中滑板和小刀架的刻度盘。中滑板刻度盘装在横丝杠轴端部,中滑板和横丝杠的螺母紧固在一起。当中滑板手柄带着刻度盘转一周时,丝杠也转一周,这时螺母带着中滑板移动一个螺距。所以中滑板移动的距离可根据刻度盘上的格数来计算:刻度盘每转一格中滑板移动的距离=丝杠螺距/刻度盘格数(mm)。例如,C6136车床中滑板丝杠螺距为4 mm,中滑板的刻度盘等分200格,故每转一格中滑板移动的距离为4/200=0.02 (mm)。车刀是在旋转的工件上切削的,当中滑板刻度盘每进一格时,工件直径的变化量是切深的两倍,即0.04 mm。回转表面的加工余量都是对直径而言的。测量工件的尺寸也是看其直径的变化,所以用中滑板刻度盘进刀切削时,通常将每格读作0.04 mm。

加工外表面时,车刀向工件中心移动为进刀,远离中心为退刀,加工内表面时,则相反。

由于丝杠与螺母之间有间隙,进刻度时必须慢慢地将刻度盘转到所需要的格数。如果刻度盘手柄摇过头,或试切后发现尺寸稍大而需将车刀退回时,绝不能直接退回几格,必须向相反的方向退回半周左右,清除丝杠螺母间隙,再摇到所需的格数,具体方法如图6.25所示。

小刀架刻度盘的原理及其使用方法和中滑板刻度盘相同。小刀架刻度盘主要用于控制工件长度方向的尺寸。与加工圆柱面不同的是小刀架的移动量就是工件长度的切削量。

2. 试切法加工

装夹工件后,要根据工件的加工余量决定进给的次数和每次进给的背吃刀量。因为刻度盘和横向进给丝杠都有误差,因此,在半精车或精车时往往不能满足进刀精度的要求。为了准确地确定背吃刀量,保证加工尺寸精度,只靠刻度盘进刀是不够的,这就需要采用试切的方法。试切的方法和步骤如图6.26所示。

3. 粗车

粗车时,首先选择尽可能大的背吃刀量,从毛坯上切去较多的多余金属,尽量将留给本工

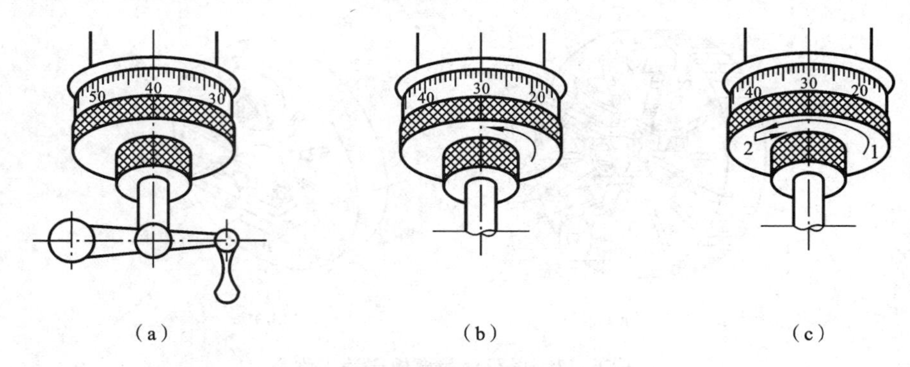

图 6.25　刻度盘手柄摇过头的纠正方法

(a) 要求手柄转至 30 但摇过头了成 40;(b) 错误:直接退至 30;(c) 正确:反转一圈后再转到所需位置 30

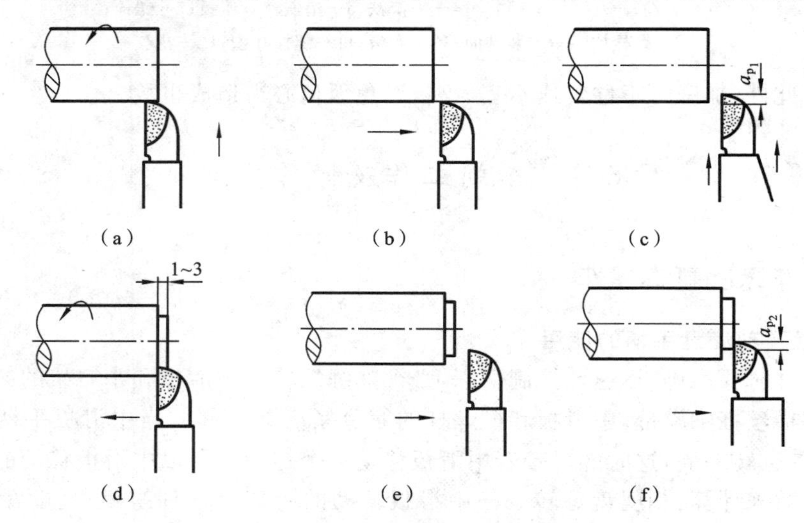

图 6.26　试切的方法和步骤

(a) 开车对刀,使车刀与工件表面轻微接触;(b) 向右退出车刀;(c) 横向进刀 a_{p1};
(d) 切削 1～3 mm;(e) 退出车刀,进行度量;(f) 如果尺寸未达到要求,再进刀 a_{p2}

序的加工余量一次切除,以减少走刀次数,同时尽量加大进给量,提高生产效率。这就要求粗车车刀有足够的强度能承受较大切削力,以适应吃刀深、走刀快的特点。当余量太大或工艺系统刚性较差时,则可经两次或更多次走刀切除加工余量。

粗车像锻、铸件等表面有硬层的工件时,可先车端面或先倒角,然后选择大于硬皮厚度的背吃刀量,以免刀尖被硬皮磨损。

粗车车刀应选用较小前角、后角和负的刃倾角,以增加刀头强度,主偏角不宜太小,以减少振动。常用的粗车外圆车刀的主偏角有 45°、75°和 90°等几种,最好取 75°左右。这样既能承受较大的切削力,又有利于刀头散热。直头外圆车刀的切削部分比弯头车刀的强度高,一般用于粗加工。

4. 精车

精车的目的是保证工件的尺寸精度和表面质量,主要应采取下列措施。

(1) 合理选择车刀角度　例如,精车车刀的刃倾角采用正值,以便切屑流向待加工表面。另外减小前、后刀面的表面粗糙度值,对提高加工表面质量也有一定的效果。一般用 90°偏刀精车外圆。

(2) 合理选择切削用量 精车时，尽可能选用较小的进给量和背吃刀量，并采用较高的切削速度。

(3) 合理选择切削液 低速精车铸件时用煤油冷却润滑(低速粗车钢件时可用乳化液)。用硬质合金车刀进行切削时，一般不需浇注切削液，如需浇注，必须连续浇注。

(4) 采用试切法 试切的方法和步骤可参见图 6.26。

为提高切削加工效率和加工质量，降低生产过程中刀具消耗的成本，可选用硬质合金机夹可转位刀具，适应精车的要求，也适应数控机床加工的需要。

5. 车床空车练习注意事项

进行车床空车练习操作时，主轴变速及走刀变速必须停车进行，主轴转速不超过 360 r/min，尽量采取低速；走刀量一般调整在 0.12～0.17 mm/r 之间为宜；先开机，后走刀；先停走刀，后停机；注意刀架部分的行程极限；防止碰卡盘爪和尾架；横向移动刀架时，向前不超过主轴轴心线，向后横溜板不超过导轨面；工作完毕，溜板必须停在尾架一端。

6.4.2 基本车削工作

1. 车外圆和车台阶

车削外圆是生产中最基本、应用最广泛的工序。车削外圆常用的车刀主要有以下几种：直头外圆车刀、弯头刀、偏刀、圆弧刀等，如图 6.27 所示。直头外圆车刀主要用于车外圆，45°弯头刀和 90°偏刀通用性较好，既可以车外圆，又可以车端面。右偏刀车削带有台阶的工件和细长轴，不易顶弯工件。带有圆弧的尖刀常用来车带过渡圆弧表面的外圆。

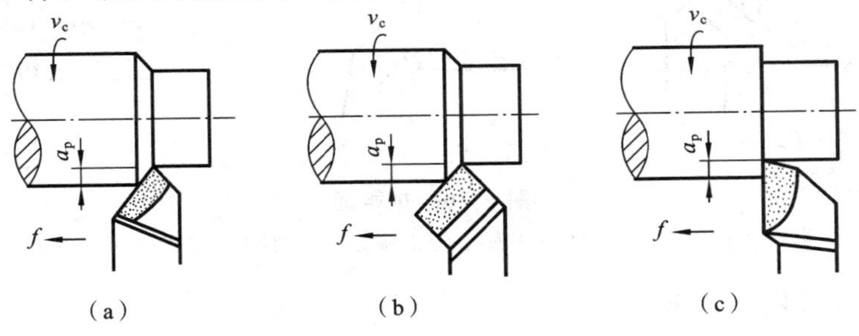

图 6.27 车外圆

(a) 尖刀车外圆；(b) 45°弯头刀车外圆；(c) 右偏刀车外圆

车削深度在 5 mm 以下的台阶时，可用正装的 90°偏刀在车外圆时同时车出，如图 6.28 所示。对于高度大于 5 mm 的高台阶，用主偏角大于 90°的右偏刀在车外圆时，分层、多次横向走刀车出，如图 6.29 所示。

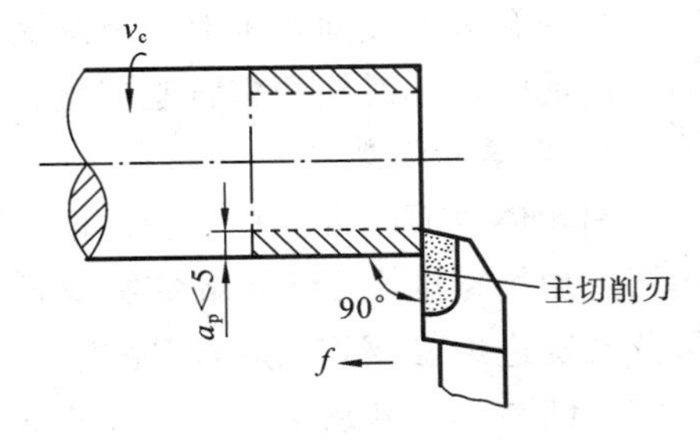

图 6.28 车低台阶

在单件生产时，通过钢直尺测量，用刀尖划线来控制台阶的长度。成批生产时，用样板测量台阶的长度。准确长度可用游标卡尺或深度尺测量，进刀长度可用纵溜板刻度盘或小滑板刻度盘控制。如果大批量生产或台阶较多，可用行程挡块通过控制进给长度来实现台阶长度的控制。

2. 车端面

轴、套、盘类工件的端面常用来作为轴向定位和测量的基准，车削加工时，一般都先将端面车出，端面的车削加工如图 6.30 所示。45°弯头车刀车端面时(见图 6.30(a))，参加切削的是

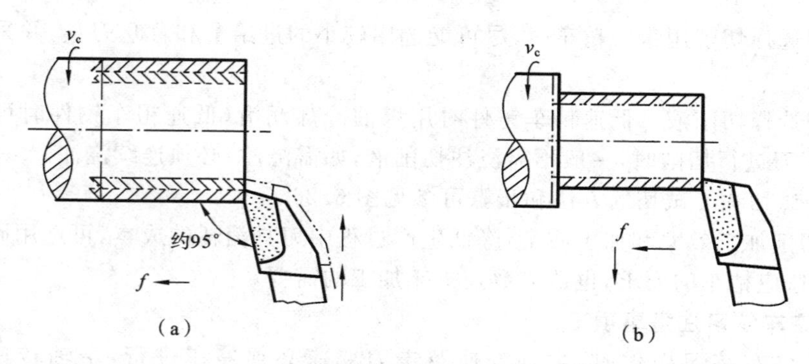

图 6.29　车高台阶

(a) 偏刀主切削刃和工件轴线约成 95°，分多次纵向进给切削；(b) 在末次纵向进给后，车刀横向退出，车出 90°台阶

车刀主切削刃，切削顺利，因此工件表面粗糙度值小，适用于车削较大的平面。右偏刀车端面时（见图 6.30(b)），参加切削的是车刀的副切削刃，切削起来不顺利，表面粗糙度值较大，它适用于车削带台阶和端面的工件。对于有孔的工件，用右偏刀车端面时（见图 6.30(c)）是由中心向外进给。这时是用主切削刃切削，切削顺利，表面粗糙度值较小。

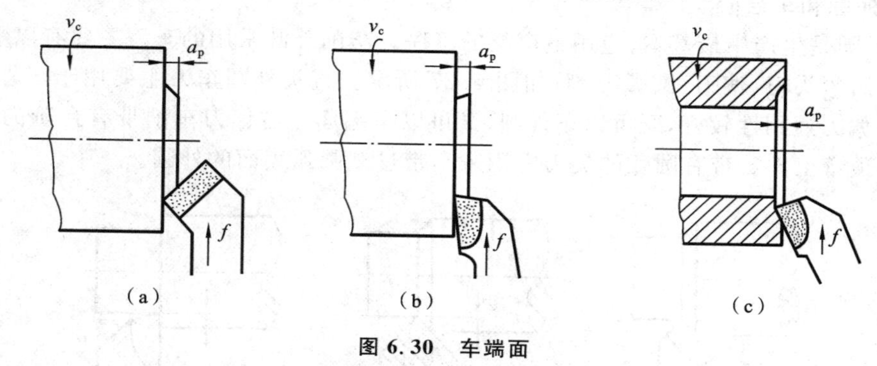

图 6.30　车端面

(a) 弯头刀车端面；(b) 偏刀车端面（由外向中心）；(c) 偏刀车端面（由中心向外）

车端面时应注意以下几点。

车刀的刀尖应对准工件的回转中心，否则会在端面中心留下凸台。工件中心处的线速度较低，为获得整个端面上较好的表面质量，车端面的转速比车外圆的转速要高一些。

直径较大的端面车削时应将纵溜板锁紧在床身上，以防由纵溜板让刀引起的端面外凸或内凹。此时用小滑板调整背吃刀量。精度要求高的端面，应分粗、精加工。

3. 切槽和切断

回转体表面经常存在一些沟槽，如退刀槽，砂轮越程槽等，在工件上车削沟槽的方法称为切槽。切削宽度小于 5 mm 的窄槽，可用主切削刃与槽等宽的切槽刀一次切出。切削宽槽时，可分几次进给，经粗车和精车完成，如图 6.31 所示。

切断是将工件从夹持端部分离下来，一般在卡盘上进行，如图 6.32 所示。刀具所用的是切断刀，其结构与切槽刀相似。切断时应注意：刀尖必须与工件等高，否则切断处会留有凸台，也容易损坏刀具，如图 6.33 所示。工件切断时一般用卡盘来装夹，并使工件切断处尽量靠近卡盘，以免引起工件振动。切断时伸出不宜过长，以增强刀具刚度，减少刀架各个部分的间隙，提高刀架刚度，减少切削过程中的变形和振动，切断时切削速度要低，采用缓慢均匀的手动进给，以防进给量太大造成刀具折断。

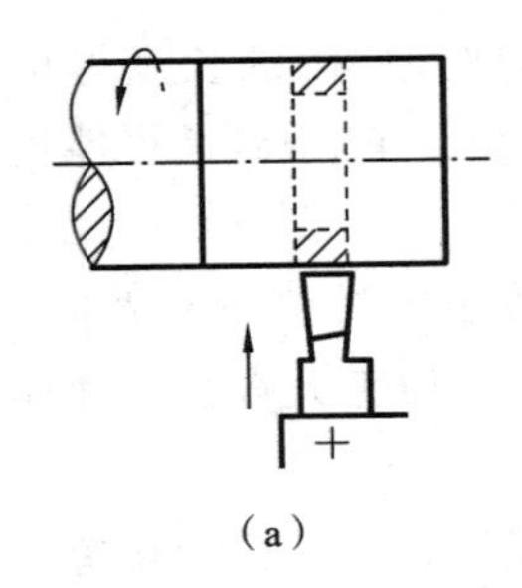

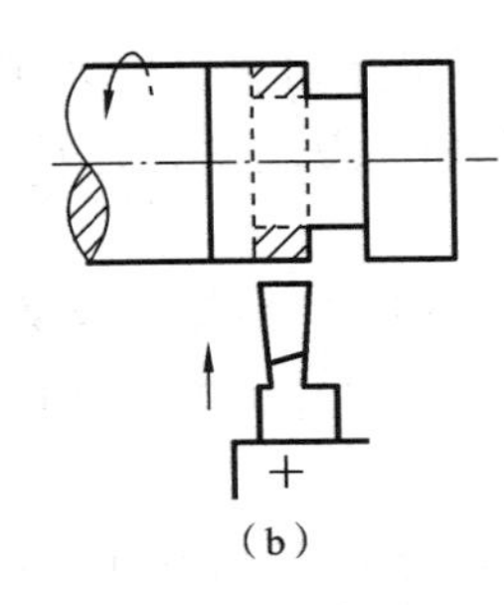

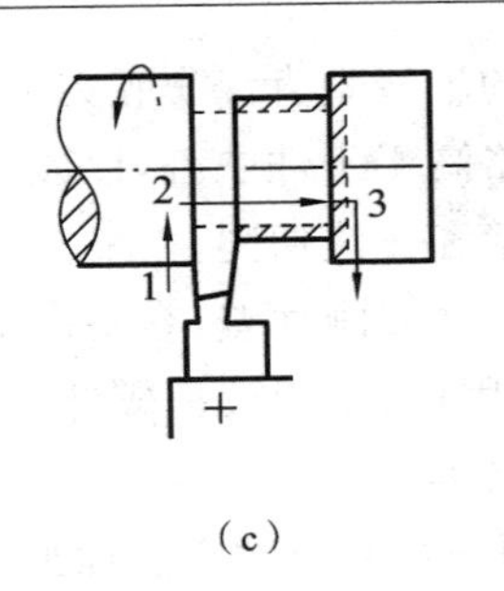

图 6.31 车宽槽

(a) 第一次横向进给;(b) 第二次横向进给;(c) 末一次横向进给后再以纵向进给精车槽底

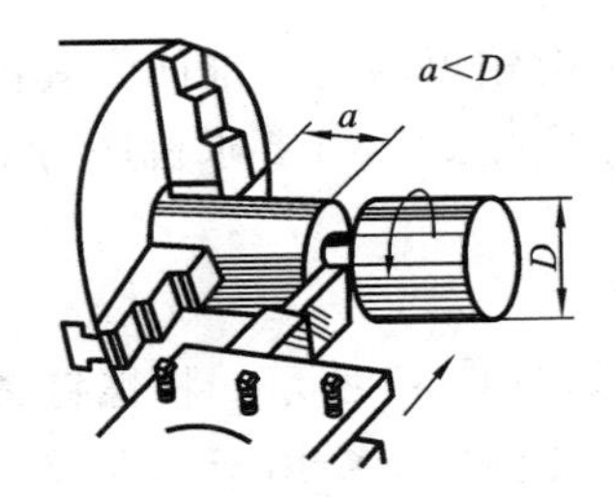

图 6.32 在卡盘上切断工件

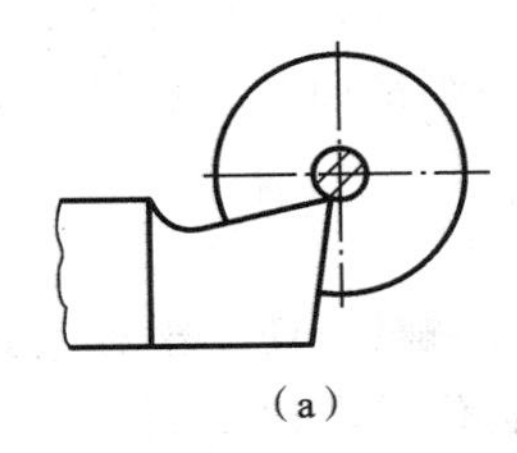

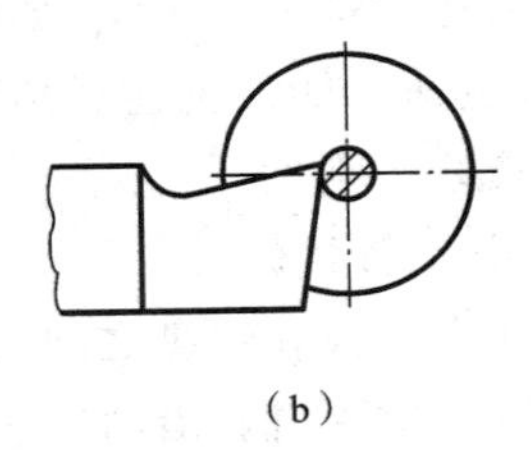

图 6.33 切断刀刀尖应与工件中心等高

(a) 切断刀安装过低刀头易被压断;

(b) 切断刀安装过高,刀具后面顶住工件,无法切削

4. 车床上孔的加工

在车床上车削内孔包括利用钻头钻孔、扩孔钻扩孔、铰刀铰孔、镗刀镗孔和内孔刀车内孔等操作,如图 6.34 所示。

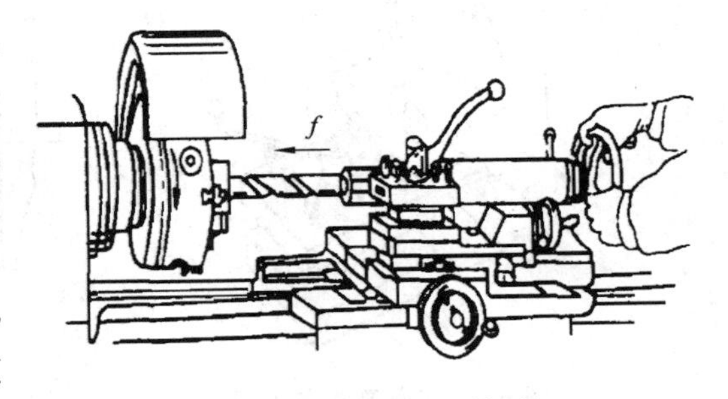

图 6.34 在车床上钻孔

在实体材料上加工孔时,可先用钻头钻孔,然后再进行扩孔和铰孔。在车床上加工直径小而精度高的孔时,"钻→扩→铰"是典型的工艺路线。车床上扩孔和铰孔与钻孔相似,钻头和铰刀装在尾架的套筒内由手动进给。

车孔(也称镗孔),是对铸出、锻出或钻出的孔的进一步加工,如图 6.35 所示。车孔可以较好地纠正原孔轴线的偏斜,可进行粗加工、半精加工和精加工。

车不通孔或台阶孔时,当车孔刀纵向进给至末端时,需作横向进给加工内端面,以保证内

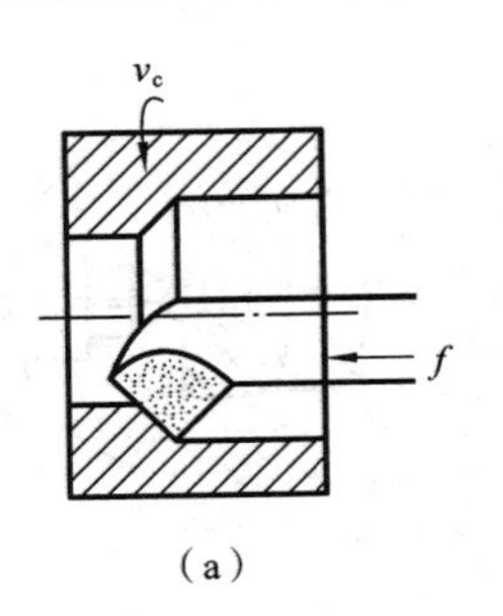

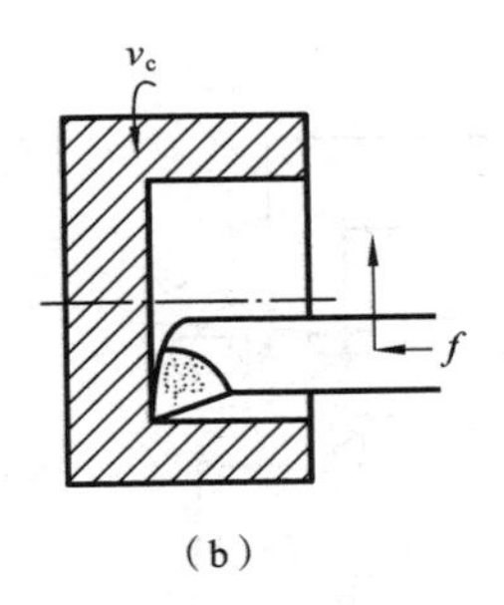

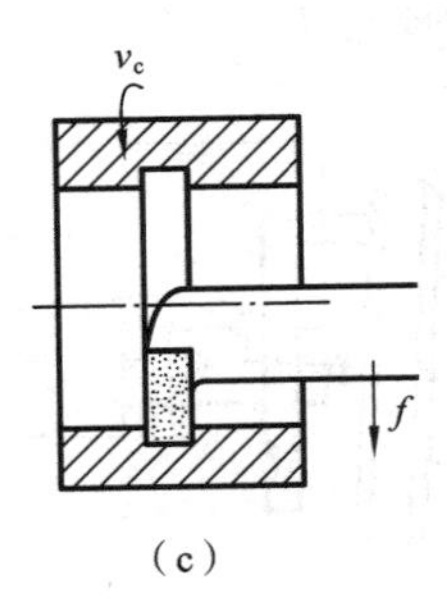

图 6.35 车孔

(a) 车通孔;(b) 车不通孔;(c) 车槽

端面与孔的轴线垂直。车孔刀刀杆应尽可能粗些。安装车孔刀时,伸出的长度尽可能短。刀尖要装得略高于工件中心,以减少颤动和扎刀现象。若刀尖低于工件中心,还可能使车孔刀下部碰坏孔壁和无法切削。

由于车孔刀刚度差,容易产生变形和振动,故车孔常采用较小的进给量和背吃刀量,进行多次走刀,因此,生产效率较低。但车孔刀制造简单,通用性强,可加工大直径孔和非标准孔。

5. 车锥面

将工件车成锥体的方法称为车锥面。锥体可直接用角度表示,如30°、45°、60°等。亦可用锥度表示,如1∶5、1∶10、1∶20等。特殊用途锥体根据需要专门制定。车锥面有以下四种方法。

1) 宽刀法

宽刀法亦称成形刀法,如图6.36所示,这种方法仅适用于车削较短的内外锥面。其优点是方便、迅速。能加工任意角度的圆锥面。缺点是加工的圆锥面不能太长、并要求机床与工件系统有较好的刚性。

2) 小刀架转位法

松开小滑板和转盘之间的紧固螺钉,使小滑板转过半锥角,如图6.37所示。将螺钉紧固后,转动小滑板手柄,沿斜向进给,便可车出锥面。这种方法方便,简单,主要用于单件或小批量生产的精度较低和长度较短的内外锥面。

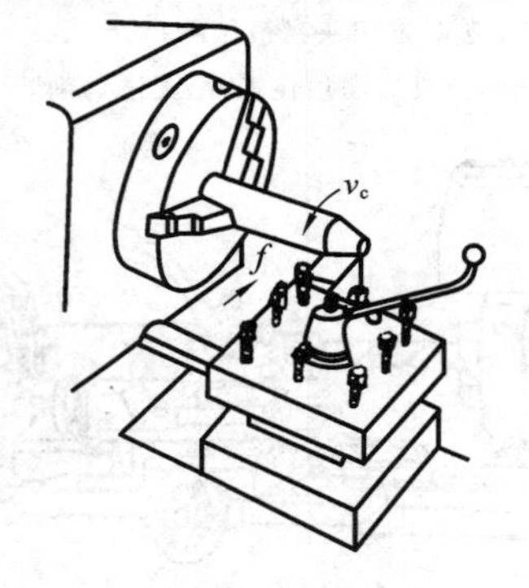

图6.36 宽刀法车锥面

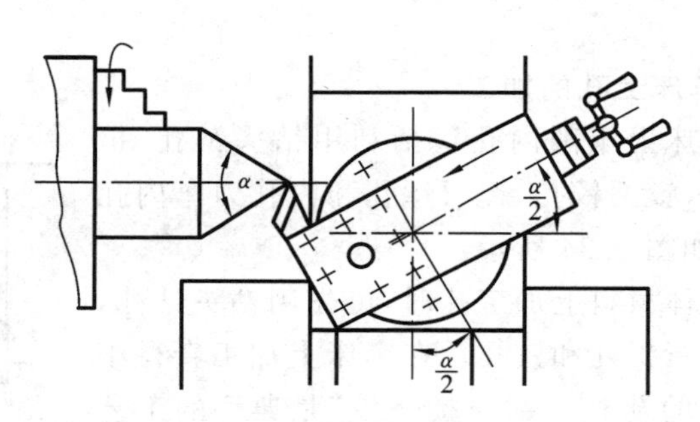

图6.37 小刀架转位法

3) 尾座偏移法

如图6.38所示,把尾架顶尖偏移一个距离S,使工件旋转轴线与机床主轴轴线的夹角为半锥角$\frac{\alpha}{2}$。当刀架自动或手动纵向进给时,即可车出所需的锥面。

尾座的偏移量为

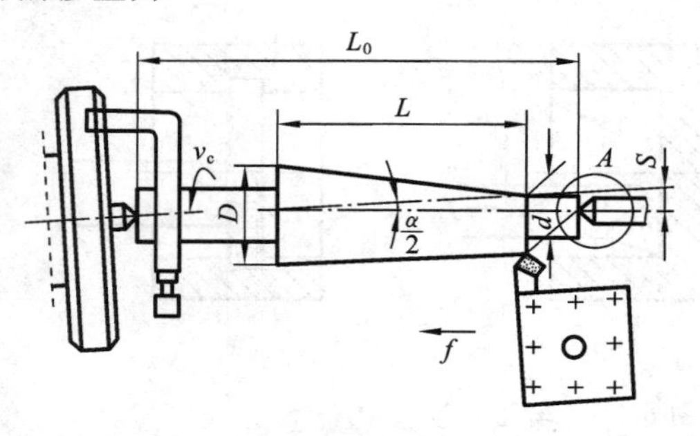

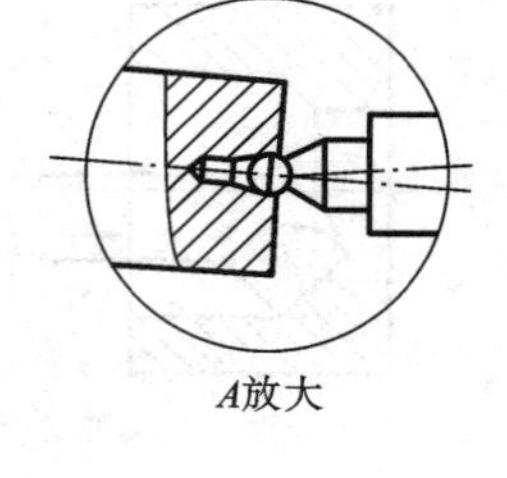

图6.38 尾座偏移法车锥面

$$S=L_0\sin\alpha \tag{6.8}$$

当 α 很小时，有

$$S=L_0\sin\alpha\approx L_0\tan\alpha=L_0(D-d)/2L$$

4）靠模法

如图 6.39 所示。靠模是车床加工圆锥面的附件。对于某些精度要求较高、尺寸较长的圆锥面和圆锥孔，批量较大时，常采用这种方法。靠模装置的底座固定在床身的后面，底座上装有锥度靠模板。松开紧固螺钉，靠模板可以绕定位销钉旋转，与工件的轴线成一个斜角。靠模上的滑块可以沿靠模滑动，而滑块通过连接板与横溜板连接在一起。横溜板上的丝杠与螺母脱开，其手柄不再调节刀架横向位置，而是将小滑板转过 90°，用小滑板上的丝杠调节刀具横向位置以调整所需的背吃刀量。

靠模板与机床的主轴轴线所成的角度，就是锥面锥角之半。用此法可加工圆锥面和圆锥孔，因可采用自动进给，操作简单，效率较高。不足之处是因带特制靠模装置，所以只在大批量生产时才采用此法。

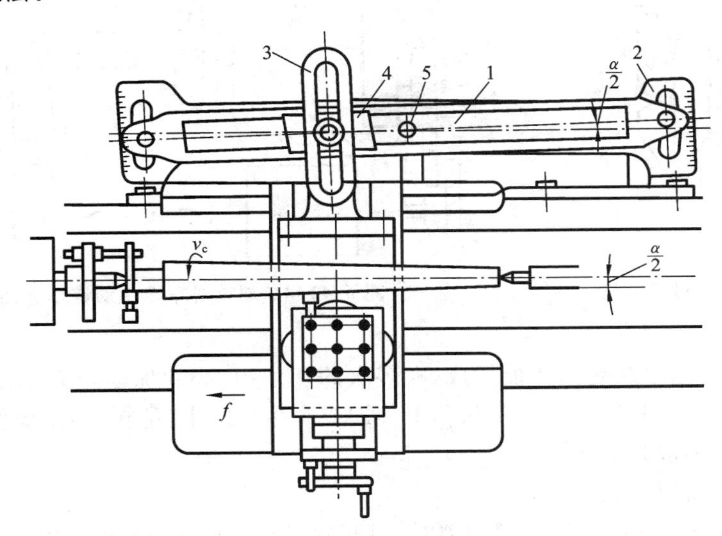

图 6.39　靠模法车锥面

1—靠模板；2—底座；3—连接板；4—滑块；5—销钉

6. 车螺纹

螺纹的应用很广，种类有三角螺纹、管螺纹、方牙螺纹、锯齿形和梯形螺纹等，如图 6.40 所示。一般三角螺纹和管螺纹作连接和紧固之用。方牙螺纹、锯齿形和梯形螺纹作传动之用，用于传递动力、运动或位移，如机床丝杠、测微计螺杆的螺纹等。各种螺纹又有右旋、左旋及单线、多线之分。其中以单线、右旋的普通螺纹（即公制三角螺纹）应用最广。

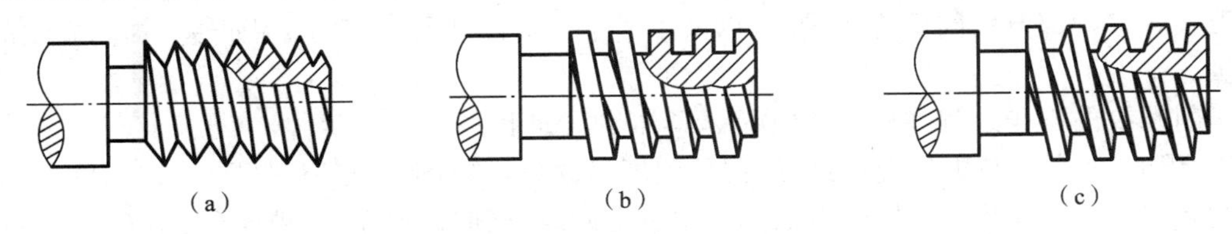

图 6.40　螺纹的种类

(a) 三角螺纹；(b) 方牙螺纹；(c) 梯形螺纹

车削螺纹的基本技术要求是保证螺纹的牙形和螺距精度，并使相配合的螺纹具有相同的中径。

(1) 螺纹车刀及其安装　车削各种牙形的螺纹，都应使螺纹车刀切削部分的形状与螺纹牙形相符。通常螺纹车刀的前角取 $\gamma_o=0$，当粗加工或螺纹要求不高时，其前角可取正值。安装螺纹车刀时，车刀刀尖必须与工件中心等高，车刀刀尖的等分线须垂直于工件回转中心线，应用对刀样板来安装车刀，如图6.41所示。

(2) 车螺纹时车床的调整　车螺纹前应正确调整车床，需注意以下方面。

螺纹的直径可以通过调整横向进刀获得，螺距则需要由严格的纵向进给保证。车螺纹时，工件每转一周，刀具应准确地纵向移动一个螺距或导程(单线螺纹为螺距，多线螺纹为导程)。为了保证上述关系，车螺纹时应使用丝杠传动。此外，丝杠的传动精度较高，全传动链比较简单，可减小进给传动误差和传动积累误差。图 6.42 所示为车螺纹时的进给传动链。

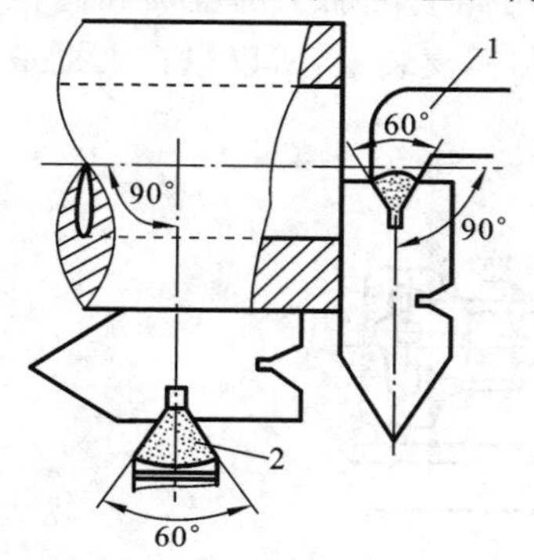

图 6.41　螺纹车刀的对刀方法

1—内螺纹车刀；2—外螺纹车刀

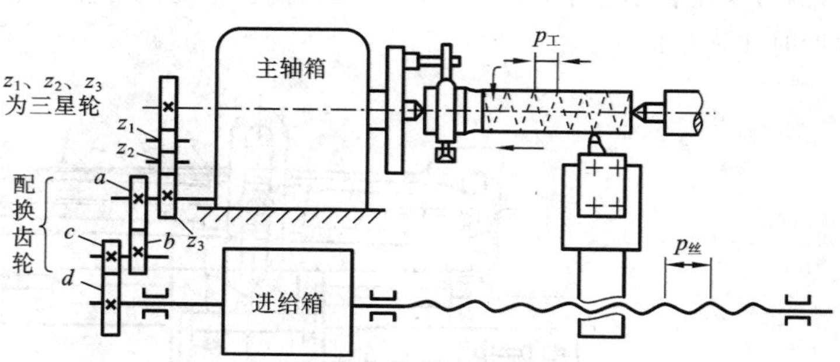

图 6.42　车螺纹时车床传动链示意图

车螺纹时，需经过多次走刀才能切成，在多次的切削中，必须保证车刀总是落在已切出的螺纹槽内，否则就叫“乱扣”。一旦“乱扣”，工件即成废品。产生“乱扣”的主要原因是车床丝杠的螺距与工件螺距不成整数倍。

避免出现乱扣需要注意以下几点。

① 采用“正反车法”进刀，即进刀退刀时，对开螺母与丝杠不能打开，始终保持啮合。

② 调整中小刀架的间隙，不要过紧或过松，使移动均匀、平稳。

③ 工件测量时，不能松开卡箍，在重新安装工件时要使卡箍与拨盘(或卡盘)的相对位置与原来一样。

④ 切削过程中，如果换刀，则应重新对刀，保证刀尖准确无误地落入原有的螺纹沟槽。

标准螺纹的螺距可根据车床进给箱标牌所给出的参数，通过调整进给箱手柄获得。对于特殊的螺距有时需更换齿轮才能获得。与车外圆相比，车螺纹时的进给量特别大，主轴的转速不宜过高，以保证进给终了时，有充分的时间退刀停车，否则可能会造成刀架或溜板与主轴相撞。刀架各移动部分的间隙应尽量小，以减小由于间隙窜动所引起的螺距误差，提高螺纹的表面质量。

车削螺纹的操作过程如图 6.43 所示，具体步骤如下：

① 开车，使车刀与工件轻微接触，记下刻度盘读数，向右退出车刀(见图 6.43(a))；

② 合上对开螺母，在工件表面上车出一条螺旋线，横向退出车刀，停车(见图 6.43(b))；

③ 开反车使车刀退到工件右端，停车，用钢直尺检查螺距是否正确(见图 6.43(c))；

④ 利用刻度调整切削深度，开始车削至退刀槽停车(见图 6.43(d))；

⑤ 车刀将至行程终了时，应做好退刀停车准备，先快速退出车刀，然后停车，开反车退回刀架(见图 6.43(e))；

⑥ 再次调整背吃刀量，继续切削，直到螺纹加工完毕(见图 6.43(f))。

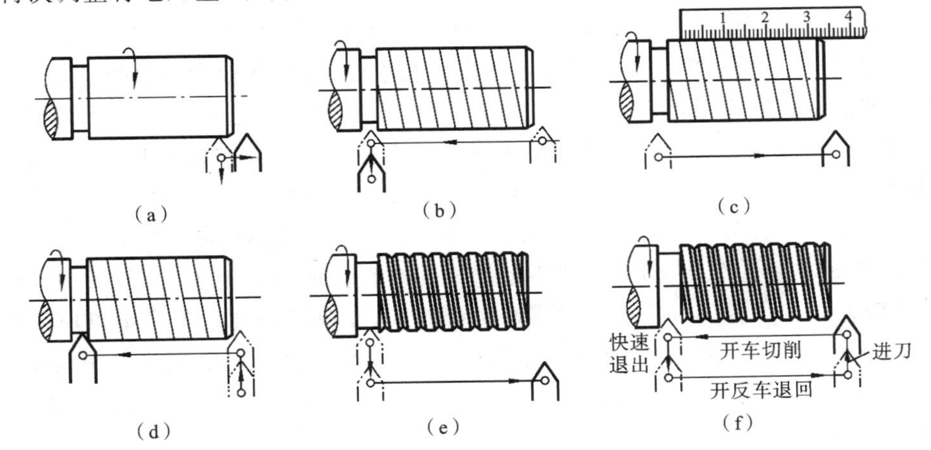

图 6.43　车削螺纹的操作过程

7. 车成形面

带有成形面的零件，机器上用得较多，如机床的手柄，内燃机凸轮轴上的凸轮、汽轮机的叶片及车床主轴锥孔等。成形面是各种以曲线为母线的回转体表面。

与其他表面类似，成形面的技术要求也包括尺寸精度、形位精度及表面质量等。但是，成形面往往是为了实现特定功能而专门设计的，因此，其表面形状精度的要求十分重要。加工时，刀具的切削刃形状和切削运动应首先满足表面形状精度的要求。

车床上车成形面常用的方法有以下几种。

1) 双手控制法

双手控制法车成形面如图 6.44 所示，用双手同时摇动中滑板和小滑板的手柄，使刀尖切削的轨迹与所需成形面的轮廓尽量相符，以加工出所需零件。此法需要较高的操作技能，生产效率低，精度也低，多用于单件小批量生产。

2) 用成形车刀车成形面

用成形车刀车成形面如图 6.45 所示，成形车刀的刀刃曲线与成形面的母线完全相符，只

图 6.44　双手控制法车成形面

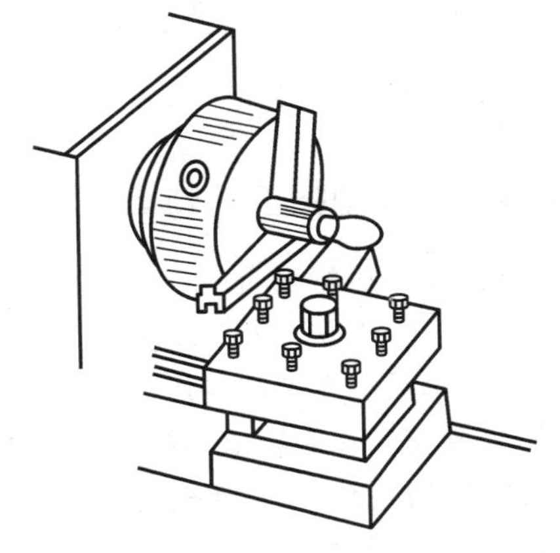

图 6.45　用成形车刀车成形面

需一次横向进给即可车出成形面。为了减少成形车刀的切削量,可先用尖刀按成形面形状粗车,再用成形车刀精车成形。

3) 用靠模车成形面

靠模车成形面的原理与靠模车锥面的原理相同。其特点是生产率高,工件的互换性好,但制造靠模增加了成本,故主要用于成批生产中车削长度较大,形状较为简单的成形面。

成形面的加工方法应根据零件的尺寸、形状及生产批量等来选择。小型回转体零件上形状不太复杂的成形面,在大批量生产时,常用成形车刀在自动或半自动车床上加工;批量较小时,可用成形车刀在卧式车床上加工。成形的直槽和螺旋槽等,一般可用成形铣刀在万能铣床上加工。尺寸较大的成形面,大批量生产中,多在仿形车床或仿形铣床上加工。单件小批量生产时,可借助样板在卧式车床上加工,或者依据划线在铣床或刨床上加工,但这种方法加工的质量和效率较低。为了保证加工质量和提高生产效率,在单件小批量生产中可应用数控机床加工成形面。大批量生产中,为了加工一定的成形面,常常专门设计和制造专用的拉刀或专门化的机床,例如,加工凸轮轴上的凸轮用凸轮轴车床、凸轮轴磨床等。对于淬硬的成形面,或精度高、表面粗糙度值小的成形面,其精加工则要采用磨削,甚至要用精整加工。

8. 滚花

各种工具和机器零件的手握部分,为便于握持和增加美观,常常在表面上滚出各种不同的花纹,如百分尺套管、丝杠扳手及螺纹量规等。这些花纹一般是在车床上用滚花刀滚压而成的,如图 6.46 所示。花纹有直纹和网纹两种,滚花刀也分直纹滚花刀(见图 6.47)和网纹滚花刀。滚花属挤压加工,其径向挤压力很大,因此加工时工件的转速要低些,还需供给充足的切削液,以免破坏滚花刀和防止细屑堵塞滚花刀纹路而产生乱纹。

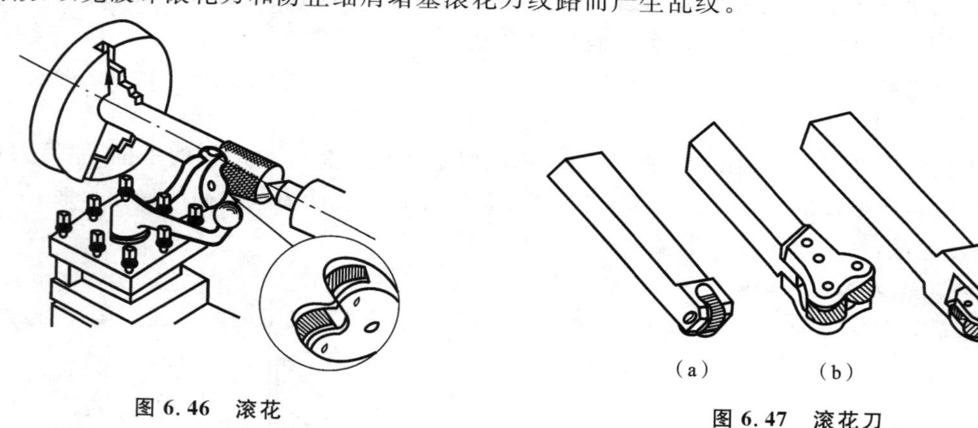

图 6.46　滚花

图 6.47　滚花刀

6.4.3　车削的工艺特点

车削加工在机械加工中得到了广泛的应用,它具有以下工艺特点。

(1) 易于保证被加工零件各表面的位置精度　车削加工适于加工各种轴类、盘类、套类零件。一般短轴类或盘类零件用卡盘装夹,长轴类零件可利用中心孔装夹在前后顶尖之间,而套类零件,通常安装在心轴上。当在一次装夹中,对各外圆表面进行加工时,能保证同轴度要求,调整车床的横拖板导轨与主轴回转轴线垂直时,在一次装夹中车出的端面还能保证与轴线垂直。加工形状不规则的零件,为保证位置精度要求可以利用花盘装夹,或利用花盘和弯板装夹。

(2) 适于非铁金属零件的精加工　非铁金属零件若要求较高的精度和较小的表面粗糙度值时，可在车床上，用金刚石车刀，采用很小的切深(a_p<0.15 mm)和进给量(f<0.1 mm/r)及很高的切削速度(v≈5 m/s)进行加工，精度可达IT6、IT5，表面粗糙度为Ra0.8～0.1 μm。

(3) 切削过程平稳　车削加工过程是连续进行的，并且切削面积不变(不考虑毛坯余量不均匀)。所以切削力变化小，切削过程平稳。可采用较大的切削用量，故生产效率也较高。

(4) 刀具简单，使用灵活　车刀是各类刀具中最简单的一种，制造、刃磨和装夹都较方便，这就便于根据加工要求，选用合理的角度，有利于提高加工质量和生产效率。

(5) 加工的万能性好　车床上通常采用顶尖、三爪卡盘和四爪卡盘等安装工件，车床上还可安装一些附件来支承和装夹工件，从而扩大车削的工艺范围。

6.4.4 典型零件的车削加工

1. 制定零件加工工艺的要求

由于零件是由多个表面组成的，生产中往往需要经过若干加工步骤，才能将毛坯加工为成品。零件形状愈复杂，精度和表面粗糙度要求愈高，需要加工的步骤也愈多。车床加工的零件，有时还需经过铣、刨、磨、钳和热处理等加工才能完成。因此，制定零件机械加工工艺时，必须综合考虑，合理安排加工步骤。制定零件的加工工艺，一般要解决下面几个问题。

(1) 根据零件的形状、结构、材料和数量确定毛坯的种类，如棒料、锻件或铸件等。

(2) 根据零件的精度、表面粗糙度等全部技术要求及所选用的毛坯，确定零件的加工顺序，包括热处理方法的确定及安排等。

(3) 确定每一加工步骤所用的机床及零件的安装方法、加工方法、度量方法、加工尺寸和为下一步所留的加工余量。

(4) 成批生产的零件还要确定每一步加工时所用的切削用量。

为此，在制定零件加工工艺之前，首先要看清零件图样，做到既要了解全部技术要求，又要抓住技术关键。具体制定工艺时还要紧密结合本厂的实际生产条件。对于轴类和盘套类零件，其车削工艺是整个工艺过程的重要组成部分，有的零件通过车削即可完成全部加工内容。下面介绍几种典型零件的车削工艺。

2. 轴类零件

图6.48所示为一传动轴，该轴的表面由外圆、轴肩、螺纹退刀槽、螺纹、砂轮越程槽等组成。两头轴颈和中间的一段外圆为主要工作表面。轴颈表面与轴承内圈配合，中间的外圆面用于装齿轮等。这三段外圆表面精度要求较高和表面粗糙度值要求较低，中间圆柱面和轴肩对两头轴颈面分别有径向圆跳动和端面圆跳动要求，这三段主要外圆表面应以磨削作为终加工。由于轴类零件需要有良好的综合力学性能，应进行调质处理。

轴类零件中，对于光轴或直径相差不大的阶梯轴，多采用圆钢为坯料，对于直径相差悬殊的阶梯轴，采用锻件可节省材料，减少机加工工作量，并能提高力学性能。因该轴各外圆的直径相差不大，且数量只有两件，选择ϕ55的圆钢为毛坯。

该传动轴的加工顺序为：粗车→调质→半精车→磨削。工件粗车时，切削力大，而精度要求不高，采用卡盘和后顶尖装夹，半精车和磨削加工采用双顶尖装夹，统一加工基准，提高各表面的位置精度。

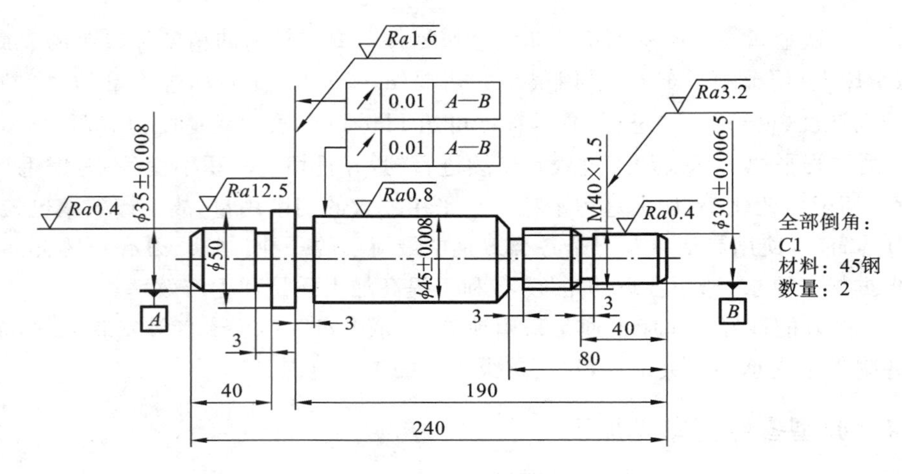

图 6.48　传动轴

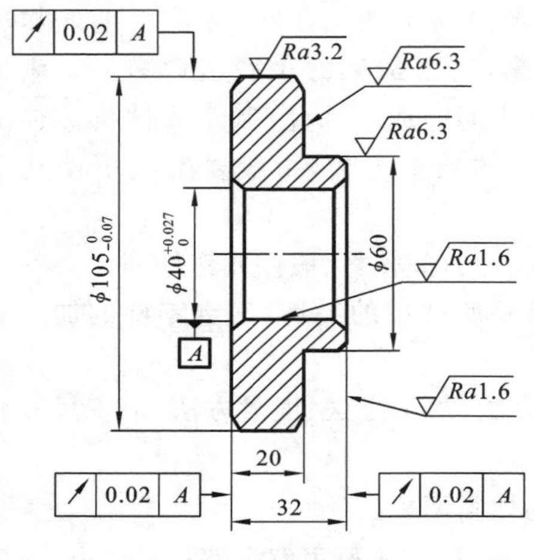

图 6.49　齿轮零件图

加工所用的刀具为 90°右偏刀、45°弯头刀、车槽刀,螺纹车刀和中心孔钻。

3. 盘类零件

齿轮是典型的盘类零件,如图 6.49 所示。图中表面粗糙度要求为 $Ra6.3 \sim 1.6\ \mu m$,外圆及端面对内孔的跳动量均不超过 0.02 mm,其主要的加工过程可以在车床上完成。

6.4.5　车削的质量检验

由于各种因素的影响,车削加工可能会产生多种质量缺陷,每个工件车削完毕都需要对其进行质量检验。经过检验,及时发现加工存在的问题,分析质量缺陷产生的原因,提出改进措施,保证车削加工的质量。

车削加工的质量主要是指车削外圆表面、内孔及端面的表面粗糙度、尺寸精度、形状精度和位置精度。

车削加工端面、外圆和内孔的质量分析及防治分别如表 6.1、表 6.2 和表 6.3 所示。

表 6.1　车端面质量缺陷分析及防治

质量缺陷	产生原因	预防措施
平面度超差	主轴轴向窜动引起端面不平	调整主轴组件
	主轴轴线角度摆动引起端面内凹或外凸	调整主轴组件
垂直度超差	二次装夹引起工件轴线偏斜	二次装夹时严格找正或采用一次装夹加工
阶梯轴同轴度超差	定位基准不统一	用中心孔定位或减少装夹次数
表面粗糙度值大	切削用量选择不当	提高或降低切削速度,减小进给量和背吃刀量
	刀具几何参数不当	提高前角和后角,减少副偏角,右偏刀由中心向外进给

表6.2 车外圆质量缺陷分析及防治

质量缺陷	产生原因	预防措施
尺寸超差	看错进刀刻度	看清并记住刻度盘读数刻度,记住手柄转过的圈数
	盲目进刀	根据余量计算背吃刀量,并通过试切法来修正
	量具有误差或使用不当,量具未校零,测量,读数不准	使用前检查量具和校零,掌握正确的测量和读数方法
圆度超差	主轴轴线漂移	调整主轴组件
	毛坯余量或材质不均,产生误差复映	采用多次进给
	质量偏心引起离心惯性力	加平衡块
圆柱度超差	刀具磨损	合理选用刀具材料,降低工件硬度,使用切削液
	尾座偏移	调整尾座
	工件变形	使用顶尖、中心架、跟刀架、减小刀具主偏角
	主轴轴线角度摆动	调整主轴组件
阶梯轴同轴度超差	定位基准不统一	用中心孔定位或减少装夹次数
表面粗糙度值大	切削用量选择不当	提高或降低切削速度,减小进给量和背吃刀量
	刀具几何参数不当	增大前角和后角,减少副偏角
	破碎的积屑瘤	使用切削液
	切削振动	提高工艺系统刚度
	刀具磨损	及时刃磨刀具并用油石磨光,使用切削液

表6.3 车孔质量缺陷分析及防治

质量缺陷	产生原因	预防措施
尺寸超差	看错进刀刻度	看清并记住刻度盘读数刻度,记住手柄转过的圈数
	盲目进刀	根据余量计算背吃刀量,并通过试切法来修正
	车刀杆与孔壁产生运动干涉,工件热胀冷缩	重拆装夹车刀并空行程试进给,选择合适的刀杆直径,粗精加工相隔一段时间或加切削液
	量具有误差或使用不当	使用前检查量具和校零,掌握正确的测量及读数方法
圆度超差	主轴轴线漂移	调整主轴组件
	毛坯余量或材质不均,产生误差复映	采用多次进给
	卡爪引起夹紧变形	采用多点夹紧,工件增加法兰
	质量偏心引起离心惯性力	加平衡块
圆柱度超差	刀具磨损	合理选用刀具材料,降低工件硬度,使用切削液
	主轴轴线角度摆动	调整主轴组件

续表

质量缺陷	产生原因	预防措施
与外圆同轴度超差	二次装夹引起工件轴线偏移	二次装夹时严格找正或一次装夹加工出外圆和内孔
表面粗糙度值大	切削用量选择不当	提高或降低切削速度，减小进给量和背吃刀量
	刀具几何参数不当	增大前角和后角，减少副偏角
	破碎的积屑瘤	使用切削液
	切削振动	减少镗杆悬伸量，增加刚度
	刀具磨损	及时刃磨刀具并用油石磨光，使用切削液
	刀具装夹偏低引起扎刀或刀尖低 刀具与孔壁摩擦	使刀尖高于工件中心，减小刀头尺寸

6.4.6　实习产品的加工、工艺编制和加工参数的选择

为了让学生掌握车工的基本操作技能，我们设计了一个车工实习产品——鸭嘴锤手柄，如图 6.50 所示，包括产品零件图和加工工艺卡，让学生熟悉车削加工的各种方法(车外圆、车端面和台阶面、钻孔、切槽和切断、车圆锥面、车螺纹、滚花、车成形面等)、产品图样和加工工艺的编制方法。同时，让学生认识刀具、量具、夹具、尺寸标注、定位基准、尺寸精度、表面粗糙度等的应用，为专业课的学习打下工程实践认识基础。

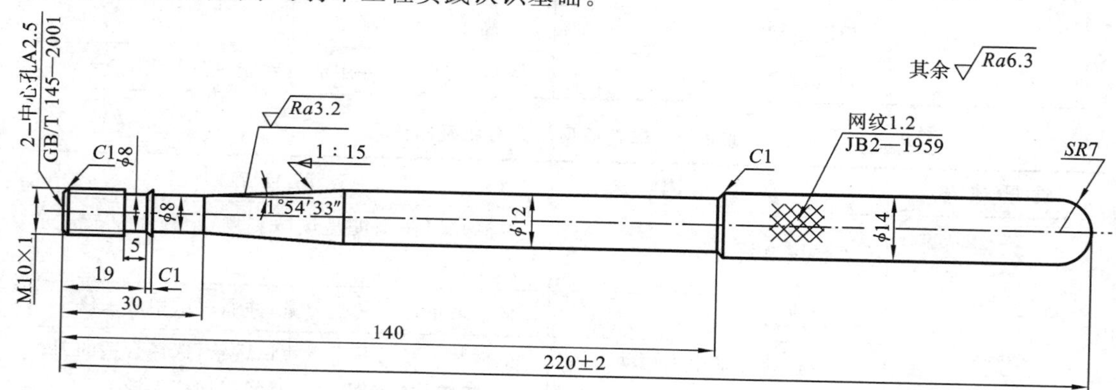

图 6.50　鸭嘴锤手柄

熟悉产品图样(见图 6.50)、零件加工尺寸精度要求，编制加工工艺路线，选择刀具、基准、夹具、量具、切削用量。

1. 产品参数

手柄由外圆柱面(ϕ14、ϕ12、ϕ8)、圆锥面(1 : 15 圆锥面)、退刀槽($\phi 8\times 5$、$\phi 8\times 10$)、螺纹(M10×1)、倒角(C1)、中心孔(2—中心孔 A2.5 GB/T 145—2001)、半球面(SR7)和外圆滚花(网纹 1.2 JB2—1959)组成，表面粗糙度为 Ra3.2 μm、Ra6.3 μm，材料为 45 钢的 ϕ18 棒料。为了便于加工螺纹(M10×1)时退刀，毛坯料要预留 10 mm 作退刀工艺凸台用。

由于实习学生初次操作机床，放低了加工精度要求，外圆公差定为±0.3 mm 和 $^{0}_{-0.2}$ mm，长度公差定为±2 mm 和±0.5 mm。

此实习产品主要由回转面构成，供实习学生作车加工练习，逐步掌握常用车削加工方法。学会选择刀具、量具、夹具、加工基准、工艺路线、编制加工工艺。使用刀具有：中心钻、45°端面车刀、90°外圆车刀、切槽刀、外螺纹车刀、圆弧车刀、滚花刀。使用量具有：钢板尺、游标卡尺、螺纹规对刀样板、圆弧样板规。使用夹具有：三爪卡盘、尾座顶尖。

涉及的车削加工结构工艺性知识如下：

① 退刀槽 $\phi8\times5$ 便于加工螺纹（M10×1）时退刀；

② 退刀槽 $\phi8\times10$ 便于车锥面（1：15 圆锥面）时退刀；

③ 工艺凸台（$\phi8\pm0.3$）×（10 ± 0.5）便于加工螺纹（M10×1）时退刀；

④ 3 处 $C1$ 倒角是为了消除锐角毛刺。

2. 拟定工艺路线

工艺路线拟定为：车端面（打中心孔）→车外圆→切退刀槽、车螺纹→车锥面→切工艺凸台→车成形面（半球面）→滚花

具体工序如下。

（1）车两端面，保证总长为 230 ± 2 mm，打两端中心孔。

刀具选择：45°端面车刀，$\phi2.5$ 中心钻。

基准选择：选外圆（$\phi18$）毛坯面为粗基准，伸出长度为 50 mm。

夹具选择：三爪卡盘，调头装夹。

量具选择：长度 300 mm 的钢板尺。

切削用量选择：查阅《金属切削手册》，主轴转速 $n=530$ r/min，进给量 f 粗车时选 0.2～0.3 mm/r，精车时选 0.1～0.2 mm/r，背吃刀量 $a_p=0.5$ mm，手动进刀练习。

（2）车外圆（$\phi14\pm0.3$）×（90 ± 2）。

刀具选择：90°外圆车刀。

基准选择：选外圆（$\phi18$）毛坯面为粗基准，伸出长度为 120 mm。

夹具选择：三爪卡盘，尾座顶尖（一夹一顶装夹）。

量具选择：150 mm 游标卡尺。

切削用量选择：查阅《金属切削手册》，主轴转速 $n=530$ r/min，进给量 f 粗车时选 0.2～0.3 mm/r，精车时选 0.1～0.2 mm/r，背吃刀量 $a_p=0.5$ mm，手动进刀练习。

（3）车外圆（$\phi12\pm0.3$）×（150 ± 1）、倒 1×45°角。

刀具选择：90°外圆车刀，45°倒角车刀。

基准选择：选外圆 $\phi14\pm0.3$ 为基准，伸出长度为 170 mm。

夹具选择：三爪卡盘，尾座顶尖（一夹一顶装夹）。

量具选择：150 mm 游标卡尺。

切削用量选择：查阅《金属切削手册》，主轴转速 $n=530$ r/min，进给量 f 粗车时选 0.2～0.3 mm/r，精车时选 0.1～0.2 mm/r，背吃刀量 $a_p=0.5$ mm，手动进刀练习。

（4）车外圆（$\phi10_{-0.2}^{\ 0}$×（40 ± 0.5），（$\phi8\pm0.3$）×（10 ± 0.5），并倒 1×45°角。

刀具选择：90°外圆车刀，45°倒角车刀。

基准选择：选粗车外圆 $\phi12\pm0.3$ 和中心孔为基准，一夹一顶装夹，伸出长度为 60 mm。

夹具选择：三爪卡盘，尾座顶尖（一夹一顶装夹）。

量具选择:150 mm 游标卡尺。

切削用量选择:查阅《金属切削手册》,主轴转速 $n=530$ r/min,进给量 f 粗车时选 0.2～0.3 mm/r,精车时选 0.1～0.2 mm/r,背吃刀量 $a_p=0.5$ mm,自动进刀练习。

(5) 切两槽 $\phi8\times5$、$\phi8\times(10\pm0.5)$,车螺纹 M10×1,并倒 1×45°角。

刀具选择:切槽刀,外螺纹车刀,45°倒角车刀。

基准选择:选粗车外圆 $\phi12\pm0.3$ 和中心孔为基准,一夹一顶装夹,伸出长度为 80 mm。

夹具选择:三爪卡盘,尾座顶尖(一夹一顶装夹)。

量具选择:150 mm 游标卡尺,螺纹规对刀样板。

切削用量选择:查阅《金属切削手册》,切槽时,主轴转速 $n=360$ r/min,进给量 f 粗车时选 0.2～0.3 mm/r,粗车后留 0.5～1 mm 精车余量,精车时进给量 f 选 0.1～0.2 mm/r,背吃刀量 a_p 粗车时选 0.5 mm,精车时选 0.1～0.2 mm。车螺纹 M10×1 时,主轴转速 $n=45$ r/min,背吃刀量 $a_p=0.5$ mm。

(6) 车锥面 1∶15(锥角 1°54′33″)。

刀具选择:90°外圆车刀。

基准选择:选粗车外圆 $\phi12\pm0.3$ 和中心孔为基准,一夹一顶装夹,伸出长度为 100 mm。

夹具选择:三爪卡盘,尾座顶尖(一夹一顶装夹)。

量具选择:150 mm 游标卡尺。

切削用量选择:查阅《金属切削手册》,主轴转速 $n=530$ r/min,进给量 f 粗车时选 0.2～0.3 mm/r,精车时选 0.1～0.2 mm/r,背吃刀量 $a_p=0.5$ mm,手动进刀练习。

(7) 切工艺凸台($\phi8\pm0.3$)×(10±0.5)。

刀具选择:切槽刀。

基准选择:选粗车外圆 $\phi12\pm0.3$ 和中心孔为基准,一夹一顶装夹,伸出长度为 70 mm。

量具选择:150 mm 游标卡尺。

夹具选择:三爪卡盘。

切削用量选择:查阅《金属切削手册》,主轴转速 $n=530$ r/min,背吃刀量 $a_p=0.5$ mm,手动进刀练习。

(8) 车成形面。

刀具选择:圆弧车刀。

基准选择:选粗车外圆 $\phi14\pm0.3$ 为基准。

量具选择:150 mm 游标卡尺,圆弧样板规。

夹具选择:三爪卡盘。

切削用量选择:查阅《金属切削手册》,主轴转速 $n=530$ r/min,背吃刀量 $a_p=0.5$ mm,手动进刀练习。

(9) 滚花。

刀具选择:滚花刀。

基准选择:选粗车外圆 $\phi12\pm0.3$ 和中心孔为基准,一夹一顶装夹,伸出长度为 100 mm。

夹具选择:三爪卡盘,尾座顶尖(一夹一顶装夹)。

切削用量选择:查阅《金属切削手册》,主轴转速 $n=45$ r/min,背吃刀量 $a_p=0.2$ mm,手动进刀练习。

综合上述分析,编制出手柄加工工艺卡,如图 6.51 所示。

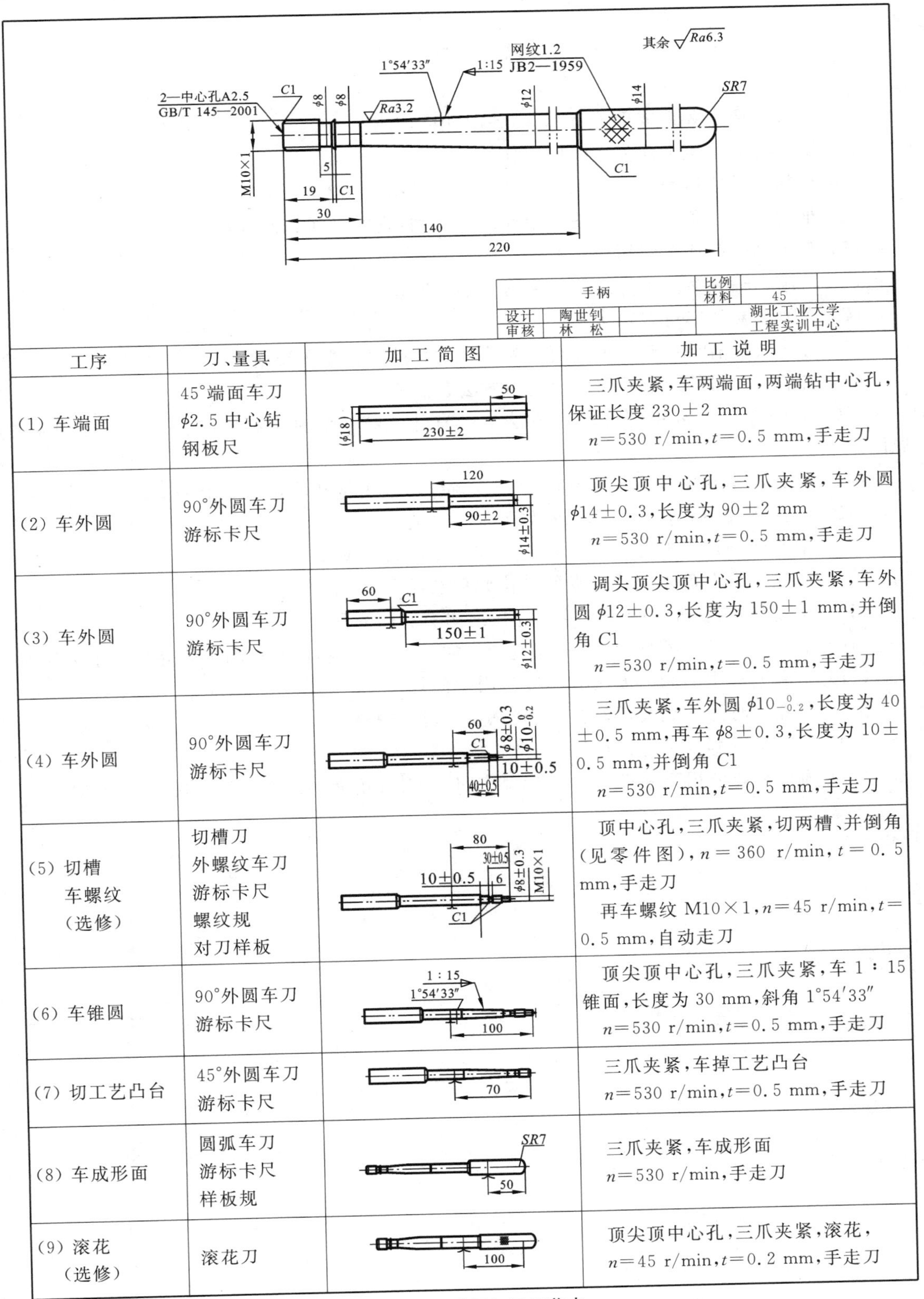

工序	刀、量具	加工简图	加工说明
(1) 车端面	45°端面车刀 φ2.5 中心钻 钢板尺	50, (φ18), 230±2	三爪夹紧，车两端面，两端钻中心孔，保证长度 230±2 mm n=530 r/min，t=0.5 mm，手走刀
(2) 车外圆	90°外圆车刀 游标卡尺	120, 90±2, φ14±0.3	顶尖顶中心孔，三爪夹紧，车外圆 φ14±0.3，长度为 90±2 mm n=530 r/min，t=0.5 mm，手走刀
(3) 车外圆	90°外圆车刀 游标卡尺	60, C1, 150±1, φ12±0.3	调头顶尖顶中心孔，三爪夹紧，车外圆 φ12±0.3，长度为 150±1 mm，并倒角 C1 n=530 r/min，t=0.5 mm，手走刀
(4) 车外圆	90°外圆车刀 游标卡尺	60, C1, φ8±0.3, $\phi10_{-0.2}^{0}$, 10±0.5, 40±0.5	三爪夹紧，车外圆 $\phi10_{-0.2}^{0}$，长度为 40±0.5 mm，再车 φ8±0.3，长度为 10±0.5 mm，并倒角 C1 n=530 r/min，t=0.5 mm，手走刀
(5) 切槽 车螺纹 （选修）	切槽刀 外螺纹车刀 游标卡尺 螺纹规 对刀样板	80, 30±0.5, 10±0.5, 6, φ8±0.3, M10×1, C1	顶中心孔，三爪夹紧，切两槽、并倒角（见零件图），n=360 r/min，t=0.5 mm，手走刀 再车螺纹 M10×1，n=45 r/min，t=0.5 mm，自动走刀
(6) 车锥圆	90°外圆车刀 游标卡尺	1∶15, 1°54′33″, 100	顶尖顶中心孔，三爪夹紧，车 1∶15 锥面，长度为 30 mm，斜角 1°54′33″ n=530 r/min，t=0.5 mm，手走刀
(7) 切工艺凸台	45°外圆车刀 游标卡尺	70	三爪夹紧，车掉工艺凸台 n=530 r/min，t=0.5 mm，手走刀
(8) 车成形面	圆弧车刀 游标卡尺 样板规	SR7, 50	三爪夹紧，车成形面 n=530 r/min，手走刀
(9) 滚花 （选修）	滚花刀	100	顶尖顶中心孔，三爪夹紧，滚花， n=45 r/min，t=0.2 mm，手走刀

图 6.51　手柄加工工艺卡

思 考 题

(1) 卧式车床主要组成部分有哪些,各起什么作用?

(2) 试述普通车床上能完成哪些工作。

(3) 车削时哪些运动是主运动?哪些运动是进给运动?

(4) 车床上丝杠和光杠都能使刀架作纵向运动,它们之间有何区别?

(5) 车床尾座起什么作用?

(6) 采用心轴装夹的工件定位与夹紧是如何实现的?

(7) 为什么要开车对刀?

(8) 为什么车削时一般先车端面?为什么钻孔前也要先车端面?

(9) 在车床上加工圆锥面和成形面的方法有哪些?

(10) 车削外圆时常用哪些装夹方法?各有什么特点?试分析车削外圆时产生锥度的原因。

(11) 比较粗车和精车在加工目的、加工质量、切削用量和使用刀具上的差异。

(12) 工件上的中心孔有何作用?如何加工中心孔?

(13) 中心架和跟刀架起到什么作用?在什么场合下使用?

(14) 简述三爪卡盘和四爪卡盘的结构原理及应用。

(15) 花盘与花盘-弯板所装夹的工件在结构上有何异同?

(16) 举例说明盘类零件、轴类零件应如何加工,试分别制定其车削工艺并画出工艺简图。

(17) 车床上常用的润滑方法有哪些?用于何处?

(18) 车螺纹时为什么要用丝杠传动?螺距如何调整?

(19) 车削具有哪些工艺特点?

(20) 为什么要分粗车和精车?粗车、精车时的刀具角度和切削用量的选择有何不同?

第7章 铣削加工

7.1 概 述

在铣床上使用铣刀对工件进行切削加工的方法称为铣削加工。铣削加工是机械制造业中重要的加工方法之一，具有生产效率高、加工范围广等优点。在现代切削加工中，铣床的工作量仅次于车床，在成批大量生产中，除加工狭长的平面外，铣削加工几乎可以完全代替刨削加工。

7.1.1 铣削加工的特点

铣削加工中的切削运动是铣刀的旋转运动（主运动）和工件的直线移动（进给运动），如图7.1所示。铣刀是多刃刀具，在进行切削加工的时候，多个刀刃可同时进行切削，因此生产效率比较高；铣削加工时铣刀的每个刀齿不同于车刀或钻头那样连续进行切削，而是不断切入和切出，间歇地进行切削，因而每个刀齿的散热条件好，但同时因为间歇切削，切削力不断变化，产生冲击和振动，影响了加工精度。铣床结构较复杂，铣刀的制造和刃磨也比较困难，使得加工成本较高。

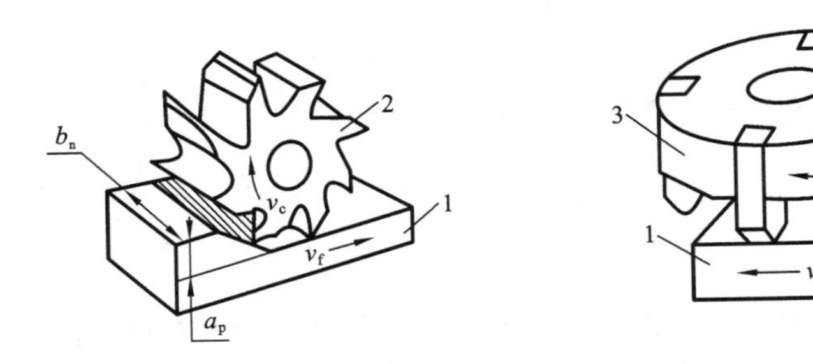

图7.1 铣削运动和铣削要素

1—工件；2—圆柱铣刀；3—端铣刀

7.1.2 铣削加工精度和表面粗糙度

铣削加工的精度一般为IT9～IT7，表面粗糙度一般为Ra6.3～1.6 μm。

7.1.3 铣削加工范围

铣削加工的范围非常广泛，可加工各种平面（如水平面、垂直面、斜面等）、圆弧面、台阶面、沟槽（键槽、T形槽、V形槽、燕尾槽、螺旋槽等）、成形面、齿轮及切断等，如图7.2所示。

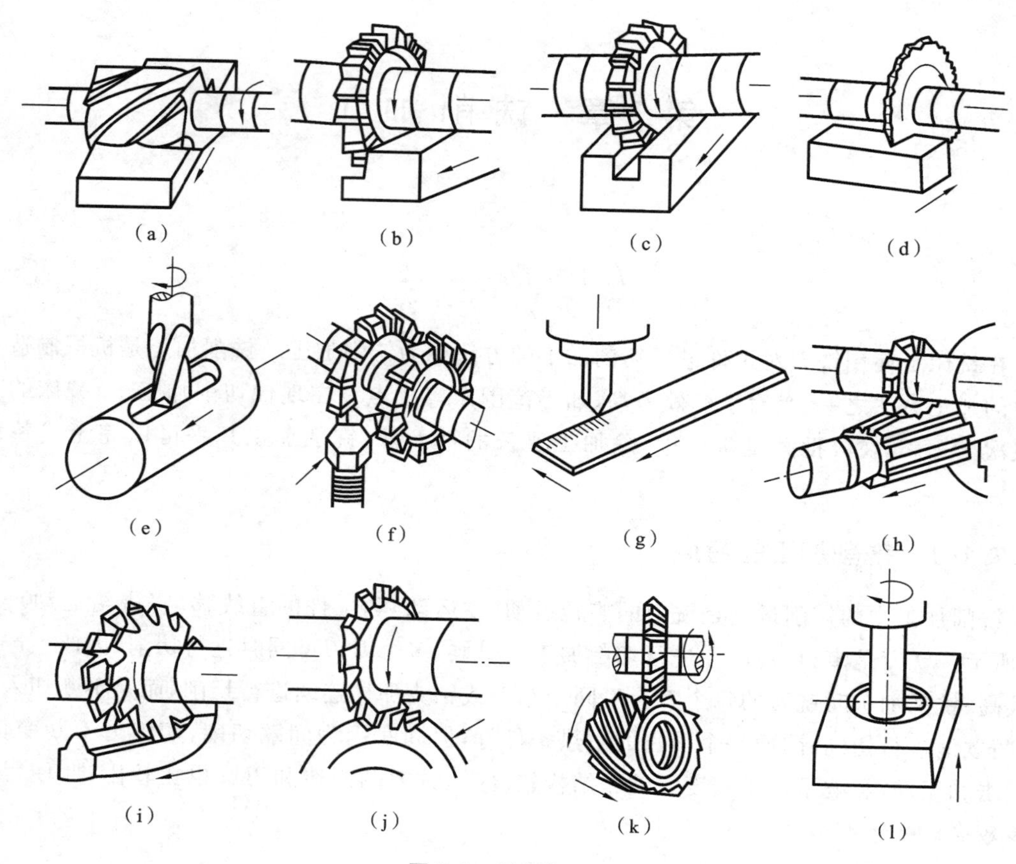

图 7.2　铣削加工

(a) 铣平面;(b) 铣台阶面;(c) 铣直槽;(d) 切断;(e) 铣键槽;(f) 铣等分件;
(g) 刻线;(h) 铣花键;(i) 铣成形面;(j) 铣齿轮;(k) 铣斜齿轮;(l) 铣孔

7.2 铣　　床

铣床的种类很多,有卧式铣床、立式铣床、龙门铣床、工具铣床、数控铣床等。最常见的是卧式(万能)铣床和立式铣床。两者的主要区别在于卧式铣床的主轴水平设置,立式铣床的主轴竖直设置。

7.2.1 卧式升降台铣床

卧式升降台铣床简称卧铣,主要特征是主轴的轴线与工作台面平行,卧式万能铣床比卧式铣床多一个转台,使得纵向工作台在水平面内可以转动±45°。

图 7.3 所示为 X6125 万能卧式铣床的外形图。在型号 X6125 中,"X"为机床类别代号,表示铣床,读作"铣";"6"为机床组别代号,表示卧式升降台铣床;"1"为机床系别代号,表示万能升降台铣床;"25"为主参数,表示工作台面宽度的 1/10,即工作台面宽度为 250 mm。卧式万能升降台铣床的主要组成部分如下。

(1) 床身　床身固定和支承铣床各部件。内部装有电动机、主轴变速机构和主轴等。

(2) 横梁　横梁用于安装吊架,以便支承刀杆外端,增强刀杆的刚度。横梁可沿床身顶部

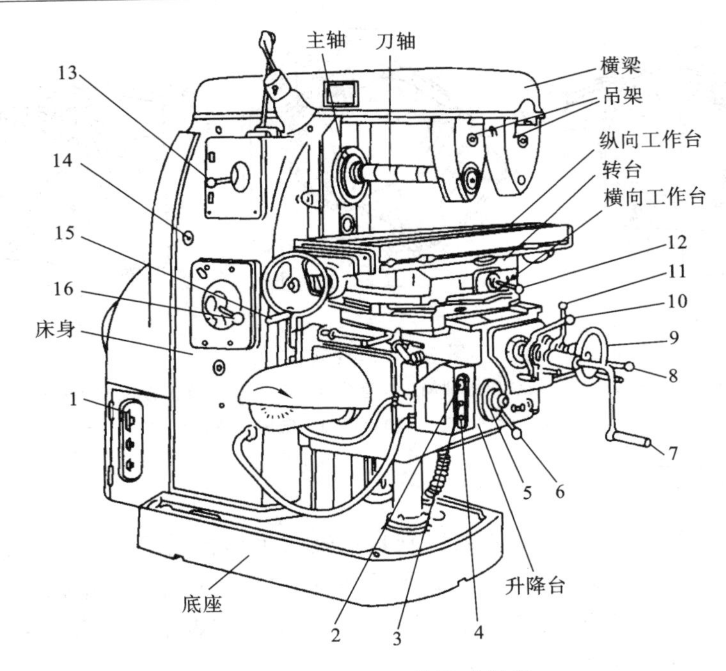

图7.3　X6125 **万能卧式铣床**

1—总开关；2—主轴电动机启动按钮；3—进给电动机启动按钮；4—机床总停按钮；5—进给高、低速调整；6—进给数码转盘手柄；7—升降手动手柄；8—纵向、横向、垂向快动手柄；9—横向手动手轮；10—升降自动手柄；11—横向自动手柄；12—纵向自动手柄；13—主轴高、低速手柄；14—主轴点动按钮；15—纵向手动手柄；16—主轴变速手柄

的水平导轨移动，以适应不同长度的刀轴。

(3) 主轴　主轴是空心轴，前端有7∶24的精密锥孔与刀杆的锥柄相配合，其作用是安装铣刀刀杆并带动铣刀旋转。拉杆可穿过主轴孔把刀杆拉紧。主轴的转动是由电动机经主轴变速箱传动，改变手柄的位置，可使主轴获得各种不同的转速。

(4) 纵向工作台　纵向工作台用于装夹夹具和零件，沿转台上的导轨纵向移动，以带动台面上的零件纵向进给。

(5) 转台　转台位于纵向和横向工作台之间，它的作用是将纵向工作台在水平面内扳转一个角度(顺时针、逆时针均为45°)，具有转台的卧式铣床称为卧式万能升降台铣床。

(6) 横向工作台　横向工作台位于升降台上面的水平导轨上，可带动纵向工作台、转台一起作横向进给。

(7) 升降台　升降台可使整个工作台沿床身的垂直导轨上下移动，以调整工作台面到铣刀的距离，并作垂直进给。升降台内部安装着供进给运动用的电动机及变速机构。

(8) 底座　底座是整个铣床的基础，支承床身和工作台，并与地基连接，承载铣床的全部质量。

万能铣头是卧式铣床的一个专属附件，如图7.4所示。在卧式铣床上装上万能铣头，不仅能完成各种立铣的工作，而且还可根据铣削的需要，把铣头主轴扳转成任意角度。其底座用4个螺栓固定在铣床的垂直导轨上。铣床主轴的运动通过铣头内的两对齿数相同的锥齿轮传到铣头主轴上，因此铣头主轴的转数级数与铣床的转数级数相同。

万能铣头的铣头壳体可绕铣床主轴轴线偏转任意角度，主轴壳体还能相对铣头壳体偏转任意角度，如图7.4(b)、图7.4(c)所示。因此，铣头主轴就能带动铣刀在空间偏转成所需要的任意角度，从而扩大了卧式铣床的加工范围。但万能铣头的功率和刚度比立铣头的要差。

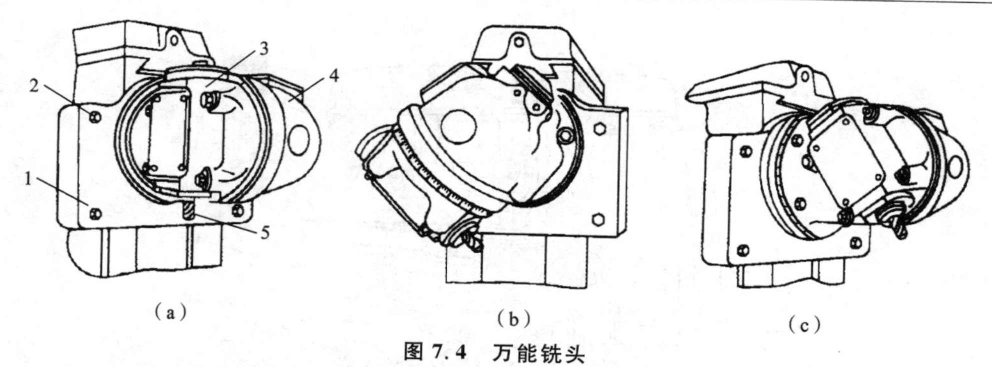

图 7.4 万能铣头

(a) 铣头外形图;(b) 铣头壳体能绕铣床主轴偏转任意角度;(c) 主轴壳体能在铣头壳体上偏转任意角度

1—底座;2—螺栓;3—主轴壳体;4—铣头壳体;5—主轴

7.2.2 立式铣床

立式铣床简称立铣,它与卧铣的主要区别是主轴与工作台面垂直。立式铣床的主轴可以根据加工的需要,偏转一定的角度。图 7.5 所示为 X5032 立式铣床的外形图。在型号 X5032 中,"X"表示铣床类,"5"为机床组别代号,表示立式铣床,"0"表示立式升降台铣床,"32"表示工作台宽度的 1/10,即工作台宽 320 mm。

X5032 立式升降台铣床的主要组成部分与 X6125 卧式铣床基本相同,除主轴所处位置不同外,它没有横梁、吊架和转台。有时根据加工的需要,可以将主轴(立铣头)向左、右倾斜一定的角度。铣削时铣刀安装在主轴上,由主轴带动作旋转运动,工作台带动零件作纵向、横向、垂向移动。

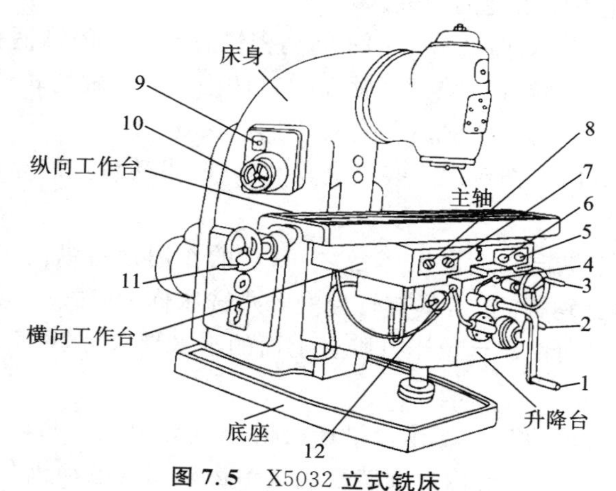

图 7.5 X5032 立式铣床

1—升降台手柄;2—进给调整手柄;3—横向手动手轮;4—纵向、横向、垂向自动进给选择手柄;5—机床启动按钮;6—机床总停按钮;7—自动进给换向旋钮;8—切削液泵旋钮开关;9—主轴点动按钮;10—主轴变速手轮;11—纵向手动手轮;12—快动手柄

7.3 刀具及工件的装夹方法

7.3.1 常用铣刀的种类及应用

铣刀实质上是一种由几把单刃刀具组成的多刃刀具,它的刀齿分布在圆柱铣刀的外回转

表面或端铣刀的端面上。常用的铣刀刀齿材料有高速钢和硬质合金两种。

铣刀的分类方法很多，一般根据铣刀安装方法不同分为两大类，即带孔铣刀和带柄铣刀。

1. 带孔铣刀的应用及安装

带孔铣刀如图7.6所示，主要用于卧式铣床加工，能加工各种表面，应用范围广。

(1) 圆柱铣刀：仅在圆柱表面上有切削刃，主要用于卧式升降台铣床上加工中小型平面，如图7.6(a)所示。

(2) 三面刃铣刀：用于铣削小台阶面、直槽以及较窄的侧面等，如图7.6(b)所示。

(3) 锯片铣刀：主要用于铣削窄缝或切断，如图7.6(c)所示。

(4) 模数铣刀：属于成形铣刀，用于加工齿轮的齿形等，如图7.6(d)所示。

(5) 角度铣刀：属于成形铣刀，用于加工各种角度槽和斜面，如图7.6(e)、图7.6(f)所示。

(6) 半圆弧铣刀：属于成形铣刀，用于铣削圆弧面，如图7.6(g)、图7.6(h)所示。

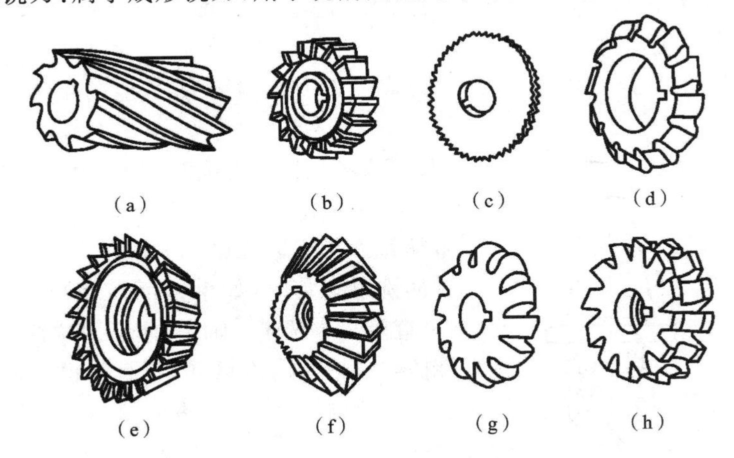

图7.6 带孔铣刀

(a) 圆柱铣刀；(b) 三面刃铣刀；(c) 锯片铣刀；(d) 盘状模数铣刀；(e) 单角铣刀；(f) 双角铣刀；(g) 凹圆铣刀；(h) 凸圆铣刀

带孔铣刀多用长刀杆进行安装，如图7.7所示。安装时，利用套筒调节铣刀的位置，铣刀应尽可能地安装在靠近主轴或吊架一端，以保证铣刀有足够刚度；套筒的端面与铣刀的端面必须擦干净，以减小铣刀的端跳；进行拧紧刀杆的压紧螺母操作时，必须先装上吊架，以防刀杆受力变弯。拉杆的作用是拉紧刀轴，使之与主轴锥孔紧密配合。

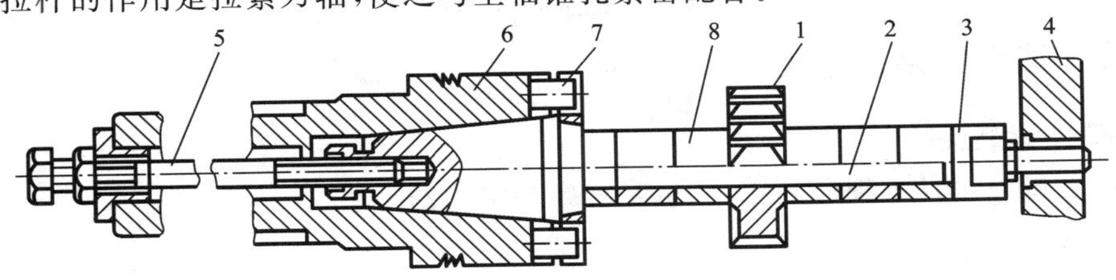

图7.7 带孔铣刀的安装

1—铣刀；2—刀杆；3—压紧螺母；4—吊架；5—拉杆；6—主轴；7—端面键；8—套筒

2. 带柄铣刀的应用及安装

带柄铣刀如图7.8所示，有直柄和锥柄之分。一般直径小于20 mm的较小铣刀做成直柄。直径较大的铣刀多做成锥柄。带柄铣刀多用于立式铣床，有时也可用于卧式铣床。

(1) 镶齿端铣刀：一般在钢制刀盘上镶有多片硬质合金刀齿，用于铣削较大的平面，可进

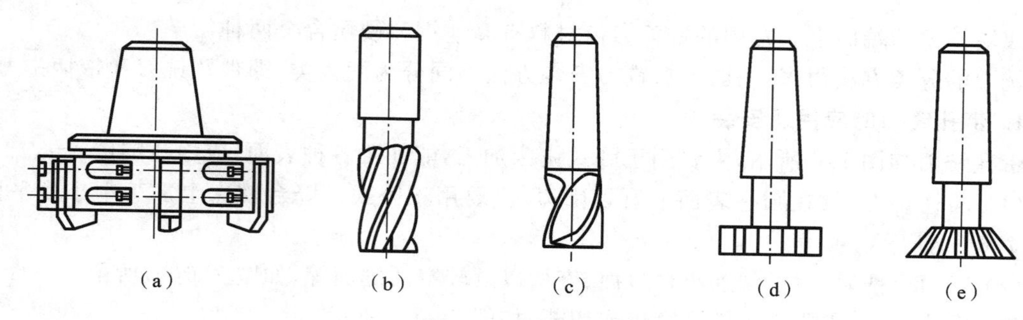

图 7.8　带柄铣刀

(a) 镶齿端铣刀;(b) 立铣刀;(c) 键槽铣刀;(d) T形槽铣刀;(e) 燕尾槽铣刀

行高速铣削,如图 7.8(a)所示。

(2) 立铣刀:端部有三个以上的刀刃,适于铣削端面、斜面、沟槽和台阶面等,如图 7.8(b)所示。

(3) 键槽铣刀:端部只有两个刀刃,且刀齿的刀刃延伸至中心,专门用于铣削封闭槽,如图 7.8(c)所示。

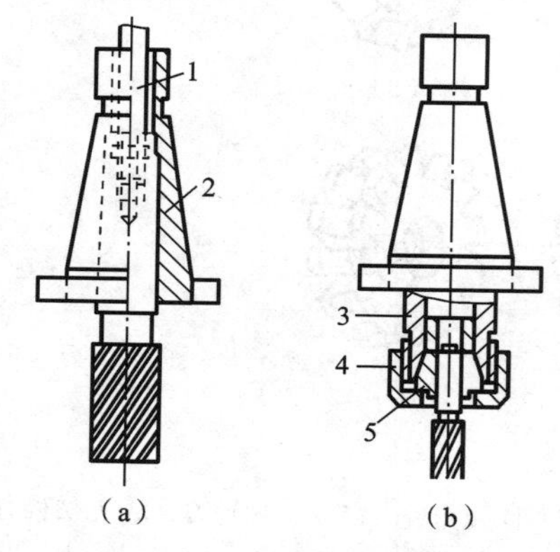

图 7.9　带柄铣刀的安装

(a) 锥柄铣刀安装;(b) 直柄铣刀安装

1—拉杆;2—变锥套;3—夹头;

4—螺母;5—弹簧套

(4) T形槽、燕尾槽铣刀:专门用于加工 T 形槽和燕尾槽,如图 7.8(d)、图 7.8(e)所示。

带柄铣刀的安装如图 7.9 所示。

锥柄铣刀安装时,如果锥柄尺寸与主轴孔内锥尺寸相同,则可直接装入铣床主轴中,然后用拉杆将铣刀拉紧;如果铣刀锥柄与主轴孔内锥尺寸不同,则根据铣刀锥柄的大小,选择合适的变锥套,将配合表面擦净,然后用拉杆把铣刀及变锥套一起拉紧在主轴上,如图 7.9(a)所示。

直柄铣刀多为小直径铣刀,直径一般不超过 20 mm,因此安装这类铣刀时,多用弹簧夹头进行安装,如图 7.9(b)所示。将铣刀的柱柄插入弹簧套的孔中,用螺母压弹簧套的端面,使弹簧套的外锥面受压而孔径缩小,将铣刀抱紧。弹簧套上有三个开口,故受力时能收缩。弹簧套有多种孔径以适应各种尺寸的铣刀。

7.3.2　工件的装夹方法

1. 平口虎钳装夹

机床用平口虎钳是一种通用夹具,也是铣床最常用的附件之一,安装使用方便,应用广泛。如图 7.10 所示。

平口虎钳主要用于装夹尺寸较小和形状简单的支架、盘套、轴类零件。它有固定钳口和活动钳口,通过丝杠、螺母传动调整钳口间的距离,以安装不同宽度的零件。零件铣削加工前,先将平口虎钳用 T 形螺钉固定在工作台上,再把零件安装在平口虎钳上,一般应使铣削力方向趋向于固定钳口方向。

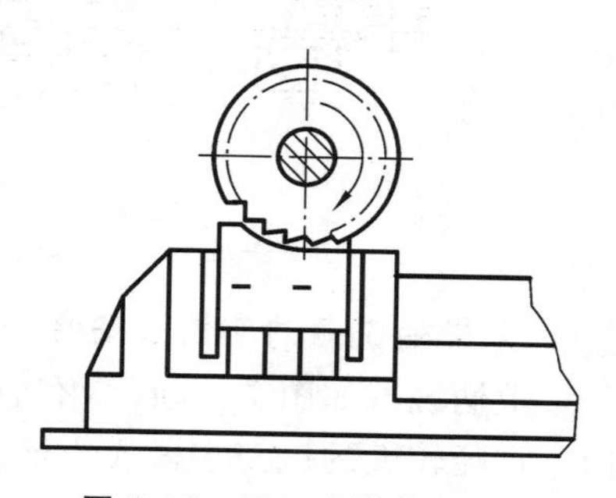

图 7.10　平口虎钳装夹工件

2. V 形铁装夹

把圆柱形工件放在 V 形铁上,用压板紧固的装夹方法,是 V 形铁装夹轴类零件常用的一种方法。其特点是工件中心只在 V 形铁的角平分线上,随直径的变化而变动。因此,当键槽铣刀的中心或盘形铣刀的中心线对准 V 形铁的角平分线时,能保证一批工件上键槽的对称度,如图 7.11 所示。

3. 压板装夹

对于尺寸较大或形状特殊的零件,可视具体情况采用不同的装夹工具将其固定在工作台上,如图 7.12 所示。

用压板螺栓在工作台装夹零件时应注意以下几点,如图 7.13 所示。

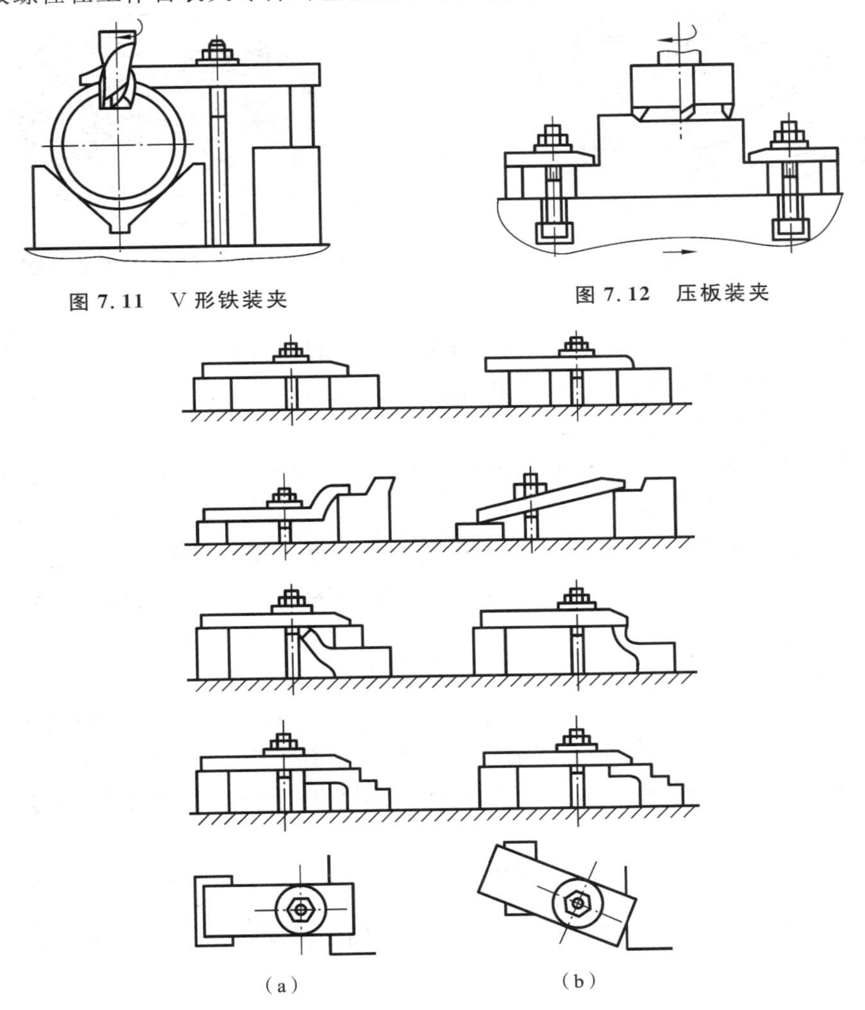

图 7.11　V 形铁装夹

图 7.12　压板装夹

(a)　(b)

图 7.13　压板螺栓装夹零件注意事项

(a) 正确方法;(b) 错误方法

(1) 装夹时,应使零件的底面与工作台面贴实。如果零件底面是毛坯面,应使用铜皮、铁皮等使零件的底面与工作台面贴实。夹紧已加工表面时应在压板和零件表面之间垫铜皮,以免压伤零件已加工表面。各压紧螺母应分几次交错拧紧。

(2) 零件的夹紧位置和夹紧力要适当。压板不应歪斜和悬伸太长,压力点宜靠近切削面,压力大小要适当。

(3) 在零件夹紧前后要检查零件的安装位置是否正确及夹紧力是否得当,以免产生变形或位移。

(4) 装夹空心薄壁零件时,应在其空心受力处加支承,增加刚度,防止零件变形或加工时产生振动。

4. 回转工作台装夹

回转工作台又称为圆形工作台、转盘、平分盘等,如图 7.14 所示。当需要对一些较大工件进行分度,铣削一些非整圆圆弧面的工件,可利用圆形转台进行加工,如图 7.15 所示。

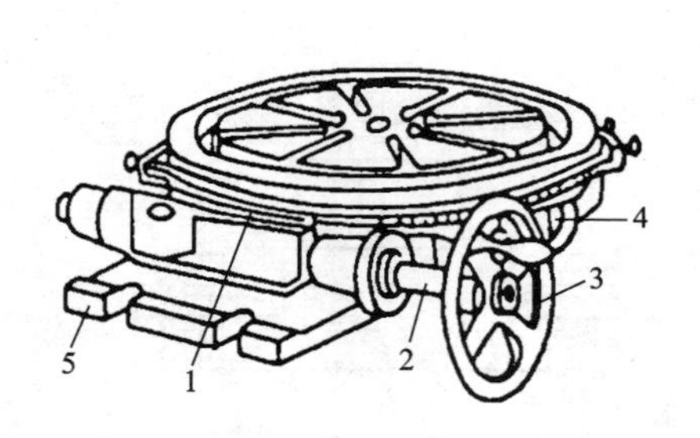

图 7.14 回转工作台

1—转台;2—蜗杆轴;3—手轮;4—螺钉;5—底座

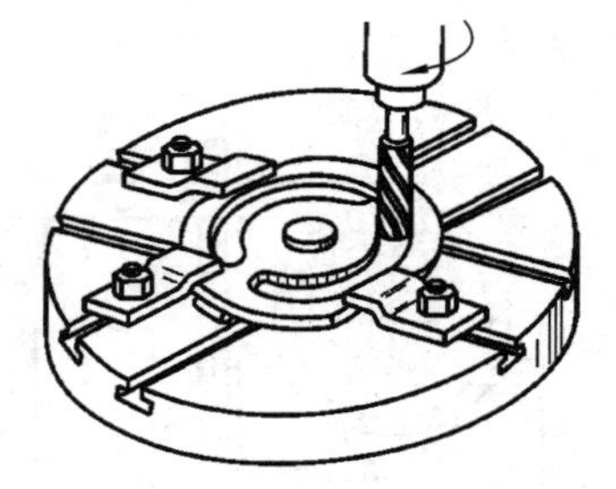

图 7.15 利用回转工作台加工圆弧槽

回转工作台内部有一对蜗轮蜗杆。转动手轮,带动蜗杆轴及蜗轮转动,与蜗轮相连的转台随之转动。转台周围刻有刻度,用于观察和确定转台位置,也可进行简单分度工作。拧紧固定螺钉,可以将转台固定,防止外力使转台发生转动。

铣削圆弧槽时,先将回转工作台底座上的槽和铣床工作台上的 T 形槽对齐,用螺栓把回转工作台固定在铣床工作台面上,工件用平口钳、三爪自定心卡盘或压板等装夹在回转工作台上。装夹工件时必须通过找正使工件上圆弧槽的中心与回转工作台的中心重合。铣削时,铣刀旋转,用手(或机动)均匀缓慢地转动回转工作台,即可在工件上铣出圆弧槽,如图 7.15 所示。

5. 分度头装夹

在铣削加工中,常会遇到铣多边形、齿轮、花键和划线等工作。此时,工件每铣过一面(边)或一个槽之后,需要转过一个角度,再铣削第二个面(边)或第二个槽等。这种工作称为分度。分度头就是根据加工的需要,对工件在水平、垂直和倾斜位置进行分度的机构。其中最为常见的是万能分度头(见图 7.16)。

根据图 7.17 所示的分度头传动图可知,传动路线是:手柄→直齿轮(传动比为 1∶1)→蜗杆与蜗轮(传动比为 1∶40)→主轴。可算得手柄与主轴的传动比是 $1:\frac{1}{40}$,即手柄转一圈,主轴则转过$\frac{1}{40}$圈。

如要使工件按 z 等分度,每次工件(主轴)要转过$\frac{1}{z}$转,则分度头手柄所转圈数为 n 转,它们应满足如下比例关系:

$$1:\frac{1}{40}=n:\frac{1}{z},\quad n=\frac{40}{z} \tag{7.1}$$

式中 n——分度手柄转数;

40——分度头定数；

z——零件等分数。

分度头分度的方法有直接分度法、简单分度法、角度分度法和差动分度法等。这里仅介绍最常用的简单分度法。

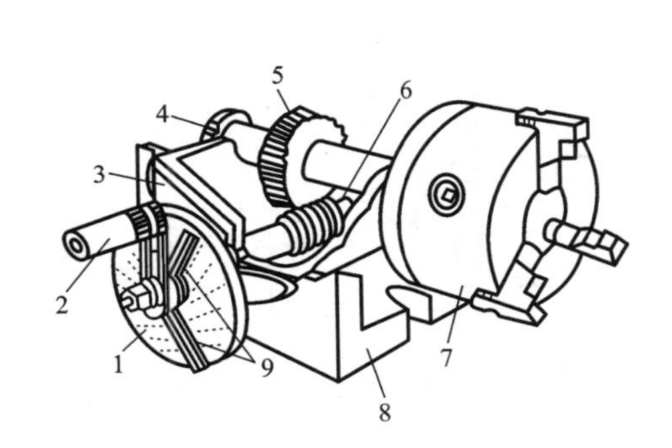

图 7.16　万能分度头

1—分度盘；2—手柄；3—回转体；4—分度头主轴；5—蜗轮；6—蜗杆；7—三爪定心卡盘；8—基座；9—扇形叉

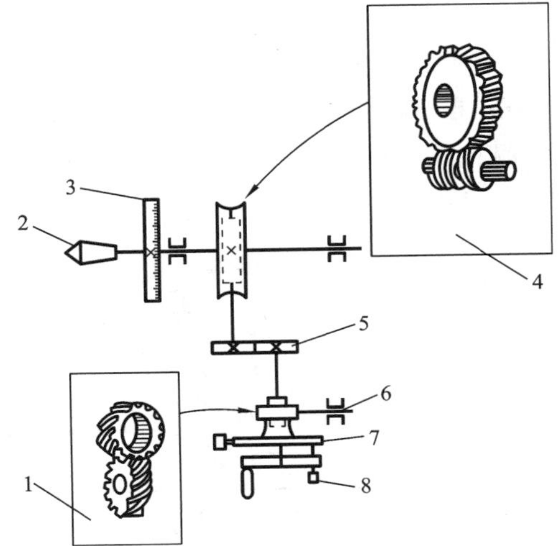

图 7.17　分度头的传动示意

1—1：1 螺旋齿轮传动；2—主轴；3—刻度盘；4—1：40 蜗轮蜗杆传动；5—1：1 齿轮传动；6—挂轮轴；7—分度盘；8—定位销

例 7.1　铣削正六边形工件时，每加工完一面，分度手柄应转过的圈数为多少？

解

$$n=\frac{40}{z}=\frac{40}{6}=6\ \frac{4}{6}=6\ \frac{2}{3}(\text{圈})$$

分度时，分度手柄应准确转过 $6\ \frac{2}{3}$ 圈，手柄的非整数转数 $(\frac{2}{3}$ 圈)须借助于分度盘来确定。分度头一般备有两块分度盘。分度盘的两面各钻有许多圈孔，各圈的孔数均不相同，然而同一圈上各孔的孔距是相等的(见图 7.18)，其孔圈数如下。

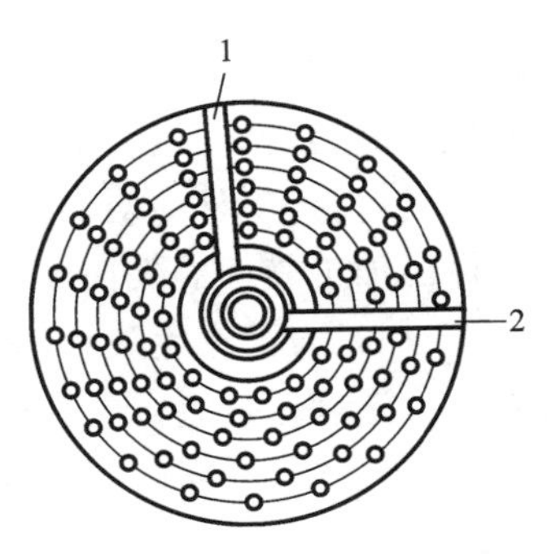

图 7.18　分度盘

1、2—扇形叉

第一块　正面：24、25、28、30、34、37

　　　　反面：38、39、41、42、43

第二块　正面：46、47、49、51、53、54

　　　　反面：57、58、59、62、66

例 7.1 中手柄转数 $6\ \frac{2}{3}$ 可换为 $6\ \frac{16}{24}$，$6\ \frac{20}{30}$，$6\ \frac{28}{42}$，…(分母 3 的倍数的孔圈)，从中任选一个。如果选 24，先将手柄的定位销调整到每圈 24 的位置，然后把手柄的定位销拔出，使手柄转过 6 整圈之后，再沿孔圈数为 24 的孔圈转过 16 个孔距。这样主轴就转过了 $6\ \frac{2}{3}$ 转，达到分度的目的。

为了避免每次分度时重复计算孔数并确保手柄转过孔距准确，可利用分度盘上附设的两个扇形叉(见图 7.18)，其功用是界定沿分度孔圈需转过的孔间距，防止分度差错并方便分度，两个扇形叉所包含的孔数应等于孔间距数加 1,如果孔间距数为 16 时,两个扇形叉内应包含 17 个孔。

7.4　铣削工作及操作要点

前面提到过,铣削的加工范围很广,方法也多种多样,利用各种不同附件、夹具和不同的铣刀、可以加工各种平面(如水平面、垂直面、斜面等)、圆弧面、台阶面、沟槽(键槽、T 形槽、V 形槽、燕尾槽、螺旋槽等)、成形面、齿轮及切断等。

铣削加工时,根据铣刀的旋转方向和切削进给方向之间的关系,可以分为顺铣和逆铣两种。当铣刀的旋转方向和工件的进给方向相同时称为顺铣,反之为逆铣,如图 7.19 所示。

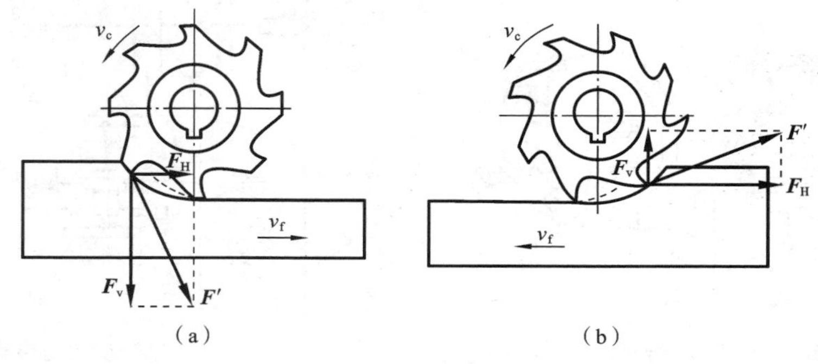

图 7.19　顺铣和逆铣

(a) 顺铣;(b) 逆铣

顺铣时,刀齿切入的切削厚度先大后小,容易切入工件,减小铣刀的磨损,功率消耗较小,工件受到铣刀向下压的分力,振动减小,工件的表面粗糙度值低,易保证尺寸精度。但由于铣床工作丝杠与螺母之间有间隙,而顺铣产生与工件进给方向相同的切削分力会引起工作台不断向进给方向窜动,使切削过程不平稳,甚至将铣刀损坏,所以一般不采用顺铣加工工件,只有在消除了丝杠与螺母间隙时才能采用。

逆铣时刀齿切入的厚度由零逐渐增加到最大,由于切削刃有一定的圆弧,不是绝对的锋利,刀齿在切入工件前会先滑动一段距离,对工件表面进行挤压和摩擦后切入工件,这样会增加工件已加工表面的表面粗糙度值,加大刀具的磨损,同时工件受到铣刀垂直向上的切削分力,易在加工表面产生波纹,影响表面粗糙度。但因切削分力与进给方向相反,使得工作台丝杠可以与螺母保持紧密的接触,不会产生向前窜动,也能保护刀具不被损坏。因为铣床工作台纵向丝杠与螺母之间的间隙不易消除,所以在生产中一般主要采用逆铣来对工件进行加工。

7.4.1　平面、台阶面铣削

平面铣削有端铣和周铣之分。端铣是用铣刀的端面齿刃进行铣削;周铣则是用铣刀圆周上的齿刃进行铣削,并根据刀具和工件选择卧式铣床或立式铣床。

端铣因其刀杆刚度好,同时参加切削的刀齿较多,可以选择较大的切削用量,此外端面刀齿的副切削刃有修光作用,总体上端铣在切削效率和表面质量上均优于周铣。如图 7.20 所示,是利用各种刀具进行平面、台阶面的铣削。

7.4.2　斜面铣削

有斜面的工件很常见,虽然斜面是一种平面,但是铣削斜面的方法与平面有很大的不同,

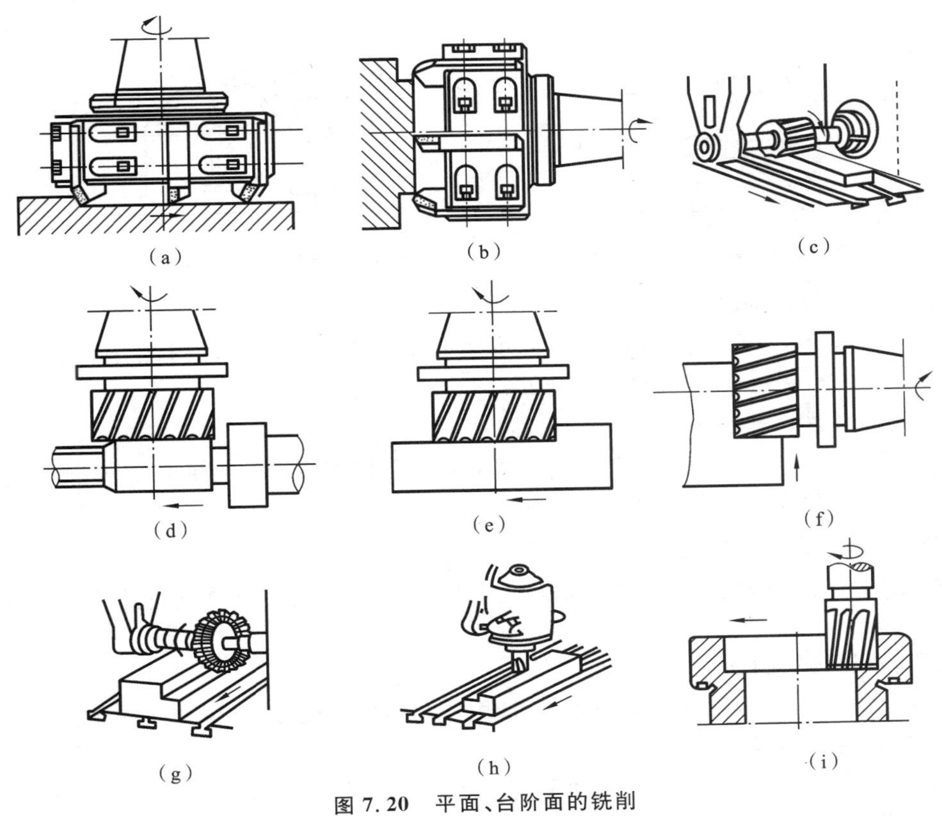

图 7.20 平面、台阶面的铣削

(a) 镶齿铣刀铣水平面;(b) 镶齿铣刀铣垂直面;(c) 圆柱铣刀铣水平面;(d) 端铣刀铣平面;(e) 端铣刀铣水平面;(f) 端铣刀铣垂直面;(g) 三面刃铣刀铣台阶面;(h) 立铣刀铣台阶面;(i) 立铣刀铣内凹平面

铣削时根据工件装夹、批量多少、斜面大小,利用工件倾斜角度、铣刀倾斜角度或刀具倾斜角度进行加工。下面介绍图 7.21 至图 7.25 所示的几种斜面铣削。

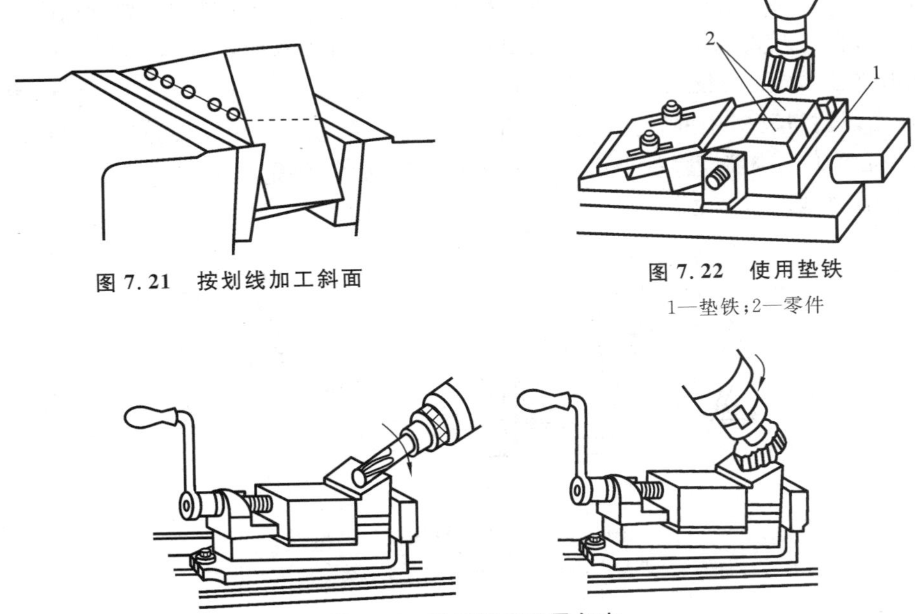

图 7.21 按划线加工斜面

图 7.22 使用垫铁

1—垫铁;2—零件

图 7.23 铣刀转成所需角度

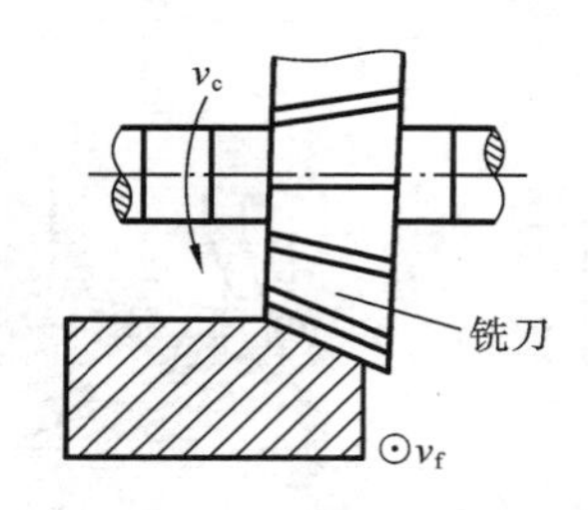

图 7.24 角度铣刀铣削斜面

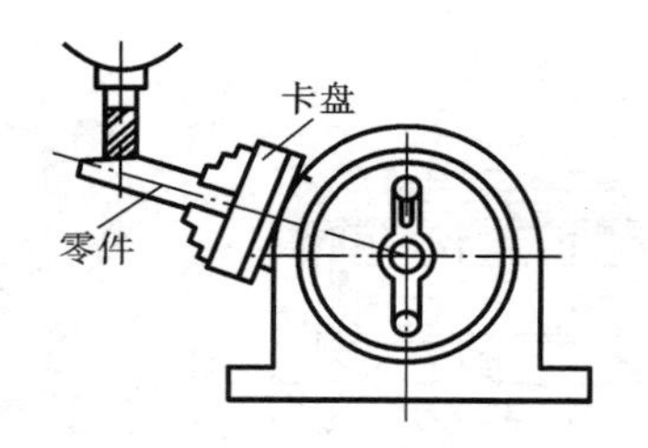

图 7.25 用分度头铣削斜面

1. 按划线找正铣削斜面

如图 7.21 所示,对于单件小批量工件,可在工件所需斜面处划线并打上样冲。安装时,将斜面转到水平位置,找正后按铣水平面的方法来加工斜面。

2. 使用斜垫铁铣削斜面

如图 7.22 所示,安装工件时,利用角度垫铁把工件倾斜成所需的角度,将要加工的斜面转成水平面,然后按铣平面的方法来加工此斜面。

3. 把铣刀转成所需的角度

如图 7.23 所示,转动立铣头,使刀轴转过相应的角度,工作台作横向进给即可对斜面进行加工。

4. 用角度铣刀铣斜面

如图 7.24 所示,一般较小的斜面,可以选用适合的角度铣刀直接将斜面铣削出来。

5. 用分度头铣削斜面

如图 7.25 所示,对于一些轴类零件上的斜面加工,可以利用分度头对工件进行装夹,将主轴转动一定角度后即可铣削出所需的斜面。

7.4.3 沟槽铣削

1. 铣键槽

键槽有敞开式键槽、封闭式键槽两种。敞开式键槽可用三面刃铣刀在卧式铣床上加工,也可以用立铣刀在立式铣床上加工,如图 7.2(e)所示。封闭式键槽一般在立式铣床上用键槽铣刀或立铣刀加工,当批量较大时,用键槽铣床加工。零件多采用轴用虎钳装夹,如图 7.26 所示,利用轴用虎钳自动对中的特点,工件不用找正,可提高效率。用立铣刀加工键槽时,由于立铣刀端部中心部位无切削刃,不能垂直向下进刀,因此必须预先在键槽的一端钻一个孔,才能用立铣刀铣削键槽。

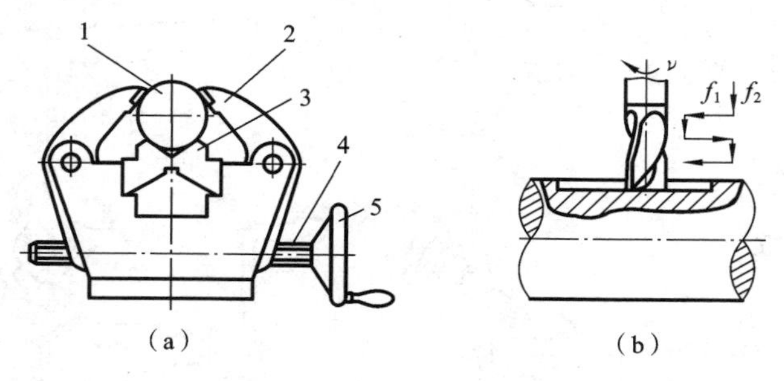

图 7.26 轴用虎钳装夹铣键槽

1—工件;2—夹紧爪;3—V 形定位块;4—左右旋丝杠;5—压紧首轮

2. 铣削T形槽和燕尾槽

铣削T形槽或燕尾槽的步骤如下：用立铣刀或三面刃铣刀加工出直槽，在立式铣床上用T形槽铣刀或燕尾槽铣刀铣出下部宽槽，用角度铣刀铣出T形槽上部倒角。用T形槽或燕尾槽铣刀铣削宽槽时，排屑困难，切削热传导不畅，铣刀容易磨损，而且铣刀颈部较细，容易折断，所以应选择较小的切削用量。铣削T形槽和燕尾槽槽的步骤分别如图7.27、图7.28所示。

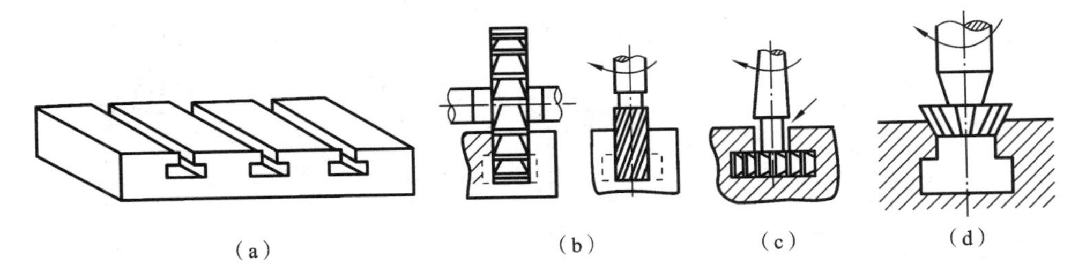

图7.27　铣削T形槽的步骤

(a) T形槽；(b) 铣直角槽；(c) 铣T形槽；(d) 铣倒角

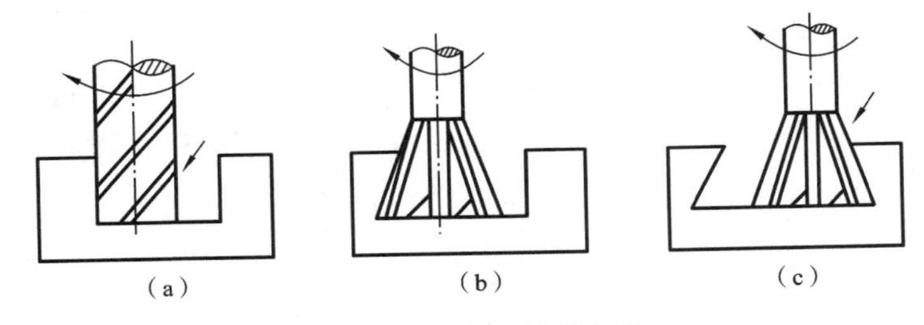

图7.28　铣削燕尾槽步骤

(a) 铣直槽；(b) 铣左燕尾槽；(c) 铣右燕尾槽

3. 铣削螺旋槽

铣削加工中常会遇到铣斜齿轮、麻花钻、螺旋铣刀的螺旋槽等工作。这些工作统称为铣螺旋槽。铣削时，刀具作旋转运动，零件一方面随工作台作匀速直线移动，同时又被分度头带动作等速旋转运动，如图7.29所示。要铣削出一定导程的螺旋槽，必须保证当零件随工作台纵

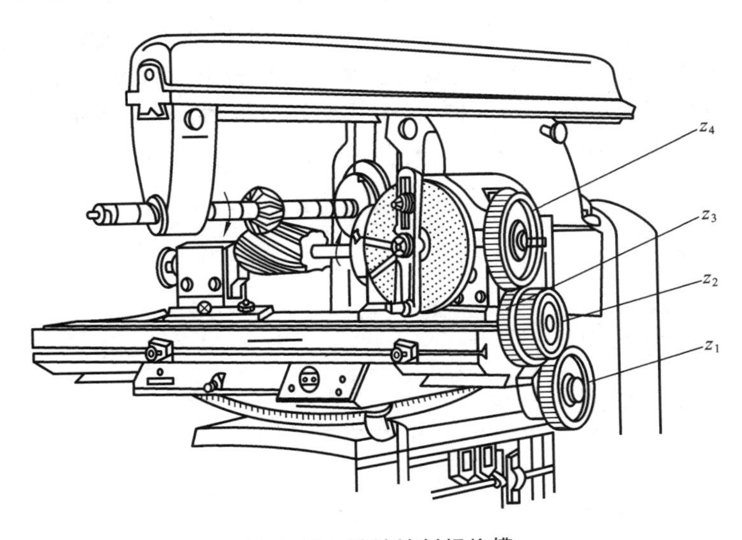

图7.29　卧铣铣削螺旋槽

向进给一个导程时,零件刚好转过一圈。这可通过在纵向丝杠的末端与分度头挂轮轴之间加配换齿轮 z_1、z_2、z_3、z_4 来实现。

图 7.30 为铣右螺旋槽传动系统俯视图。

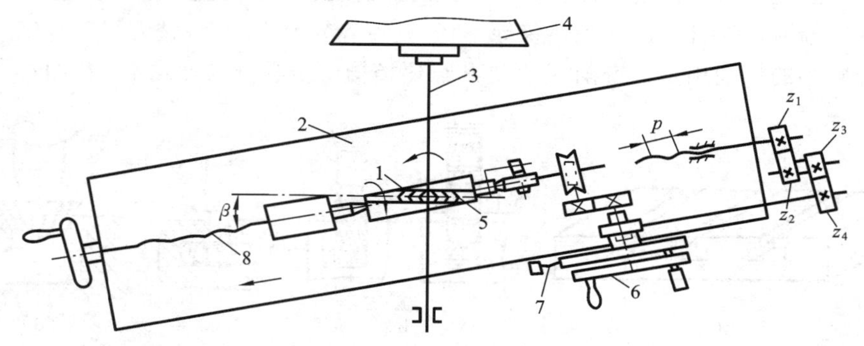

图 7.30　铣右螺旋槽传动系统俯视图

1—工件;2—工作台;3—刀杆;4—铣床立柱;5—铣刀;6—分度头;7—紧固螺钉(松开状态);8—丝杠

从图中可以得出,若纵向工作台丝杠螺距为 p,当它带动纵向工作台移动导程 L 的距离时,丝杠应旋转 L/p 转,再经过配换齿轮 z_1、z_2、z_3、z_4 分度头内部两对齿轮(速比均为 1∶1)和蜗轮蜗杆(速比 1∶40)传动,应恰好使分度头主轴转 1 圈。根据这一关系可得

$$\frac{L}{p}\times\frac{z_1\times z_3}{z_2\times z_4}\times1\times1\times\frac{1}{40}=1$$

整理后得铣削螺旋槽时计算配换齿轮齿数的基本公式为

$$\frac{z_1\times z_3}{z_2\times z_4}=\frac{40p}{L}\tag{7.2}$$

式中　z_1、z_3——主动配换齿轮的齿数;

z_2、z_4——从动配换齿轮的齿数;

p——纵向进给丝杠螺距;

L——工件螺旋槽导程。

为了获得规定的螺旋槽截面形状,还必须使铣床纵向工作台在水平面内转过一个角度,使螺旋槽的槽向与铣刀旋转平面相一致,才能保证铣削时不出现干涉现象。纵向工作台转过的角度应等于螺旋角度 β,这项调整可在卧式万能铣床工作台上通过扳动转台来实现,转台的转向根据螺旋槽的方向确定。铣右螺旋槽时,工作台逆时针扳转一个螺旋角,如图 7.30 所示。铣左螺旋槽时,工作台则应顺时针扳转一个螺旋角 β。螺旋角 β 与导程 L 的关系为

$$\tan\beta=\pi\frac{d}{L}\tag{7.3}$$

式中　β——工件螺旋角;

d——工件大径;

L——工件螺旋槽导程。

7.5　齿轮齿形加工

齿轮齿形的加工按原理分为成形法和展成法两类。

7.5.1 成形法

成形法是利用与被切齿轮齿槽形状相似的成形刀具切出齿形的方法，铣齿是成形法中应用最为普遍的方法。

1. 铣齿加工

铣齿时，工件在万能铣床上利用心轴装夹在分度头和尾座顶尖之间，用盘状齿轮铣刀（$m<10\sim16$）或指状齿轮铣刀（一般 $m>10$）进行铣削。铣完一个齿槽后，将工件退出进行分度，再铣下一个齿槽，直至铣完所有齿槽为止，如图 7.31 所示。

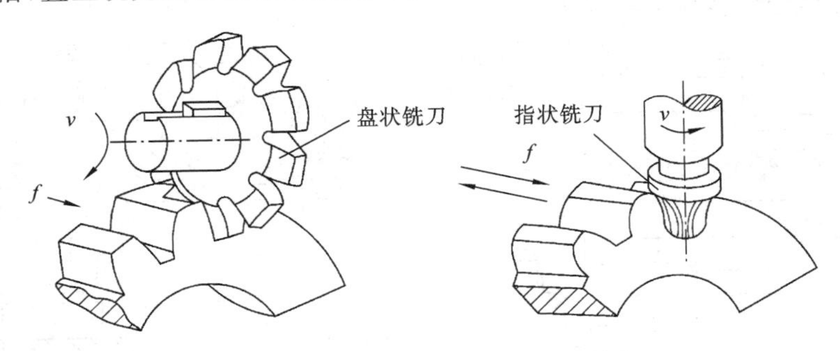

图 7.31 用盘状铣刀和指状铣刀铣齿

2. 成形法铣齿加工的特点

(1) 生产成本低。铣齿可以在普通铣床上进行，所用的刀具简单。

(2) 生产率低。每铣一齿都要重复进行切入、切出、退刀和分度，辅助工作时间长。

(3) 加工精度低。铣齿加工精度只能达到 9～11 级。这是由于为了便于刀具的制造和管理，实际生产中一般把铣削模数相同而齿数不同的齿轮所用的铣刀制成 8 把，分为 8 个刀号，每号铣刀规定加工一定齿数范围的齿轮，如表 7.1 所示。每号铣刀的刀齿轮廓只与该号齿轮范围内的最小齿数齿槽的轮廓一致，对其他齿数的齿轮只能获得近似齿形。

因此，成形法铣齿多用于单件小批或修理生产中制造某些转速低、精度要求不高的齿轮。

表 7.1 齿轮铣刀刀号与加工齿数范围

刀号	1	2	3	4	5	6	7	8
加工齿数范围	12～13	14～16	17～20	21～25	26～34	35～54	55～134	135 以上及齿条

7.5.2 展成法

展成法是用利用齿轮刀具与被切齿轮的啮合运动，在专用的齿轮加工机床上切出齿形的一种方法。插齿和滚齿是展成法中最常用的两种方法，它比成形法铣齿应用广泛。

1. 插齿加工

插齿加工在插齿机上进行，如图 7.32 所示。插齿机由工作台、刀架、刀轴、插齿刀、芯轴、横梁和床身等部分组成。

插齿原理如图 7.33 所示，其加工过程相当于一对齿轮的啮合运动。插齿刀的形状类似一个齿轮，在齿上磨出前、后角，使其具有锋利的刀刃。插齿时，插齿刀做上、下往复切削运动，同时强制插齿刀与被切齿轮之间保持一对渐开线齿轮的啮合关系。这样插齿刀把齿坯上齿间的金属切去形成渐开线齿形。一种模数的插齿刀可以切出同一模数的不同齿数的齿轮。

为完成插齿加工，插齿需要以下五个运动：

(1) 主运动　插齿刀的上、下往复直线运动。

(2) 分齿运动　插齿刀与被切齿轮坯之间强制保持一对齿轮啮合关系的运动。

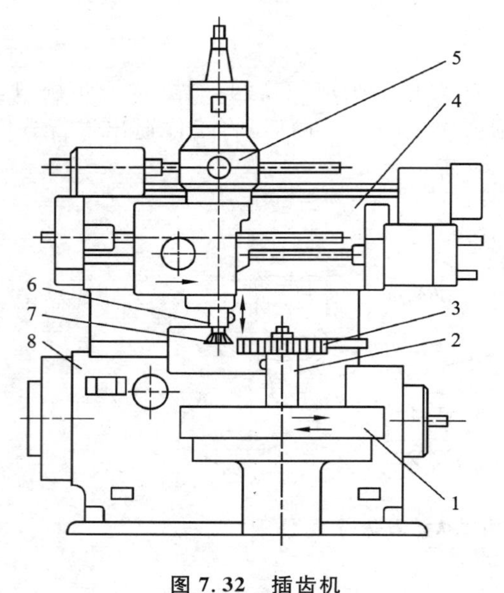

图 7.32　插齿机

1—工作台；2—心轴；3—工件；4—横梁；5—刀架；6—刀轴；7—插齿刀；8—床身

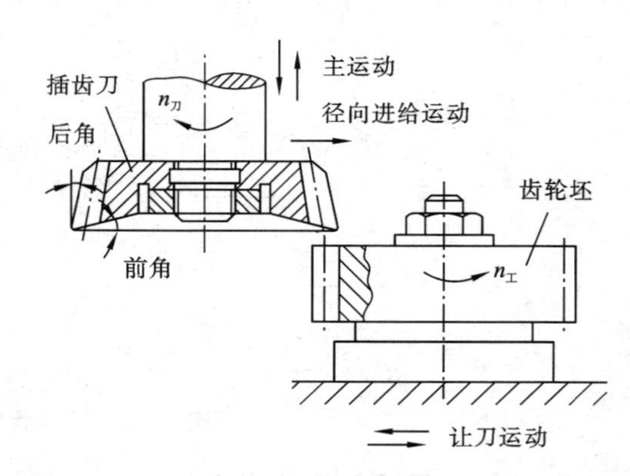

图 7.33　插齿加工原理

(3) 圆周进给运动　在分齿运动中，插齿刀的旋转运动。插齿刀每上、下往复一次，在自身分度圆上所转过一定弧长称为圆周进给量(mm/str)。

(4) 径向进给运动　在插齿开始阶段，插齿刀沿齿坯半径方向的移动。以使插齿刀逐渐切至齿全深。插齿刀每上、下往复运动一次，沿径向移动的距离称为径向进给量(mm/str)。

(5) 让刀运动　为避免刀具回程时与工件表面摩擦擦伤已加工表面和减少刀具磨损，要求插齿刀回程时，工作台带动工件让开插齿刀，而在插齿时又恢复至原来位置的运动。

插齿可以加工内、外圆柱齿轮以及相距很近的双联齿轮和三联齿轮，其加工精度一般为8～7级，齿面粗糙度 Ra 值一般可达 1.6 μm。

2. 滚齿加工

滚齿加工在滚齿机上进行，如图 7.34 所示。滚齿机由工作台、刀架、支撑架、立柱和床身等部分组成。

滚齿原理如图 7.35 所示，滚刀的刀齿分布在螺旋线上，且多为单向右旋，沿螺旋线的轴向或法向开槽以形成刀刃，其法向截面呈齿条齿形。滚齿近视看作是无啮合间隙的齿轮与齿条传动。当滚刀旋转一周时，相当于齿条在法向移动一个刀齿。滚刀连续转动，犹如一个无限长的齿条在连续移动。当滚刀与齿轮坯间严格按照齿条与齿轮的传动比强制啮合传动时，滚刀刀齿在一系列位置上的包络线形成了工件的渐开线齿形。随着滚刀的垂直进给，即可加工出渐开线齿形。一把滚齿刀可加工相同模数的不同齿数的齿轮。

为完成滚齿加工，滚齿需要以下三个运动：

(1) 主运动　滚齿刀的旋转运动。

(2) 分齿运动　强制滚齿刀与齿轮坯之间保持齿条与齿轮啮合关系的运动，即滚刀(单线)转一转(相当于齿条轴向移动一个齿距),被切齿轮转过一个齿。

(3) 垂直进给运动 滚刀沿被切齿轮轴向下的移动,以切出整个齿宽上的齿形。工作台带动工件每转一转,滚刀沿工件轴向移动的距离称为垂直进给量(mm/min)。

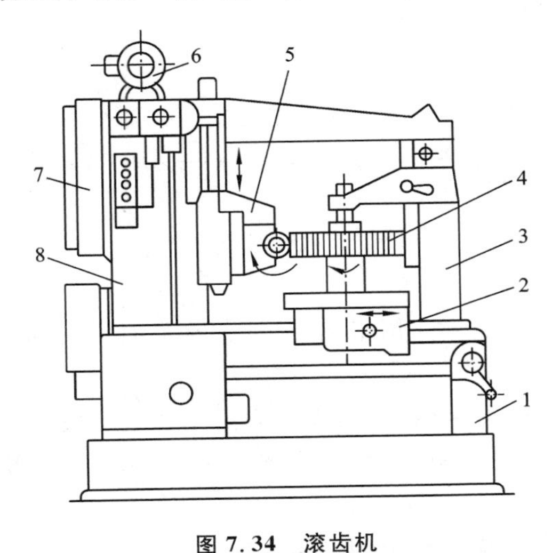

图 7.34 滚齿机

1—床身;2—工作台;3—支撑架;4—工件;
5—刀架;6—电动机;7—电器箱;8—立柱

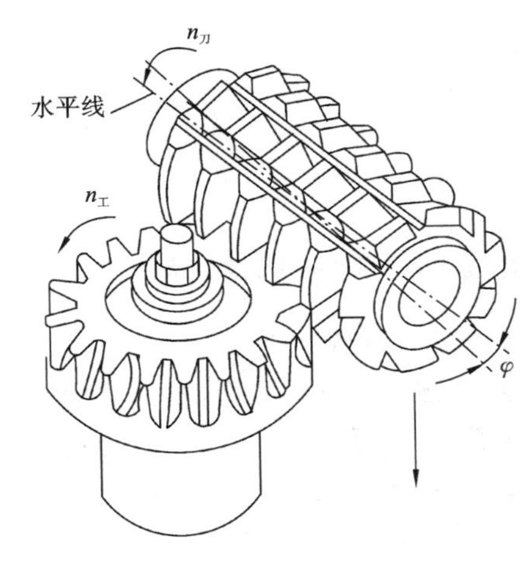

图 7.35 滚齿加工原理

滚齿可以加工直齿轮、螺旋齿轮、蜗轮和链轮等,其加工精度一般为 8～7 级,齿面粗糙度 Ra 值一般可达 3.2～1.6 μm。

思 考 题

(1) 概述铣削加工的特点和应用范围。
(2) 什么是铣削的主运动和进给运动?
(3) 卧式万能升降台铣床的主要组成部分有哪些? 各有何功用?
(4) 什么是顺铣、逆铣? 各有何特点?
(5) 在铣床上加工工件主要有哪些安装方法?
(6) 万能铣头有何特点? 和立铣头有哪些区别?
(7) 用分度头装夹铣削正七边形时,应如何进行分度?
(8) 安装铣刀时拉杆的作用是什么? 是否必须使用?
(9) 安装铣刀时要注意些什么?

第8章　刨削及磨削加工

8.1　概　　述

8.1.1　刨削加工概述

在刨床上用刨刀加工工件的方法称为刨削。刨削主要用来加工平面(水平面、垂直面、斜面)、槽(直槽、T形槽、V形槽、燕尾槽)及一些成形面。

刨削一般只用一把刀具切削，回程不工作，切削速度较低，所以刨削的生产效率较低。但对于加工狭长的表面，生产效率较高。由于刨削刀具简单，加工灵活方便，故在单件生产及修配工作中得到了广泛应用。

刨削加工的精度一般为IT9～IT8，表面粗糙度为Ra6.3～1.6 μm。

8.1.2　磨削加工概述

磨削加工是指在磨床上利用高速旋转的砂轮对工件表面进行加工的方法，其实质是用砂轮上的磨粒对工件表面层切除细微切屑的过程。根据工件被加工表面性质的不同，磨削分为外圆磨削、内圆磨削、平面磨削及成形面磨削等。

磨削加工是零件精加工的主要方法之一，磨削可以加工一般金属材料，如碳钢、铸铁和合金钢等，还可以加工用一般金属刀具难以加工的硬材料，如淬火钢、硬质合金等。但是塑性较大的非铁金属材料不适合采用磨削加工。

磨削加工精度一般可达IT7～IT5，表面粗糙度一般为Ra0.8～0.2 μm。

8.2　刨床及磨床

8.2.1　刨床

1. 牛头刨床

1) 牛头刨床的组成

牛头刨床是刨削类机床中应用较广的一种，它适合于刨削长度不超过1 000 mm的中、小型零件。牛头刨床的主运动为刨刀(滑枕)的直线往复运动，进给运动为工件(工作台)的横向进给运动。B6065牛头刨床外形如图8.1所示，其主要组成部分及作用如下。

(1) 床身　床身用于支承和连接刨床的各部件，其顶面导轨供滑枕作往复运动，侧面导轨供横梁和工作台升降，床身内部装有传动机构。

(2) 滑枕　滑枕用于带动刨刀作直线往复运动(主运动)，其前端装有刀架。

(3) 刀架　刀架用来夹持刀具，并可作竖直或斜向进给，如图8.2所示。扳转刀架手柄时，滑板即可沿刻度转盘上的导轨带动刨刀作竖直进给。滑板需斜向进给时，松开刻度转盘上的螺母，将转盘扳转所需角度即可。滑板上装有可偏转的刀座，刀座上的抬刀板可绕轴转动。刨刀安装在刀架上。在返回时，刨刀绕轴自由上抬，可减少刀具后刀面与工件的摩擦。

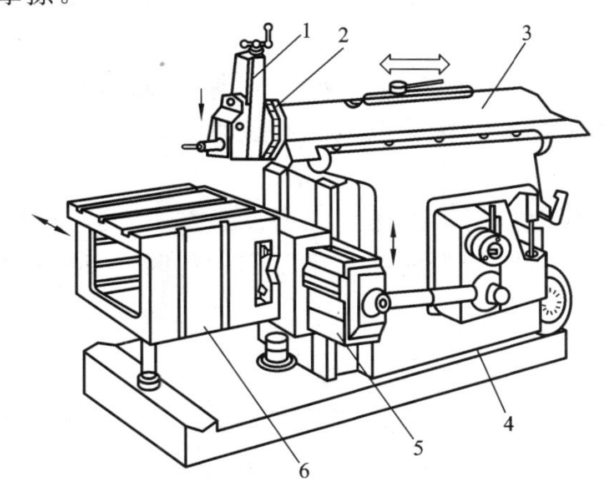

图 8.1　B6065 牛头刨床外形

1—刀架；2—转盘；3—滑枕；4—床身；5—横梁；6—工作台

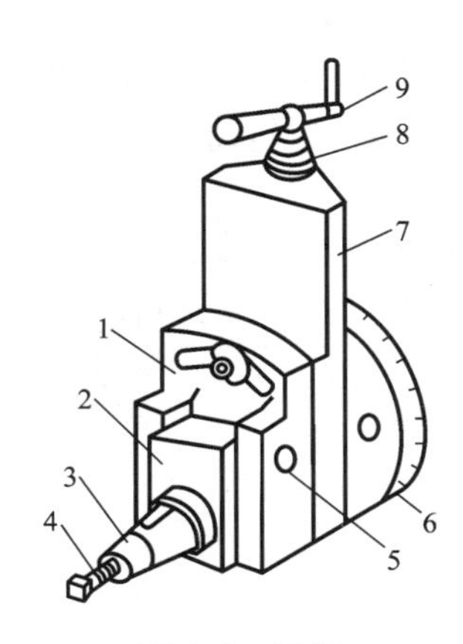

图 8.2　刀架

1—刀座；2—抬刀架；3—刀夹；4—紧固螺钉；5—轴；6—刻度转盘；7—滑板；8—刻度环；9—手柄

(4) 工作台　工作台用于安装工件，可随横梁上、下调整，并可沿横梁导轨横向移动或横向间歇进给。

2) 牛头刨床的典型机构

B6065 牛头刨床的传动系统如图 8.3 所示，其典型机构及其调整概述如下。

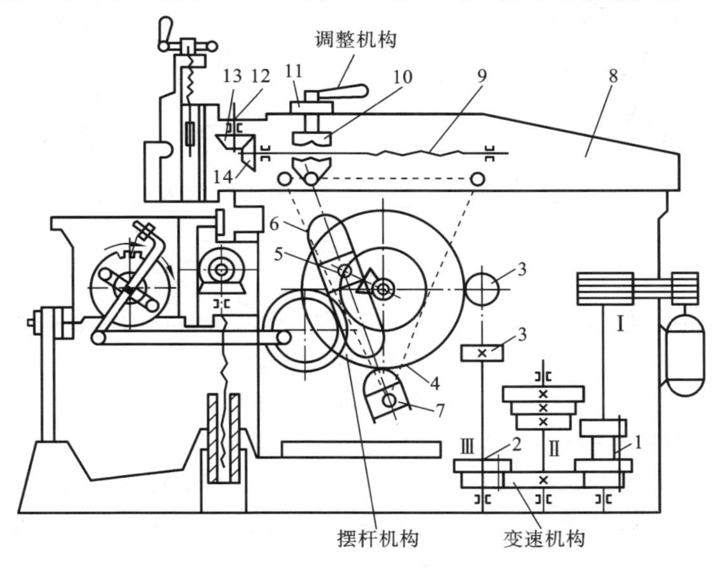

图 8.3　B6065 牛头刨床的传动系统

1、2—滑动齿轮组；3、4—齿轮；5—偏心滑块；6—摆杆；7—下支点；8—滑枕；9—丝杠；10—丝杠螺母；11—手柄；12—轴；13、14—锥齿轮

(1) 变速机构　变速机构由两组滑动齿轮组成，轴Ⅲ有 3×2＝6 种转速，可使滑枕变速，如图 8.3 所示。

(2) 摆杆机构 摆杆机构中齿轮 3 带动齿轮 4 转动,偏心滑块在摆杆的槽内滑动并带动摆杆绕下支点转动,带动滑枕作直线往复运动。

(3) 调整机构 松开手柄,转动轴通过锥齿轮转动丝杠,由于固定在摆杆上的丝杠螺母不动,丝杠带动滑枕改变起始位置。

(4) 滑枕行程长度调整机构 滑枕行程长度调整机构如图 8.4 所示,调整时,通过锥齿轮转动轴带动小丝杠转动,使偏心滑块移动,曲柄销带动偏心滑块改变偏心位置,从而调整滑枕的行程长度。

(5) 滑枕往复直线运动速度的变化 滑枕往复直线运动的速度在各点上都不一样,如图 8.5 所示。其工作行程转角为 α,空行程为 β,$\alpha>\beta$,因此,回程时间小于工作行程时间,即慢进快回。

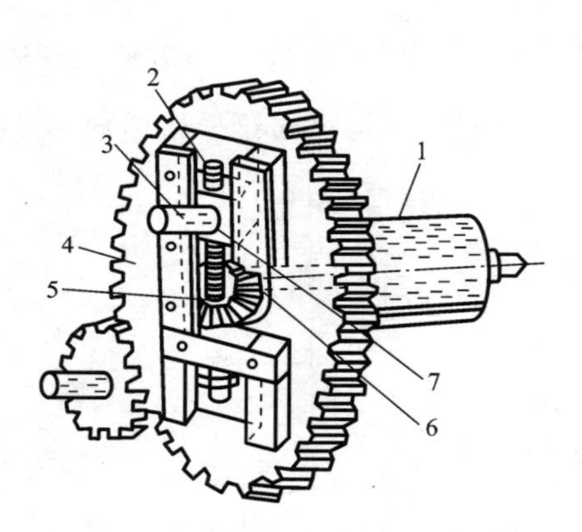

图 8.4 滑枕行程长度调整机构

1—轴(带方榫);2—小丝杠;3—曲柄销;4—曲柄齿轮;5、6—锥齿轮;7—偏心滑块

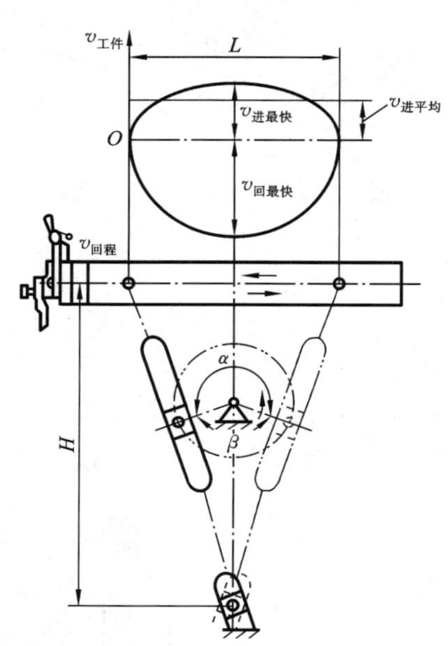

图 8.5 滑枕往复直线运动速度的变化

(6) 横向进给机构及进给量的调整 横向进给机构及进给量的调整如图 8.6 所示。齿轮 2 与图 8.3 中的齿轮 4 是一体的,齿轮 2 带动齿轮 1 转动,连杆摆动棘爪,拨动棘轮 5,使丝杠转一个角度,实现横向进给;反向时,由于棘爪后面是斜的,爪内弹簧被压缩,棘爪从棘轮顶滑过,因此,工作台横向自动进给是间歇的。

工作台横向进给量的值取决于滑枕每往复一次时棘爪所能拨动的棘轮齿数。调整横向进给量,实际是调整棘轮护盖的位置,横向进给量的调整范围为 0.33~3.3 mm。

2. 龙门刨床

龙门刨床如图 8.7 所示,因有一个"龙门"式的框架结构而得名。龙门刨床工作台的往复运动为主运动,刀架移动为进给运动。横梁上的刀架可在横梁导轨上作横向进给运动,以刨削工件的水平面;立柱上的侧刀架可沿立柱导轨作垂直进给运动,以刨削垂直面。刀架也可偏转一定角度以刨削斜面。横梁可沿立柱导轨上、下升降,以调整刀具和工件的相对位置。

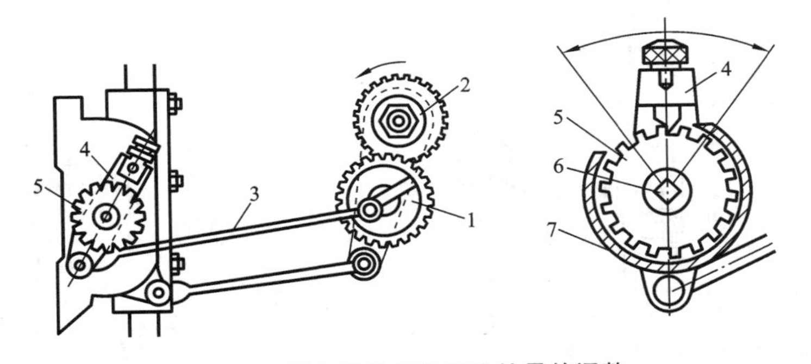

图 8.6　横向进给机构及进给量的调整

1、2—齿轮；3—连杆；4—棘爪；5—棘轮；6—丝杠；7—棘轮护盖

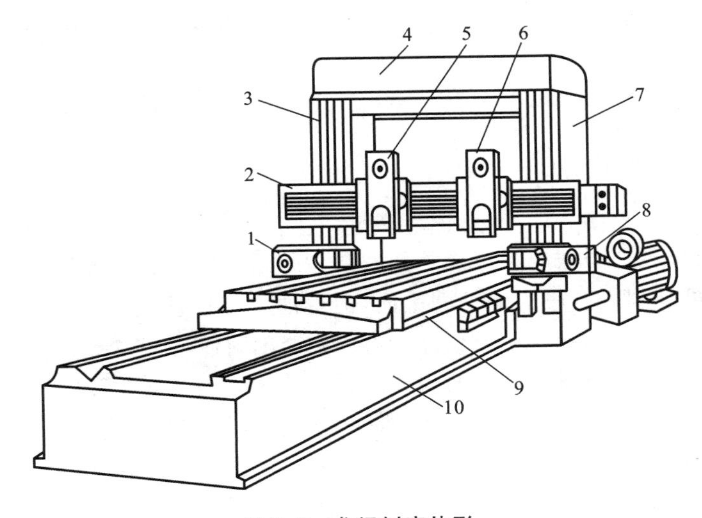

图 8.7　龙门刨床外形

1—左侧刀架；2—横梁；3—左立柱；4—顶梁；5—左垂直刀架；
6—右垂直刀架；7—右立柱；8—右侧刀架；9—工作台；10—床身

龙门刨床主要用于加工大型零件上的平面或沟槽，或同时加工多个中型零件，尤其适合狭长平面的加工。

3. 插床

插床的结构原理与牛头刨床类似，如图 8.8 所示，其滑枕在垂直方向作往复运动（主运动）。插床实际上是一种立式刨床，插床的工作台由下托板、上托板及圆工作台三部分组成，下托板用于横向进给，上托板用于纵向进给，圆工作台用于回转进给。

插床的生产效率低，多用于单件小批量生产及修配工作。插床主要用于零件的内表面加工，如方孔、长方孔、各种多边形孔及内键槽等，也可加工某些外表面。插削孔内键槽的示意图如图 8.9 所示。

8.2.2　磨床

磨床是利用砂轮对工件表面进行磨削加工的机床。对于不同的被加工零件，相应的磨床设备也不同。常用的磨床主要有外圆磨床、内圆磨床、平面磨床、万能磨床和无心磨床等。

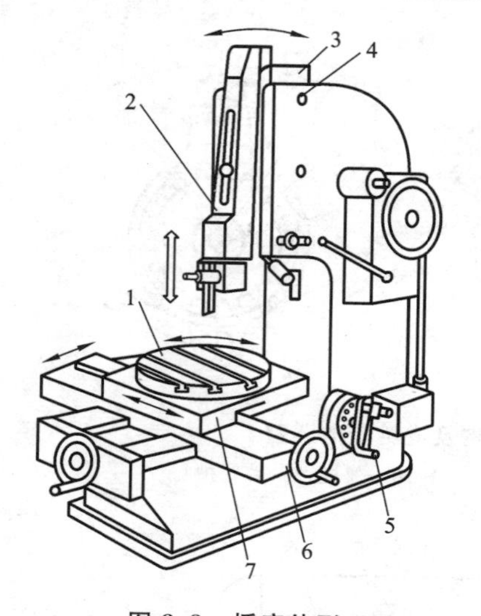

图 8.8　插床外形

1—圆工作台；2—滑枕；3—滑枕导轨座；4—轴；
5—分度装置；6—床鞍；7—滑板

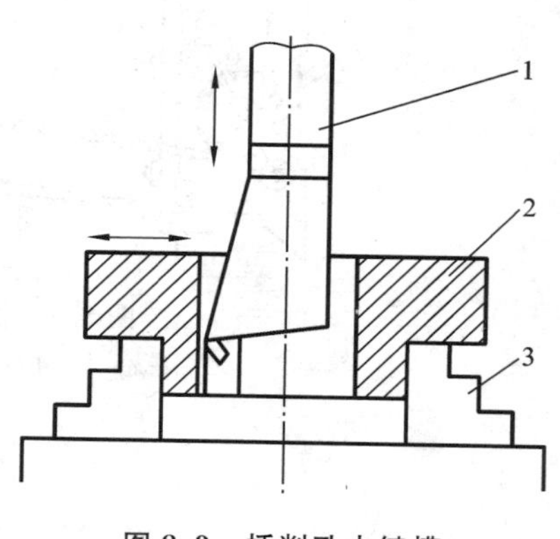

图 8.9　插削孔内键槽

1—插刀；2—工件；3—卡盘

1. 外圆磨床

外圆磨床分为普通外圆磨床和万能外圆磨床。普通外圆磨床主要用于加工各种圆柱形表面和轴肩端面，还可磨削锥度较大的外圆锥面，但普通外圆磨床自动化程度较低，只适用于小批量、单件生产和修配工作。万能外圆磨床带有内圆磨削附件，除了能够加工普通外圆磨床可加工的范围外，它还可以磨削各种内圆柱面和圆锥面，应用最广泛，如图 8.10 所示为 M1432A 万能外圆磨床。其型号意义为：M——类别，磨床类；1——组别，外圆磨床组；4——系别，万能外圆磨床系；32——主要参数，最大磨削直径的 1/10，mm；A——在性能和结构上第一次重大改进。

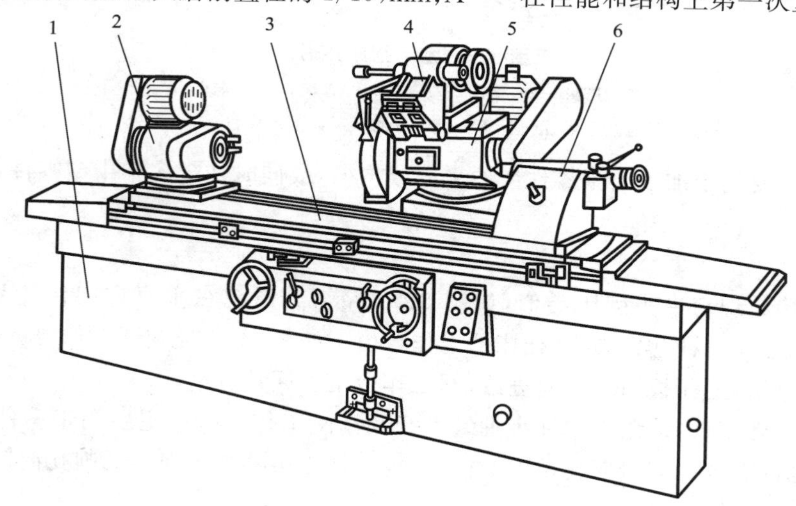

图 8.10　M4132A **万能外圆磨床**

1—床身；2—头架；3—工作台；4—内圆磨具；5—砂轮架；6—尾架

万能外圆磨床主要由床身、砂轮架、头架、尾座、工作台和内圆磨具等部分组成。

1) 床身

床身用来安装各部件，床身上部有纵向导轨、横向导轨、工作台、砂轮架、头架和尾架等，内部装有液压传动系统。床身上的纵向导轨供工作台移动用，横向导轨供砂轮架移动用。

2）砂轮架

砂轮架上装有单独的电动机，通过带传动带动安装在砂轮架上的砂轮高速旋转（主运动），液压系统控制砂轮架沿床身上的横导轨前、后移动，砂轮架可绕竖直轴线偏转±30°。

3）头架和尾座

头架上装有主轴，主轴端部装有顶尖、拨盘或卡盘，用来安装夹持工件，主轴由主轴电动机通过带传动驱动变速机构，使工件获得不同转速；尾座的套筒内装有顶尖，用于和头架的顶尖一起夹持固定工件并带动工件旋转。头架和尾架装在工作台上，随工作台一起作纵向进给运动。

4）工作台

工作台由上、下两层组成，上层相对下层可旋转一个小角度，便于外圆锥面的磨削。工作台前侧面的 T 形槽内，装有两个换向挡块，操纵工作台自动换向，在液压系统驱动下工作台沿纵向导轨作往复运动，实现工件无级调速纵向进给，同时也可以手动控制进给。

5）内圆磨具

内圆磨具主轴由单独电动机驱动，安装有磨削内圆的砂轮。内圆磨具使用时翻下来，不用时，翻到砂轮架上方。

2. 内圆磨床

内圆磨床由床身、工作台、头架、砂轮座和砂轮修整器等组成，用来磨削圆柱、圆锥的内表面。磨削锥孔时，头架要在平面内偏转一定角度。内圆磨床的磨削运动和外圆磨床的相近。

普通内圆磨床仅适用于单件小批量生产。

3. 平面磨床

用于平面磨削的平面磨床，其砂轮的工作表面可以是圆周表面，也可以是端面。采用砂轮周边磨削方式时，磨床主轴按卧式布置；采用砂轮端面磨削方式时，磨床主轴按立式布置。

普通平面磨床按主轴布置和工作台形状组合分为卧轴矩台式平面磨床、立轴矩台式平面磨床、卧轴圆台式平面磨床和立轴圆台式平面磨床等类型。

1）卧轴矩台式平面磨床

卧轴矩台式平面磨床如图 8.11 所示。砂轮作旋转主运动，工作台作纵向往复运动，砂轮架作间歇的竖直切入运动和横向进给运动。砂轮主轴通常由异步电动机直接带动。电动机轴

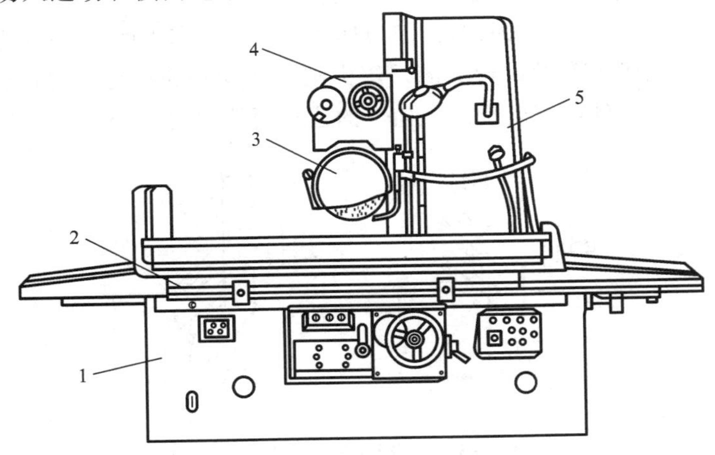

图 8.11　卧轴矩台式平面磨床

1—床身；2—工作台；3—砂轮架；4—滑座；5—立柱

就是主轴,电动机的定子装在砂轮架的壳体内。砂轮架沿滑座的燕尾导轨作间歇横向进给运动,滑座和砂轮架一起作间歇的竖直切入运动,工作台沿床身导轨作纵向往复运动。

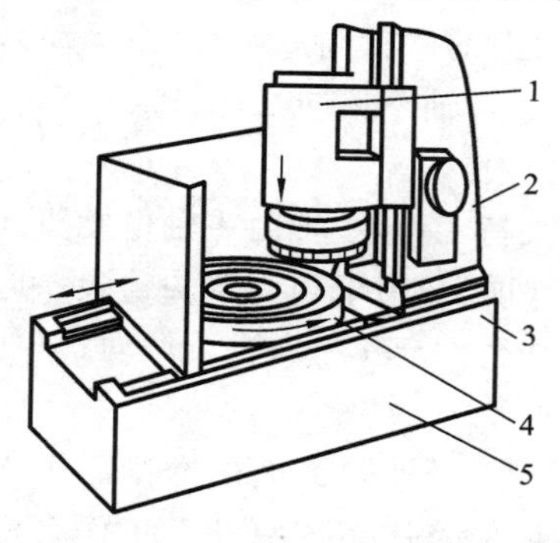

图 8.12　立轴圆台式平面磨床

1—砂轮架;2—立柱;3—底座;4—工作台;5—床身

2) 立轴圆台式平面磨床

立轴圆台式平面磨床如图 8.12 所示,砂轮作旋转主运动,圆工作台旋转作圆周进给运动,砂轮架作间歇的竖直切入运动。砂轮架的主轴也是由异步电动机直接驱动,砂轮架可沿立柱的导轨作间歇竖直切入运动,圆工作台旋转作圆周进给运动。为便于装卸工件,圆工作台还可沿床身导轨纵向移动。由于砂轮直径大,常采用镶片砂轮,这种砂轮使冷却液容易冲入切削面,砂轮不易堵塞。该种机床生产效率高,适用于成批生产。

用砂轮端面磨削的平面磨床与用轮缘磨削的平面磨床相比,由于端面磨削的砂轮直径往往较大,能同时磨出工件的全宽,磨削面积较大,生产效率高。但是,端面磨削时,砂轮和工件表面呈弧形线或面接触,接触面较大,冷却困难,切屑不易排出,所以,加工精度和表面质量较差;圆台式平面磨床连续进给,矩台式平面磨床有换向时间损失,故圆台式平面磨床的生产效率稍高于矩台式平面磨床。圆台式平面磨床只适于磨削小零件和大直径的环形零件端面,不能磨削长零件;而矩台式可方便地磨削各种常用零件,包括直径小于矩台宽度的环形零件。

目前,卧轴矩台式平面磨床和立轴圆台式平面磨床应用较广泛。

8.3　刀具及工件的装夹方法

8.3.1　刨刀及刨削工件的装夹

1. 刨刀

1) 刨刀结构特点

刨刀的结构和角度与车刀相似,其区别在于:

(1) 由于刨刀工作时有冲击,因此,刨刀刀柄截面一般为车刀的 1.25～1.5 倍;

(2) 切削用量大的刨刀常做成弯头的。弯头刨刀在受到切削变形时,刀尖不会像直头刨刀(见图 8.13(a))那样因绕 O 点转动产生向下的位移而扎刀(见图 8.13(b))。

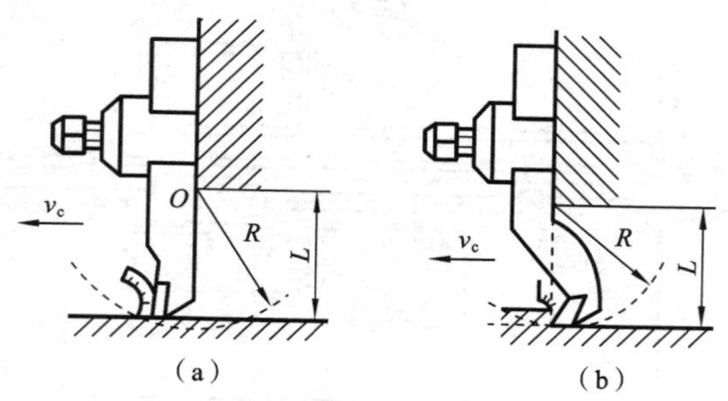

图 8.13　变形后刨刀的弯曲情况

(a) 直头刨刀;(b) 弯头刨刀

2）常用刨刀种类

常用刨刀有平面刨刀、偏刀、切刀、弯头刀等，其形状及应用如图8.14所示。

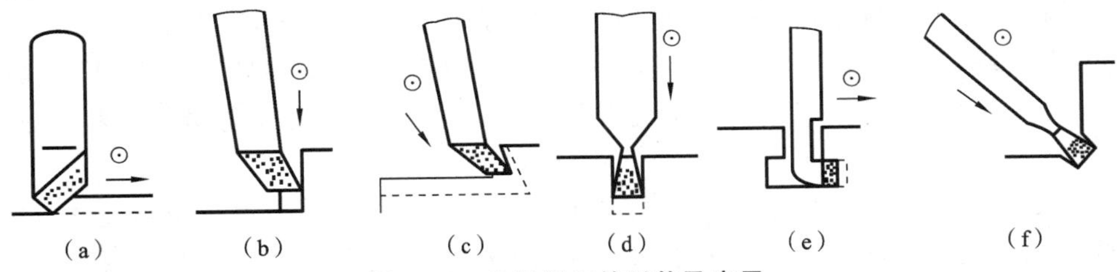

图8.14　常见刨刀的形状及应用

(a) 平面刨刀；(b) 偏刀；(c) 角度偏刀；(d) 切刀；(e) 弯切刀；(f) 切刀

2. 刨削工件的装夹

1）平口钳装夹

平口钳是一种通用夹具，一般用来装夹中、小型工件，装夹方法如图8.15所示。

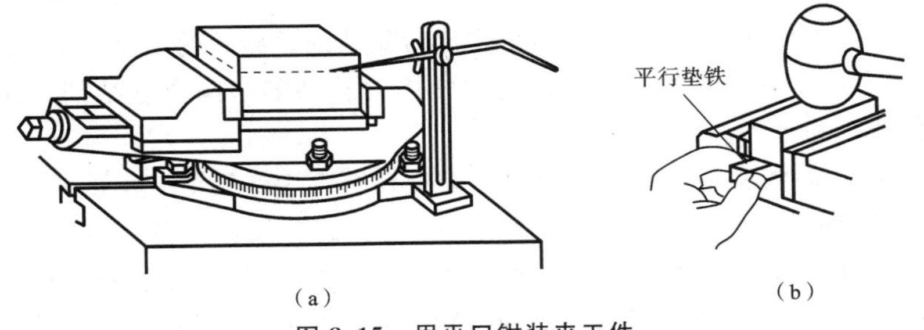

图8.15　用平口钳装夹工件

(a) 用划线找正工件；(b) 用垫铁垫高工件

2）压板螺栓装夹

对较大工件或某些不宜用平口钳装夹的工件，可直接用压板和螺栓将其固定在工作台上，如图8.16所示。此时应按对角顺序分几次逐渐拧紧螺母，以免工件产生变形。有时为使工件不致在刨削时被推动，须在工件前端加放挡铁。

如果对工件各加工表面的平行度及垂直度要求较高，则应采用平行垫铁和圆棒进行夹紧，以使底面贴紧平行垫铁，侧面贴紧固定钳口。

8.3.2　砂轮及磨削工件的装夹

1. 砂轮

砂轮是磨削的主要工具，是由磨料和结合剂构成的多孔物体，如图8.17所示。

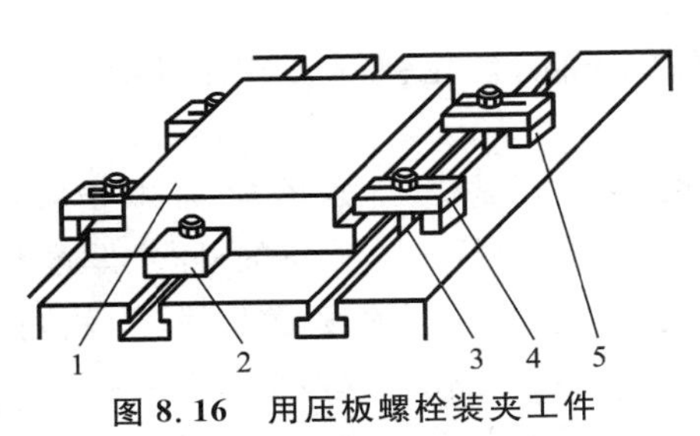

图8.16　用压板螺栓装夹工件

1—工件；2—挡铁；3—螺栓；4—压板；5—垫铁

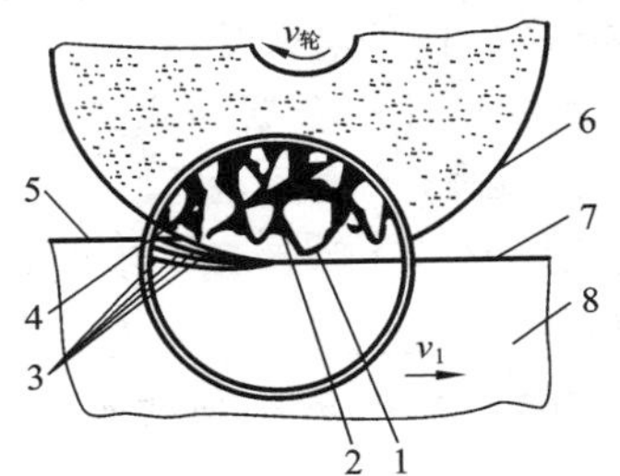

图8.17　砂轮及磨削示意图

1—磨粒；2—黏结剂；3—加工表面；4—空隙；5—待加工表面；6—砂轮；7—已加工表面；8—工件

1）砂轮的特性及种类

砂轮的特性由磨料、粒度、硬度、黏结剂、形状及尺寸等因素决定。

(1) 磨料　磨料是制造砂轮的主要原料，担负着切削工作。因此，磨料必须锋利，并具备高的硬度、良好的耐热性和一定的韧度。常见的磨粒有刚玉类和碳化硅类两类。刚玉类(Al_2O_3)适用于磨削钢料及一般刀具；碳化硅类适用于磨削铸铁、青铜等脆性材料及硬质合金刀具。

(2) 粒度　粒度指磨粒颗粒的大小。粒度分磨粒与微粉两组。磨粒用筛选法分类，其粒度号以筛网上一英寸长度内的孔眼数表示。例如 60# 粒度的磨粒表示能通过每英寸有 60 个孔眼的筛网；微粉用显微测量法分类，其粒度号以磨粒的实际尺寸来表示。

磨粒粒度的选择主要与加工表面粗糙度和生产效率有关。粗磨时，磨削余量大，表面粗糙度值较大，应选用较粗的磨粒。因磨粒粗、气孔大，磨削深度可较大，砂轮不易堵塞和发热。精磨时，余量较小，表面粗糙度值较低，可选取较细磨粒。一般磨粒愈细，磨削表面粗糙度值愈小。

(3) 黏结剂　砂轮中用以黏结磨粒的物质称为黏结剂。砂轮的强度、抗冲击性、耐热性及耐腐蚀能力主要取决于黏结剂的性能。砂轮中常用的黏结剂为陶瓷黏结剂。此外，还有树脂黏结剂、橡胶黏结剂和金属黏结剂等。

(4) 硬度　砂轮的硬度是指砂轮表面上的磨粒在磨削力作用下脱落的难易程度。砂轮的硬度软，表示砂轮的磨粒容易脱落；砂轮的硬度硬，表示磨粒较难脱落。砂轮的硬度和磨料的硬度是两个不同的概念。同一种磨料可以做成不同硬度的砂轮，它主要取决于黏结剂的性能、数量及砂轮的制造工艺。磨削与切削的显著差别是砂轮具有自锐性，选择砂轮的硬度，实际上是选择砂轮的自锐性，使锋利的磨粒不要太早脱落，也不要磨钝了还不脱落。砂轮的硬度等级如表 8.1 所示。

表 8.1　砂轮的硬度等级

等级	大级	超软			软			中软		中		中硬			硬		超硬
	小级	超软			软 1 软 2 软 3			中软 1 中软 2		中 1 中 2		中硬 1 中硬 2 中硬 3			硬 1 硬 2		超硬
代号	GB/T 2484—2006	D	E	F	G	H	J	K	L	M	N	P	Q	R	S	T	Y

磨削加工软金属时，为了使磨粒不致过早脱落，则选用硬度高的砂轮；磨削加工硬金属时，为了能及时使磨钝的磨粒脱落，露出具有尖锐棱角的新磨粒(自锐性)，一般选用硬度低的砂轮。精磨时，为了保证磨削精度和表面粗糙度，应选用稍硬的砂轮；工件材料的导热性差，易产生烧伤和裂纹时(如磨硬质合金)，选用稍软些的砂轮。

(5) 形状尺寸　根据磨床结构与所加工工件的不同，砂轮被制成各种形状与尺寸，如图 8.18所示。

为了便于使用和保管，砂轮的端面上一般印有标志。例如砂轮标志 P400×40×127A60L5V35，这里：P——砂轮的形状为平形；400×40×127——砂轮的外径、厚度和内孔直径尺寸(mm)；A——磨粒为棕刚玉；60——粒度为 60 号；L——硬度为 L 级(中软)；5——组织为 5 号(磨料率 52%)；V——黏结剂为陶瓷；35——最高工作线速度为 35 m/s。

除了重要的工件和生产批量较大需要按照以上所述选用砂轮外，一般只要机床上现有的砂轮基本符合磨削要求，通过适当地修整砂轮，再选用适当的磨削用量就能满足加工要求，而

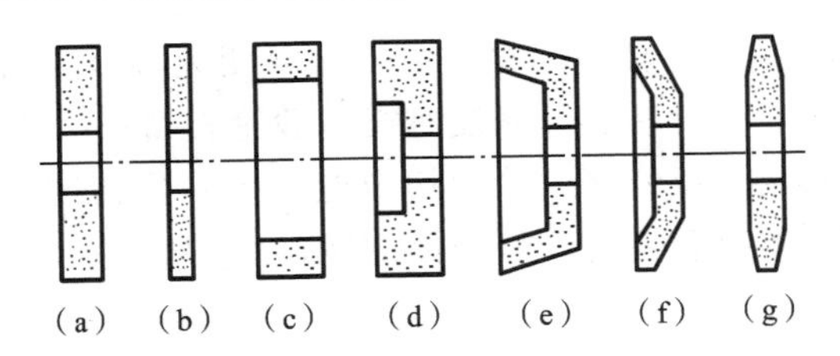

图 8.18　砂轮的形状

(a) 平形;(b) 薄片形;(c) 筒形;(d) 单面凹形;(e) 碗形;(f) 蝶形;(g) 双斜边形

不必再重新选择砂轮。

2) 砂轮的安装、平衡及修整

(1) 砂轮的安装　砂轮的安装如图 8.19 所示。砂轮内孔与砂轮轴或法兰盘外圆之间不能过紧,否则磨削时受热膨胀,易使砂轮胀裂;也不能过松,否则砂轮易发生偏心,失去平衡引起振动。一般配合间隙为 0.1～0.8 mm,高速砂轮间隙小些。用法兰盘装夹砂轮时,两个法兰盘直径应相等,其外径应不小于砂轮外径的 1/3。在法兰盘与砂轮端面间应用厚板或耐油橡皮等作衬垫,使压力均匀分布,螺母的拧紧力不能过大,否则砂轮会破裂。紧固螺纹的旋向应与砂轮的旋向相反,即当砂轮逆时针旋转时,用右旋螺纹,使砂轮在磨削力作用下,带动螺母越旋越紧。

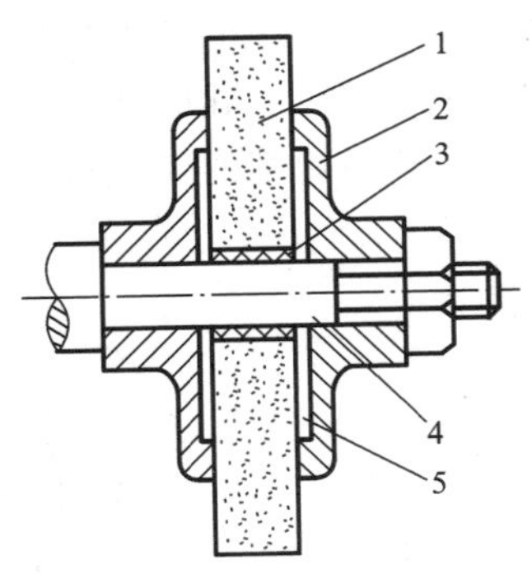

图 8.19　砂轮的安装

1—砂轮;2—法兰盘;3—衬套;4—砂轮轴;5—弹性垫板

砂轮因在高速旋转条件下工作,故使用前应仔细检查,不允许有裂纹。安装必须牢靠,并应经静平衡调整,以免造成事故。

(2) 砂轮的平衡　一般直径大于 125 mm 的砂轮都要进行平衡,使砂轮的重心与其旋转轴线重合。

砂轮由于几何形状的不对称,外圆与内孔的不同轴,各部分松紧程度的不一致及安装时偏心等原因,使其重心往往不在旋转轴线上,致使砂轮产生不平衡现象。不平衡的砂轮易使砂轮主轴产生振动或摆动,致使工件表面产生振痕,主轴与轴承迅速磨损,甚至造成砂轮破裂。

一般砂轮直径愈大,圆周速度愈高,工件表面粗糙度要求愈高,仔细平衡砂轮非常必要。平衡砂轮的方法是在砂轮两侧法兰盘的环形槽内装入几块平衡块,如图 8.20 所示,反复调整平衡块的位置,直到砂轮在平衡架的平衡导轨上任意位置都能静止。

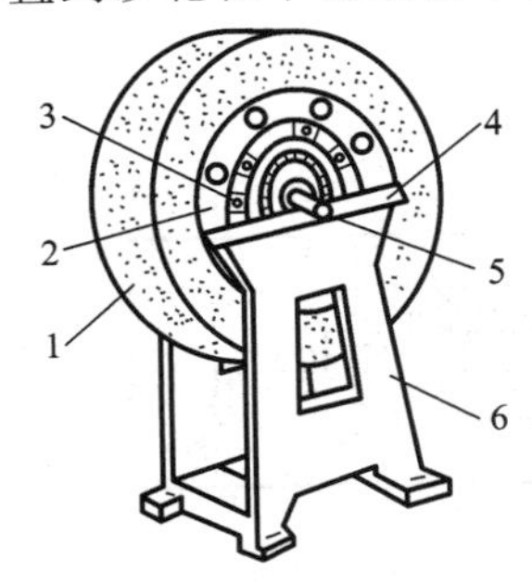

图 8.20　砂轮静平衡检验

1—砂轮;2—砂轮套筒;3—平衡块;4—平衡轨道;5—心轴;6—平衡架

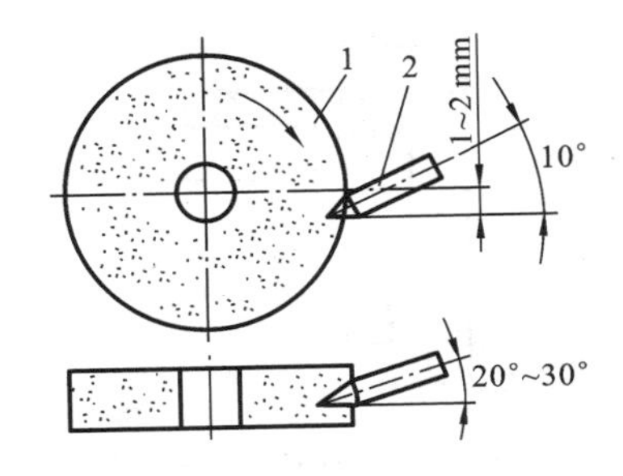

图 8.21　砂轮的修整

1—砂轮;2—金刚石笔

(3) 砂轮的修整　砂轮工作一段时间后,磨粒逐渐变钝,砂轮工作表面孔隙被堵塞,砂轮的正确几何形状被破坏,必须进行修复。修复时需将砂轮表面一层变钝了的磨粒切去,使砂轮表面重新露出光整锋利的磨粒,以恢复砂轮的切削能力和外形精度。一般砂轮常用金刚石进行修整,如图 8.21 所示,修整时要使用大量的冷却液,以免温升过高损坏修整器。

2. 磨削工件的装夹

1) 外圆磨削工件的装夹

外圆磨削时,工件最常见的装夹方法是用两个顶尖将工件支承起来装夹,或者用卡盘装夹。磨床上使用的顶尖都是死顶尖,以减少安装误差,提高加工精度,如图 8.22 所示,顶尖安装适用于有中心孔的轴类零件。无中心孔的圆柱形零件多采用三爪自定心卡盘装夹,不对称的或形状不规则的工件则采用四爪卡盘或花盘装夹。此外,空心工件常安装在心轴上磨削外圆。

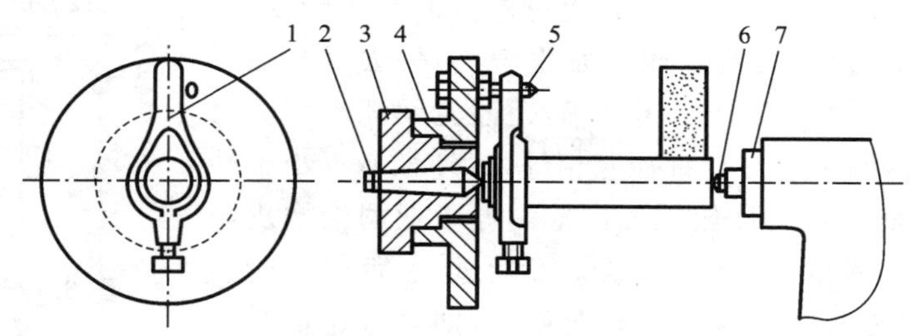

图 8.22　外圆磨削时工件的装夹

1—卡箍;2—前顶尖;3—头架主轴;4—拨盘;5—拨杆;6—后顶尖;7—尾架套

2) 内圆磨削工件的装夹

内圆磨削时,工件大多数是以外圆或端面作为定位基准,装夹在卡盘上进行磨削,如图 8.23所示。

3) 平面磨削工件的装夹

平面磨床上工件的装夹不同于其他机床,它的工作台上装有电磁吸盘,通过磁力吸住工件使其固定,如图 8.24 所示。在钢制吸盘体的中部凸起的芯体上绕有线圈,钢制盖板被绝磁层隔成一些小块。当在线圈中通直流电时,芯体被磁化,磁力线经过芯体—盖板—工件—盖板—吸盘体—芯体而闭合(图 8.24 中虚线表示),工件被吸住。绝缘层由铅、铜或巴氏合金等磁性材料制成,其作用是使绝大部分磁力线都能通过工件再回到吸盘体,而不能通过盖板直接回去,从而保证工件被牢固地吸在工作台上。加工时,工件随工作台作往复运动,砂轮作相应的进给运动,完成工件平面磨削。

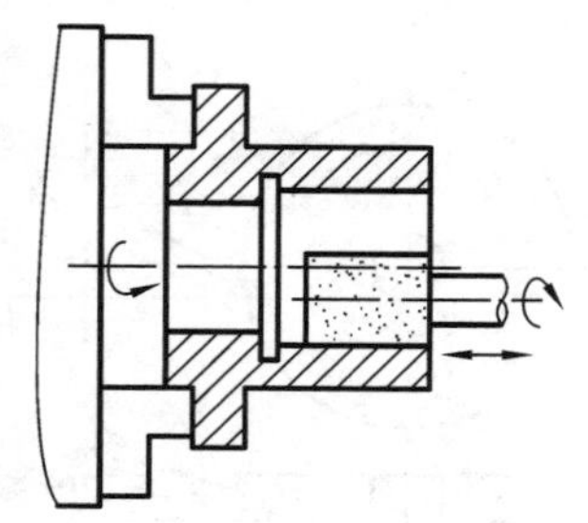

图 8.23　内圆磨削工件的装夹

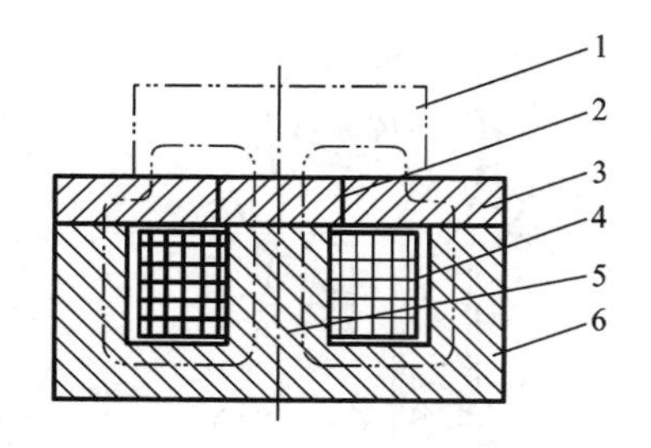

图 8.24　电磁吸盘工作台的工作原理

1—工件;2—绝缘层;3—盖板;4—线圈;5—芯体;6—吸盘体

8.4 刨削和磨削工作及其操作要点

8.4.1 刨削工作及其操作要点

1. 刨削水平面

刨削水平面采用平面刨刀，当工件表面要求质量较高时，在粗刨后，还要进行精刨。为了使工件表面光整，在刨刀返回时，可用手掀起刀座上的抬刀板，以防刀尖刮伤已加工表面。

2. 刨削竖直面和斜面

刨削竖直面和斜面均采用偏刀，如图 8.25、图 8.26 所示。安装偏刀时，刨刀伸出的长度应大于整个竖直面或斜面的高度。刨削竖直面时，刀架转盘应对准零线；刨削斜面时，刀架转盘要扳转相应的角度。此外，刀座还要偏转一定的角度，使刀座上部转离加工面，以便在刨刀返回行程抬刀时，刀尖离开已加工表面。

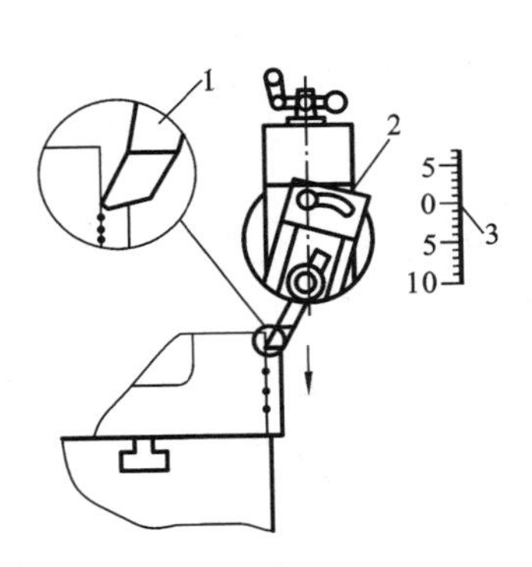

图 8.25 刨削竖直面

1—偏刀；2—刀座偏转使其离开加工面；3—转盘准确对准零线

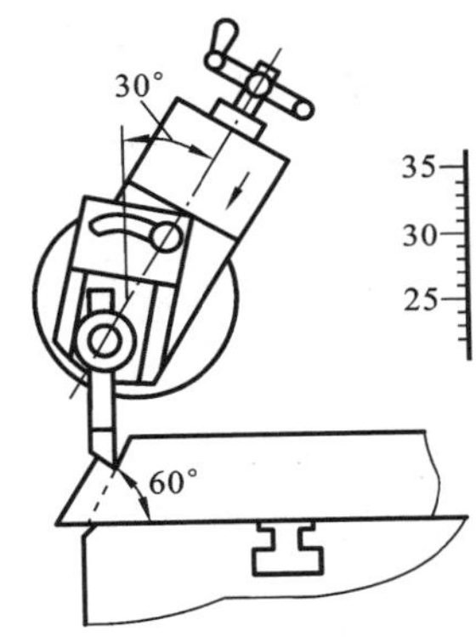

图 8.26 刨削斜面

装夹工件时，要通过找正使工件的待加工表面与工作台台面垂直(刨削竖直面时)，并与刨削行程方向平行。在刀具返回行程终了时，手摇刀架上的手柄进刀。

3. 刨削沟槽

刨削竖直槽时，要用槽刀以竖直手动进刀方式进行刨削，如图 8.27 所示。

刨削 T 形槽时，要先用槽刀刨出竖直槽，再分别用左、右弯刀刨出两侧凹槽，最后用 45°刨刀倒角，如图 8.28 所示。

刨削燕尾槽的过程和刨削 T 形槽的过程相似，但当用偏刀刨削燕尾面时，刀架转盘及偏刀都要偏转相应的角度，如图 8.29 所示。

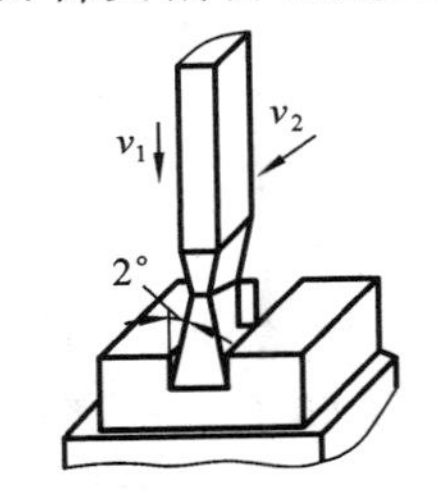

图 8.27 刨削竖直面

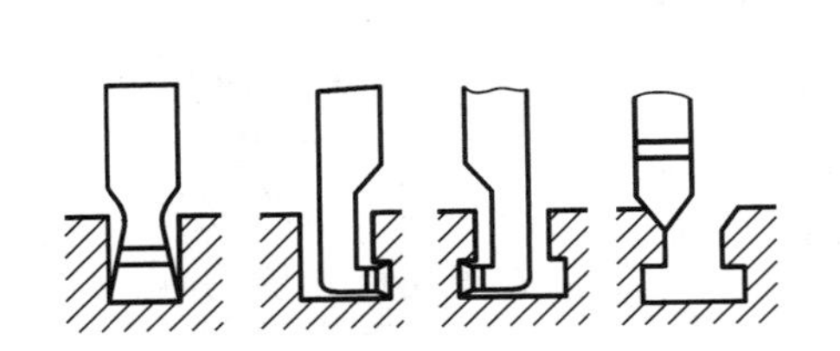

图 8.28 刨削 T 形槽

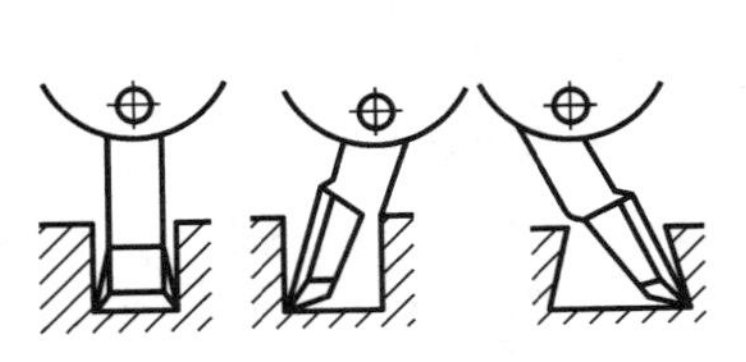

图 8.29 刨削燕尾槽

8.4.2　磨削工作及其操作要点

1. 外圆磨削

外圆磨削主要在普通外圆磨床或万能外圆磨床上磨削轴类工件的外圆柱面、外圆锥面和轴肩端面，一般有纵磨、横磨和深磨等方式。

1）纵磨法

纵磨法如图 8.30(a)所示。磨削外圆时，砂轮的高速旋转为主运动，工件作旋转运动的同时还随工作台作纵向往复运动，实现工件轴向进给。每单次行程或每往复行程终了时，砂轮作周期性的横向移动，实现沿工件径向的进给，逐渐磨去工件径向加工余量，磨削到最终尺寸后，进行无横向进给的光磨过程，直至火花消失为止。

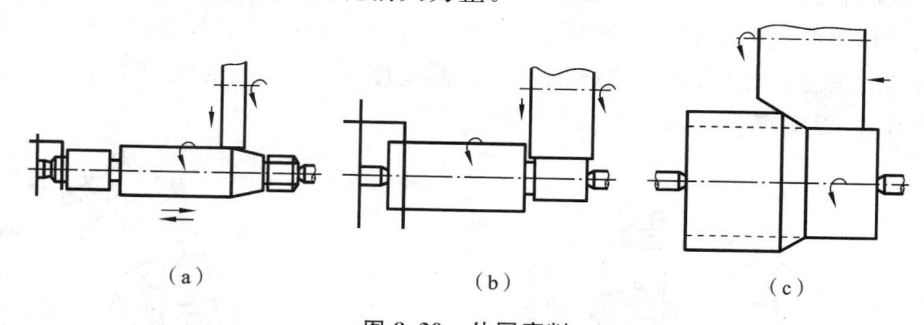

图 8.30　外圆磨削

(a) 纵磨法；(b) 横磨法；(c) 深磨法

纵磨法每次进给量小，磨削力小，散热条件好，可以充分提高工件的磨削精度和表面质量，能够满足较高的加工质量要求；但磨削效率较低，适合单件、小批量生产。

2）横磨法

横磨法如图 8.30(b)所示，采用横磨法磨削外圆时，砂轮宽度比工件磨削宽度大，工件不需作纵向(沿轴向)进给运动，高速旋转的砂轮以缓慢的速度连续地作横向进给运动，实现对工件的径向进给，直到磨去全部余量为止。

横磨法磨削充分发挥了砂轮的切削能力，磨削效率高，同时适用于成形磨削。但是，磨削过程中，砂轮与工件接触面积大，使磨削力增大，工件易发生变形和烧伤；另外砂轮形状误差直接影响工件几何形状，磨削精度较低，表面粗糙度值较大，必须使用功率大、刚性好的磨床，磨削时给予充分的切削液降温，横磨法磨削的工件不宜太长。

3）深磨法

深磨法如图 8.30(c)所示，这种方法可一次走刀将整个余量磨完。磨削时，磨削余量一般为 0.1～0.35 mm，进给量较小，一般取纵向进给量为 1～2 mm/r，约为纵磨法的 15%，加工工时为纵磨法的 30%～75%。

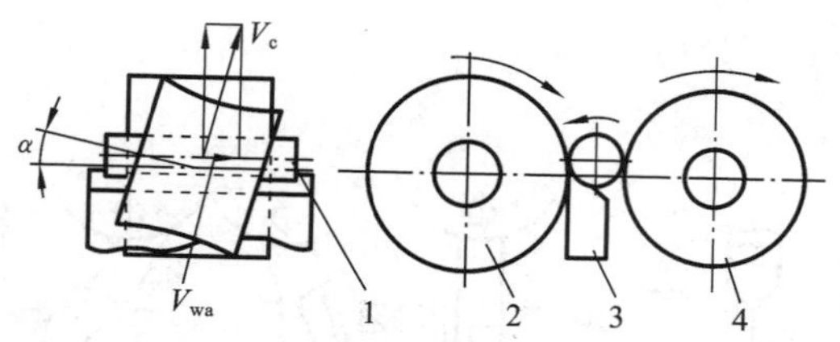

图 8.31　无心外圆磨削示意图

1—零件；2—磨轮；3—托板；4—导轮

4）无心磨削

无心磨削如图 8.31 所示，通常在无心磨床上进行，用来磨削工件外圆。磨削时，工件不用顶尖等支承，而是放在砂轮与导轮之间，由右下方的托板支承，并由导轮带动旋转。这种磨削方法生产率高，易于实现自动化，多用在大批量小轴类零件的外圆磨削生产中。

2. 内圆磨削

内圆磨削主要用在内圆磨床、万能外圆磨床和坐标磨床上磨削工件的圆柱孔、圆锥孔和孔端面。磨削方法同外圆磨削，有纵磨法和横磨法，纵磨法使用广泛。

内圆磨削的砂轮直径受到工件孔径限制，一般较小，故砂轮磨损较快，需要经常修整和更换；砂轮轴直径较小，悬伸长度较大，刚度差，磨削深度不能太大，故生产率低。

3. 平面磨削

平面磨削时的主运动是砂轮的旋转运动，进给运动是纵向进给运动（工件的直线往复运动）、横向进给运动（砂轮沿其轴线的运动）和竖直进给运动（砂轮在垂直于工件被磨削表面方向的运动）。

根据磨削时砂轮工作表面的不同，平面磨削通常有周磨法和端磨法两种。在卧轴矩台式平面磨床上，使用砂轮圆周表面磨削平面称为周磨法；在立轴圆台式平面磨床上，使用砂轮端面磨削平面称为端磨法。

周磨法如图 8.32(a)所示，磨削工件时，砂轮和工件的接触表面小，能及时排屑，冷却条件好，工件热变形小，砂轮磨损均匀，但磨削效率低，适合平面精磨。

端磨法如图 8.32(b)所示，磨削工件时，砂轮轴伸出较短，刚度好，能采用较大的切削用量，磨削效率高。但由于砂轮与工件的接触面积大，同时因砂轮端面外侧、内侧切削速度不等，排屑及冷却条件不理想，即使有大量冷却液降温，工件加工质量也低于周磨法，故只适于平面粗磨。

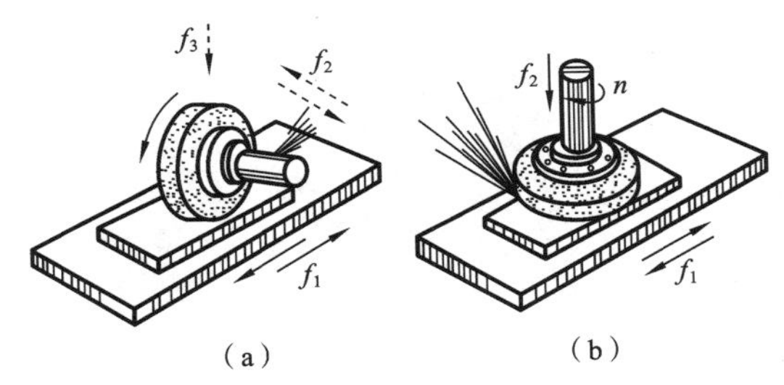

图 8.32　平面磨削

(a) 周磨法；(b) 端磨法

平面磨削时，砂轮与工件的接触面积比外圆磨削时的大，发热多并易堵塞砂轮，故平面磨削要尽可能使用磨削液，特别是对于精密磨削加工。

思　考　题

(1) 牛头刨床的主运动和进给运动分别是什么？

(2) 牛头刨床主要由哪几部分组成？各部分有何作用？

(3) 刨刀与车刀相比有何异同？

(4) 为什么刨刀往往做成弯头刀？

(5) 刨垂直面时，为什么刀架要偏转一定的角度？如何偏转？

(6) 刨削前，牛头刨床需进行哪几方面的调整？如何调整？

(7) 刨削竖直面和斜面时，应如何调整刀架的各个部分？

(8) 何谓磨削加工？它可以加工的表面主要有哪些？

(9) 砂轮的特性包括哪些内容？受哪些因素的影响？

(10) 砂轮的硬度与磨粒的硬度有何不同？

(11) 为什么软砂轮适宜磨削硬材料？

(12) 为什么磨床上多用死顶尖？工件的中心孔为什么要修磨？

(13) 磨外圆的方法有哪几种？具体过程有何不同？

(14) 磨削时切削液起何作用？

(15) 简述磨削工艺的特点。

第9章　钳　　工

9.1　概　　述

钳工是以手工操作为主，使用各种工具来完成零件的加工、装配和修理等工作，由于常在钳工工作台上用虎钳夹持工件操作而得名。与机械加工相比，钳工劳动强度大、生产效率低，但可以完成机械加工不便加工或难以完成的工作，同时使用工具简单，故在机械制造和修配工作中，是不可缺少的重要工种。

钳工的工作范围有清理毛坯、划线、錾削、锯削、锉削、刮削、研磨、钻孔、扩孔、铰孔、锪孔、攻螺纹、套螺纹、装配和修理等。

钳工常用设备有钳工工作台、虎钳、砂轮机、台钻等。随着生产的发展，钳工工具及工艺也不断改进，钳工操作正在逐步实现机械化和半机械化，如錾削、锯切、锉削、划线及装配等工作中已广泛使用了电动或气动工具。

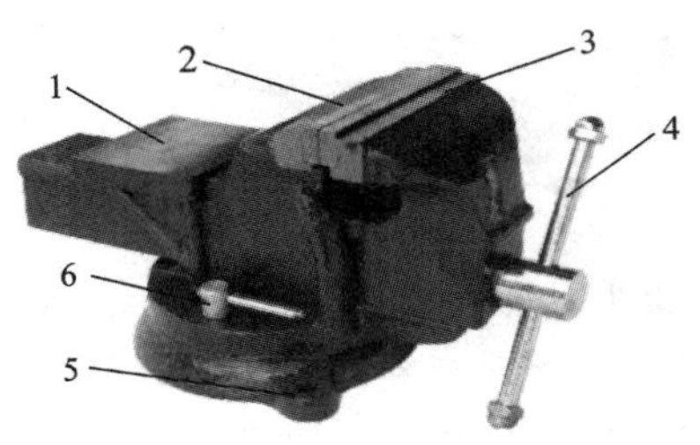

图9.1　虎钳

1—砧面；2—固定钳口；3—活动钳口；4—手柄；5—固定螺孔；6—夹紧手柄

钳工工作台多由铸铁和坚实的木材制成，要求平稳牢固，台面高度800～900 mm，台前装有防护板或防护网，工具、量具与工件必须分类放置。

虎钳是夹持工件的主要工具，如图9.1所示。其规格以钳口宽度表示，常用的有100 mm、127 mm、150 mm三种规格。工件应尽量装夹在钳口中间，以使钳口受力均匀。夹持工件的光洁表面时，应垫铜皮或铝皮以保护工件表面。

9.2　划　　线

根据图样要求，在毛坯或工件上用划线工具划出待加工部位的轮廓线或作为基准的点线称为划线。划线是根据图样要求，在毛坯或半成品件上划出加工界线的一种操作。

1. 划线的作用

(1) 明确地表示出加工余量、加工位置的依据。

(2) 借划线来捡查毛坯的形状和尺寸是否合乎要求，避免不合格的毛坯投入机械加工而造成浪费。

(3) 通过划线使加工余量合理分配，保证加工不出或少出废品。

2. 划线的种类

划线分平面划线和立体划线两类。在工件的某个平面上划线称平面划线，如图9.2(a)所示；在工件长、宽、高三个方向上划线称立体划线，如图9.2(b)所示。应该指出，由于划出的线条有一定宽度，故在加工过程中不能以划线作为最终尺寸依据，仍需用量具来测量工件的尺寸精度。

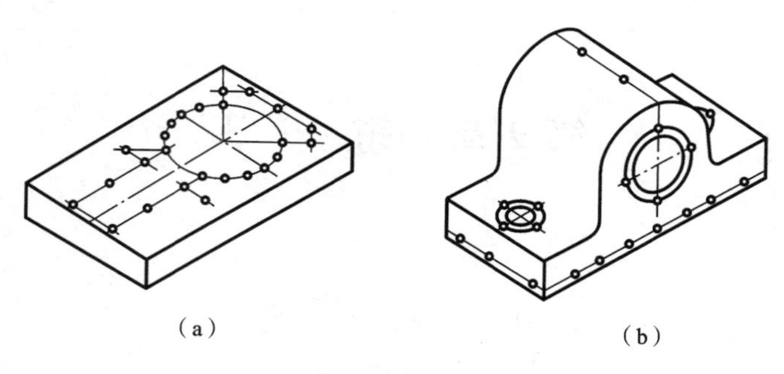

(a)　　　　　　　　　　(b)

图 9.2　划线

(a) 平面划线；(b) 立体划线

3. 划线工具及其用途

常用的划线工具有平板、千斤顶、V 形块、划线方箱、90°角尺、划针及划线盘、划规及划卡、游标高度尺、样冲等。

图 9.3　平板

1) 平板

平板是用以检验或划线的平面基准器具。平板是经过精细加工的铸铁件，要求基准平面平直、光滑、结构牢固。

使用平板时应注意将其放置平稳，保持水平，以便稳定地支承工件；要防止碰撞和锤击平板；注意表面清洁，长期不用时应涂油防护，如图 9.3 所示。

2) 千斤顶和 V 形块

千斤顶和 V 形块都是在平板上用以支承工件的工具。工件的平面用千斤顶支承，如图 9.4所示。千斤顶高度可调整，以便找正工件。工件的圆柱面则用 V 形块支承，如图 9.5 所示，使其轴线与平板平行。

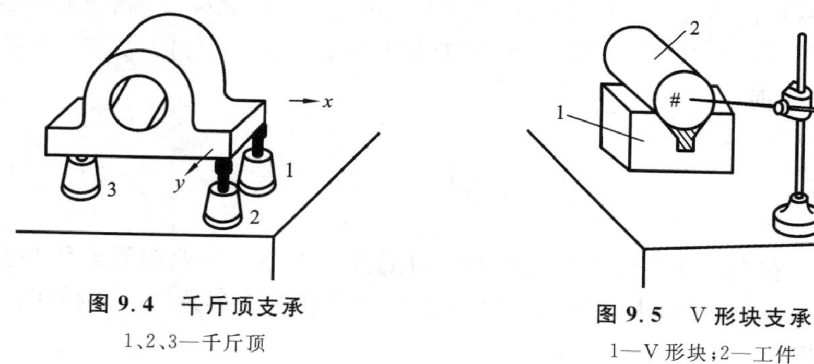

图 9.4　千斤顶支承

1、2、3—千斤顶

图 9.5　V 形块支承

1—V 形块；2—工件

3) 方箱

划线方箱用来夹持较小的工件，通过翻转方箱，可在工件表面上划出相互垂直的线条，如图 9.6 所示。划线方箱属精密划线工具，呈空心立方体，相邻表面彼此垂直，相对表面彼此平行。使用时严禁碰撞，夹持工件时紧固螺钉松紧要适当。

4) 90°角尺

90°角尺是检验直角用的非刻线量尺，可用于划垂直线，如图 9.7 所示。

5) 划针及划线盘

划针用于在工件表面上划线，用碳素工具钢制成，其端部淬火后磨尖，如图 9.8 所示。划线盘是带有划针的可调划线工具，如图 9.9 所示。

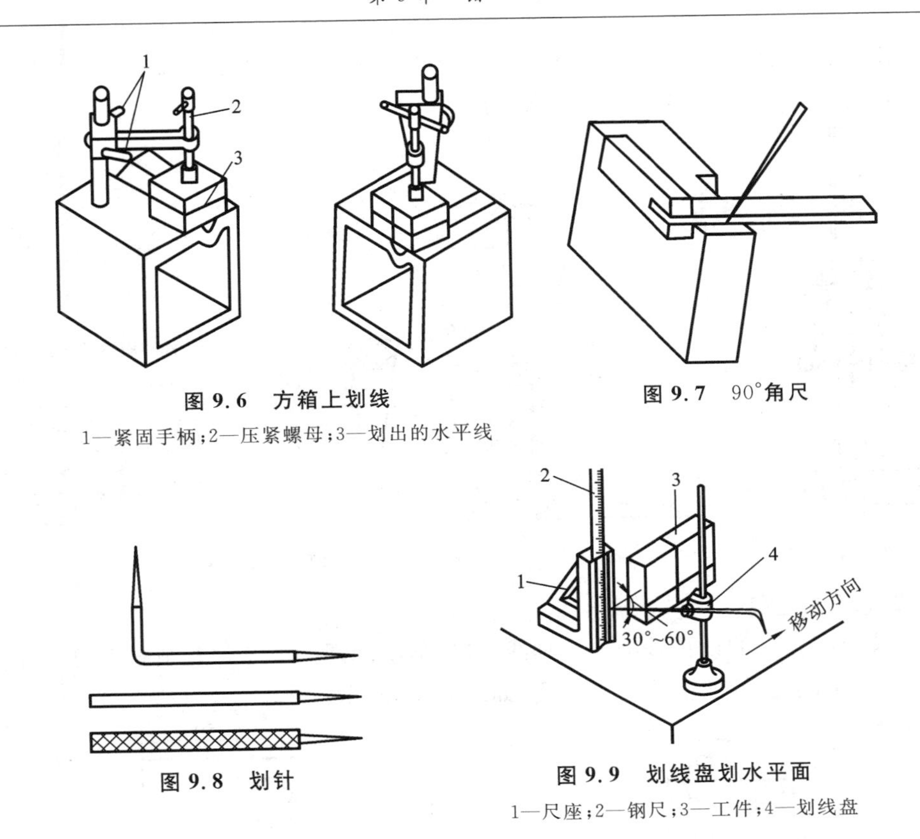

图 9.6　方箱上划线

1—紧固手柄；2—压紧螺母；3—划出的水平线

图 9.7　90°角尺

图 9.8　划针

图 9.9　划线盘划水平面

1—尺座；2—钢尺；3—工件；4—划线盘

6）划规及划卡

划规可用于划圆、量取尺寸和等分线段，也是平面划线工具，如图 9.10 所示。划卡又称单脚规，用以确定轴及孔中心位置，也可用来划平行线，如图 9.11 所示。

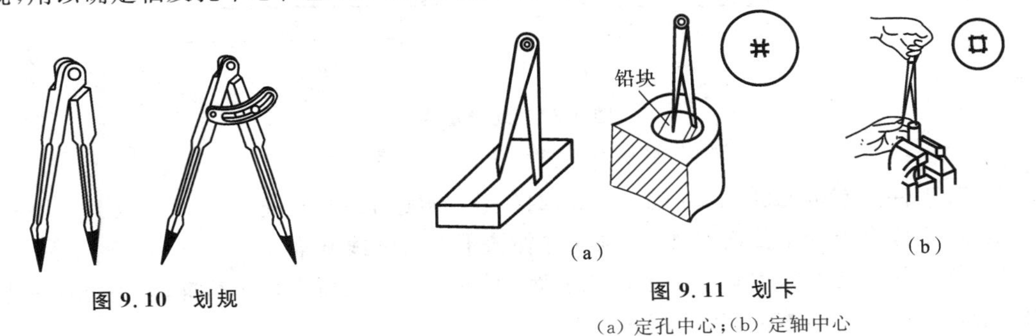

图 9.10　划规

图 9.11　划卡

(a) 定孔中心；(b) 定轴中心

7）游标高度尺

游标高度尺如图 9.12 所示，它是精密工具，用于半成品划线，也可用于半成品的精密划线。但不可对毛坯划线，以防损坏硬质合金划线脚。

8）样冲

样冲是用以在工件上打出样冲眼的工具。样冲的使用方法如图 9.13 所示，划好的线段和钻孔前的圆心都需打样冲眼，以防擦去所划线段和便于钻头定位。

4. 划线基准及其选择

1）划线基准

划线时须在工件上选择一个或几个面(或线)，用划针盘划各水平线，并以此来调节每次划针的高度,作为划线的依据,以确定工件的几何形状和各部分的相对位置,这样的面(或线)称为划线基准。其余尺寸线依划线基准依次划出。

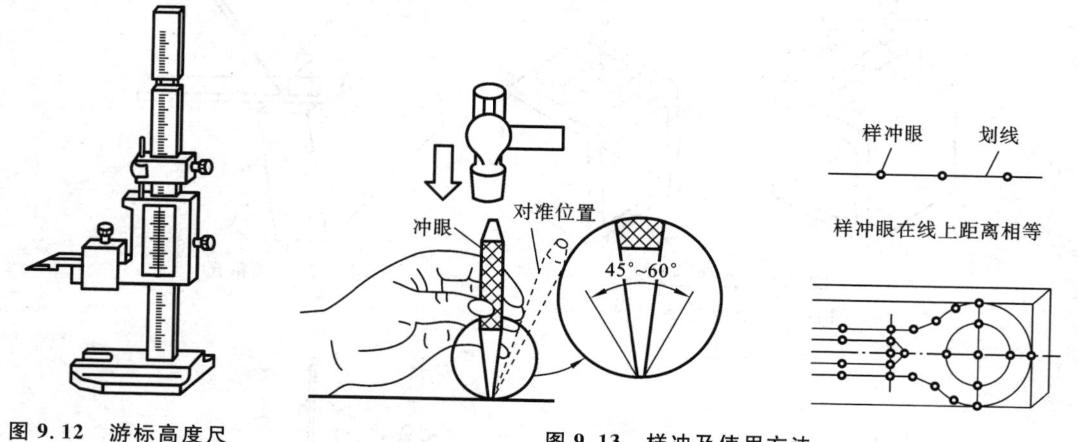

图 9.12　游标高度尺

图 9.13　样冲及使用方法

2) 划线基准的选择

通常应选择图样上的设计基准作为划线基准,但实际遇到的工件复杂多变,具体问题须具体分析。下面就可能遇到的情况作一介绍,如图 9.14 所示。

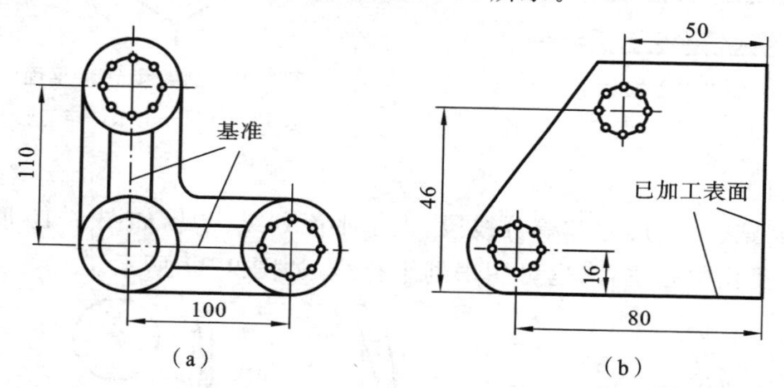

图 9.14　划线基准

(a) 以孔的轴线为基准;(b) 以平面为划线基准

(1) 若工件上有重要的孔需加工,一般选择该孔轴线为划线基准。

(2) 若工件上个别平面已经加工,则应选择该平面为划线基准。

(3) 若工件上几个面中有一个不加工表面,可以不加工表面为划线基准;若有几个不加工表面,则选较大且平整的不加工表面为基准。

(4) 若工件上有两个平行的不加工表面,应以其对称的中心平面为划线基准。

(5) 若工件上所有平面都加工,应选加工余量较小或精度要求较高的平面为划线基准。

5. 划线步骤与操作

划线分平面划线和立体划线两种。平面划线与几何作图相同。下面以轴承座为例,说明立体划线步骤和操作,如图 9.15 所示。

(1) 分析图样,检查毛坯是否合格,确定划线基准。轴承座孔为重要孔,应以该孔中心线为划线基准,以保证加工时孔壁均匀,如图 9.15(a)所示。

(2) 清除毛坯上的氧化皮和毛刺。在划线表面涂上一层薄而均匀的涂料,毛坯用石灰水为涂料,已加工表面用紫色涂料或绿色涂料。

(3) 支承、找正工件。用三个千斤顶支承工件底面,并依孔中心及上平面调节千斤顶,使工件水平,如图 9.15(b)所示。

(4) 划出各水平线。划出基准线及轴承座底面四周的加工线,如图 9.15(c)所示。

(5) 将工件翻转 90°并用 90°角尺找正后划螺钉孔中心线,如图 9.15(d)所示。

(6) 将工件翻转 90°并用 90°角尺在两个方向上找正后,划螺钉孔线及两大端加工线,如图 9.15(e)所示。

(7) 检查划线是否正确后,打样冲眼,如图 9.15(f)所示。

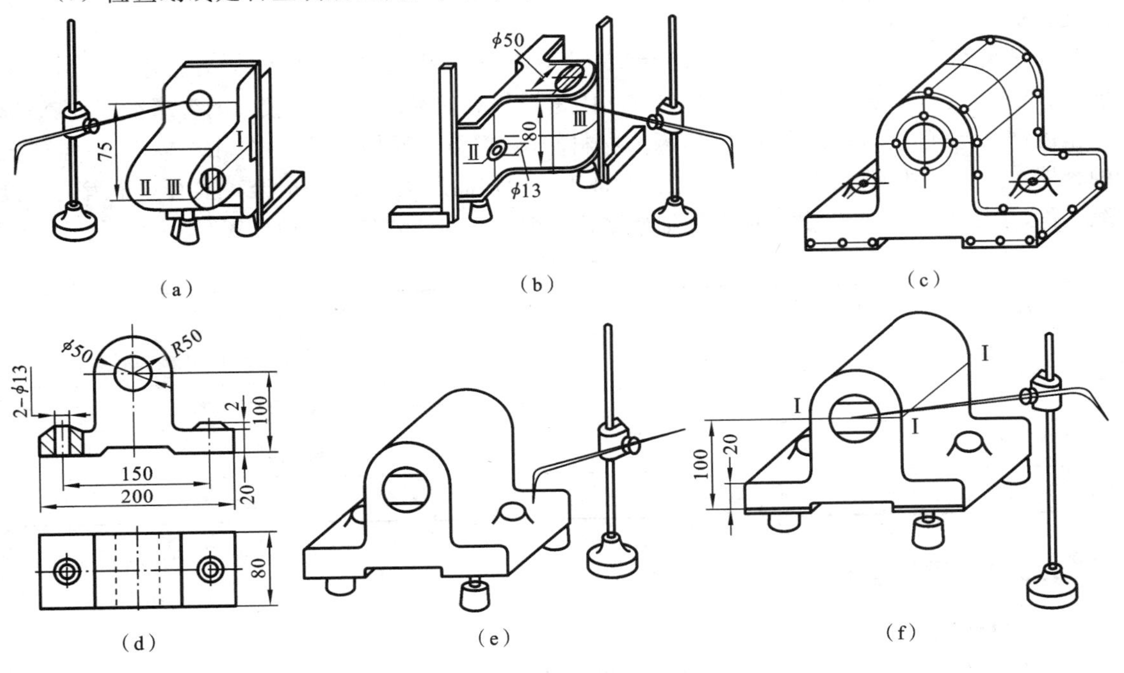

图 9.15　立体划线实例

(a) 轴承座零件图;(b) 调节千斤顶使工件水平;(c) 划底面加工线和大孔水平中心线;
(d) 划中心线;(e) 划螺钉孔及加工线;(f) 打样冲眼

划线时,同一面上的线条应在一次支承中划全,避免补划时因再次调节支承产生误差。

9.3　锯　　削

锯削是用锯对材料或工件进行切断或切槽的加工方法。通常锯削所用工具是手锯,手锯具有方便、简单和灵活的特点,但锯削精度低,常需要进一步加工。

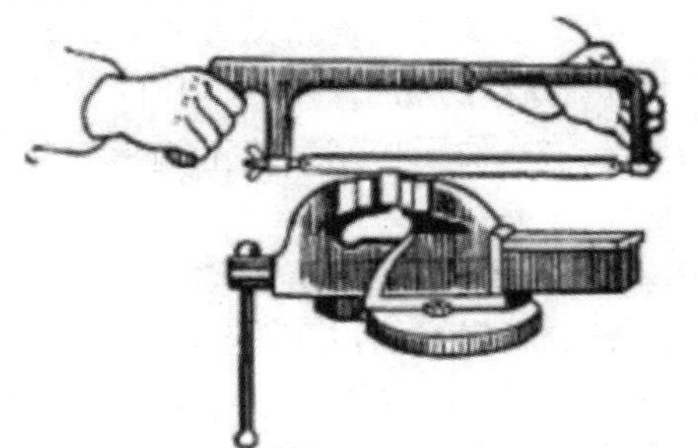

图 9.16　用可调式锯弓锯削

9.3.1　手锯

手锯是手工锯削的工具,包括锯弓和锯条两部分。

1. 锯弓

锯弓是用来夹持和张紧锯条的,可分为固定式和可调式两种。如图 9.16 所示为可调式锯弓。可调式锯弓的弓架分前后两段。由于前段在后段套内可以伸缩,因此可以安装几种长度规格的锯条。

2. 锯条

锯条是用碳素工具钢制成的,如 T10A 钢,并经淬火处理,常用的锯条长度有 200 mm、250 mm、300 mm 三种,宽 12 mm、厚 0.8 mm。每一个齿相当于一把錾子,起切削作用。常用锯条锯齿的后角 α_0 为 40°～45°,楔角 β 为 45°～50°,前角 γ_0 约为 0°。

锯条制造时,锯齿按一定的形状左右错开,排列成一定的形状,称为锯路。锯路的作用是使锯缝宽度大于锯条背部厚度,以防止锯削时锯条卡在锯缝中,减少锯条与锯缝的摩擦阻力,并使排屑顺利、锯削省力,提高工作效率。

锯条齿距大小以 25 mm 长度所含齿数多少分为粗齿、中齿、细齿三种,主要根据加工材料的硬度、厚薄来选择。锯削软材料或厚工件时,因锯屑相对较多,要求有比较大的容屑空间,应该选用粗齿锯条;锯削硬材料及薄工件时,因为材料较硬,锯齿不易切入,锯屑量相对较少,不需要大的容屑空间。另外,薄工件在锯削中锯齿易被工件勾住而发生崩裂,一般至少要有 3 个齿同时接触工件,使锯齿受力减小,此时应选用细齿锯条。锯齿粗细的划分及用途如表 9.1 所示。

表 9.1　锯齿粗细的划分及用途

锯齿类型	每 25 mm 齿数	用　途
粗齿	14～18	锯削软钢、铝、纯铜、人造胶质材料等
中齿	22～44	中等硬度钢材、黄铜、厚壁管等
细齿	32	板材、薄壁管
从细齿变中齿	从 32 至 20	一般工厂用,易起锯

9.3.2　锯削操作

1. 选择锯条

根据工件材料的硬度和厚度选择合适齿数的锯条。

2. 装夹锯条

手锯在前推时才起切削作用,因此锯条安装时应使齿尖的方向朝前,如果装反了则锯齿前角为负值,将不能正常锯削。在调节锯条松紧时,蝶形螺母不宜旋得太紧或太松,太紧时锯条受力太大,在锯削中用力稍有不当,就会折断;太松则锯削时锯条容易扭曲,也易折断,而且锯出的锯缝容易歪斜。其松紧程度可用手扳动锯条,以感觉硬实即可。锯条安装后,要保证锯条平面与锯弓中心平面平行,不得倾斜和扭曲。

3. 工件装夹

工件应装夹在虎钳的左面,以便操作;工件伸出钳口不宜过长,应使锯缝离开钳口侧面 20 mm左右,防止工件在锯削时产生振动;锯缝线要与钳口侧面保持平行(使锯缝线与铅垂线方向一致),便于控制锯缝不偏离划线线条;夹紧要牢靠,同时不要将工件夹变形和夹坏已加工面。

4. 手锯提法和锯削姿势

右手满握锯柄,左手轻扶在锯弓前端,如图 9.16 所示。左脚中心线与虎钳丝杠中心线成 30°左右的夹角,右脚中心线与虎钳丝杠中心成 75°左右夹角,锯削时推力和压力由右手控制,左手主要配合右手扶正锯弓,压力不要过大。手锯推出时为切削行程,应施加压力,返回行程不切削,不加压力作自然拉回。工件将断时压力要小。

锯削运动一般采用小幅度的上下摆动式运动。即手锯推进时，身体略向前倾，双手压向手锯的同时，左手上翘，右手下压，回程时右手上抬，左手自然跟回。

5. 锯削方法

锯削时要掌握好起锯、锯削压力，速度和往复长度。起锯时应以左手拇指靠住锯条，以防止锯条横向滑动，右手稳推手柄。锯条应与工件倾斜一个起锯角 α，为 10°～15°，起锯角过大锯齿易崩碎；起锯角过小，锯齿不易切入，有可能打滑，损坏工件表面。起锯时锯弓往复行程短，压力小，锯条与工件表面垂直。

过渡到正常锯削后，要双手握锯。锯削时右手握锯柄，左手轻握弓架前端，锯弓应直线往复，不可摆动。前推时加压要均匀，返回时锯条从工件上轻轻滑过。往复速度不宜太快，锯削开始和终了前压力和速度均应减小。锯削时尽量使用锯条全长（至少占全长的 2/3）工作，以免锯条中部迅速磨损。快锯断时用力要轻，以免碰伤手臂和折断锯条。锯缝如歪斜，不可强扭，否则锯条将被折断，应将工件翻转 90°重新起锯。

9.3.3　锯削实例

锯削不同的工件需要采用不同的锯削方法。

1. 锯削圆钢

若断面要求较高，应从起锯开始由一个方向锯到结束；若断面要求不高，则可以从几个方向起锯，使锯削面变小，容易锯入，工作效率高。

2. 管子的锯切

一般情况下，钢管壁厚较薄，因此，锯管子时应选用细齿锯条。一般不采用一锯到底的方法，而是当管壁锯透后随即将管子沿着推锯方向转动一个适当的角度，再继续锯割，依次转动，直至将管子锯断，如图 9.17 所示。这样，一方面可以保持较长的锯割缝口，提高效率；另一方面也能防止因锯缝卡住锯条或管壁勾住锯齿而造成锯条损伤，消除因锯条跳动所造成的锯割表面不平整的现象。对于已精加工过的管件，为防止装夹变形，应将管件夹在有 V 形槽的两块木板之间。

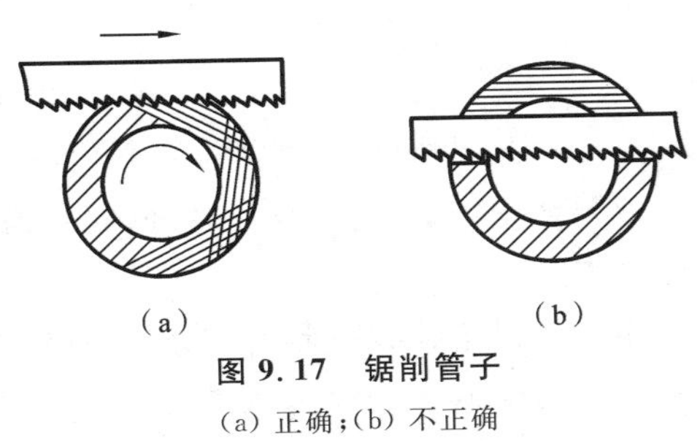

图 9.17　锯削管子

(a) 正确；(b) 不正确

3. 锯削扁钢

为了得到整齐的锯缝，应从扁钢较宽的面下锯，这样锯缝较浅，锯条不致卡住，如图 9.18 所示。

4. 锯削窄缝

锯削窄缝时，应将锯条转 90°安装，平放锯弓推锯，如图 9.19 所示。

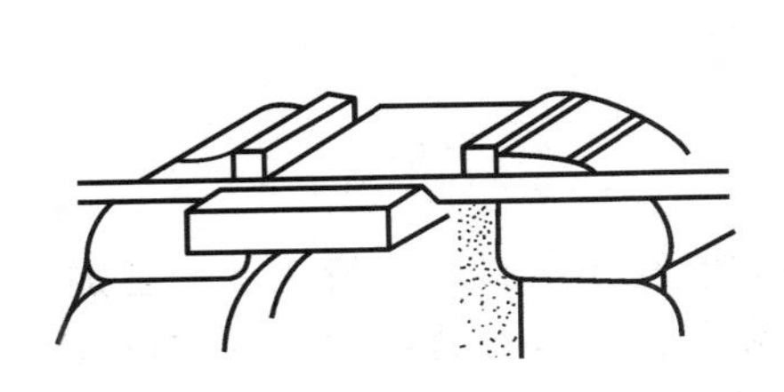

图 9.18　锯削扁钢

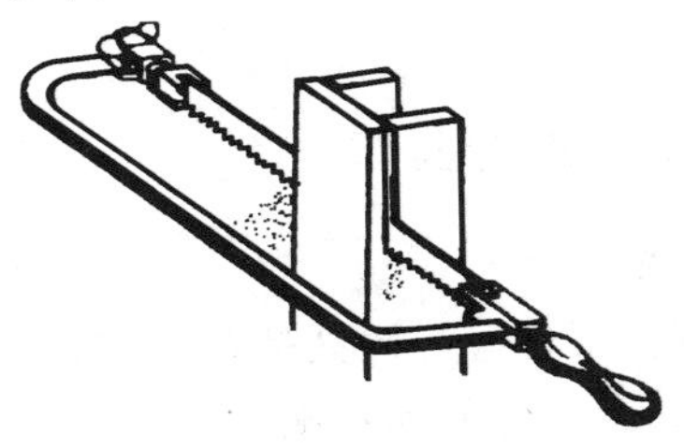

图 9.19　锯削窄缝

5. 锯削型钢

角钢和槽钢的锯法与锯削扁钢的方法基本相同，但工件应不断改变夹持位置。

9.4 锉　　削

锉削加工简单，应用范围广，它可以加工平面、曲面、型孔、沟槽、内外倒角等，也可用于成形样板、模具、型腔及零部件、机器装配时的工件修整等。

锉削加工尺寸公差等级可达IT8～IT7，其表面粗糙度可达Ra1.6～0.8 μm，多用于錾削、锯切后的精加工，是钳工最基本的工序。

9.4.1 锉刀

1. 锉刀的构造和种类

锉刀是用以锉削的工具。常用T12A制成，经过热处理淬硬，硬度为62～67 HRC。

锉刀是由锉刀面、锉刀边、锉柄等组成。锉刀齿纹多制成交错排列的双纹，便于断屑和排屑，使锉削省力。也有单纹锉刀，一般用于锉铝等软材料。如图9.20所示。

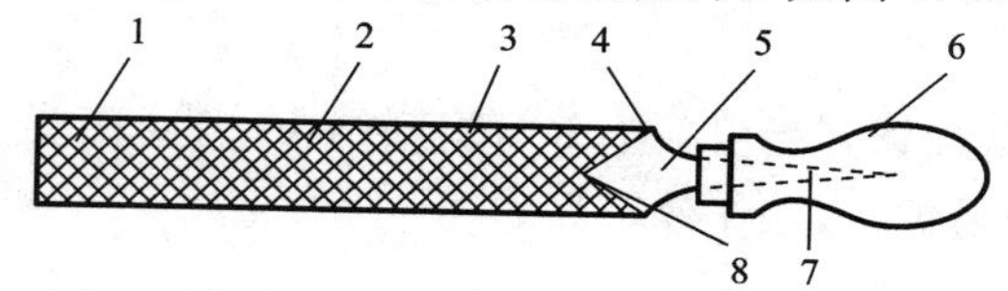

图9.20 锉刀结构

1—锉齿；2—锉刀面；3—锉刀边；4—底齿；5—锉刀尾；6—木柄；7—锉刀舌；8—面齿

锉刀按用途分为钳工锉、特种锉、整形锉等。锉刀的规格一般以截面形状、锉刀长度、齿纹粗细来表示。

钳工锉刀按其截面形状可分为平锉、方锉、圆锉、半圆锉和三角锉等五种，如图9.21所示，其中平锉用得最多。锉刀大小以工作部分的长度表示，按其长度有100 mm、150 mm、200 mm、250 mm、300 mm、350 mm 、400 mm等几种。

锉刀按其齿纹可分为单齿纹锉刀和双齿纹锉刀。按每10 mm长度锉面上的齿数多少可分为粗齿锉（4～12齿），中齿锉（13～23齿），细齿锉（30～40齿），最细齿锉（油光锉，50～62齿）。

2. 锉刀的选用

锉刀规格根据加工表面的大小选择，锉刀断面形状根据加工表面的形状选择，锉刀齿纹粗细根据工件材料、加工余量、精度和表面粗糙度值选择。粗齿锉由于齿间距离大，不易堵塞，多用于锉削非铁金属及加工余量大、精度要求低的工件；油光锉仅用于工件表面的最后修光。

9.4.2 锉削操作

1. 工件装夹

锉削时，工件应牢固夹持在台虎钳钳口中部，并略高于钳口。夹持工件的已加工表面时，应在钳口和工件之间加垫铜片或铝片。易于变形和不便于直接装夹的工件，可以用其他辅助材料灵活装夹。

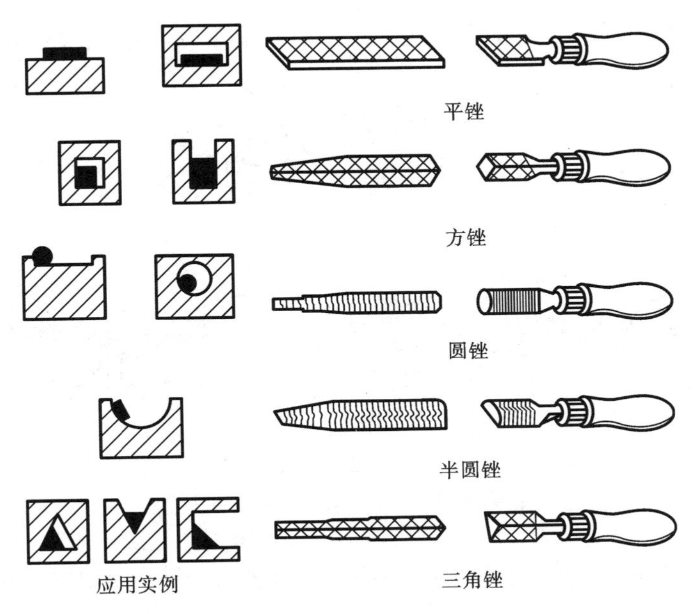

图 9.21　锉刀形状及用途

2. 选择锉刀

锉削前，应根据材料的硬度、加工余量的大小、工件的表面粗糙度要求等来选择锉刀。

3. 锉削方法

1）锉刀握法

锉刀的握法如图 9.22 所示。

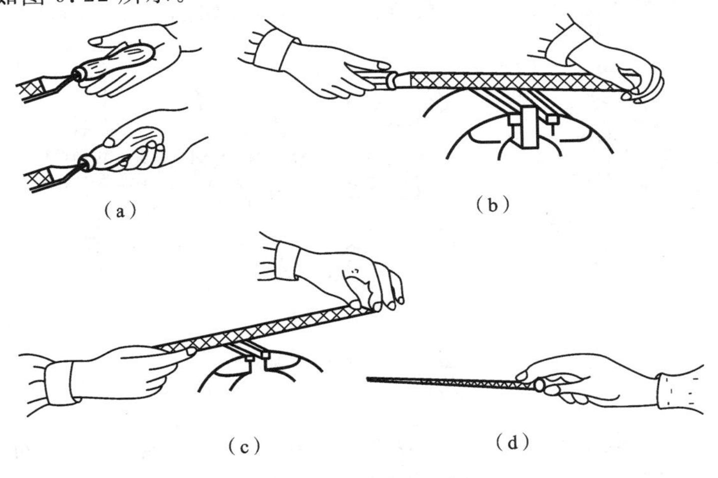

图 9.22　锉刀握法

(a) 锉柄握法；(b) 大平锉握法；(c) 中平锉握法；(d) 小锉刀握法

使用大平锉时，应右手握锉柄，左手压在锉刀端面上，使锉刀保持水平，如图 9.22(a)、图 9.22(b)所示。使用中平锉时，因用力较小，左手的大拇指和食指握着锉端，引导锉刀水平移动，如图 9.22(c)所示。小锉刀及什锦锉的握法如图 9.22(d)所示。

2）锉削时力的运用

锉削平面时保持锉刀的平直运动是锉削的关键。锉削力有水平推力和垂直压力两种。锉刀推进时，前手压力大而后手压力小，锉刀推到中间位置时，两手压力相同，继续推进锉刀时，前手压力逐渐减小后手压力逐渐加大。锉刀返回时不施压力，如图 9.23 所示。

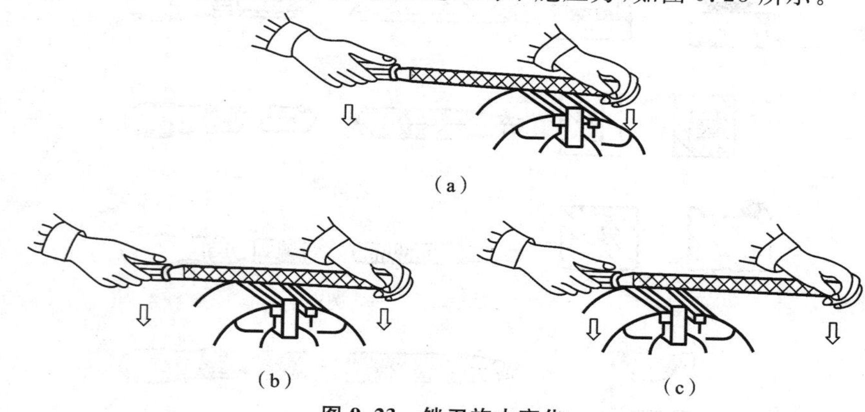

图 9.23 锉刀施力变化

(a) 起始位置；(b) 中间位置；(c) 终止位置

3) 锉削方式

常用的锉削方式有推锉法、交叉锉法、顺锉法和滚锉法。前三种用于平面锉削，最后一种用于弧面锉削。

推锉法是用双手横握锉刀，推与拉均施力的锉削方法，如图 9.24(a)所示。此法多用于窄长平面的修光，能获得平整光洁的加工表面。当工件表面有凸台不能用顺锉法锉削时，也可采用推锉法。

交叉锉法是锉削时锉刀呈交叉运动，适于较大平面粗锉，如图 9.24(b)所示。由于锉刀与工件接触面积较大，锉刀易掌握平稳，易锉出较平整的平面，且去屑速度快。

顺锉法是最基本的锉削方法，适于锉削较小的平面，如图 9.24(c)所示。顺锉的锉纹正直，其表面整齐美观。

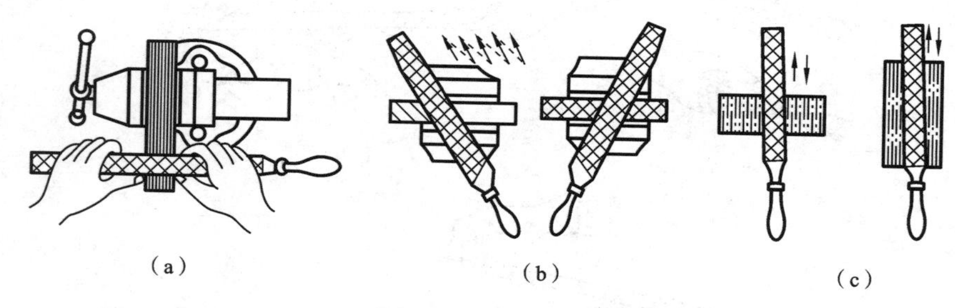

图 9.24 平面锉削

(a) 推锉；(b) 交叉锉；(c) 顺锉

圆弧面锉削时，锉刀既要向前推进，又要绕弧面中心摆动。常用的有：外圆弧面锉削时的滚锉法和顺锉法，如图 9.25 所示；内圆弧面锉削时的滚锉法和顺锉法，如图 9.26 所示。滚锉时，锉刀顺圆弧摆动锉削。滚锉常用作精锉外圆弧面。顺锉时，锉刀垂直圆弧面运动。顺锉适宜于粗锉。

4) 检验

锉削时，工件的尺寸可用钢直尺和卡钳(或卡尺)检查。工件的平面及直角可用 90°角尺根据是否能透过光线来检查(光隙法)，如图 9.27 所示。

4. 锉削操作注意事项

(1) 有硬皮或砂粒的铸、锻件，需用砂轮磨去硬皮或砂粒后，才可用半锋利的锉刀或旧锉

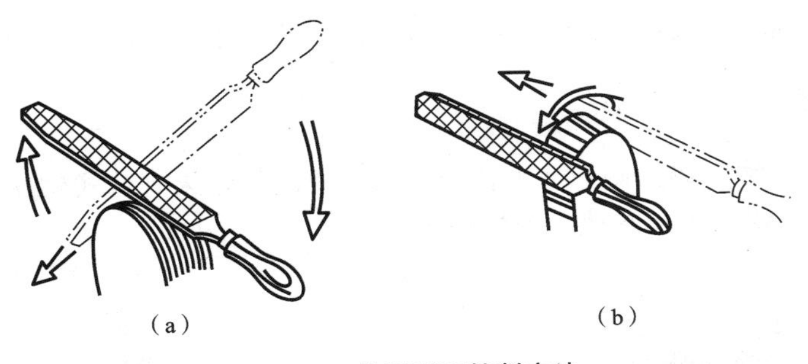

（a）　　（b）

图 9.25　外圆弧面锉削方法

(a) 滚锉法；(b) 顺锉法

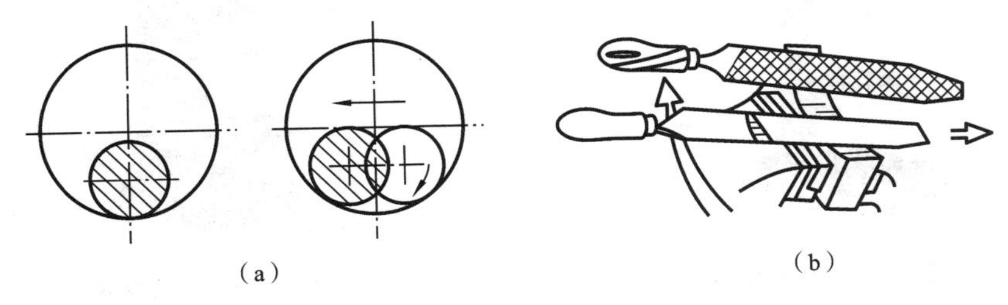

（a）　　（b）

图 9.26　内圆弧面锉削方法

(a) 滚锉法；(b) 顺锉法

图 9.27　锉削平面的检验

刀锉削。

(2) 不要用手摸刚锉过的表面，以免再锉时打滑。

(3) 被锉屑堵塞的锉刀用钢丝刷顺锉纹方向刷去锉屑；若嵌入锉屑较大要用铜片剔去。

(4) 锉削速度不可太快，否则会打滑。锉削回程时，不要再施加压力，以免锉齿磨损。

(5) 锉刀材料硬度高而脆，切不可摔落或把锉刀作为锤子和杠杆使用；用油光锉时，不可用力过大，以免折断锉刀。

9.5　钻　　削

钻削是指用钻头在实体材料上加工出孔的方法。在钻床上钻孔，一般是工件固定不动，钻头装夹在钻床主轴上既作旋转运动(主运动)，同时又沿轴线方向向下移动(进给运动)。

钻削时由于钻头刚度较差，同时钻头在半封闭状态下工作，钻头工作部分大都处在已加工表面的包围之中，排屑较困难，切削热不易传散，钻头容易引偏(指加工时由于钻头弯曲而引起的孔径扩大、孔不圆或孔的轴线歪斜等)，导致加工精度低，一般钻削的尺寸公差等级为 IT14～IT11，表面粗糙度为 $Ra50$～12.5 μm。

钻削时背吃刀量 a_p 的数值等于钻头的半径,即 $a_p=D/2$,D 为钻头直径。

9.5.1 钻床

钻床是指主要用钻头在工件上加工孔的机床。常用的钻床有台式钻床(见图 9.28)、立式钻床(见图 9.29)、摇臂钻床和其他类型钻床等。

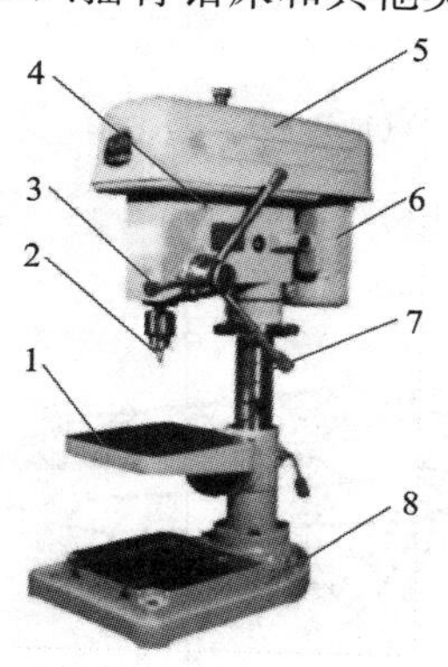

图 9.28 台式钻床

1—工作台;2—主轴;3—进给;4—主轴箱;5—带罩;6—电动机;7—立柱;8—机座

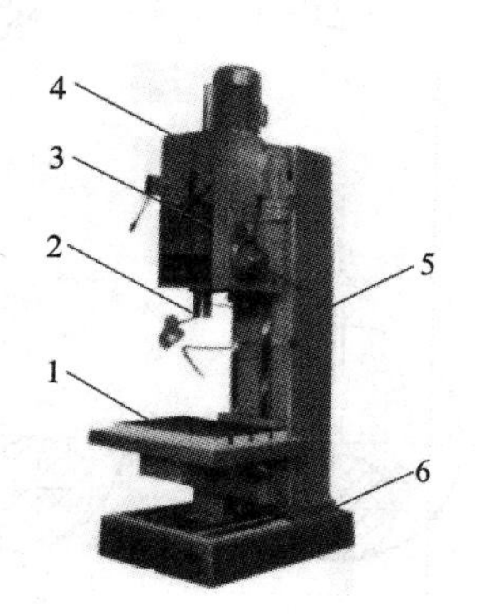

图 9.29 立式钻床

1—工作台;2—主轴;3—主轴箱;4—变速箱;5—立柱;6—底座

1. 台式钻床

台式钻床(简称台钻)由底座、工作台、立柱、主轴架、主轴、进给手柄等组成。钻床主轴带动钻头的转动是主运动,电动机通过带轮带动主轴转动且变速。主轴的轴向(向下)移动为进给运动,进给运动为手动。台钻小巧、结构简单、操作方便,用来加工小型工件的孔,一般最大钻孔直径为 ϕ13 mm。

2. 立式钻床

立式钻床(简称立钻)结构上比台钻多了主轴变速箱和进给箱,主轴变速箱控制主轴转速,进给箱控制进给量,主轴的转速和进给量的变化范围因此变大,而且可以自动进刀。另外立钻刚度好、功率大、允许采用较大的切削用量,生产率较高、加工精度也较高,适于用不同的刀具进行钻孔、扩孔、铰孔、攻螺纹等多种加工。由于立钻的主轴相对于工作台的位置是固定的,对刀时需要来回移动工件,对大型多孔工件的加工十分不方便。因此立钻适于在单件小批量生产中加工中、小工件,一般最大钻孔直径为 ϕ75 mm。

3. 摇臂钻床

摇臂钻床的结构如图 9.30 所示,其摇臂能沿立柱上下移动,又能绕立柱转动一定角度,主轴箱还能在摇臂的导轨上横向移动。工件固定在工作台上或机座上不动,通过调节主轴位置使钻头对准被加工孔中心后钻孔。此外主轴转速范围和进给量范围很大,适用于加工大型工件或多孔工件上的孔,最大钻孔直径为 ϕ120 mm。

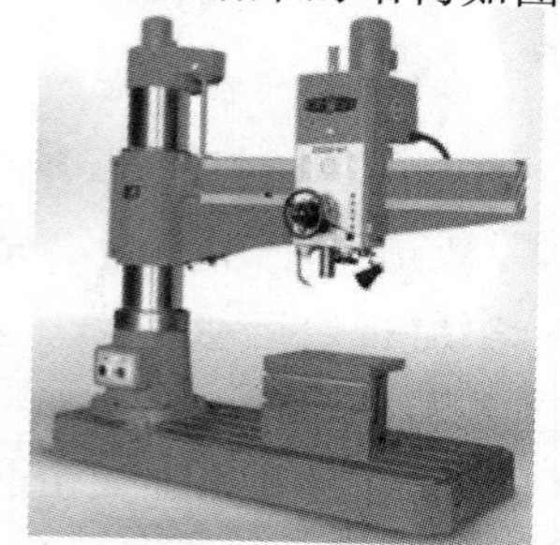

图 9.30 摇臂钻床

4. 其他钻床

其他钻床中用得较多的有深孔钻床和数控钻床等。

1) 深孔钻床

深孔钻床用于钻削深度与直径比大于 5 的孔。它类似卧式车床，主轴水平设置。由于工件较长，为便于装夹及加工，减少孔中心的偏斜，以工件旋转为主运动，钻头作轴向移动。这种钻床常用来加工枪管孔、炮筒孔及机床主轴孔等。

2）数控钻床

数控钻床把普通钻床由人工控制的各种部件的运动指令用数控语言编成加工程序，通过数控系统对机床加工过程进行自动控制，以完成工件上复杂孔系的加工。如电子行业印刷电路板的孔采用数控钻床加工，其加工精度和效率大大提高。

9.5.2　钻头

用于钻削加工的一类刀具称为钻头，主要有麻花钻、中心钻、扁钻及深孔钻等，其中应用最广泛的是麻花钻。麻花钻由刀柄、颈部和刀体组成，如图 9.31、图 9.32 所示。刀柄用来夹持并传递扭矩，直径小于 $\phi12$ mm 的麻花钻做成直柄，大于 $\phi12$ mm 的做成锥柄。颈部是刀体与刀柄的连接部分，加工钻头时当退刀槽用，并在其上刻有钻头的直径、材料等标记。刀体（工作部分）由导向部分和切削部分组成，导向部分包括两条对称的螺旋槽和较窄的刃带。螺旋槽的作用是形成切削刃和排屑，刃带与工件孔壁接触，起导向和减少钻头与孔壁摩擦的作用。切削部分有两个对称的切削刃和一个横刃，切削刃承担切削工作，其夹角为 118°，横刃起辅助切削和定心作用，但会大大增加切削时的轴向力。

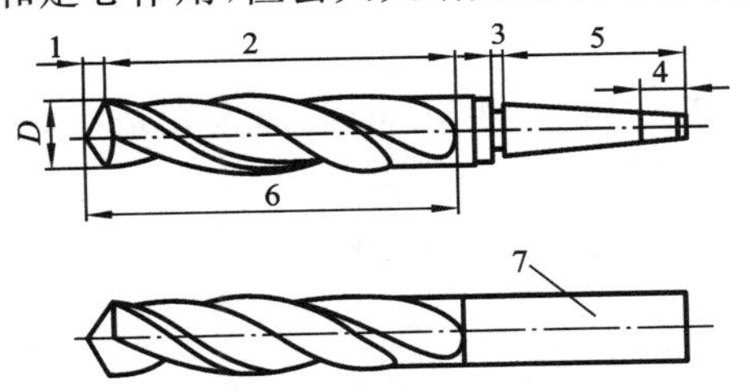

图 9.31　麻花钻的结构

1—切削部分；2—导向部分；3—颈部；4—扁尾；
5—锥柄；6—工作部分；7—直柄

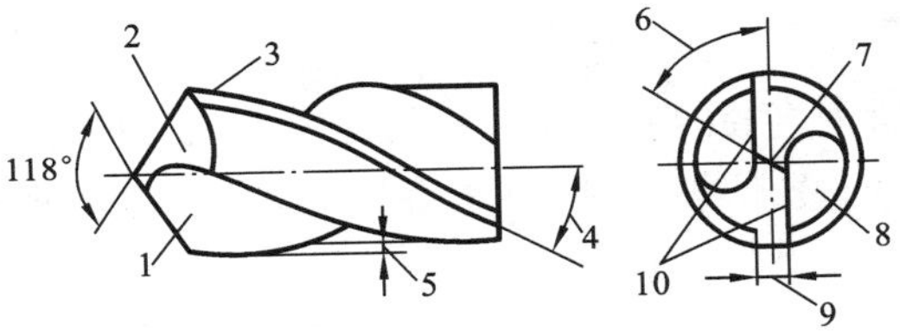

图 9.32　麻花钻的切削部分

1—前刀面；2—后刀面；3、5—副切削刃；
4—螺旋角；6—横刃斜角；7—横刃；
8—螺旋槽；9—刃带；10—主切削刃；

9.5.3　钻孔方法

1. 钻头的装夹

直柄钻头直径小，切削时扭矩较小，可用钻夹头装夹。钻夹头如图 9.33 所示。钻夹头用固紧扳手拧紧，再和钻床主轴配合，由主轴带动钻头旋转。这种方法简单，但夹紧力小，容易产生跳动。

锥柄钻头可直接或通过钻套（又称过渡套）将钻头和钻床主轴锥孔配合，如图 9.34 所示。这种方法配合牢靠，同轴度高。锥柄末端的扁尾用以增加传递的扭力，避免刀柄打滑，便于卸

图 9.33　钻夹头

图 9.34　钻套

下钻头。更换钻头时要停车。

2. 工件的装夹

工件的装夹方式依工件的大小和形状而定。为保证工件的加工质量和操作的安全,钻削时工件必须牢固装夹在夹具或工作台上。在台钻和立钻上钻孔时,一般采用手虎钳、机床用平口钳、压板螺钉和V形块装夹。

3. 钻孔的操作方法

工件钻孔前,孔的中心及检查圆均需打上样冲眼作为加工界线,中心眼应打大一些。钻孔时先用钻头在孔的中心锪一小窝(约占孔径的1/4)。检查小孔与所划圆是否同心。如稍有偏离,可用样冲将中心冲大矫正或移动工件矫正。如偏离较多,可用窄錾在偏斜相反的方向凿几条槽再钻,便可以逐渐将偏斜部分矫正过来。

(1) 钻通孔时,工件下面应放垫铁或把钻头对准工作台空槽。孔即将钻透时,进给量要小,变自动进给为手动进给,避免钻头在钻穿的瞬间抖动,出现"啃刀"现象,影响加工质量、损坏钻头,甚至发生事故。

(2) 钻不通孔时,要注意掌握钻孔深度。控制钻孔深度的方法有:调整好钻床上深度标尺挡块,配备控制长度的量具或用划线作记号。

(3) 钻深孔时要经常退出钻头,及时排屑和冷却。否则易造成切屑堵塞或使钻头切削部分过热,易使钻头磨损和折断。

(4) 钻直径超过ϕ30 mm的大孔应分两次钻。第一次用(0.5～0.7)D的钻头先钻,再用所需直径的钻头将孔扩大。这样,既利于钻头负荷分担,也利于提高钻孔质量。

钻削钢件时,为降低表面粗糙度值多使用机油作切削液;钻削铸铁时,用煤油作切削液。

9.6 扩孔、铰孔、锪孔、攻螺纹和套螺纹简介

通常钻孔、扩孔和铰孔分别属于孔的粗加工、半精加工和精加工,是孔加工的常用方法。钻-扩-铰工艺可在车床、镗床、铣床上进行,而钳工则通常在钻床上完成。锪孔多数是加工小平面孔的方法。

9.6.1 扩孔

扩孔是用扩孔工具扩大孔径的加工方法。扩孔的尺寸公差等级可达IT10～IT9,表面粗糙度为Ra6.3～3.2 μm。扩孔可作为要求不高的孔的最终加工,也可以作为精加工前的预加工。扩孔加工余量为0.5～4 mm,小孔取小值,大孔取大值。

麻花钻一般可用作扩孔,但在扩孔精度要求较高或生产批量较大时,应采用专用扩孔钻。扩孔钻的结构与钻头相似,如图9.35所示。其区别是:切削刃数量多(一般为3～4个),无横刃、钻芯较粗、螺旋槽浅,刚度和导向性较好,切削较平稳、加工余量较小,因而加工质量比钻孔高。在钻床上扩孔的切削运动与钻孔相同。

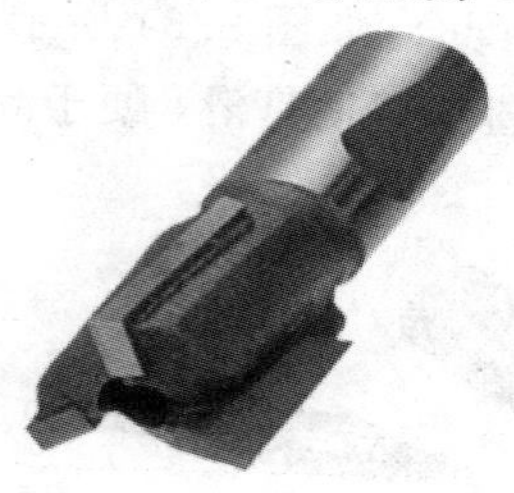

图9.35 扩孔钻

9.6.2 铰孔

铰孔是用铰刀从工件孔壁上切除微量金属层,以提高其尺寸精度和降低表面粗糙度值的方法。其尺寸公差等级可达IT8～IT7,表面粗糙度可达Ra1.6～0.8

μm，加工余量很小(粗铰 0.15～0.5 mm，精铰 0.05～0.25 mm)。

铰刀是用于铰削加工的刀具，它可分为机用铰刀和手铰刀两种。

机用铰刀如图 9.36 所示，切削部分短，柄部多为锥柄，安装在机床上铰孔。

图 9.36　机用铰刀

图 9.37　手铰刀

手铰刀切削部分长，导向性更好。手铰孔时，用铰杠手动进给(手铰用铰杠与攻螺纹用铰杠相同)，如图 9.37 所示。铰刀与扩孔钻的区别是：切削刃更多(6～12 个)，容屑槽更浅(刀芯截面大)，故刚度和导向性比扩孔钻更好；铰刀切削刃前角为 0°，铰刀本身精度高，有校准部分，可以校准和修光孔壁。铰刀加工余量很小，切削速度很低，故切削力小、切削热小。总之，铰削加工精度高，表面粗糙度值小。

铰孔的注意事项如下。

(1) 铰削时，铰刀不得反转，否则孔壁会被切屑划伤，切削刃崩裂。

(2) 机铰孔时，铰刀退出孔后再停车，否则孔壁会出现刀痕。铰通孔时不得全部伸出孔外，否则孔的出口处会被刮坏。

(3) 手铰孔时，先将铰刀沿原孔垂直放正，顺时针转动铰杠并均匀施压，顺时针退出铰刀，切忌反转。

(4) 手铰和机铰钢件时，应施加切削液进行冷却和润滑。

9.6.3　锪孔

锪孔是指用锪钻或锪刀刮平孔的端面或切出沉孔的加工方法。锪孔通常可用于加工埋头螺钉的埋头孔、锥孔、小凸台面等。图 9.38 所示为平底锪钻，锪钻的端面和圆周上都有刀齿，但端刃起主要切削作用，而周刃为副切削刃，起修光作用。为保持原有孔与埋头孔的同轴度，锪钻前端带有导柱，与已有孔相配起定心作用。带导柱的端面锪钻加工小凸台面，导柱起定心作用，这种锪钻只有端面有刀齿，多用于加工铸件螺钉(螺栓)孔端的小凸台面。锪钻柄部多为锥柄，在钻床上的装夹方法与钻头相同。图 9.39 所示为锥度锪钻，这种锪钻的钻尖角为 60°、90°和 120°三种，通常有 6～12 个切削刃，用于加工沉头座孔和孔口倒角。

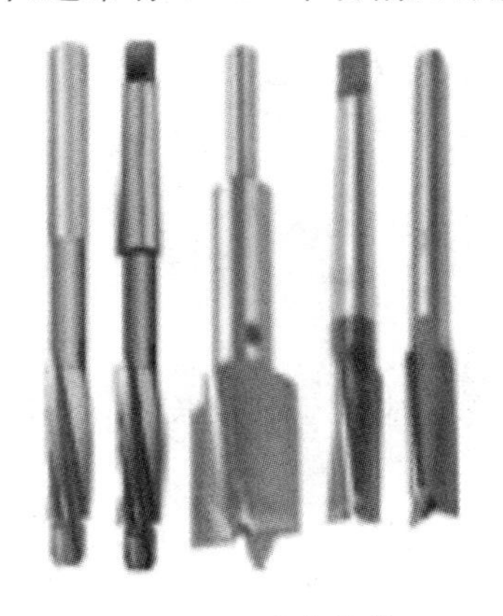

图 9.38　平底锪钻

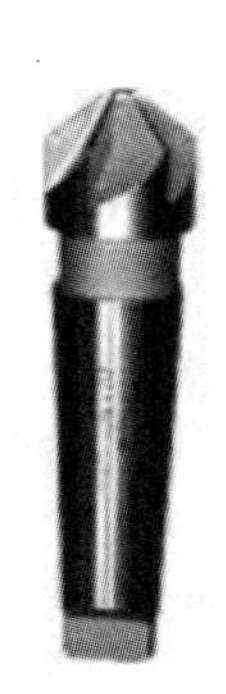

图 9.39　锥度锪钻

锪孔时切削速度不宜过高，锪钢件时须加润滑油，以免锪削表面产生径向振纹或出现多棱形等问题。

9.6.4　攻螺纹

攻螺纹是指利用丝锥加工工件的内螺纹。

1. 丝锥

丝锥是由高速钢或碳素工具钢 T12A 或合金工具钢 9SiCr 经滚牙(或切牙)、淬火回火制成的。丝锥可分机用丝锥和手用丝锥两类。

M6～M24 手用丝锥多制成两支一套,小于 M6 和大于 M24 的多制成 3 支一套,分别称为头锥、二锥、三锥。内螺纹由各丝锥依次攻出。

丝锥结构由工作部分、柄部和方头组成,如图 9.40 所示。方头被铰杠夹持传递扭矩,工作部分是一个形状类似于带有沟槽(容屑槽)的螺纹结构,分为切削部分和校准部分。切削部分有一定斜度,呈圆锥形,故切割部分牙齿不完整,且逐渐升高。对于两支一套的丝锥,头锥有 5～7个不完整的牙齿;二锥有 1～2 个不完整的牙齿。校准部分的牙形完整,用来校准和修光已切出的螺纹。

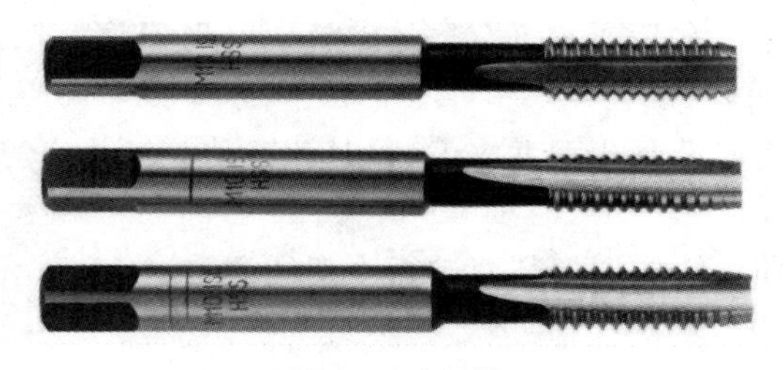

图 9.40　丝锥

2. 攻螺纹的操作

1) 确定螺纹底孔直径和深度

攻螺纹前钻出的孔称为螺纹底孔。由于攻螺纹时丝锥的切削刃除切除螺纹牙间的金属外,还挤压底孔孔壁使之凸出,如果底孔直径过小,将使挤压力过大,导致丝锥崩刃、卡死甚至折断,因此底孔直径应略大于螺纹小径。

实践中应依工件材料和钻孔时的扩张量,按下述经验公式选择合适的钻头钻出螺纹底孔。

钻脆性材料(如铸铁):

$$D_1 = D-(1.05-1.10)p \tag{9.1}$$

钻塑性材料(如钢):

$$D_1 = D-p \tag{9.2}$$

式中　D_1——钻头直径(内螺纹底孔直径,mm);

D——螺纹大径(mm);

p——螺距(mm)。

攻不通孔螺纹时,因丝锥不能攻到孔底,故底孔深度应大于螺纹长度,钻孔深度取螺纹长度加上 $0.7D$。

2) 钻底孔并倒角

钻底孔后要对孔口倒角。倒角有利于引入丝锥,便于丝锥切入,并可避免孔口处螺纹受损,通孔两端均要倒角。倒角尺寸一般为$(1\sim1.5)P\times45°$。

3) 攻螺纹

用铰杠将头锥轻压旋入 1～2 圈后,目测或用 90°角尺在两个方向上检查丝锥与孔端面是否垂直，旋入 3～4 圈后只旋转不施压。其间每转 1～2 圈后反转1/4～1/2 圈，以便断屑。图 9.41 中所示的虚线即表示反转。

以后，依此用二锥和三锥攻制螺纹，其方法是先用手将丝维旋入孔内，旋不动再用铰杠，此时不必施压。攻钢件和灰铸铁时，应分别施加机油和煤油冷却和润滑。

9.6.5　套螺纹

套螺纹是用板牙或螺纹切刀加工外螺纹的操作，如图 9.42 所示。

图 9.41　攻螺纹　　图 9.42　套螺纹

1. 板牙和板牙架

1）板牙

板牙是加工外螺纹的标准刀具，是用合金工具钢 9SiCr、9Mn2V 或高速钢并经淬火、回火制成，板牙分为固定式和可调式(开缝式)两种。板牙的构造如图 9.43 所示，由切削部分、校准部分和排屑孔组成。它本身像一个圆螺母，只是在它上面钻有几个排屑孔，并形成切削刃。切削部分是板牙两端带有切削锋角的部分，起主要切削作用。板牙的中间部分是校准部分，也是套螺纹的导向部分。板牙的外圈有一条深槽和四个锥坑。深槽可微量调节螺纹直径大小，锥坑用来定位和紧固板牙。

2）板牙架

板牙架是套螺纹的辅助工具，用来夹持并带动板牙旋转，如图 9.44 所示。

图 9.43　板牙

图 9.44　板牙架

2. 套螺纹操作方法

1）确定被套圆杆直径

与攻螺纹的过程类似，板牙的切削刃除了起切削作用外，还会挤压圆杆表面使之凸出，故圆杆直径不宜过大，否则同样会使板牙切削刃受损。若圆杆直径过小，则螺纹牙型不完整。圆杆直径 D 可用下式求出：

$$D=D_2-P \tag{9.3}$$

式中 D_2——外螺纹大径(mm);

P——螺距(mm)。

2)圆杆倒角

圆杆端部须有15°～20°的倒角,即小端直径应比外螺纹小径小,以方便板牙顺利切入,同时可避免套螺纹后螺纹端部出现锋口,影响使用。

3)套螺纹

套螺纹操作与攻螺纹基本相同,套螺纹时应施加机油润滑。

9.7 刮　　削

刮削是用刮刀刮除工件表面薄层的精密加工方法。刮削后的表面具有良好的平面度,表面粗糙度可达 $Ra1.6\ \mu m$ 以下,是钳工中的一种精密加工。零件上的配合滑动表面,如机床导轨、滑动轴承等,为了达到配合精度、增加接触面积、减少磨损、提高使用寿命,常需刮削加工。

刮削具有切削余量较小、切削力较小、产生热量少及装夹变形小等特点,但也同时存在劳动强度大、生产率低等缺点。

9.7.1 刮刀及其用法

1. 刮刀

刮刀是刮削的主要工具,一般多采用碳素工具钢T10A、T12A或轴承钢锻制而成。常用的刮刀有普通刮刀和活头刮刀。另外,还有平面刮刀和曲面刮刀,如图9.45所示。平面刮刀切削部分在砂轮上磨出刃面后须用油石磨光。曲面刮刀形状很多,其中三角刮刀使用较多,主要是刮削要求较高的滑动轴承和轴瓦的内表面。

图 9.45　平面刮刀和三角刮刀

2. 刮刀的用法

以刮削平面为例,刮削时将刮刀刀柄放在小腹右下侧,双手握住刀身,并施加压力,利用腿力和臀力使刮刀向前推挤,推到适当时,抬起刮刀即可。刮削的全部动作,可归纳为“压、推、抬”,如图9.46所示。

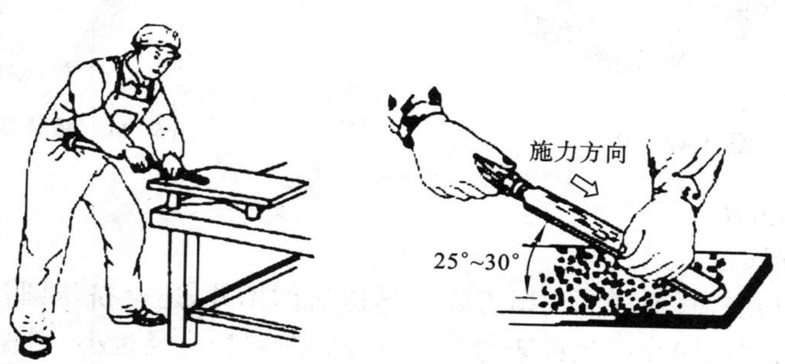

图 9.46　挺刮式和手刮式

9.7.2　刮削精度的检验

刮削表面精度的检验通常采用研点法，如图9.47所示，将工件表面擦拭干净，均匀涂上一层很薄的红丹油，然后与校准工具（常用标准平板）相配研，配研后，被刮工件表面高点处的红丹油被磨掉，显出亮点（贴合点），每25 mm×25 mm面积内的亮点数反映刮削表面的精度。一般普通机床导轨面为8～10点。

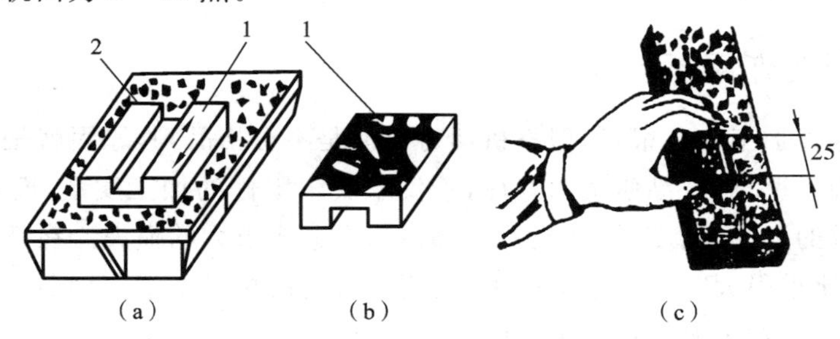

图9.47　研点法

(a) 配研；(b) 显出的贴合点；(c) 精度检验

1—工件；2—标准平面

9.7.3　刮削方法

1. 平面刮削

平面刮削是用平面刮刀刮削平面的操作，如图9.48所示。主要用于刮削平板、工作台、导轨面等。按其加工质量不同可分为粗刮、细刮、精刮和刮花。

1）粗刮

工件表面粗糙、有锈斑或加工余量较大时（0.1～0.05 mm），应先粗刮。粗刮用长刮刀，用较大的推力和压力，刮削行程长，刮去的金属多。刮削方向与原机加工刀痕方向成45°角，以后各次刮向交叉进行，直到刀痕全部刮掉为止。当粗刮到工件表面上贴合点增至每25 mm×25 mm面积内有4～5个点时，可以转入细刮。

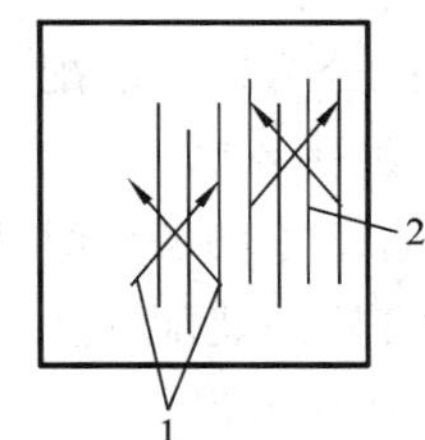

图9.48　粗刮方向

1—刮削方向；2—机械加工痕迹方向

2）细刮

将粗刮后的高点刮去，使贴合点数增加到12～15个，即可精刮。细刮采用短刮刀，刮出的刀痕短且不连续，刮向须交叉进行。

3）精刮

将大而宽的高点全部刮去，中等大小的高点在中部刮去一小块，小点不刮。经反复研点与刮削，使贴合点数目逐渐增多，直到符合要求为止。如精密机床导轨面贴合点数达24～30个。精刮刀短而窄，刀痕也短（3～5 mm）。

4）刮花

在刮削平面上刮出花纹即刮花。刮花的目的有三个：一是使刮削平面美观；二是保证其表面有良好的润滑；三是可凭花纹在使用过程中的消失情况判断其磨损程度。

2. 曲面刮削

对配合精度要求高的曲面有时也须刮削。如滑动轴承的轴瓦衬套等用三角刮刀刮削，刮削过程中也要进行研点检查。

9.8 机器的装配与拆卸

装配是将合格的零件按装配工艺组装起来,并经调试使之成为合格产品的过程。它是产品制造过程中的最后环节。

9.8.1 装配的作用

组成产品的零件加工质量很好,但整机却有可能是不合格品,其原因就是装配工艺不合理或装配操作不正确。可见,产品质量的好坏,不仅取决于零件的加工质量,而且还取决于装配质量。装配质量差的产品,精度低、性能差、寿命短,将造成很大的损失。在整个产品制造过程中,装配工作占的比重很大。大批量生产中,装配工时约占机械加工工时的 20%,而在单件小批量生产中,装配工时约占机械加工工时的 40%以上。

9.8.2 装配工艺过程

1. 装配前的准备

熟悉产品装配图及技术要求,了解产品结构、零件作用和相互间的连接关系;确定装配方法、程序和所需的工具;领取零件并对零件进行清理、清洗(去掉零件上的毛刺、锈蚀、切屑、油污及其他脏物),涂防护润滑油;对个别零件进行某些装配工作。

2. 装配

装配分为组件装配、部件装配和总装配。

1) 组件装配

将若干零件及分组件安装在一个基础零件上从而构成一个组件的过程称为组件装配。例如轴与带轮的装配。

2) 部件装配

将若干个零件、组件安装在另一个基础零件上而构成一个部件的过程称为部件装配。部件是装配工作中相对独立的部分,例如汽车变速箱的装配。

3) 总装配

将若干个零件、组件、部件安装在产品的基础零件上而构成产品的过程称为总装配。例如卡车各部件安装在底盘上构成卡车的装配。

3. 调试及精度检验

产品装配完毕后,首先对零件或机构的相互位置、配合间隙、结合松紧进行调整,然后进行全面的精度检验,最后进行试车。检验包括运转的灵活性、工作时的温升、密封性、转速、功率等各项性能指标。

4. 涂油、装箱

机器的加工表面应涂防锈油,贴标签,装入说明书、合格证、清单等,最后装箱。

9.8.3 装配方法及工作要点

为了使装配产品符合技术要求,对不同精度的零件装配,采用不同的装配方法。

1. 完全互换法

在同类零件中，任取一件不需经过其他加工，就可以装配成符合规定要求的部件或机器，零件的这种性能称互换性。具有互换性的零件，可以用完全互换法进行装配，如汽车的装配方法。完全互换法操作简单、易于掌握、生产效率高、便于组织流水作业、零件更换方便。但对零件的加工精度要求比较高，一般都需要专用工、夹、模具加以保证。适合大批量生产。

2. 选配法

对互换性不好的零件，装配前可按零件的实际尺寸分成若干组，然后将对应的各组配合进行装配，以达配合要求。例如柱塞泵的柱塞和柱塞孔的配合、车床尾座与套筒的配合。选配法可提高零件的装配精度，而且不增加零件的加工费用。这种方法适用于成批生产某些精密配合零件的场合。

3. 修配法

在装配过程中，修去某配合件上的预留量，以消除其累积误差，使配合零件达到规定的装配精度。例如车床的前后顶尖中心不等高，装配时可将尾座底座精磨或修刮来达到精度要求。修配法可使零件的加工精度降低，从而降低生产成本，但装配难度增加，时间加长，适用于小批量生产或单件生产。

4. 调整法

装配中还经常调整一个或几个零件的位置，以消除相关零件的累积误差来达到装配要求。例如用楔铁调整机床导轨间隙。调整法装配的零件不需要任何修配加工，同样可以达到较高的装配精度。同时还可以进行定期的再调整，这种方法适合小批量生产或单件生产。

5. 装配工作要点

(1) 装配前应检查零件与装配有关的形状和尺寸精度是否合格、有无变形损坏等，并注意零件上的标记，防止错装。

(2) 装配的顺序应从里到外，由下向上进行。

(3) 固定连接零、部件，不允许有间隙；活动的零件能在正常间隙下灵活均匀地按规定方向运动。

(4) 装配高速旋转的零部件要进行平衡试验，以防止高速旋转后因离心作用而产生振动。旋转的机构外面不得有凸出的螺钉或销钉头等，以免发生事故。

(5) 各类运动部件的接触表面，必须保证有足够的润滑。各种管道和密封部件装配后不得有渗油、漏水、漏气现象。

(6) 试车前应检查各部件的可靠性和运动的灵活性。试车时应从低速到高速逐步进行，根据试车的情况逐步调整，使其达到正常的运动要求。

9.8.4 常用连接方式

零件常用的连接方式有固定连接和活动连接两种。

1) 固定连接

固定连接是指装配后零件间不产生相对运动，如螺纹连接、键连接等。

2) 活动连接

活动连接是指装配后零件间可以产生相对运动的连接，如轴承、螺母丝杠连接等。

3) 胶接

胶接可把不同的或相同的材料牢固地连接在一起，工艺简单、操作方便、连接可靠。以胶粘代替机械紧固,简化了复杂的机械结构和装配工艺。

9.8.5　几种典型装配工作

1. 轴、键、传动轮的装配

轴与传动轮(齿轮、带轮等)多采用键连接,其中又以普通平键连接最为常用,如图 9.49 所示。键的两个侧面是工作面,用来传递扭矩。键与轴槽、轴与轮孔多采用过渡配合,键与轮槽则采用间隙配合。

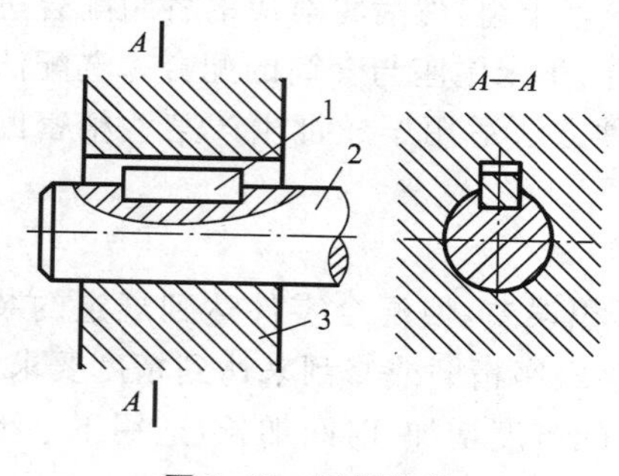

图 9.49　平键连接

1—键;2—轴;3—轮

轴、键、传动轮的装配要点(单件小批生产)如下。

(1) 清除键与键槽上的毛刺。

(2) 用键端与键槽试配,使键能较紧地嵌入轴槽。若装不进或过紧,则锉削键的两侧面,但须保证两侧面平行且与底面垂直。

(3) 锉配键槽并倒角,使键长比槽长短 0.1 mm 左右。

(4) 在键的配合面上涂机油,用铜棒将键轻轻打入槽中,并使键与槽底紧密贴合。

(5) 试配并安装齿轮。试配时除须保证键与轮槽底部留有 0.3～0.4 mm 的间隙外,还应作接触精度和齿侧间隙检验。

2. 滚动轴承的装配

滚动轴承工作时,多数情况是轴承内圈随轴转动;外圈在孔内固定不动。因此,轴承内圈与轴的配合要紧一些。滚动轴承装配大多采用过盈量较小的过渡配合。

滚动轴承的种类很多,不同的轴承装配也有所不同。下面以深沟球轴承为例,叙述其装配要点:

(1) 装配前将轴颈和轴承孔涂机油,轴承标有规格牌号的端面朝外,以便更换时识别;

(2) 为使轴承受力均匀,要借助垫套用锤子或压力机压装,如图 9.50 所示;

(3) 若轴承内圈与轴的过盈量较大,将轴承放在 80～90 ℃的机油中加热后,趁热压装。

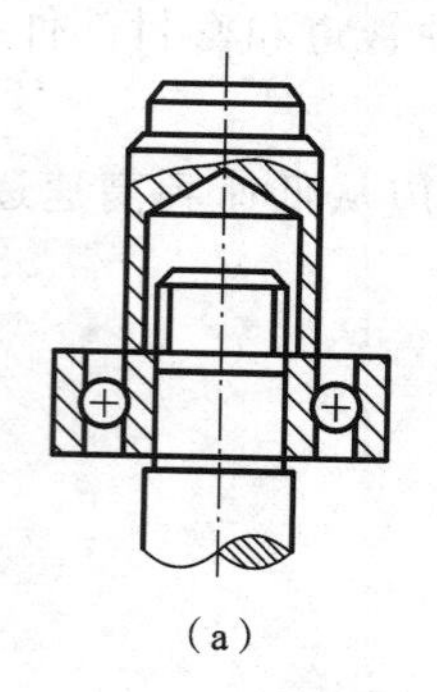

(a)

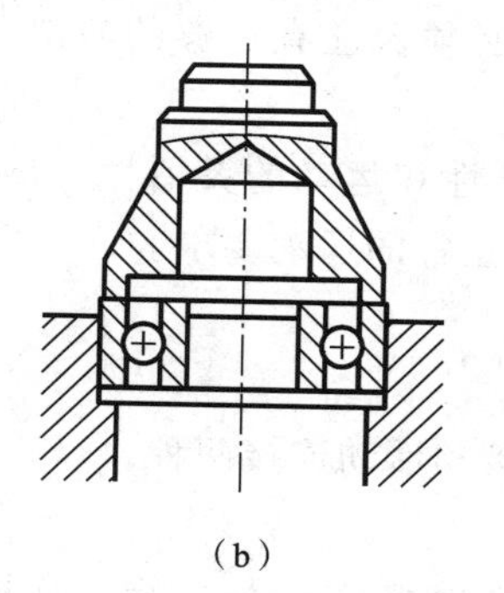

(b)

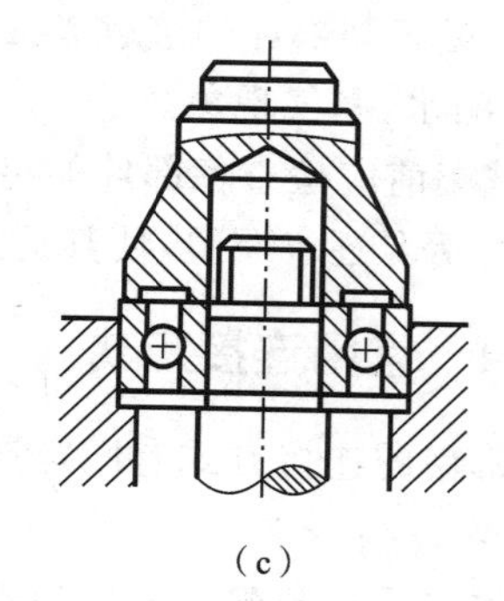

(c)

图 9.50　用垫套压装滚珠轴承

(a) 轴承压装轴上;(b) 轴承压装机体孔中;(c) 同时压装轴上和机体孔中

3. 螺钉(螺栓)、螺母的装配

螺纹连接是一种可拆卸的固定连接,具有装拆方便、可多次拆装等优点,应用很广。螺钉、螺母装配要点如下。

(1) 螺纹配合应能用手自由旋入，过紧会咬坏螺纹；过松则受力后螺纹会折断。

(2) 螺母与零件的贴合面应光洁平整，否则易松动。为此，应加垫圈以提高贴合质量。

(3) 装配时最好使用机油润滑，便于日后拆卸与更换。

(4) 装配一组螺钉(螺栓)、螺母时，为使零件贴合面受力均匀和贴合紧密，应按一定顺序拧紧，如图 9.51 所示，并且不可一次拧紧，而应按顺序分两次或三次逐步拧紧。

(5) 为防止螺纹连接在使用过程中松动，一般要加防松措施。常用的防松措施有：双螺母、弹簧垫圈、开口销、止动垫圈等。

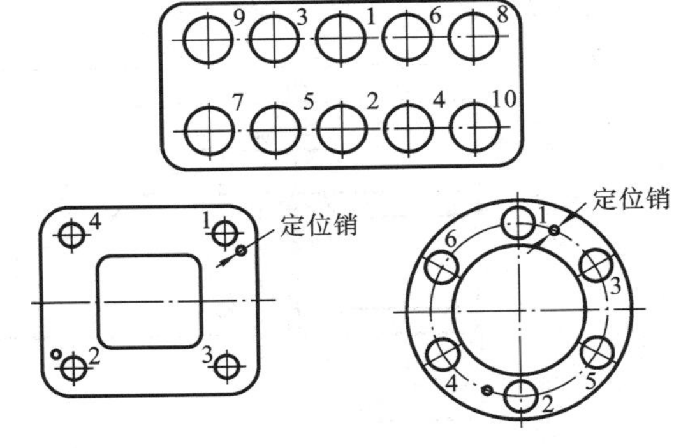

图 9.51　螺母拧紧顺序

4. 销钉的装配

销钉在装配中的作用是定位和连接，分圆柱销和圆锥销。圆柱销与销孔的配合为过盈配合，因此对销孔的尺寸精度、形状精度和表面粗糙度均有较高要求。被定位或连接的两零件销孔必须一起钻、铰，其表面粗糙度值不得大于 $Ra1.6\ \mu m$。装配时，销钉圆柱面涂机油，用铜棒轻轻击入。圆柱销不宜多次拆装，否则会降低定位精度和连接的可靠性。

圆锥销装配时，两零件上的销孔也必须一起钻、铰。钻头直径按圆锥销小头直径选取；铰刀选用 1∶50 锥度铰刀。铰孔时用试装法控制销孔直径，以圆锥销能自由插入 80%～85%孔深为宜，然后用锤子击入。销钉大头应稍微露出或与零件上表面平齐。

9.8.6　机械的拆卸

机器工作一段时间后，需对机器检查和维修，这时就必须对机器进行拆卸。拆卸是采用正确的方法解除零部件相互间的约束和连接，将它们无损伤地逐一分解出来。

拆卸应按如下要求进行。

(1) 机器拆卸前，要拟定好操作程序。初次拆卸还应熟悉装配图，尤其要搞清楚零、部件之间的连接方式、配合性质及零部件的结构特点，并据此针对性地拟好拆卸方法和拆卸程序。盲目拆卸会使零件受损。

(2) 拆卸顺序一般与装配顺序相反，后装的先拆，依次进行。

(3) 有些零部件拆卸时要做好标记(如成套加工件或不能互换的配合件等)，以便维修后再次装配。有些零件拆下后要按次序摆放整齐或按原来结构套(装)在一起(如轴上的零件可按原次序装到轴上，或用钢丝串起来)。对销钉、键等小件，拆下后按原位置临时装好，以免丢失。对丝杠、长轴等零件用布包好，并用绳索垂直吊起，防止弯曲变形或碰伤。

(4) 对不同的连接方式和配合性质，采用不同的拆卸方法，如击卸、拉卸或压卸等，并且要使用与之配套的专用工具(铜棒、木锤、拉出器、拔销器等)，以免损伤零部件。

(5) 紧固件上的防松装置(开口销等)拆卸后一般要更换，避免再次使用时断裂造成事故。

9.9　钳工操作实例

鎯头(见图 9.52)的钳工操作步骤：

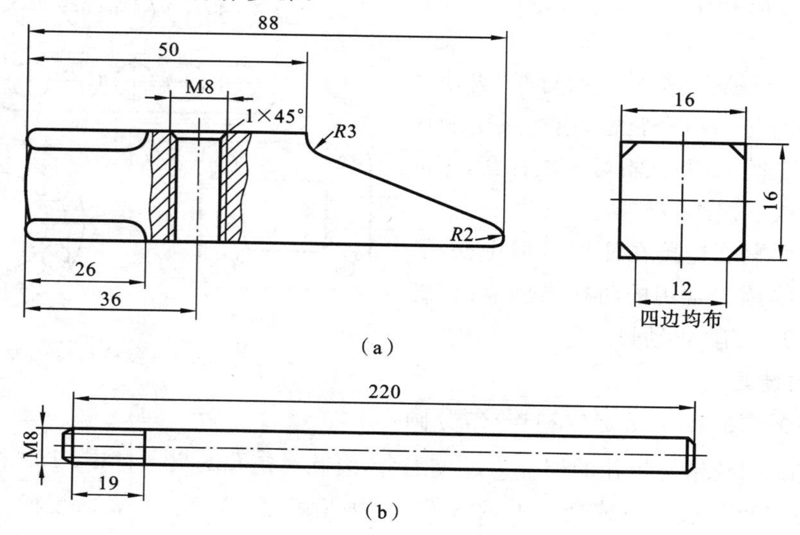

图 9.52　鎯头零件图

(a) 鎯头；(b) 鎯头柄

(1) 毛坯选用 16 mm×16 mm×90 mm 的方料和 $\phi8\times220$ 的棒料；

(2) 操作步骤(见表 9.2)；

表 9.2　鎯头钳工操作步骤

序号	操 作 内 容
1	下料，锯 16 mm×16 mm 方料 90 mm 长；$\phi8\times220$ 棒料
2	在上平面 50 mm 右侧錾切 2～2.5 mm 深槽
3	锉四周平面及端面，注意保证各面平直、相邻面的垂直和相对面的平行
4	划各加工线
5	锉圆弧面 $R3$
6	锯割 37 mm 长斜面
7	锉斜面及圆弧 $R2$
8	锉四边倒角和端面圆弧，并锉鎯头柄两端倒角
9	锪 1×45°锥坑、钻 M8 螺纹孔
10	攻 M8 内螺纹
11	套 M8×19 的螺杆(鎯头柄)
12	装配，将鎯头柄旋入鎯头的螺纹孔中
13	检验

(3) 榔头与柄装配，并修整打磨，最后打上实习学生学号(见图9.53)。为防锈可对表面进行镀铬处理。

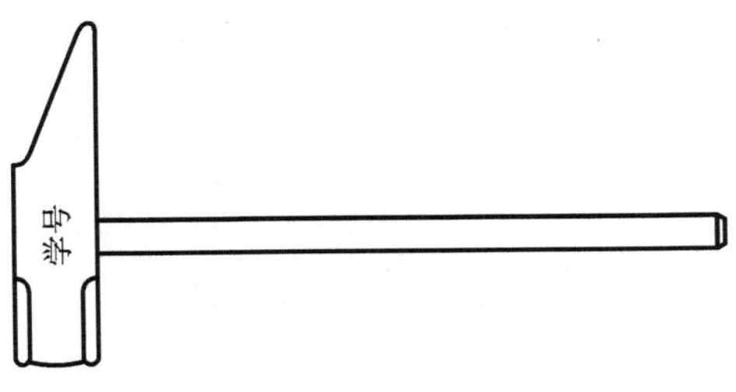

图9.53　榔头产品图

思　考　题

(1) 划线的作用是什么？如何划出工件上的水平线和垂直线？

(2) 什么叫划线基准，如何选择划线基准？

(3) 划线方箱、V形块、千斤顶各有何用途？

(4) 如何选择锯条？起锯和锯削时的操作要领是什么？

(5) 试分析锯削时锯条崩齿和折断的原因。

(6) 锉削内圆弧面时，锉刀为什么要同时完成三个运动？

(7) 何时使用交叉锉、顺锉和推锉？

(8) 铰孔操作应注意什么？

(9) 立钻、台钻和摇臂钻的结构和用途如何？

(10) 钻孔、扩孔和铰孔时，所用的刀具和操作方法有何区别？为什么扩孔和铰孔能提高孔的加工质量？

(11) 如何确定攻螺纹前底孔的直径和深度？

(12) 为什么套螺纹前要检查圆杆直径？其大小如何确定？圆杆端部为什么要有倒角？

(13) 试述刮削质量检验方法。

(14) 试述减速器的装配顺序。

第10章　特种加工

10.1　概　　述

特种加工不是主要依靠机械能，而是主要利用电能、热能、声能、光能、电化学能等能量或其复合以实现材料去除的加工方法。

1. 特种加工的特点

(1) 加工范围不受材料的物理、机械性能的限制，能加工任何软、硬、脆、耐热或高熔点金属及非金属材料，适应性强，范围广。

(2) 易于加工复杂型面、微细表面及柔性零件。

(3) 易获得良好的表面质量，热应力、残余应力、冷作硬化、热影响区及毛刺等均比较小。

(4) 两种或两种以上不同类型的能量可相互组合形成新的复合加工。

2. 特种加工的分类

(1) 电火花加工　分为电火花成形加工和电火花线切割加工等。

(2) 电化学加工　分为电解加工、电解磨削、电镀、涂镀等。

(3) 激光加工　分为激光切割、打孔、打标记和激光表面处理等。

(4) 电子束加工　分为切割、打孔、焊接等。

(5) 离子束加工　分为蚀刻、镀覆、注入等。

(6) 等离子加工　主要为等离子切割。

(7) 超声波加工　分为切割、打孔、雕刻等。

(8) 化学加工　分为化学铣削、化学抛光和光刻等。

(9) 液流加工　分为挤压珩磨、水射流切割等。

由于篇幅有限，本章仅就常见的电火花加工和线切割加工进行阐述。

10.2　电火花加工

电火花加工是通过工件和工具电极相互靠近时极间形成脉冲性火花放电，在电火花通道中产生瞬时高温，使金属局部熔化，甚至气化，从而将金属腐蚀下来，达到按要求改变材料形状和尺寸的加工工艺。

1. 电火花加工过程

电火花加工过程大致分为以下几个阶段：

(1) 极间介质的电离、击穿，形成放电通道，如图10.1(a)所示；

(2) 电极材料的熔化、气化热膨胀，如图10.1(b)、(c)所示；

(3) 电极材料的抛出，如图10.1(d)所示；

(4) 极间介质的消电离，如图10.1(e)所示。

这样以很高的频率连续不断地放电，工件不断地被蚀除。工件加工表面形成无数个相互

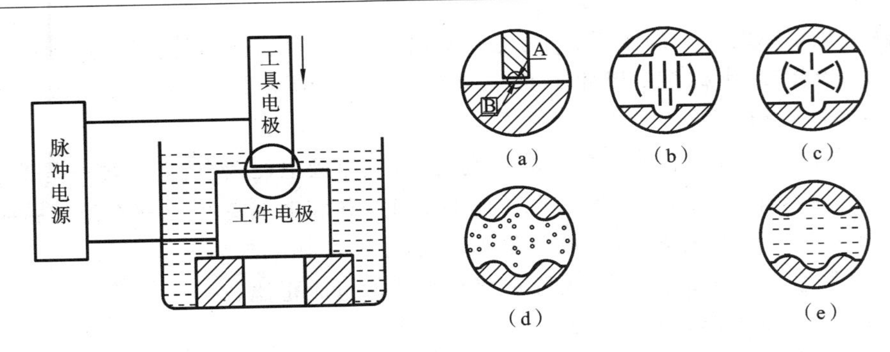

图 10.1 电火花加工原理图

重叠的小凹坑，如图 10.2 所示。所以电火花加工是大量的微小放电痕迹逐渐累积而成的去除金属的加工方式。

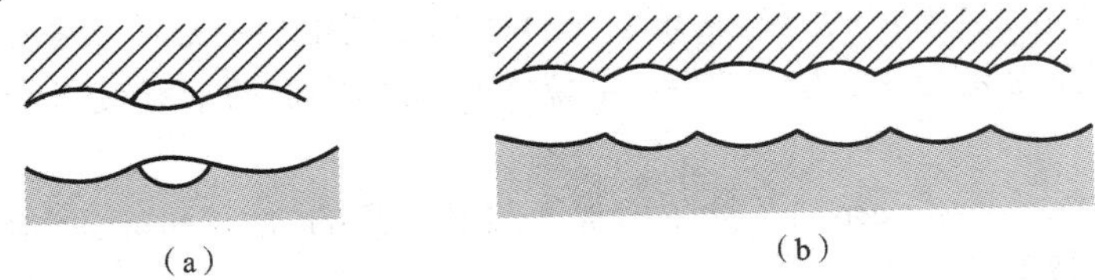

图 10.2 电火花加工平面的形成

(a) 单脉冲放电凹坑；(b) 多脉冲放电凹坑

2. 电火花加工的主要特点

(1) 电火花加工是一种腐蚀作用，对电极与工件材料的相对硬度没有特别的要求，工具电极的材料硬度可以比工件材料的硬度低。

(2) 电火花加工没有机械力作用，工件加工完后不会产生变形。

(3) 可连续进行粗加工、半精加工和精加工。

(4) 易于实现控制和加工自动化。

(5) 工具电极的制造有一定难度。

(6) 只适用于导电材料的工件。

(7) 电火花加工效率较低。

3. 电火花加工的应用

(1) 加工各种形状复杂的型腔和型孔。

(2) 电火花加工常作为模具工作件淬火后的精加工工序。

(3) 可以用作模具工作件的表面强化手段。

(4) 可以进行电火花磨削。

(5) 电火花加工可以刻字和刻制图案。

4. 电火花成形加工设备

电火花成形加工机床也称电火花成形机。它主要由机械部分(包括床身、立柱、纵横工作台、主轴头等)，脉冲电源(内有脉冲电源、电极自动跟踪系统、操作系统)，工作液循环处理系统等组成。电火花成形机床均用 D71 加上机床工作台面宽度的 1/10 表示。

5. 影响电火花加工的主要因素

1) 极性效应

在电火花成形加工中，工件材料在被逐渐蚀除的同时，工具电极材料也在被蚀除。但是，二者的蚀除量是不同的——即使正、负两电极使用同一材料,这种现象就称为极性效应。若工件与电源的阳极相接,则称为阳极性加工;若工件与电源的阴极相接,则称为阴极性加工。

2) 电参数的影响

(1) 脉冲宽度　当其他参数不变时,增大脉宽,工具电极损耗减小,生产效率提高,加工稳定性变好。但是,应该针对不同的电极材料、不同的工件材料和加工要求,选择合适的脉冲宽度。

(2) 脉冲间隔　脉冲间隔减小,放电频率提高,生产率相应提高。

(3) 脉冲能量　在正常情况下,蚀除速度与脉冲能量成正比。

3) 影响电火花加工精度的主要因素

(1) 加工斜度　斜度的大小,主要与二次放电的次数及单个脉冲能量大小有关。次数越多,能量越大,则斜度就越大。而二次放电的次数主要与排屑条件、排屑方向及加工余量有关。

(2) 工具电极的精度及损耗　由于电火花加工属仿形加工,工具电极的加工缺陷会直接复印在工件上,因此,工具电极的制造精度对工件的加工精度会造成直接影响。

(3) 电极和工件的装夹及定位　装夹、定位的精度和校正的准确度都会直接影响工件的加工精度。

(4) 机床的热变形　电火花加工产生的加工热是很高的,使得机床主轴轴线产生偏转,从而影响工件的加工精度。

6. 电火花成形加工的主要加工方法

电火花成形的加工方法主要有穿孔加工方法和型腔加工方法。

常用的电火花型腔加工方法有单电极平动法、多电极加工法、分解电极加工法和程控电极加工法。

7. 电火花加工的工作液选择

电火花加工最常用的工作液为煤油,其次是机油、锭子油。

1) 工作液的作用

(1) 工作液可压缩放电通道,使放电能量高度集中在极小的区域内,既加强蚀除效果,又提高放电仿形的精确度。

(2) 加速电极间隙的冷却,有助于防止金属表面局部热量积累,防止烧伤和电弧放电的产生。

(3) 加剧放电的流体动力过程,有助于金属的抛出,加速了电蚀产物的排除。

(4) 有助于加强电极表面的覆盖效应和改变工件表面层的物理化学性能。

2) 对工作液的要求

(1) 工作液应具有一定的绝缘性。

(2) 有较好的冷却性能。

(3) 有较好的洗涤性能,利于排屑。

(4) 有较好的防锈性能,利于机床维护和工作防锈。

(5) 工作液对人体应无害。工作时,不产生有害气体。

10.3　线切割加工

线切割加工主要用于加工各种形状复杂和精密细小的工件,例如花键套、凸模、凹模等。它是在电火花穿孔、成形加工的基础上发展起来的。它不仅使电火花加工的应用得到了大力发展,而且在某些方面已取代了电火花穿孔、成形加工。目前，线切割机床已占电火花机床的大部分。

10.3.1　电火花线切割加工的原理、特点和分类

1. 电火花线切割加工的原理

电火花线切割加工与电火花成形加工都是直接利用电能对金属材料进行加工的，同属蚀除加工，其加工原理相似。线切割加工是利用不断运动的电极丝与工件之间产生火花放电，从而将金属蚀除下来，实现轮廓切割，如图10.3所示。

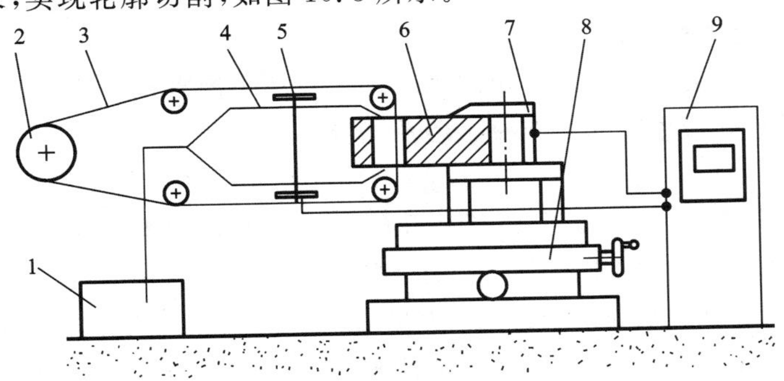

图10.3　电火花线切割加工原理

1—工作液箱；2—储丝筒；3—电极丝；4—供液管；5—进电块；6—工件；7—夹具；8—纵横拖板；9—脉冲电源

绕在储丝筒上的电极丝沿储丝筒的回转方向以一定的速度移动，装在机床工作台上的工件由工作台按预定控制轨迹相对于电极丝作成形运动。脉冲电源的一极接工件，另一极接电极丝。在工件与电极丝之间总是保持一定的放电间隙且喷洒工作液，电极之间的火花放电蚀出一定的缝隙，连续不断的脉冲放电就加工出了所需形状和尺寸的工件。

2. 电火花线切割加工的特点

与电火花成形加工相比，电火花线切割加工有如下特点。

(1) 不需要单独制造电极。

(2) 一般不需考虑电极损耗。

(3) 能加工精密细小、形状复杂的通孔零件或零件外形。

(4) 不能加工盲孔。

3. 线切割机床的分类

1) 按切割的轨迹分类

按线切割加工的轨迹可以将线切割分为直壁切割、锥度切割和上下异形面线切割加工。

(1) 直壁切割　直壁切割是指电极丝运行到切割段时，其走丝方向与工作台保持垂直关系。

(2) 锥度切割　锥度切割又分为圆锥面切割和斜(平)面切割。

(3) 上下异形面切割　在前两种切割中，工件的上下表面的轮廓是相似的，而在上下异形面切割中，工件的上下表面的轮廓不是相似的。

应该指出，目前市场上大部分线切割机床都具有直壁切割、锥度切割和上下异形面线切割加工功能。

2) 按走丝速度分类

(1) 快速走丝线切割机床　快速走丝线切割机床的电极丝作高速往复运动，一般走丝速度为8～10 m/s，线电极采用高强度钼丝，是我国独创的电火花线切割加工模式。快速走丝线

切割机床上运动的电极丝能够双向往返运行,重复使用,直至断丝为止。快速走丝线切割机床价格低廉,加工成本低,加工质量相对较低,其加工精度可达 0.005～0.015mm。电极丝的粗细会影响切割缝隙的宽窄,电极丝直径越细,切缝越小。电极丝直径最小可达 ϕ0.05,但太小时,电极丝强度太低容易折断。一般采用直径为 ϕ0.18 的电极丝。

(2) 慢速走丝线切割机床　慢速走丝线切割机床走丝速度低于 0.2 m/s,多采用铜丝做电极。慢速走丝线切割的加工质量高,其加工精度可达 0.002～0.005 mm,但设备费用、加工成本也高。

4. 快速走丝线切割机床简介

目前在生产中使用的快速走丝线切割机床几乎全部采用数字程序控制,这类机床主要由机床本体、脉冲电源、数控系统和工作液循环系统组成。

1) 机床本体

机床本体主要由床身、工作台、运丝机构和丝架等组成,具体介绍如下。

(1) 床身　床身是支承和固定工作台、运丝机构等的基体。

(2) 工作台　目前在电火花线切割机床上采用的坐标工作台,大多为 X、Y 方向线性运动。

(3) 运丝机构　在快走丝线切割加工时,电极丝需要不断地往复运动,这个运动是由运丝机构来完成的。运丝机构结构简单、维护方便,应用广泛。其缺点是绕丝长度小,电动机正反转动频繁,电极丝张力不可调。

(4) 丝架　丝架的主要作用是在电极丝快速移动时,对电极丝起支承作用,并使电极丝工作部分与工作台平面保持垂直。

2) 脉冲电源

电火花线切割加工的脉冲电源与电火花成形加工作用的脉冲电源在原理上相同,不过受加工表面粗糙度和电极丝允许承载电流的限制,线切割加工脉冲电源的脉宽较窄(2～60 μs),单个脉冲能量、平均电流(1～5 A)一般较小,所以线切割总是采用正极性加工。

3) 数控系统

数控系统的具体作用体现在轨迹控制和加工控制上。

4) 工作液循环系统

工作液循环系统主要包括工作液箱、工作液泵、流量控制阀、进液管、回液管和过滤网罩等。

10.3.2　电火花线切割加工的程序编制

目前市场上绝大部分数控线切割使用二维或三维设计软件绘制图形,用于进行直接加工,同时也可以进行数控编程加工。

1. 线切割 3B 代码程序格式

线切割加工轨迹图形是由直线和圆弧组成的,它们的 3B 程序指令格式如图 10.4 所示。

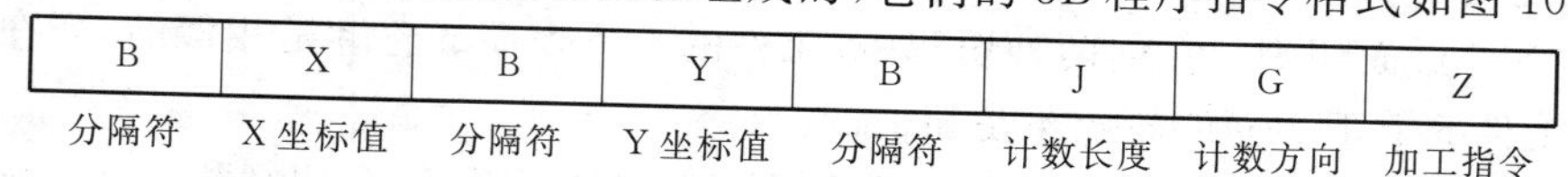

B	X	B	Y	B	J	G	Z
分隔符	X 坐标值	分隔符	Y 坐标值	分隔符	计数长度	计数方向	加工指令

图 10.4　3B 程序指令格式

2. 直线的 3B 代码编程规则

1) x,y 值的确定

以直线的起点为原点,建立正常的直角坐标系,x,y 表示直线终点的绝对值坐标,单位为 mm。

如图 10.5(a)所示的轨迹形状，试着写出图 10.5(b)、图 10.5(c)、图 10.5(d)中各终点的 x、y 值（注：在本章图形所标注的尺寸中若无说明，单位都为 mm）。

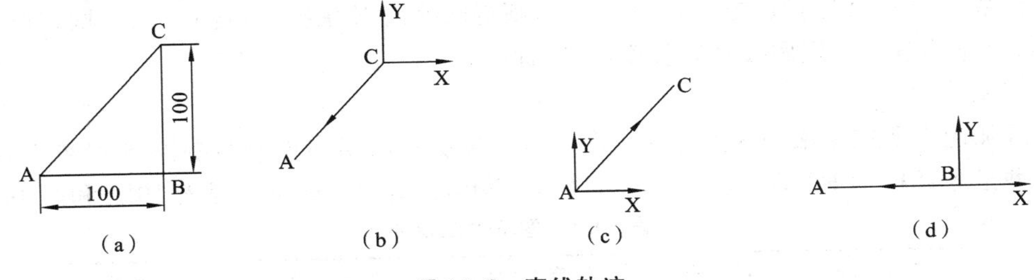

图 10.5　直线轨迹

2) G 的确定

G 用来确定加工时的计数方向，分 Gx 和 Gy。直线的计数方向取直线的终点坐标值中较大值的方向，即当直线终点坐标值 $X>Y$ 时，取 G=Gx；当直线终点坐标值 $X<Y$ 时，取 G=Gy；当直线终点坐标值 X=Y 时，直线在一、三象限时，取 G=Gy，二、四象限时取 G=Gx。G 的确定如图 10.6 所示。

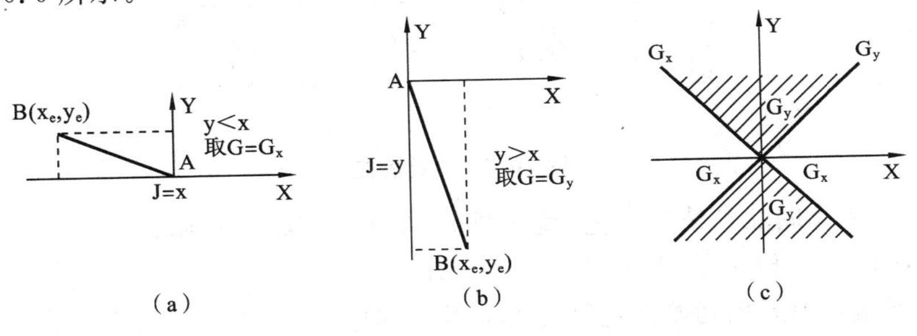

图 10.6　G 的确定

3) J 的确定

J 为计数长度，以 μm 为单位。

J 的取值方法为：由计数方向 G 确定投影方向，若 G=Gx，则将直线向 X 轴投影得到长度的绝对值即为 J 的值；若 G=Gy，则将直线向 Y 轴投影得到长度的绝对值即为 J 的值。

直线编程时，可直接取直线终点坐标值中的大值，即：$X>Y$，J=X；$X<Y$，J=Y，X=Y，J=X=Y。

4) Z 的确定

加工指令 Z 按照直线走向和终点的坐标不同可分为 L1、L2、L3、L4，其中与+X 轴重合的直线算作 L1，与−X 轴重合的直线算作 L3，与+Y 轴重合的直线算作 L2，与−Y 轴重合的直线算作 L4。

3. 圆弧的 3B 代码编程

1) x，y 值的确定

以圆弧的圆心为原点，建立正常的直角坐标系，x，y 表示圆弧起点坐标的绝对值，单位为 μm。

2) G 的确定

圆弧的计数方向取圆弧的终点坐标值中较小值的方向，即当圆弧终点坐标值 $X>Y$ 时，取

G＝Gy；当圆弧终点坐标值 X＜Y 时，取 G＝Gx；当圆弧终点坐标值 X＝Y 时，在一、三象限时：取 G＝Gx，二、四象限时取 G＝Gy；若 y＞x，则 G＝Gx。

3）J 的确定

由计数方向 G 确定投影方向，若 G＝Gx，则将圆弧向 X 轴投影；若 G＝Gy，则将圆弧向 Y 轴投影。J 值为各个象限圆弧投影长度绝对值的和。

4）Z 的确定

由圆弧起点所在象限和圆弧加工走向确定。按切割的走向可分为顺圆 S 和逆圆 N，于是共有 8 种指令：SR1、SR2、SR3、SR4、NR1、NR2、NR3、NR4，具体可参考表 10.1 和图 10.7。

表 10.1　圆弧加工指令

加工方向	第一象限	第二象限	第三象限	第四象限
逆圆	NR1	NR2	NR3	NR4
顺圆	SR1	SR2	SR3	SR4

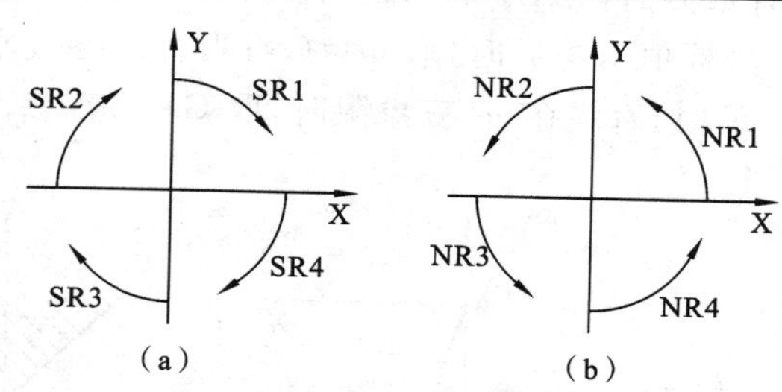

图 10.7　Z 的确定

例 10.1　不考虑间隙补偿和工艺，编制图 10.8 所示直线的程序。

解　(1) B10000　B5000　B10000　GX　L1

(2) 以左下角点为起始切割点逆时针方向编制程序：

B10000　B0　B10000　GX　L1
B20000　B15000　B20000　GX　L1
B20000　B15000　B20000　GX　L2
B10000　B30000　B30000　GY　L3

与 X 或 Y 轴重合的直线，编程时 X、Y 均可写作 0，且可省略不写。

例如，B10000　B0　B10000　GX　L1，可简写成：B B B10000 GX L1

例 10.2　不考虑工艺，编制图 10.9 所示圆弧的程序。

解　A→B：B9800　B2000　B29800　GX　NR1

B→A：B0　B10000　B28000　GY　SR3

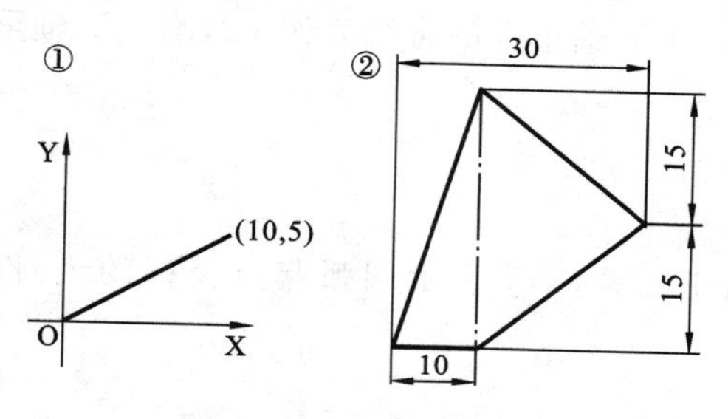

图 10.8　直线编程图

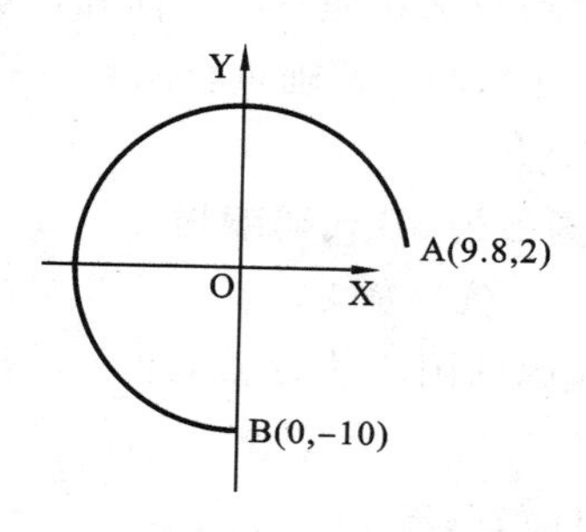

图 10.9　圆弧编程图

思　考　题

(1) 特种加工与普通加工的区别是什么？其特点是什么？

(2) 电火花加工的特点是什么？应用于什么场合？

(3) 电火花加工的影响因素有哪些？

(4) 线切割加工的特点是什么？

第11章　数控加工

11.1　概　　述

数字控制机床(简称数控机床)是指用数字化的代码作为指令,由数字控制系统进行指令计算而实现自动控制的机床。它是综合应用计算机技术、自动控制、精密测量和机械设计等领域的先进技术而发展起来的一种新型自动化机床,它的出现和发展有效解决了多品种、小批量生产精密、复杂零件的自动化问题。

11.1.1　数控机床的基本组成和工作原理

数控机床通常由输入介质、数控装置、伺服系统和机床本体四部分组成。其工作过程大致如下:机床加工过程中所需的全部信息,包括加工过程所需的各种操作(如主轴变速、主轴启动和主轴停止、工件夹紧与松开、选择刀具和换刀、刀架或工作台转位、进刀与退刀、冷却液开或关等),机床各部件的动作顺序及刀具与工件之间的相对位移量,都用数字化的代码来表示,由编程人员编制成规定的加工程序,通过输入介质送入数控装置。数控装置根据这些指令信息进行运算与处理,不断地发出各种控制指令,控制机床的伺服系统和其他执行元件(如电磁铁、液压缸等)动作,自动完成预定的工作循环,加工出所需的工件。

11.1.2　数控机床的特点

数控机床具有下列特点。

(1) 加工精度高,质量稳定。数控系统的实时监测和补偿功能使加工精度得到保证。

(2) 加工适应性强,能完成复杂型面的加工。对于普通机床难以实现的复杂曲面的加工(如螺旋桨、汽轮机叶片等),利用数控机床易于实现。

(3) 生产效率高。可自动换刀,实现一次装夹完成多道工序的连续加工,减少了机动时间和辅助时间。

(4) 减少操作者的劳动强度。变速、换刀可自动完成,操作者只需装卸工件、键盘操作和观察机床运行情况,从而减轻劳动强度。

(5) 有利于现代化管理。利用数据接口可实现计算机辅助设计、制造和管理一体化。

11.1.3　数控机床的分类

按加工工艺及工艺用途,对数控机床分类如下。

(1) 金属切削数控机床　数控车床、数控铣床、加工中心、数控钻床等。

(2) 金属成形数控机床　数控折弯机、数控弯管机、数控压力机等。

(3) 数控特种机床　数控线切割机床、数控电火花机床、激光切割机等。

11.2 数控车床加工

11.2.1 数控车床概述

数控车床能对轴类、盘类零件自动地完成内外圆柱面、圆锥面、螺纹表面等切削加工，也可对盘类零件进行钻孔、扩孔、铰孔和镗孔等加工，还可以完成车端面、切槽、倒角等工作。数控车床具有加工精度高、稳定性好、加工灵活、通用性强等优点，能满足多品种、小批量生产自动化的要求，特别适合加工形状复杂的轴类或盘类零件。

11.2.2 数控车床的基本组成

数控车床由数控装置、床身、主轴箱、刀架进给系统、尾座、液压系统、冷却系统、润滑系统等部分组成。普通车床的进给运动是经过挂轮架、进给箱、溜板箱传到刀架实现纵向和横向进给运动的，而数控车床是采用伺服电动机经滚珠丝杠传到滑板和刀架，实现Z轴(纵向)和X轴(横向)进给运动的，其结构较普通车床大为简化。

如图11.1所示，1为水平床身，床身导轨面上支承着30°倾斜布置的刀架滑板13。滑板的倾斜导轨上安装有回转刀架11并配置有防护罩8，其刀盘上可安装10把刀具。滑板上分别安装有X轴和Z轴的进给传动装置。床身的左上方配置主轴箱4，主轴由AC伺服电动机驱动，免去了变速传动装置，使主轴箱的传动结构大为简化，并配有液压卡盘3，通过脚踏开关来实现工件的夹紧与松开。床身右上方为操作面板10，前方配有防护门5，右端配有尾座12。

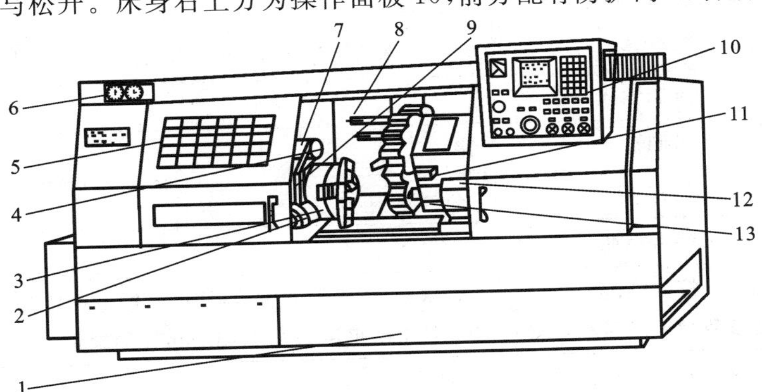

图11.1 数控车床外观图

1—水平床身；2—对刀仪；3—液压卡盘；4—主轴箱；5—防护门；6—压力表；7—对刀仪防护罩；8—防护罩；9—对刀仪转臂；10—操作面板；11—回转刀架；12—尾座；13—刀架滑板

11.2.3 数控车床的分类

数控车床品种繁多、规格不一，可按如下方法对其进行分类。

1. 按数控车床主轴位置分类

(1) 立式数控车床　其主轴垂直于水平面，并有一个直径很大的圆形工作台，供装夹工件用。这类数控车床主要用于加工径向尺寸较大、轴向尺寸较小的大型复杂零件。

(2) 卧式数控车床　车床主轴轴线处于水平位置，它的床身和导轨有多种布局形式。

2. 按加工零件的基本类型分类

(1) 卡盘式数控车床　这类数控车床未设置尾座，适合车削盘类(含短轴类)零件，其夹紧方式多为电动液压控制。

(2) 顶尖式数控车床　这类数控车床设置有普通尾座或数控尾座,适合车削较长的轴类零件及零件直径不大的盘、套类零件。

3. 按刀架数量分类

(1) 单刀架数控车床。

(2) 双刀架数控车床。

11.2.4　数控车床编程基础

由于数控车床的形式和数控系统的种类较多,虽然大部分的基本指令相同,但有些指令代码定义还不统一,同一准备功能的G代码或M代码的含义不完全相同,甚至完全不同。

1. 准备功能指令(G指令)

准备功能字的地址符号为G,是用于建立机床或控制系统工作方式的一种指令。后续数字一般为1～2位正整数,具体参见表11.1(FANUC 0i系统数控车床准备功能G代码)。

表11.1　FANUC 0i系统数控车床准备功能G代码

代码	分组	含　义	格　式
G00	01	快速进给、定位	G00 X__ Z__
G01		直线插补	G01 X__ Z__
G02		圆弧插补(顺时针)	{G02/G03} X__ Z__ {R__ / I__ K__}
G03		圆弧插补(逆时针)	
G04	00	暂停	G04 [X|U|P] X,U单位:秒;P单位:毫秒(整数)
G20	06	英制输入	
G21		米制输入	
G28	0	回归参考点	G28 X__ Z__
G29		由参考点回归	G29 X__ Z__
G32	01	螺纹切削(由参数指定绝对和增量)	Gxx X|U… Z|W… F|E… F指定单位为0.01 mm/r的螺距。E指定单位为0.0001 mm/r的螺距
G40	07	取消刀尖半径偏置	G40
G41		刀尖半径偏置(左侧)	{G41/G42} Dnn
G42		刀尖半径偏置(右侧)	
G50	00		设定工件坐标系:G50 X Z。偏移工件坐标系:G50 U W
G53		机械坐标系选择	G53 X__ Z__
G54	12	选择工作坐标系1	GXX
G55		选择工作坐标系2	
G56		选择工作坐标系3	
G57		选择工作坐标系4	
G58		选择工作坐标系5	
G59		选择工作坐标系6	

续表

<table>
<tr><th>代码</th><th>分组</th><th>含　　义</th><th>格　　式</th></tr>
<tr><td>G70</td><td>00</td><td>精加工循环</td><td>G70 Pns Qnf</td></tr>
<tr><td>G71</td><td rowspan="6">00</td><td>内外径粗车循环</td><td>G71 UΔd Re
G71 Pns Qnf UΔu WΔw Ff</td></tr>
<tr><td>G72</td><td>端面粗车循环</td><td>G72 W(Δd) R(e)
G72 P(ns) Q(nf) U(Δu) W(Δw) F(f) S(s) T(t)
Δd:切深量
e:退刀量
ns:精加工形状的程序段组的第一个程序段的顺序号
nf:精加工形状的程序段组的最后程序段的顺序号
Δu:X 方向精加工余量的距离及方向
Δw:Z 方向精加工余量的距离及方向</td></tr>
<tr><td>G73</td><td>成形车削循环</td><td>G73 Ui WΔk Rd
G73 Pns Qnf UΔu WΔw Ff</td></tr>
<tr><td>G74</td><td>端面切断循环</td><td>G74 R(e)
G74 X(U)__ Z(W)__ P(Δi)Q(Δk)R(Δd)F(f)
e:返回量
Δi:X 方向的移动量
Δk:Z 方向的切深量
Δd:孔底的退刀量
f:进给速度</td></tr>
<tr><td>G75</td><td>内径/外径切断循环</td><td>G75 R(e)
G75 X(U)__ Z(W)__ P(Δi)Q(Δk)R(Δd)F(f)</td></tr>
<tr><td>G76</td><td>复合形螺纹切削循环</td><td>G76 P(m) (r) (a) Q(Δdmin) R(d)
G76 X(u)__ Z(W)__ R(i) P(k)Q(Δd)F(l)
m:最终精加工重复次数为 1～99 次
r:螺纹的精加工量(倒角量)
a:刀尖的角度(螺牙的角度)可选择 80,60,55,30,29,0 六个种类
m,r,a;同用地址 P 一次指定
Δdmin:最小切削深度
i:螺纹部分的半径差
k:螺牙的高度
Δd:第一次的切深量
l:螺纹导程</td></tr>
<tr><td>G90</td><td rowspan="3">01</td><td>直线车削循环加工</td><td>G90 X(U)__ Z(W)__ F__
G90 X(U)__ Z(W)__ R__ F__</td></tr>
<tr><td>G92</td><td>螺纹车削循环</td><td>G92 X(U)__ Z(W)__ F__
G92 X(U)__ Z(W)__ R__ F__</td></tr>
<tr><td>G94</td><td>端面切削循环</td><td>G94 X(U)__ Z(W)__ F__
G94 X(U)__ Z(W)__ R__ F__</td></tr>
</table>

续表

代码	分组	含　义	格　式
G98	05	指定每分钟移动量	单位:mm/min
G99		指定每转移动量	单位:mm

2. 辅助功能代码(M 代码)

辅助功能代码(M 代码)用于指令控制功能和机床功能,多与程序执行和机械控制有关。现就部分 M 代码进行说明。

(1) M00:程序暂停,重新按程序启动按键后再继续执行后面的程序段

(2) M02:程序结束

(3) M03:主轴正转

(4) M04:主轴反转

(5) M05:主轴停止

(6) M06:换刀

(7) M07:切削液开

(8) M09:切削液关

(9) M30:程序结束并返回该程序起点(程序复位)

(10) M98:调用子程序

(11) M99:子程序结束,返回主程序 M98 所在程序行的下一行

3. 编程实例

1) 直线编程实例

如图 11.2 所示,刀具切削路线为 A—B—C,编程如下:

```
%001
G54
M03 S460
G00 X95 Z3
G01 Z-70 F100
G01X 160 Z-130
(或 U65 Z-130 F 100)
M05   M30
```

2) 圆弧编程实例

如图 11.3 所示顺时针圆弧插补。

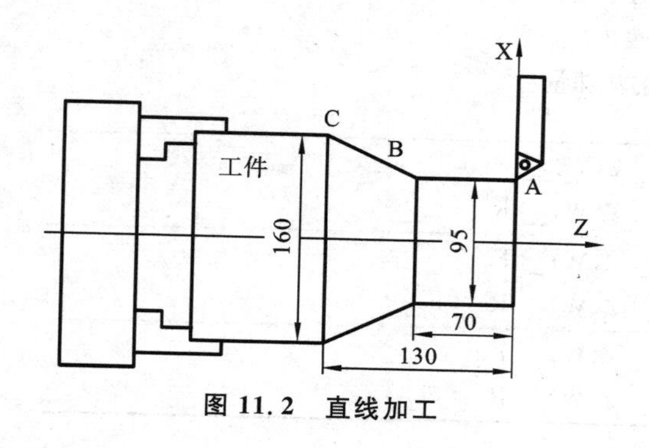

图 11.2　直线加工

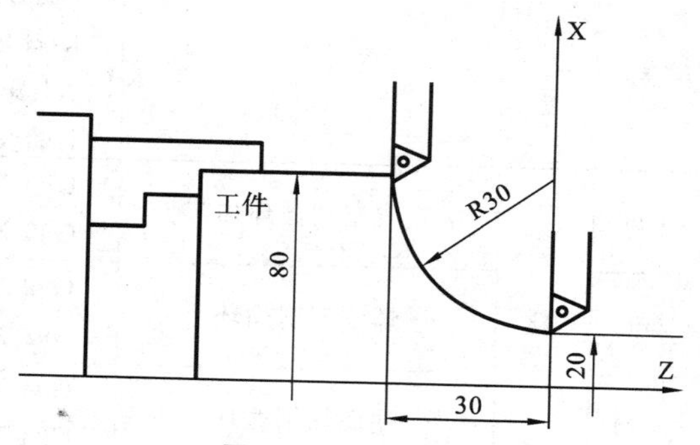

图 11.3　顺圆加工

绝对坐标编程方式：

G02 X80 Z-30 I30 K0 F50

或　G02 X80 Z-30 R30 F50

增量坐标方式：

G02 U60 W-30 I30 K0 F50

或　G02 U60 W-30 R30F50

逆时针圆弧插补指令用法与顺时针圆弧插补指令用法相同，当圆弧半径大于180°时，R取负值。

3）等螺距螺纹加工指令G32

G32是单一螺纹加工指令，车刀进给运动严格根据输入的螺纹导程进行，但刀具的切出、切入、返回均需编入程序。用于加工等距直螺纹、锥形螺纹、蜗形螺纹。

格式：G32X(U)__ Z(W)__ F __；

说明：(1) X(U)、Z(W)是加工螺纹的终点坐标，如程序段中给出了X的坐标值，且与加工螺纹的起始点的X坐标值不等，则加工圆锥螺纹，若程序中没有指定X则加工圆柱螺纹；F是螺纹螺距。

(2) 执行G32时，由于机床伺服系统本身具有滞后特性，在起始段和终止段会发生螺距不规则的现象，所以必须设置引入距离L1和引出距离L2，一般L1为(3～5)P，L2取L1的1/4左右。

(3) 车螺纹期间进给速度倍率、主轴速度倍率无效。

(4) 车螺纹期间不要使用恒表面切削速度控制，要使用G97。

(5) 螺纹加工中的走刀次数和背吃刀量会影响螺纹的加工质量，螺纹的牙型较深、螺距较大时，可以用分层切削。

4）复合循环指令

在数控机床上加工棒料或铸锻件，加工余量较大，需要经过精加工、粗加工才能达到要求，粗加工时需要多次重复加工，即使利用固定循环指令编程，程序也很复杂，采用复合循环指令编程，可以大大简化加工程序。

(1) 粗车循环(G71)　该指令适合车削棒料毛坯的大部分余量，格式为

G71U(Δd)R(e)P(ns)Q(nf)U(Δu)W(Δw)F(f)S(s)T(t)

说明：① Δd为切削深度(半径给定)，不带符号，该值是模态的。

② e为退刀量(半径给定)，该值是模态的。

③ ns为指定精加工路线的第一个程序段的顺序号。

④ nf为指定精加工路线的最后一个程序段的顺序号。

⑤ Δu为X方向上的精加工余量(直径给定)的距离与方向。

⑥ Δw为Z方向上的精加工余量的距离与方向。

⑦ 包含在ns到nf程序段中的任何F、S或T功能在循环中被忽略，而在G71程序段中的F、S或T功能有效。

机床执行粗车循环指令时，刀具从粗车起始点A移动到C点，AC的距离与Δu和Δw有关。

(2) 平端面粗车循环(G72)　采用G72进行横向粗车循环，切削过程平行于X轴，格式为

G72U(Δd)R(e)P(ns)Q(nf)U(Δu)W(Δw)F(f)S(s)T(t)

字符的含义与 G71 的相同。

(3)成形重复循环(G73)　G73 功能可以车削固定的图形，有效地切削铸造成形、锻造成形或已粗车成形的工件。格式为

G73 U(Δi) W(Δk) R(d) P(ns) Q(nf) U(Δu) W(Δw) F(f) S(s) T(t)

说明：① Δi 为 X 方向的退刀量的距离与方向(半径指定)，该值是模态的。

② Δk 为 Z 方向的退刀量的距离与方向，该值是模态的。

③ d 为循环次数。

④ ns 为指定精加工路线的第一个程序段的顺序号。

⑤ nf 为指定精加工路线的最后一个程序段的顺序号。

⑥ Δu 为在 X 方向加工余量的距离和方向(直径值)指定。

⑦ Δw 为在 Z 方向加工余量的距离和方向指定。

⑧ 包含在 ns 到 nf 程序段中的任何 F、S 或 T 功能在循环中被忽略，而在 G71 程序段中的 F、S 或 T 功能有效。

(4) 精车循环(G70)　用 G71、G72 和 G73 粗车后，用 G70 指令实现精加工，格式为

G70 P(ns) Q(nf)

说明：① ns 为指定精加工程序第一个程序段的顺序号。

② nf 为指定精加工程序最后一个程序段的顺序号。

③ 在 G71、G72、G73 程序段中的 ns 到 nf 程序段的 F、S、T 功能无效，但在执行 G70 时，顺序号"ns"和"nf"之间指定的 F、S 和 T 有效。

④ 当 G70 循环加工结束时，刀具返回到起点并读下一个程序段。

⑤ 循环编程实例：用车削循环指令 G71 和精车循环指令 G70 加工图 11.4 所示工件，毛坯为 ϕ140 的棒料，刀具从 P 点开始，运动到循环起点 C，利用 G71、G70 指令编程，粗车循环背吃刀量为 7 mm，径向加工余量和横向余量均为 2 mm。

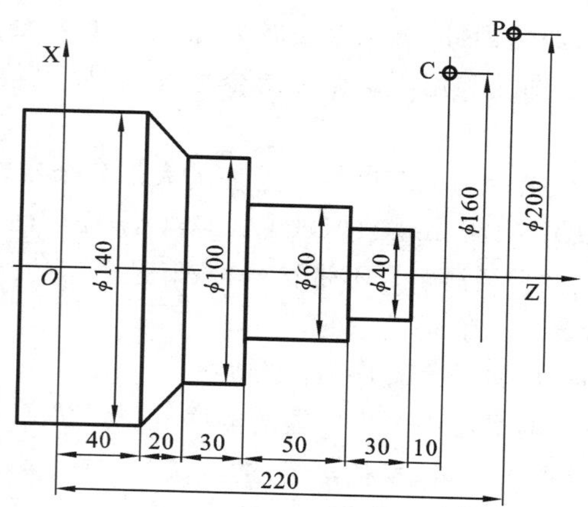

图 11.4　车削循环加工图样

参考编程如下：

N01 G50 X200 Z220

N02 T0101

N03 G00 X160 Z180 M03 S800

N04 G71U7 R1

```
N05 G71 P035Q065U4W2F0.3 S500
N06 G00 X40 S800
N07 G01 Z170 F60
N08 G01 W-30
N09 X60
N10 W-50
N11 X100
N12 W-30
N13 X140 W-20
N14 G70 P035 Q065
N15 G28 X180 Z200 T0100
N16 M30
```

11.2.5 FANUC 0i 系统数控车床操作方法及步骤

1. 开机和关机

(1) 开机前需要检查机床的初始状态是否完好,以及机床控制柜的前、后门是否关好。

(2) 机床的电源总开关一般位于机床的侧面或背面,在使用机床时,必须将总电源开关置于“ON”挡。

(3) 在确定电源接通后,按下机床操作面板上的“系统启动”按钮,系统自检后,CRT(LED)上会出现位置显示画面。

(4) 在确认机床的运动全部停止后,按下机床操作面板上的红色“系统关闭”按钮,CNC数控系统电源被切断。

(5) 将总电源开关置于“OFF”挡,切断机床的电源。

2. 手动操作方式

1) 手动返回参考点

(1) 按下机床操作面板上的“回零”按钮。

(2) 分别使各轴向参考点方向手动进给,先按+X“↓”按钮再按+Z“→”按钮,当机床面板上的“X轴回零”和“Z轴回零”指示灯亮时,表示已回到参考点。注意:多数机床(增量编码器)系统通电后,必须回到参考点,如果加工过程中发生意外而按下急停按钮后,必须重新回一次参考点。为了防止尾座与刀架相撞,在回参考点时应首先将X轴回零再将Z轴回零。

2) 手动进给操作

手动连续进给操作步骤如下。

(1) 按下机床操作面板上的“手动”按钮。

(2) 选择移动轴,按X轴“↓”“↑”或Z轴“←”“→”按钮所选择的轴方向移动。

(3) 同时按下“快移”按钮,各轴可快速移动。

3) 手轮进给操作

(1) 按下机床操作面板上的“手摇”按钮,选择需要移动的轴。

(2) 转动手摇脉冲发生器,实现手轮进给。

注意:进行手动连续进给、增量进给或手轮进给操作时,拨动相应倍率开关可选择不同的进给速度。

3. 主轴旋转操作

(1) 按下机床操作面板上的“手动”按钮。

(2) 按下“主轴正转”按钮或“主轴反转”按钮,可实现机床主轴的正反转,按下“主轴停止”按钮,可实现机床主轴正反转暂停。

(3) 按下“主轴点动”按钮,将使机床主轴旋转,松开后,主轴则停止旋转。

(4) 在主轴旋转过程中,可以通过“主轴倍率修调”按钮对主轴旋转实现无级调速。“主轴倍率修调”挡位为50%~120%,在加工程序执行过程中,也可对程序中指定的转速进行调节。

注意:在开机后,主轴的旋转必须在“MDI”方式下启动。

4. MDI操作方式

(1) 按下机床操作面板上“MDI”键。

(2) 按下“PROG”键,进入“MDI”输入窗口。

(3) 在数据输入行输入一个程序段,按“EOB”键,再按“INSERT”键确定。

(4) 按“循环启动”按钮,执行输入的程序段。

5. 程序的编辑操作方式

按下机床操作面板上的“编辑”按钮。在系统操作面板上,按下“PROG”键,出现编程界面,系统处于程序编辑状态,按程序编制格式进行程序的输入和修改,然后将程序保存在系统中。也可以通过系统软键的操作,对程序进行程序选择、程序复制、程序改名、程序删除、通信、取消等操作。

1) 程序的输入

(1) 将系统置于“编辑”方式下。

(2) 按下“PROG”键,进入程序界面。

(3) 键入“O”及要存储的程序号,输入的程序名不可以与已经存在的程序名重复。

(4) 先按“EOB”键,再按“INSERT”键,可以存储程序号,然后在每个字的后面键入程序,按“EOB”键再按“INSERT”键进行存储。

2) 程序的检索

(1) 将系统置于“编辑”方式下。

(2) 按下“PROG”键,输入地址O和要检索的程序号。

(3) 按下“O检索”键,检索结束后,在CRT画面的右上方会显示已检索的程序号。

3) 程序的检查

(1) 将系统置于“编辑”方式下。

(2) 按下“PROG”键,输入地址O和程序号。

(3) 按下“PAGE↑”与“PAGE↓”键,或使用光标移动键来检查程序。

4) 程序的修改

(1) 将系统置于“编辑”方式下。

(2) 按下“PROG”键,键入地址选择要编辑的程序。

(3) 按下“PAGE↑”与“PAGE↓”键,或者使用光标移动键来检查程序。

(4) 光标移动到要变更的字,进行“CAN”、“ALTER”、“DELTE”、“SHIFT”等按钮的操作。

5) 程序的删除

(1) 将系统置于“编辑”方式下。

(2) 按下“PROG”键，键入地址“O××××”来选择要删除的程序。

(3) 按“DELTE”键，“O××××”程序被删除。

6) 后台编辑

(1) 将系统置于“自动”方式下。

(2) 按下“PROG”键，再按“BG—EDT”键，进入后台编辑功能界面，可进行程序的编辑。

6. 数据的显示与设定

1) 偏置量设置

(1) 按“OFFSET/SETTING”主功能键。

(2) 按“补正”、“SETTING”、“坐标系”、“操作”对应的软键，显示所需要的界面。

(3) 将光标移向需要变更的偏置号的位置。

(4) 使用数据输入键输入补偿量。

(5) 按下“INPUT”键，确认并显示补偿值。

2) 参数设置

(1) 按下“SYSTEM”键和“PAGE”键与菜单扩展键显示设置参数的界面。

(2) 将光标移动到要设定参数的位置，键入设定的数值，按“INPUT”键。在设定数值前，必须将“OFFSET/SETTING”主功能下的“SETTING”参数读写功能打开，置于“1”的挡位。

11.2.6　数控车床安全操作规程

为了正确合理地使用数控车床，减少其故障的发生率，操作人员必须按以下机床操作规程进行操作。

1. 安全操作基本注意事项

(1) 工作时，应穿好工作服、安全鞋，戴好工作帽及防护镜，不允许戴手套操作机床。

(2) 不要移动或损坏安装在机床上的警告标牌。

(3) 不要在机床周围放置障碍物，工作空间应足够大。

(4) 某一项工作如需要两人或多人共同完成时，应注意相互间的协调一致。

(5) 不允许采用压缩空气清洗机床、电器柜及NC单元。

2. 工作前的准备工作

(1) 机床开始工作前要预热，认真检查润滑系统工作是否正常，如机床长时间未启动，可先采用手动方式向各部分供给润滑油润滑。

(2) 使用的刀具应与机床允许的规格相符，有严重破损的刀具应及时更换。

(3) 调整刀具时，所用刀具不要遗忘在机床内。

(4) 较大尺寸轴类零件的中心孔应大小合适，中心孔如太小，工作加工中易发生危险。

(5) 刀具安装好后应进行一两次试切削。

(6) 检查卡盘夹紧工作的状态。

(7) 机床启动前，必须关好机床防护门。

3. 工作过程中的安全注意事项

(1) 车床运转中，操作者不得离开岗位，车床发生异常现象时应立即停下车床。

(2) 禁止用手或其他任何方式接触正在旋转的主轴、工件或其他运动部位。

(3) 禁止用手触碰刀尖和铁屑，铁屑必须要用铁钩子或毛刷来清理。

(4) 禁止在加工过程中修改加工程序、变速，更不能用棉丝擦拭工件，也不能清扫机床。

(5) 应经常检查轴承温度,过高时应找有关人员及时进行检查。

(6) 在加工过程中,不允许打开机床防护门。

(7) 严格遵守岗位责任制,机床由专人负责使用,他人使用须经专用人同意。

4. 工作完成后的注意事项

(1) 清除切屑、擦拭机床,使机床与环境保持清洁状态。

(2) 经常检查润滑油、切屑液的状态,及时添加或更换。

(3) 依次关闭机床操作面板上的电源和总电源。

11.3　数控铣床加工

11.3.1　数控铣床概述

数控铣床是数控加工中最常见、也最常用的数控加工设备,它可以进行平面轮廓曲线加工和空间三维曲面加工,而且换上孔加工刀具,能同样方便地进行数控钻、镗、锪、铰及攻螺纹等孔加工操作。数控铣床是一种用途广泛的数控机床,特别适合于加工凸轮、模具、螺旋桨等形状复杂的零件,在汽车、模具、航空航天、军工等行业得到了广泛的应用。数控铣床操作简单,维修方便,价格较加工中心要低得多,同时由于数控铣床没有刀具库,不具有自动换刀功能,所以其加工程序的编制比较简单,通常数值计算量不大的平面轮廓加工或孔加工可直接手工编程。

11.3.2　数控铣床的主要功能

不同档次数控铣床的功能有较大差别,但一般都具有以下主要功能:点位控制功能;连续轮廓控制功能;刀具半径补偿功能;刀具长度补偿功能;比例及镜像加工功能;旋转功能;子程序调用功能;宏程序功能。

11.3.3　数控铣床的分类

数控铣床通常分为立式数控铣床、卧式数控铣床和复合式数控铣床。

1. 立式数控铣床

立式数控铣床的主轴垂直于工作台所在的水平面,最适合加工高度相对较小的零件,如壳体类零件。分为工作台升降式、主轴头升降式和龙门式三种。

2. 卧式数控铣床

卧式数控铣床的主轴平行于工作台所在的水平面,它的工作台大多是回转式的,工件经过一次装夹后,通过回转工作台改变工位,可实现除安装面和顶面以外的四个面的加工,适合箱体类零件的加工。

与立式数控铣床相比,卧式数控铣床的结构复杂,占地面积大,价格也较高,且试切时不易观察,生产时不易监视,装夹及测量不方便;但加工时排屑容易,对加工有利。

3. 复合式数控铣床

复合式数控铣床的主轴方向可任意转换,在一台机床上既可以进行立式加工,又可以进行卧式加工,由于具备了上述两种机床的功能,其使用范围更广、功能更强。若采用数控回转工作台,还能对工件进行除定位面以外的五面加工。

11.3.4　数控铣床编程基础

FANUC 0i 系统数控铣床准备功能 G 代码如表 11.2 所示。

表 11.2　FANUC 0i 系统数控铣床准备功能 G 代码

G 代码	组	功　　能	附　　注
G00	01	定位（快速移动）	模态
G01		直线插补	模态
G02		顺时针方向圆弧插补	模态
G03		逆时针方向圆弧插补	模态
G04	00	停刀，准确停止	非模态
G17	02	XY 平面选择	模态
G18		XZ 平面选择	模态
G19		YZ 平面选择	模态
G28	00	机床返回参考点	非模态
G40	07	取消刀具半径补偿	模态
G41		刀具半径左补偿	模态
G42		刀具半径右补偿	模态
G43	08	刀具长度正补偿	模态
G44		刀具长度负补偿	模态
G49		取消刀具长度补偿	模态
G50	11	比例缩放取消	模态
G51		比例缩放有效	模态
G50.1	22	可编程镜像取消	模态
G51.1		可编程镜像有效	模态
G52	00	局部坐标系设定	非模态
G53	00	选择机床坐标系	非模态
G54	14	工件坐标系 1 选择	模态
G55		工件坐标系 2 选择	模态
G56		工件坐标系 3 选择	模态
G57		工件坐标系 4 选择	模态
G58		工件坐标系 5 选择	模态
G59		工件坐标系 6 选择	模态
G65	00	宏程序调用	非模态
G66	12	宏程序模态调用	模态
G67		宏程序模态调用取消	模态

续表

G代码	组	功　　能	附　　注
G68	16	坐标旋转	模态
G69		坐标旋转取消	模态
G73	09	排削钻孔循环	模态
G74		左旋攻螺纹循环	模态
G76		精镗循环	模态
G80		取消固定循环	模态
G81		钻孔循环	模态
G82		反镗孔循环	模态
G83		深孔钻削循环	模态
G84		攻螺纹循环	模态
G85		镗孔循环	模态
G86		镗孔循环	模态
G87		背镗循环	模态
G88		镗孔循环	模态
G89		镗孔循环	模态
G90	03	绝对值编程	模态
G91		增量值编程	模态
G92	00	设置工件坐标系	非模态
G94	05	每分钟进给	模态
G95		每转进给	模态
G98	10	固定循环返回初始点	模态
G99		固定循环返回R点	模态

由于篇幅有限，本书仅对部分指令进行阐述。

1. 基本加工类指令

1）快速定位(G00)

快速定位指令的一般格式为

G00 X__ Y__ Z__

执行该指令时，机床以自身设定的最大移动速度移向指定位置。

2）直线插补(G01)

直线插补指令的一般格式为

G01 X__ Y__ Z__ F__

直线插补指令G01程序段控制各轴以指定的进给速度沿直线方向从现在位置移动到指定位置。G01是模态指令。

编制加工如图11.5所示的轮廓加工程序，工件的厚度为5 mm。设起刀点相对工件的坐

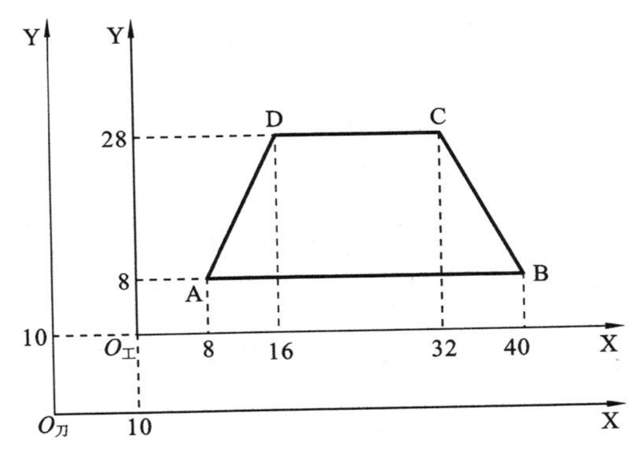

图11.5 直线插补编程

标为(−10,−10,300)。按A—B—C—D顺序编程。

```
N01 G90 G92 X-10 Y-10 Z300        //设定起刀点的位置
N02 G00 X8 Y8 Z2                  //快速移动至A点的上方
N03 S700 M03                      //启动主轴
N04 G01 Z-6 F50                   //下刀至切削厚度
N05 G17 X40                       //铣AB段
N06 X32 Y28                       //铣BC段
N07 X16                           //铣CD段
N08 X8 Y8                         //铣DA段
N09 G00 Z20 M05                   //抬刀且主轴停
N10 X-10 Y-10 Z300                //返回起刀点
N11 M02                           //程序结束
```

3) 圆弧插补

圆弧插补的格式为

G17/G18/G19 G02/G03 G90/G91 X __ Y __ I __ J __或R __ F __

其中G17指令表示XY平面,G18指令表示XZ平面,G19指令表示YZ平面。

G02、G03指令分别表示顺时针圆弧插补、逆时针圆弧插补。

不论是在G90下还是在G91下,I、J、K分别为圆心坐标相对于圆弧起点X、Y、Z的增量值。X __ Y __ Z __表示圆弧终点位置,在G90绝对输入方式下为圆弧终点在工件坐标系中的实际坐标值,在G91增量输入方式下为圆弧终点相对于圆弧起点的增量值。另外,圆心的位置也可以用圆弧的半径R表示。当圆弧所对应的圆心角大于180°时,半径R用负值表示,程序中R与I、J、K不能同时使用。还应该注意的是,整圆编程时不能使用R,而只能用I、J、K。

用数控铣床加工如图11.6所示的轮廓ABCDEA。分别用绝对坐标和相对坐标方式编写加工程序。

(1) 绝对坐标程序:

```
N01 G00 G92 X-10 Y-10;
N02 G90 G17 G00 X10 Y10;
N03 G01 X30 F100;
N04 G03 X40 Y20 I0 J10;
```

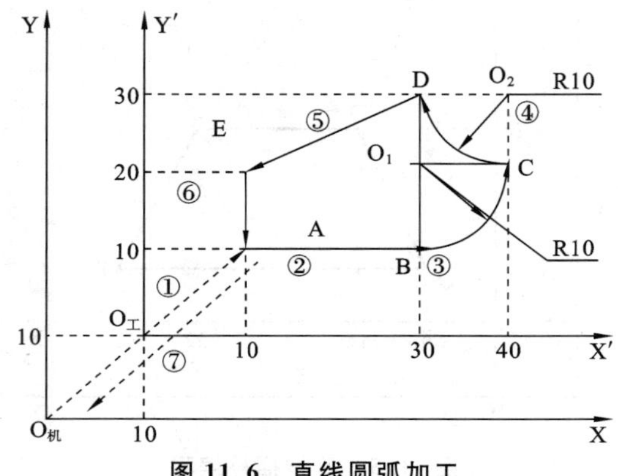

图 11.6　直线圆弧加工

N05 G02 X30 Y30 I0 J10;

N06 G01 X10 Y20;

N07 Y10;

N08 G00 X-10 Y-10 M02;

(2) 相对坐标程序:

N01 G91 G17 G00 X20 Y20;

N02 G01 X20 F100;

N03 G03 X10 Y10 I0 J10;

N04 G02 X-10 Y10 I0 J0;

N05 G01 X-20 Y-10;

N06 Y-10;

N07 G00 X-20 Y-20 M02;

4) 刀具半径补偿(G40,G41,G42)

刀具半径补偿指令格式为

① G00/G01 G41/G42 D X Y F

② G00/G01 G40 X Y

G40:取消刀具半径补偿。

G41:左刀补(在刀具前进方向左侧补偿),如图 11.7(a)所示。

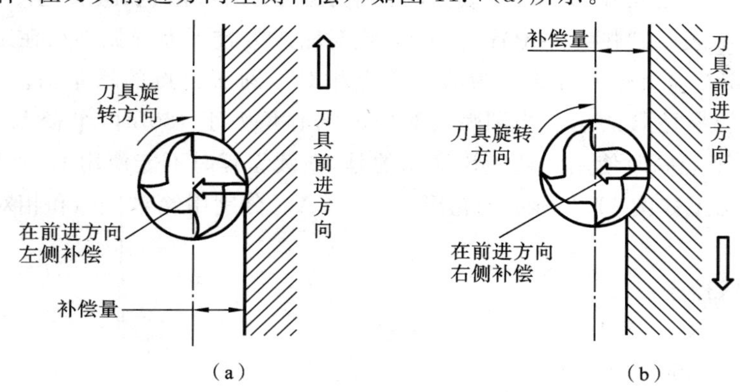

图 11.7　刀具半径补偿方向

(a) 左刀补;(b) 右刀补

G42:右刀补(在刀具前进方向右侧补偿),如图 11.7(b)所示。

其中,格式①中的 D 为刀具半径补偿地址,地址中存放的是刀具半径的补偿量;X、Y 为由非刀补状态进入刀具半径补偿状态的起始位置;格式②中的 X、Y 为由刀补状态过渡到非刀补状态的终点位置,这里的 X、Y 即为刀具中心的位置;格式①只能在 G00 或 G01 指令下建立刀具半径补偿状态及取消刀具半径补偿状态。

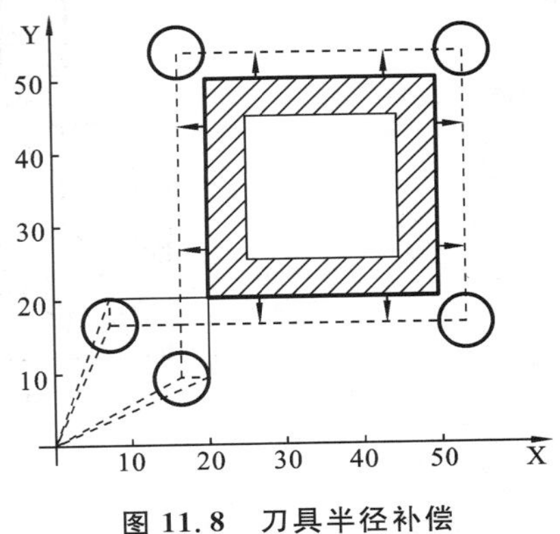

图 11.8　刀具半径补偿

注意:在建立刀补时,必须有连续两段的平面位移指令。这是因为,在建立刀补时,控制系统要连续读入两段平面位移指令,才能正确计算出进入刀补状态时刀具中心的偏置位置。否则,将无法正确建立刀补状态。

如图 11.8 所示,按增量方式编程:

```
O0001
N01 G54 G91 G17 G00 M03           //G17 指定刀补平面(XOY 平面)
N02 G41 X20.0 Y10.0 D01           //建立刀补(刀补号为 01)
N03 G01 Y40.0 F200
N04 X30.0
N05 Y-30.0
N06 X-40.0
N07 G00 G40 X-10.0 Y-20.0 M05     //解除刀补
N08 M02
```

5) 刀具长度补偿(G43,G44,G49)

在编程时建立、执行与撤销刀具长度补偿功能可以不考虑刀具在机床主轴上装夹的实际长度,而只需在程序中给出刀具端刃的 Z 坐标,具体的刀具长度由 Z 向对刀来确定。指令格式为

G00 或 G01 G43 Z_ H_

G00 或 G01 G44 Z_ H_

G00 或 G01 G49 Z_

G43:刀具长度正补偿及 H 代码。

G44:刀具长度负补偿及 H 代码。

G49:取消刀具长度补偿。

H 后跟两位数指定偏置号,需给每个偏置号输入需要偏置的量。

如图 11.9 所示刀具长度补偿,情况(b)为正常;情况(a)设定 H01=2,则 G44 H01;情况(c)设定 H01=−2,则 G43 H02。

11.3.5　数控铣床操作

1) 开机

启动数控铣床。

2) 回零点

通过手动方式,使机床各运动部件回到机床零点位置。

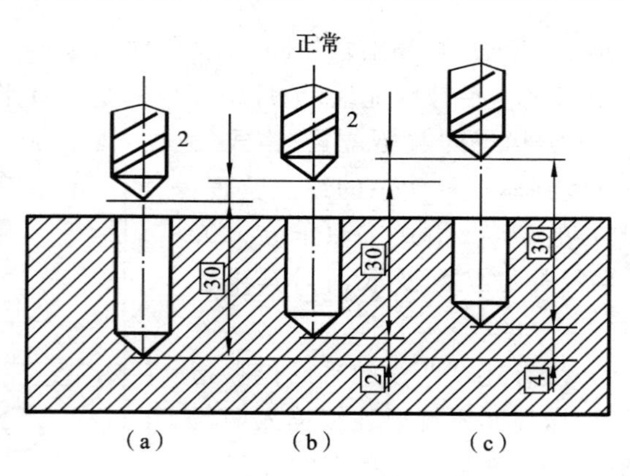

图 11.9　刀具长度补偿

3）对刀

粗铣加工时可以用试切法对刀。方法是在刀具安装好后，在手动方式下，移动 X、Y、Z 轴，让刀具与工件的左(右)侧面留有一定距离(约 1 mm)，然后转为增量方式(主轴为旋转状态)，移动 X 轴，在刀具刚好轻微接触工件时，记下机床坐标系下的 X 坐标值为 X_1。然后抬刀，移动 X 轴到工件右(左)侧，记下机床坐标值 X_2，用同样的方法记下 Y_1、Y_2 值。利用刀具端面与工件的上表面接触，记下 Z 值。

精铣加工时，由于不能损伤工件表面，故在装夹后使用 $\phi10$ 的对刀杆对刀。先移动 Z 轴及 X、Y 轴，让对刀杆与工件左侧留有一段间隙(大于 1 mm)，然后将 1 mm 塞规放进去，手动调节 X 轴，直到松紧合适为止，记下此时机床坐标系的 X 值 X_1。再移动 X 轴到工件右侧，用同样的方法记下 X_2 值。再用同样的方法记下 Y_1、Y_2 值。用最长的刀具作为标准刀具，用标准刀具对刀，记下 Z 值。用标准刀具的 Z 值减去所使用刀具的 Z 值，把差值填到刀偏表中，就可以保证每一把刀具的端面在同一个 Z 平面上。

4）建立工件坐标系

使用 G54 建立工件坐标系。假定工件坐标系原点在工件对称中心上，那么工件坐标系各轴原点在机床坐标系下的坐标为

$$\begin{cases} X_0 = \dfrac{X_1 + X_2}{2} \\ Y_0 = \dfrac{Y_1 + Y_2}{2} \\ Z_0 = Z \end{cases}$$

然后输入 X_0、Y_0、Z_0 值到 G54 坐标系即可。

5）刀补的建立

在刀具表中输入所需的半径补偿值 R 和长度补偿值 H，即可建立刀具补偿。

思　考　题

(1) 用 $\phi8$ 的立铣刀编程加工图 11.10 所示零件。

(2) 如何确定机床 Z 轴及其正方向？

(3) 数控机床由哪几部分组成？

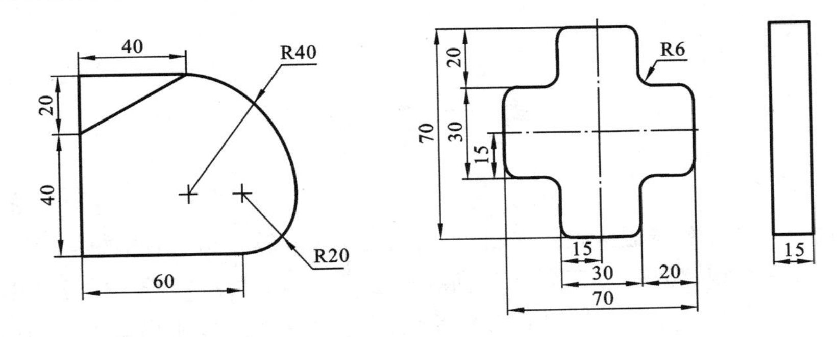

图 11.10　习题

(4) 你所实习的车间有哪几种数控机床,它们分别属于哪一种类型?

(5) 整圆加工为什么不能用 R?

(6) 加工过程中为什么要加刀具补偿?

(7) 临时工件坐标系(如 G92)与永久坐标系(如 G54)的区别是什么? 分别应用于哪些场合?

(8) 结合盲孔加工分析 G04 的作用。

参考文献

[1] 鞠鲁粤.工程材料与成形技术基础[M].北京:高等教育出版社,2004.
[2] 王志海,罗继相,吴飞.工程实践与训练教程[M].武汉:武汉理工大学出版社,2007.
[3] 罗继相,王志海.金属工艺学[M].2版.武汉:武汉理工大学出版社,2010.
[4] 陈君若.制造技术工程实训[M].北京:机械工业出版社,2003.
[5] 邓文英.金属工艺学[M].4版.北京:高等教育出版社,2000.
[6] 郁龙贵.机械制造基础[M].北京:清华大学出版社,2009.
[7] 冀秀焕.机械制造基础[M].北京:中国人民大学出版社,2008.
[8] 张学政,李家枢.金属工艺学实习教材[M].4版.北京:高等教育出版社,2011.
[9] 杨树川.熔模铸造的工艺过程及防止缺陷产生的方法[J].农机化研究,2005(4).
[10] 张木青.机械制造工程训练[M].2版.广州:华南理工大学出版社,2007.
[11] 傅水根.机械制造实习[M].2版.北京:清华大学出版社,2009.
[12] 杨有刚.工程训练基础[M].北京:清华大学出版社,2012.
[13] 李作全.金工实训[M].武汉:华中科技大学出版社,2008.
[14] 张力真.金属工艺学实习教材[M].3版.北京:高等教育出版社,2001.
[15] 马保吉.机械制造基础工程训练[M].2版.北京:高等教育出版社,2006.
[16] 李长河.机械制造基础[M].北京:机械工业出版社,2009.
[17] 赵树忠.金属工艺实训指导[M].北京:科学出版社,2010.
[18] 陈明.机械制造工艺学[M].北京:机械工业出版社,2005.
[19] 邓文英.金属工艺学[M].5版.北京:高等教育出版社,2002.
[20] 邢叫文,张学仁.金属工艺学[M].哈尔滨:哈尔滨工业大学出版社,1999.
[21] 王英杰,韩伟.金工实习指导[M].北京:高等教育出版社,2005.
[22] 严绍华,张学政.金属工艺学实习[M].2版.北京:清华大学出版社,1992.
[23] 王俊勃.金工实习教程[M].北京:科学出版社,2007
[24] 付水根,李双寿.机械制造实习[M].3版.北京:清华大学出版社,2003.
[25] 张学政.金属工艺学实习教材[M].北京:高等教育出版社,2003.
[26] 全国特种作业人员安全技术培训考核统编教材编委会.焊接与热切割作业[M].北京:气象出版社,2011.
[27] 邱葭菲,蔡郴英.实用焊接技术[M].湖南:湖南科学技术出版社,2010.
[28] 谭英杰,于松章,王国俊.金工实训教程[M].北京:国防工业出版社,2011.
[29] 张学政,李家枢.金属工艺学实习教材[M].北京:高等教育出版社,2006.
[30] 洪松涛,林圣武,郑应国,等.气体保护电弧焊一本通[M].上海:上海科学技术出版社,2011.
[31] 支道光.看图学气焊与气割[M].北京:化学工业出版社,2011.
[32] 傅水根,李双寿.机械制造实习[M].北京:清华大学出版社,2009.
[33] 周燕飞.现代工程实训[M].北京:国防工业出版社,2010.

[34] 王瑞芳. 金工实习[M]. 北京:机械工业出版社,2006.
[35] 贺锡生. 金工实习[M]. 南京:东南大学出版社,1996.
[36] 蒋士博. 金工实训教程[M]. 北京:电子科技大学出版社,2007.